Die Entstehung von System- und Institutionenvertrauen –
Die Bedeutung von Zertifikaten nach DIN EN ISO 9001
als Vertrauenssubstitute

BERUFLICHE BILDUNG IM WANDEL

Herausgegeben von Jürgen van Buer

BAND 21

Daniel Büttner

Die Entstehung von System- und Institutionenvertrauen – Die Bedeutung von Zertifikaten nach DIN EN ISO 9001 als Vertrauenssubstitute

Zur Funktion der ISO 9001:2015-12
bei der Auswahl von Bildungsdienstleistern

Bibliografische Information der Deutschen Nationalbibliothek
Die Deutsche Nationalbibliothek verzeichnet diese Publikation
in der Deutschen Nationalbibliografie; detaillierte bibliografische
Daten sind im Internet über http://dnb.d-nb.de abrufbar.

Zugl.: Berlin, Humboldt-Univ., Diss., 2017

11
ISSN 1617-2884
ISBN 978-3-631-74334-8 (Print)
E-ISBN 978-3-631-77437-6 (E-PDF)
E-ISBN 978-3-631-77438-3 (EPUB)
E-ISBN 978-3-631-77439-0 (MOBI)
DOI 10.3726/b13203

© Peter Lang GmbH
Internationaler Verlag der Wissenschaften
Berlin 2018
Alle Rechte vorbehalten.
Peter Lang – Berlin · Bern · Bruxelles · New York ·
Oxford · Warszawa · Wien

Das Werk einschließlich aller seiner Teile ist urheberrechtlich
geschützt. Jede Verwertung außerhalb der engen Grenzen des
Urheberrechtsgesetzes ist ohne Zustimmung des Verlages
unzulässig und strafbar. Das gilt insbesondere für
Vervielfältigungen, Übersetzungen, Mikroverfilmungen und die
Einspeicherung und Verarbeitung in elektronischen Systemen.

Diese Publikation wurde begutachtet.

www.peterlang.com

Widmung und Danksagung

Meine Dissertation widme ich meiner geliebten Frau Hella und meiner geliebten Tochter Fiona. Ich bin ihnen tief verbunden und dankbar für ihre unglaublich hilfreiche Unterstützung und ihr Verständnis bei der Realisierung dieses Projektes.

Mein besonderer Dank im Rahmen dieser Arbeit gilt Herrn Prof. em. Dr. Dr. h. c. Jürgen van Buer, dem Betreuer meiner Dissertation. Herr Prof. van Buer setzte als mein Mentor ein wunderbares Beispiel von unermüdlicher Geduld, Hilfsbereitschaft und Freundlichkeit. Ohne seine konstruktive Kritik wäre dieses Ergebnis nicht möglich gewesen. Ich habe unsere Dialoge stets als Ermutigung und Motivation empfunden.

Mein Dank gilt ebenbürtig meiner gesamten Familie und vor allem meiner Mutter, Karin Büttner, die mir das Interesse an der Welt und am Leben beibrachte.

Außerdem danke ich all denen, die mich bei der Erstellung meiner Dissertation begleitet haben. Für die mühevolle Arbeit des Korrekturlesens möchte ich mich herzlich bei Klaus Hoffmann und Christian Forberg bedanken.

Vorwort

Normen prägen unser Leben. Diese Feststellung klingt banal. Sie ist es aber nicht, wenn man der Frage nachgeht, woher die Normen kommen, denen wir bei Produkten begegnen, die unser Leben prägen – Normen zur Kontrolle von Ernährungsmitteln, für Kleidung, für Unterhaltungselektronik, für Schadstoffausstoß und -belastungen und für so vieles mehr. Es geht um ISO- und DIN-Normen. Sie führen ein kleingedrucktes Leben, irgendwo eingestanzt auf dem Verpackungsmaterial, das nach dem Auspacken der Ware weggeworfen wird. Zunächst geschaffen für den militärisch-technischen Bereich, dann ausgeweitet auf den gesamten technischen Bereich, finden diese Normen ihre Anwendungen auch im Bereich von allgemeiner Bildung, von beruflicher Bildung, von lebenslangem Lernen, in beruflicher und Erwerbstätigkeit etc.

Folgt man dieser Skizze, wäre erwartbar, dass gerade im Bereich der Berufs- und Wirtschaftspädagogik eine Vielzahl von Publikationen zu finden wäre, die sich mit Fragen der Entstehung und Legitimierung dieser Normen beschäftigen, mit Fragen der Kosten für deren Definition, Verwaltung und Kontrolle, mit Fragen der Folgekosten und Nebenwirkungen dieser Normen in anderen gesellschaftlichen Bereichen, als denen, für die sie geschaffen wurden, mit Fragen der Internationalisierung dieser Normen und vor allem mit Fragen der Auswirkungen dieser Normen auf die Lerner*innen. Diese Hypothese erweist sich allerdings als so nicht haltbar. Eine lebhafte, wissenschaftlich basierte wie auch alltagsbezogene Diskussion der ISO- und DIN-Normen ist eigentlich nur im Bereich des Qualitätsmanagements zu finden, dort vor allem bezüglich der Bildungseinrichtungen, die nicht direkt staatlich kontrolliert sind, jedoch zu großen Teilen von der Subventionierung durch Steuermittel abhängen, hier vor allem im Quartären Sektor des Bildungssystems. Denn im Bereich des Qualitätsmanagements liegen konkurrierende Normentwürfe vor – Qualitätskonzepte wie LQW oder EFQM etc. Intensivere Debatten über die Angemessenheit technischer Normen sind auch dann zu beobachten, wenn diese der Alltagsverwendung des jeweiligen Produktes nicht oder nicht mehr entspricht, wenn bisher nicht erkannte Gefährdungen auftreten etc. oder wenn die fragilen Balancen zwischen den Interessen der Produzenten einerseits und denen der Abnehmer*innen dieser Produkte andererseits sowie den gesellschaftlichen Entwicklungsinteressen gefährdet sind und/oder neu definiert werden müssen.

Mit dem Blick auf die Auswahl von Dienstleistern geht die hier vorgelegte Studie der grundlegenden Frage nach, inwiefern und mit welchen Konsequenzen

Zertifikate, hier ISO 9001:2015-12, als Vertrauenssubstitute fungieren und bei der Entstehung von System- und Institutionenvertrauen eine entscheidende Rolle übernehmen (können). Die Beantwortung dieser Frage erfordert breit angelegte Analysen, die sich auch dem Entstehungshintergrund der hier thematisierten Normen widmen. Darauf folgend geht es um Analysen zur demokratischen Kontrolle hinsichtlich der Produktion, Durchsetzung etc. dieser Normen, es geht um Fragen der näheren Beschreibung der Kostenfragen, es geht um die Bewertung von Studien, die Vorteile dieser Normen für die wirtschaftliche Entwicklung eines Landes untersuchen etc. Die Studie ist kritisch angelegt und kommt zu teils überraschenden Befunden. Und sie wirft eine Vielzahl weiterführender Fragen auf. Da der hier vorgelegten Arbeit in der Berufs- und Wirtschaftspädagogik beinah Alleinstellungscharakter zukommt, war sie eigentlich längst überfällig. Jetzt ist sie da – und sie sollte der Beginn von regen Debatten sein.

Prof. em. Dr. Dr. h. c. Jürgen van Buer

Inhaltsverzeichnis

Abbildungsverzeichnis XVII

Tabellenverzeichnis XIX

Abkürzungsverzeichnis XXI

Verzeichnis der verwendeten Formelzeichen XXV

1. Zertifikate als Vertrauenssubstitute 1
    1.1 Bürokratieabbau und Normungswesen 1
    1.2 Zusätzlicher Aufwand durch das private Normungswesen 3
    1.3 Relevanz technischer Normen für den Bildungssektor 5

2. Forschungsinteresse und Aufbau der Arbeit 11
    2.1 Normen in der öffentlichen Wahrnehmung 11
    2.2 (Re-)Zertifizierung als Investitionsentscheidung 13
    2.3 Stand der Forschung 15
    2.4 Die Revision der ISO 9001 im Jahr 2015 17
    2.5 Interdisziplinärer Ansatz der Arbeit 20
        2.5.1 Erfahrungs- und Erkenntnisobjekt 20
        2.5.2 Wirtschaftshistorische Betrachtung 21
        2.5.3 Politik, Rechtsprechung und Regulation 22
        2.5.4 Qualitätssicherung als Anwendungsbereich der ISO 9001:2015 23
        2.5.5 Herausbildung von Institutionen- und Systemvertrauen 23

3. Das internationale Normungswesen 25

3.1 Grundlegende Begriffsklärungen 25
    3.1.1 Oberbegriff ›Norm‹ 25
    3.1.2 Rechtsnorm 25
    3.1.3 (Technische) Norm 26
    3.1.4 Industrie- und innerbetriebliche Standards 26
    3.1.5 Die Normungsebenen 31

3.2 Entstehung der Technischen Normung 33
    3.2.1 Technische Normung vom Mittelalter bis zur Industrialisierung ... 33
    3.2.2 Entstehung von Normungsorganisationen 34
    3.2.3 Kriegsministerien als Katalysatoren der Technischen
          Normung zu Beginn des 20. Jahrhunderts 35
    3.2.4 Verbreitung der Technischen Normung
          nach dem Ersten Weltkrieg 37
    3.2.5 Andere Normungsorganisationen – Entwicklungen
          in Deutschland bis 1945 38
    3.2.6 Das Normungswesen im Kontext der Kriegsvorbereitungen 39

3.3 Entwicklung des nationalen Normungswesens
    in der Bundesrepublik Deutschland 41
    3.3.1 Durchsetzung des DIN als ›die‹ nationale Normungsorganisation 41
    3.3.2 Der Normenvertrag aus dem Jahr 1975 43
    3.3.3 Wiederaufnahme der Tätigkeiten des DIN
          in Ostdeutschland (ab 1990) 44
    3.3.4 Veränderung der Arbeitsschwerpunkte des DIN 44

3.4 Entscheidungsprozesse der verschiedenen Normungsebenen 47
    3.4.1 Ablauf eines Normungsprozesses 47
    3.4.2 Normungsprozesse auf nationaler Ebene 47
          3.4.2.1 Konsensentscheidungen bei ›DIN-Normen‹ 50
          3.4.2.2 Keine Konsensentscheidungen bei ›DIN SPEC
                   Spezifikationen‹ 52
    3.4.3 Normungsprozesse auf europäischer Ebene 55
    3.4.4 Normungsprozesse auf internationaler Ebene 58

3.5 Zwischenfazit 60

4. Pfadabhängigkeit des Normungswesens 67

4.1 Verhältnis staatlicher Institutionen zum Normungswesen 67

4.2 Das Konzept der Pfadabhängigkeit 68

    4.2.1 Der Entwicklungspfad des Normungswesen 68

    4.2.2 Sich selbstverstärkende Mechanismen 69

    4.2.3 Ergebnisse der Selbstverstärkermechanismen 70

4.3 Regulation zur Verhaltenssteuerung 71

    4.3.1 Regulation und Regulatoren 71

    4.3.2 Zielsetzung der Regulation 71

    4.3.3 Theoretischer Hintergrund der staatlichen Regulation 73

    4.3.4 Regulationstypen 74

    4.3.5 Keine Regulationswirkung ohne Verhaltensanpassung 79

4.4 Einbindung von Ergebnissen privater Normungsorganisationen in die nationale Rechtsprechung 83

    4.4.1 Traditionelle Gesetzgebung 83

    4.4.2 Entwicklung des Normverweises 84

4.5 Einbindung von Ergebnissen privater Normungsorganisationen in die Rechtsprechung der Europäischen Union 87

    4.5.1 Terminologie der europäischen Gesetzgeber 87

    4.5.2 Das alte Konzept – Harmonisierung als Ziel (bis 1985) 90

    4.5.3 Die neue Konzeption – Einführung des Normenverweises (bis 2008) 91

    4.5.4 Entschließungen des Rates der Europäischen Union zum verstärkten Einsatz technischer Normen 94

    4.5.5 Der gemeinsame Rechtsrahmen (ab 2008) 95

    4.5.6 Öffnung des Normenverweises für sämtliche Rechtsvorschriften 96

    4.5.7 Verbindlichkeit versus Freiwilligkeit der Normanwendung 98

4.6 Die DIN-Studien aus den Jahren 2000 und 2011 99

    4.6.1 Die Kernaussagen 100

    4.6.2 Die Grundannahmen 101

    4.6.3 Die Berechnungen 104

    4.6.4 Die Schlussfolgerungen 107

4.7 Die internationalen Folgestudien 109

4.8 Zwischenfazit 115

5. **Einordnung der Norm ISO 9001:2015 in den Kontext der Qualitätssicherung** 121

5.1 Die Ursprungsnorm des US-amerikanischen Verteidigungsministeriums 122

5.2 Zusammenhang der Normen ISO 9000 und ISO 9001 123

5.3 Analyse des Anwendungsbereiches gemäß Normtext 126

5.4 Der Begriff ›Qualität‹ 128

    5.4.1 Qualität als Begriff der Technischen Normung 129

    5.4.2 Qualität als Mindestanforderung 131

    5.4.3 Weitere Qualitätsbegriffe 132

5.5 Der Begriff ›Qualitätssicherung‹ 134

5.6 Der Begriff ›Qualitätsmanagementsystem‹ 138

    5.6.1 Management 138

    5.6.2 Qualitätsmanagement 144

    5.6.3 Managementsystem 150

    5.6.4 Qualitätsmanagementsystem 152

5.7 Zwischenfazit 152

6. **Herausbildung von Institutionen- und Systemvertrauen** 157

6.1 Überblick 157

6.2 Komplexität von Entscheidungen unter Unsicherheit 158

6.3 Die ›Neue Institutionenökonomik‹ als theoretischer Bezugsrahmen 160

    6.3.1 Der ›Homo oeconomicus‹ als Akteur in der Neoklassik 160

    6.3.2 Abkehr von den neoklassischen Annahmen 161

    6.3.3 Der Begriff ›Institution‹ 162

    6.3.4 Der Begriff ›Transaktion‹ 164

    6.3.5 Informationsasymmetrien 167

      6.3.6 Opportunistisches Verhalten 168
      6.3.7 Positive Transaktionskosten 170
6.4 Vertrauen und Reputation zur Sicherung der Vertragserfüllung 172
      6.4.1 Risiken in unsicheren Situationen 173
      6.4.2 Vertrauen als Mechanismus zur Minderung der Handlungskomplexität 175
      6.4.3 Vertrauenssubstitute 178
      6.4.4 Reputation als Instrument zur Absicherung der Risikokalkulation mit Vertrauenssubstituten 179
      6.4.5 Reduktion subjektiver Unsicherheit durch Drittinstanzen 182
      6.4.6 Entstehen einer Vertrauenskette 183
      6.4.7 Verlagerung der Bewertungsproblematik auf Drittinstanzen 184
6.5 Entstehen einer Vertrauensmatrix 186
      6.5.1 Vertrauenssubstitution 187
      6.5.2 Systemvertrauen zur Reduktion des Fehlentscheidungsrisikos 190
6.6 Zwischenfazit 192

7. Zertifizierung im Bildungsbereich als Teil des Institutionen- und Systemvertrauens 195

7.1 Bildungsmarkt als teilgeschlossenes Marktsegment 195
7.2 Unsicherheiten und Risiken bei der Beauftragung von Bildungsmaßnahmen 197
      7.2.1 Soziale Komplexität als Risikotreiber 197
      7.2.2 Eingeschränkte Risikobegrenzung durch explizite Verträge bei Bildungsdienstleistungen 198
      7.2.3 Transaktionsbedingung zur Beauftragung von Bildungsmaßnahmen 203
      7.2.4 Absicherung der Bildungsträgerauswahl durch eine Vertrauensmatrix 204
7.3 Implikationen durch den Einsatz des ISO 9001:2015-Zertifikats als Vertrauenssubstitut 207
      7.3.1 Einfluss auf die Transaktionskosten 207

7.3.2 Zertifizierungskosten als untypische
transaktionsspezifische Investitionen 209
7.3.3 Vertrauenssubstitution durch Signalisierung 211
7.3.4 Vorlage eines Zertifikats ersetzt Detailprüfung 212
7.3.5 Absicherung des DIN 9001er-Zertifikats
als Vertrauenssubstitut 213
7.4 Zwischenfazit 217

8. Die DIN EN ISO 9001:2015 ein Garant für Qualität? 219

8.1 Normung technischer Objekte und
Normung sozialer Konstrukte 219

8.2 ISO 9000 als Reputationsinstrument im Bildungssektor 222

8.3 Akkreditierung als neue Ebene im Normungswesen 224

8.4 Der PDCA-Zyklus – Erzwingen eines Managementparadigmas 226

8.5 Vertrauenstransfer und Vertrauensmissbrauch 228

8.6 Private Normungsorganisationen im Verhältnis zu
den europäischen Gesetzgebern 232

8.7 Ausblick 236

Literaturverzeichnis 241

Verzeichnis der Technischen Normen 261

Verzeichnis der Rechtssachen der Europäischen Union 263

Verzeichnis der Gesetze und Urteile 267

Anhang

A. Relevante rechtliche Bestimmungen 269
B. Auszug aus dem Dokument MD 5 des IAF (International Accreditation Forum Inc.) 290
C. Mitglieder des CEN 292
D. Nationale und internationale Regelwerke 294
E. Grundsätze der Normungsarbeit des DIN 297

Zusammenfassung 299

Abstract 301

Abbildungsverzeichnis

3.1. Spiegelausschuss supranationaler Normungsarbeit 56
3.2. Normenbestand (1951–2008) 63
4.1. Wirtschaftswachstum (1950–2016) 103
6.1. Vertrauensebenen einer Vertrauensmatrix 183
6.2. Variante (2a) – Bestätigung durch eine Drittinstanz 188
6.3. Variante (2b) – Zwei Drittinstanzen einer Ebene 189
6.4. Variante (2b) – n Drittinstanzen einer Ebene 190
6.5. Variante (2c) – Drittinstanzen verschiedener Ebenen 190
7.1. Angebots-Nutzungs-Modell 199
7.2. Vertrauensmatrix der Vertrauensketten 1 und 2 206
7.3. Vertrauensmatrix der Vertrauensketten 1 bis 3 215

Tabellenverzeichnis

1.1. Normungsaktivitäten des DIN (2013–15) 4
2.1. Beispielhafte Kosten für die Zertifizierung gemäß DIN EN ISO 9001 14
3.1. Überblick über die Standardisierungsinstrumente 28
3.2. Marktanteile der wichtigsten Desktop-Betriebssysteme 28
3.3. Übersicht über die Normungsebenen 32
3.4. Vergleich der Satzungen des DIN von 1997 und 2013/2015 46
3.5. Normdefinitionen zum Begriff ›Normung‹ und ›Standardisierung‹ 53
3.6. Normungsaktivitäten von CEN/CENELEC (2013–2015) 58
3.7. Normungsaktivitäten von ISO/IEC (2013–2015) 60
3.8. Regelwerke der DITR-Datenbank 61
4.1. Zusammenwirken staatlicher und privater Regulatoren 75
4.2. Ausgewählte Kartellverfahren 81
4.3. Freiwillige Normanwendung 98
4.4. DIN-Studie nachgerechnet 107
4.5. Wachstumsbeiträge der Produktionsfaktoren 108
4.6. Zeitlicher Ablauf der Integration von Normen 113
5.1. Grad der Anforderungserfüllung 131
5.2. Die Bezeichnungen der DIN 9001 135
5.3. Gegenüberstellung der Definitionen zu ›Vision‹ und ›Politik‹ 141
5.4. Gegenüberstellung der Definitionen zu ›vision‹ und ›policy‹ 142
5.5. Gegenüberstellung zweier Definitionen zum Begriff ›Organisation‹ 144
5.6. Qualitätsmanagement, -planung und Planen 149
5.7. Normsystematische Begriffsdefinition für ›Managementsystem‹ 151
8.1. Akkreditierungen der DAkkS in den Jahren 2013–2015, 2017 226
C.1. Mitglieder des CEN 292
D.1. Nationale Regelwerke 294
D.2. Internationale Regelwerke 296
E.1. Grundsätze der Normungsarbeit des DIN 297

Abkürzungsverzeichnis

Abl. EG	Amtsblatt der Europäischen Gemeinschaften
Abl. EU	Amtsblatt der Europäischen Union
ABNT	Associação Brasileira de Normas Técnicas
AENOR	Asociación Española de Normalización y Certificación
AESC	American Engineering Standards Committee
AFNOR	Association française de normalisation
AkkStelleGBV	AkkStelleG – Beleihungsverordnung
AkkStelleG	Akkreditierungsstellengesetz
ANSI	American National Standards Institute
API	American Petroleum Institute
AQS	Ausschuss Qualitätssicherung und angewandte Statistik des DIN
ASA	American Standards Association
ASI	Austrian Standards Institute
ASME	American Society of Mechanical Engineers
ASTM	American Society for Testing and Materials – International – Standards Worldwide
AWS	American Welding Society
AZAV	Akkreditierungs- und Zulassungsverordnung – Arbeitsförderung
BA	Bundesagentur für Arbeit
BAFA	Bundesamt für Wirtschaft und Ausfuhrkontrolle
BetrVG	Betriebsverfassungsgesetz
BGB	Bürgerliches Gesetzbuch
BGH	Bundesgerichtshof
BMAS	Bundesministerium für Arbeit und Soziales
BMJV	Bundesministerium der Justiz und für Verbraucherschutz
BMWi	Bundesministerium für Wirtschaft und Energie
BSI	British Standards Institution
BVerfG	Bundesverfassungsgericht
CEN	Comité Européen de Normalisation – Europäisches Komitee für Normung
CENELEC	Comité Européen de Normalisation Électrotechnique – Europäisches Komitee für elektrotechnische Normung
CETA	Comprehensive Economic and Trade Agreement

CSA	Canadian Standards Association
CWA	CEN- oder CENELEC Workshop Agreement – unveränderte deutsche Übernahme einer Technischen Regel
DAkkS	Deutsche Akkreditierungsstelle GmbH
DDR	Deutsche Demokratische Republik
DIN	Deutsches Institut für Normung e. V.
DITR	Deutsches Informationszentrum für technische Regeln
DKE	Deutsche Kommission Elektrotechnik Elektronik Informationstechnik in DIN und VDE
DNA	Deutscher Normenausschuss
d. Verf.	der Verfasser
EFQM	European Foundation for Quality Management
EG	Europäische Gemeinschaften
EK	Europäische Kommission
EN	Europäische Norm
ETSI	European Telecommunications Standards Institute – Europäisches Institut für Telekommunikationsnormen
EU	Europäische Union
EuGH	Europäischer Gerichtshof
Fabo	Königliches Fabrikationsbüro
FN	Fußnote
FPA	Framework Partnership Agreement
GATT	General Agreement on Tariffs and Trade
GG	Grundgesetz der Bundesrepublik Deutschland
GOST R	Federal Agency on Technical Regulating and Metrology (Russia)
GWB	Gesetz gegen Wettbewerbsbeschränkungen
HD	Harmonization Document – Harmonisiertes Dokument
HGB	Handelsgesetzbuch
HNA	Handelsschiff-Normen-Ausschuss
IAF	International Accreditation Forum Inc.
i. d. R.	in der Regel
IEC	International Electronical Commission
IEEE	Institute of Electrical and Electronics Engineers
IGLU	Internationale Grundschul-Lese-Untersuchung
i. H. v.	in Höhe von
ISO	International Organization for Standardization

ISO/TC	Technisches Komitee bei der International Organization for Standardization (ISO)
ISO/TC 176	ISO/TC 176 – Quality management and quality assurance
ITU	International Telecommunication Union
i. V. m.	in Verbindung mit
JISC	Japanese Industrial Standards Committee Technical Regulations, Standards & Conformity Assessment
k. A.	keine Angaben
KBS	Konformitätsbewertungsstelle
KMU	Kleinstunternehmen sowie kleine und mittlere Unternehmen
NADI	Normenausschuss der Deutschen Industrie
NDI	Normenausschuss der Deutschen Industrie (ab 1918)
NKR	Nationaler Normenkontrollrat
NQSZ	DIN-Normenausschuss Qualitätsmanagement, Statistik und Zertifizierungsgrundlagen
PAS	Public Available Specifcation
PDCA	Plan – Do – Check – Act
PISA	Program for International Student Assessment
PKN	Polish Committee for Standardization
PSA	Persönliche Schutzausrüstungen
Q2E	Qualität durch Evaluation und Entwicklung
QM	Qualitätsmanagement
RAL	Reichsausschuss für Lieferbedingungen (bis 1942)
RAL	Deutsches Institut für Gütesicherung und Kennzeichnung (ab 1980)
RGBl	Deutsches Reichsgesetzblatt
Rn.	Randnummer
SAC	Standardization Administration of China
SAE	Gesellschaft der Automobilingenieure – Society of Automobile Engineers
SGB	Sozialgesetzbuch
SGB III	Sozialgesetzbuch – Drittes Buch – Arbeitsförderung
SNV	Swiss Association for Standardization
StVZO	Straßenverkehrs-Zulassungs-Ordnung
TGL	Technische Normen, Gütevorschriften und Lieferbedingungen
TIMSS	Trends in International Mathematics and Science Study
TQM	Total Quality Management
TSE	Türk Standardlari Enstitüsü

TTIP	Transatlantic Trade and Investment Partnership
VDE	Verband der Elektrotechnik Elektronik Informationstechnik
VDI	Verein Deutscher Ingenieure
VDMA	Verband Deutscher Maschinen- und Anlagenbau
VG	VG-Normen (für ›Verteidigungs-Geräte‹ vom deutschen Bundesamt für Wehrtechnik und Beschaffung, Koblenz herausgegeben)
VK	Vertrauenskette
vzbv	Verbraucherzentrale Bundesverband
WSC	World Standards Cooperation
WTO	World Trade Organization – Welthandelsorganisation

Verzeichnis der verwendeten Formelzeichen

Formelzeichen	Gültigkeitsbedingungen	Bedeutung
ΔU_i	$\Delta U_i \geq 0$	von einem Akteur i erwartete Nutzenzunahme bei Durchführung der Transaktion
C_i	$C_i > 0$	von einem Akteur i erwartete Nutzenabnahme aufgrund der mit der Transaktion verbundenen Transaktionskosten
c_j	$c_j > 0$	die mit einer Transaktionskostenart j verbundene Nutzenabnahme
c_{res}	$c_{res} \geq 0$	Transaktionskostenart, die zu nicht zu vermeidenden, residualen Nutzeneinbußen führt
V_i	$V_i \geq 0$	Vertrauen eines Akteurs i
S_z	$S_z \geq 0$	Vertrauenssubstitute
R_z	$R_z \in \mathbb{R}$	Reputation in Bezug auf S_z
$R_{Dm.n}$	$R_{Dm.n} \in \mathbb{R}$	Teilreputation von $D_{m.n}$ in Bezug auf S_z
S_{Signal}	$S_{Signal} \in \mathbb{R}$	Vertrauenswirkung eines durch den Vertrauensnehmer ausgesendeten Signals
V_{krit}		minimales, kritisches Vertrauensniveau für das Zustandekommen einer Transaktion
$D_{m.n}$		n-te Drittinstanz der Ebene m
VK_z		Vertrauenskette in Bezug auf S_z
A, B, i		Akteure
$n_1 \ldots n_m$		Länge der Vertrauensketten der Ebenen 1 bis m

Kapitel 1.
Zertifikate als Vertrauenssubstitute*

1.1 Bürokratieabbau und Normungswesen**

Das Bundeskabinett hat im Jahr 2014 seine Eckpunkte zur weiteren Entlastung der mittelständischen Wirtschaft von Bürokratie beschlossen. Es betonte, dass Bürokratieabbau und bessere Rechtsetzung, eine „effiziente Verwaltung und moderne, schlanke Regulierung" zentrale Voraussetzungen für die Stärkung des Wirtschaftsstandortes Deutschland sind. Zudem wurde erkannt: „Für kleine und mittlere Unternehmen ist die Belastung durch rechtliche Vorgaben oft um ein Vielfaches höher als für Großunternehmen" (BMWi 2014, S. 1).

Die Ursache liegt vielfach darin begründet, dass z. B. Kleinstunternehmen[1] kaum über ausreichend freie personelle und zeitliche Ressourcen verfügen, um neben ihrem Kerngeschäft zeitnah sämtlichen bürokratischen Vorgaben nachzukommen. 80,7 % und damit der überwiegende Teil der deutschen Unternehmen sind jedoch Kleinstunternehmen. In der gesamten EU lag der Wert im Jahr 2013 sogar bei 92,9 % (vgl. Eurostat 2016).

Weniger als ein Prozent der Unternehmen in Deutschland sind Großunternehmen. Allerdings trugen diese 52,9 % zur Bruttowertschöpfung Deutschlands im Jahr 2013 bei (vgl. Statistisches Bundesamt 2016, S. 512).

---

* Anmerkung zum Sprachmodus: Im Sinne einer guten, kompakten Lesbarkeit wird das generische Maskulinum verwendet. Gemeint sind dabei stets weibliche wie auch männliche Personen, daher wird zumeist der Plural verwandt.

** Anmerkung: Mit dem Terminus ›europäische Gesetzgeber‹ wird im weiteren Verlauf die rechtsetzende Arbeit staatlicher Einrichtungen auf nationaler und europäischer Ebene der Europäischen Union (EU) im weiteren Sinne – inklusive der handelnden männlichen und weiblichen Personen – bezeichnet.

1 Als Kleinstunternehmen gelten alle Unternehmen, in denen weniger als 10 Beschäftigte tätig sind und deren Jahresumsatz unter 2 Mill. Euro liegt. Kleine Unternehmen sind all jene, die weniger als 50 tätige Personen umfassen und deren Jahresumsatz weniger als 10 Mill. Euro beträgt. Als ›Kleinstunternehmen sowie kleine und mittlere Unternehmen (KMU)‹ werden alle Unternehmen definiert, in denen weniger als 250 Mitarbeiterinnen und Mitarbeiter tätig sind und deren Jahresumsatz einen Schwellenwert von 50 Mill. Euro nicht überschreitet (vgl. Europäische Kommission 2015a, S. 13).

Vor allem Kleinstunternehmen leisten sich i. d. R. keine eigene Rechtsabteilung, die sich in sämtliche Fachgesetze und sonstige Vorschriften einarbeiten kann. Die Analyse der Veröffentlichungen im Bundesgesetzblatt lässt das Ausmaß dieser Aufgabe erahnen: Im Bundesgesetzblatt Teil I werden Gesetze sowie Verordnungen und sonstige wesentliche Bekanntmachungen veröffentlicht. Der Umfang belief sich im Jahr 2016 auf 3 456 Seiten. Hinzu kamen für das Bundesgesetzblatt Teil II weitere 1 448 Seiten, auf denen völkerrechtliche Übereinkünfte und Zolltarifvorschriften abgedruckt wurden (vgl. BGBl 2016, S. 3456).

Ein in Deutschland wirtschaftlich aktives Unternehmen muss neben der nationalen Gesetzgebung zudem die Entwicklungen auf europäischer Ebene berücksichtigen; sie werden im Amtsblatt der Europäischen Union (Abl. EU) veröffentlicht. Im Jahr 2016 waren es insgesamt 29 263 Dokumente, die 1 978 Rechtsakte enthielten (vgl. EU 2017). Für die ›Kleinstunternehmen sowie kleine und mittlere Unternehmen‹ (vgl. Abl. EU L 124 v. 20.5.2003, Art. 2 S. 39) wurde die sich daraus ergebende Problematik durch die europäischen Gesetzgeber erkannt. Sowohl auf nationaler als auch auf europäischer Ebene gibt es verschiedene politische Initiativen, die zu einer Entlastung der Unternehmen führen sollen.

Bereits im Jahr 2006 wurde der ›Nationale Normenkontrollrat (NKR)‹ als unabhängiges Gremium geschaffen, der die Umsetzung des Bürokratieabbaus und die Maßnahmen zur besseren Rechtsetzung beurteilen und die Bundesregierung beraten soll. Für die Bundesrepublik Deutschland hat der NKR ermittelt, dass sich die Hälfte der Informationspflichten deutscher Unternehmen durch EU- und internationales Recht ergäben, wobei in diesem Wert die unmittelbar geltenden EU-Verordnungen nicht einmal enthalten sind (vgl. Nationaler Normenkontrollrat 2016). Auf nationaler Ebene hat die Bundesregierung im Jahr 2016 das Arbeitsprogramm ›Bessere Rechtsetzung 2016‹ beschlossen. Dieses enthält unter anderem die Ankündigung des ›Zweiten Bürokratieentlastungsgesetzes (BEG II)‹, welches im gleichen Jahr durch den Bundestag beschlossen wurde (vgl. Bundesregierung 2016).

Die für die europäische Gesetzgebung Verantwortlichen haben zur Beseitigung bürokratischer Missstände ebenfalls Maßnahmen eingeleitet. Dazu gehörte bspw. das im Jahr 2007 vom europäischen Rat gebilligte ›Aktionsprogramm zur Verringerung der Verwaltungslasten in der Europäischen Union‹ (vgl. Europäische Kommission 2007), welches zum Abbau unnötiger Verwaltungslasten für Unternehmen aufgrund vorhandener EU-Rechtsvorschriften führen sollte. Ergänzt wurde das Aktionsprogramm im Jahr 2010 von einer Politik der ›Intelligenten Regulierung‹ (vgl. Europäische Kommission 2010). Damit meinte die Kommission „politische Maßnahmen und Gesetze der EU [...], die den

Menschen und den Unternehmen auf wirksamste Weise den größtmöglichen Nutzen bringen" (Europäische Kommission 2014, S. 14). Im Jahr 2012 verabschiedete die EU-Kommission ihr ›Programm zur Gewährleistung der Effizienz und Leistungsfähigkeit der Rechtsetzung (REFIT)‹ (vgl. Europäische Kommission 2012, S. 4). Im Rahmen dieses Programms sollten die geltenden Rechtsvorschriften auf Lücken und Ineffizienz überprüft werden und bei ermitteltem Handlungsbedarf entsprechend geändert werden.

Trotz der oben ausgewiesenen hohen Zahlen neuer Dokumente auf nationaler und auf europäischer Ebene haben verschiedene Erhebungen einen angeblichen Rückgang der Verwaltungslasten ermittelt. Das Bundesministerium für Wirtschaft und Energie (BMWi) sprach bspw. im Jahr 2014 von einer Entlastung i. H. v. 12 Mrd. EUR, jedoch ohne Angabe eines konkreten Zeitraums oder der Berechnungsmethode (vgl. BMWi 2014, S. 1).

Auf europäischer Ebene wurde im Jahr 2007 die sogenannte ›Hochrangige Gruppe‹ eingerichtet. Deren Hauptaufgabe bestand darin, die Europäische Kommission in Fragen der Maßnahmen zur Verringerung der Verwaltungslasten im Rahmen eines Aktionsprogramms zu beraten und bei der Umsetzung von EU-Rechtsakten zu unterstützen. Im Jahr 2014 ermittelte die ›Hochrangige Gruppe‹ eine Verringerung der Verwaltungslasten auf europäischer Ebene von 27 %. Dies entspräche Einsparungen i. H. v. 33,4 Mrd. EUR (vgl. Europäische Kommission 2014, S. 33).

1.2 Zusätzlicher Aufwand durch das private Normungswesen

Aus den vorstehenden Ausführungen ist erkennbar, dass die Gesetzgeber der nationalen und europäischen Ebene bestrebt sind, die Verwaltungslasten der Unternehmen speziell für KMU zu reduzieren. Dessen ungeachtet und unabhängig von diesen Bemühungen bestehen weitere umfangreiche Regelwerke mit Dokumenten von diversen privaten Normungsorganisationen, die durch die Unternehmen Berücksichtigung finden sollen (vgl. dazu Anhang D): Neben den von staatlichen Gesetzgebern verfassten Schriftsätzen existierten z. B. im Jahr 2014 zusätzlich 536 754 Regelwerke auf 13,6 Millionen A4-Seiten in der Datenbank des ›Deutschen Informationszentrums für technische Regeln (DITR)‹ (vgl. DIN 2015a, S. 72). Im Jahr 2016 waren es bereits ca. 600 000 Regelwerke (vgl. DIN 2016b, S. 70). Ungeachtet der zunehmenden Verlagerung auf die europäische und internationale Ebene veröffentlichte in den Jahren 2013 bis 2015 allein das ›Deutsche Institut für Normung (DIN)‹ 5916 neue Normen und 410 DIN-Spezifikationen (vgl. Tabelle 1.1).

Tabelle 1.1: Normungsaktivitäten des DIN in den Jahren 2013 bis 2015

Deutsches Institut für Normung (DIN)	2013[a]	2014[b]	2015[b]
DIN-Normen	33694	33856	33877
davon neu erschienen	2087	1801	2028
DIN-Norm-Entwürfe	3971	4333	4471
DIN-Spezifikationen	1222	1307	1342
davon neu erschienen	120	164	126
Normenausschüsse/Kommissionen	72/4	70/3	70/3
Arbeitsausschüsse	3222	3600	3534

[a] Quelle: DIN 2015a, S. 12.
[b] Quelle: DIN 2016b, S. 11.

Selbst wenn argumentiert wird, dass für ein Unternehmen lediglich die Dokumente relevant sind, die die eigene Unternehmenssphäre tangieren, verringert sich das Problem nur scheinbar. Zunächst müssen die Akteure in den Unternehmen klären, wie die tatsächlich relevanten Dokumente identifiziert werden sollen; und selbst wenn dies gelänge und wenn einmal von der allgemeinen Rechtsprechung für jedermann abgesehen wird, zeigt ein weiteres Beispiel, dass regelmäßig noch eine große Anzahl an Dokumenten bleibt, die gesichtet und berücksichtigt werden müssen.

Die Siemens AG hat im Jahr 2015 ein Handbuch mit dem Titel ›Planung der elektrischen Energieverteilung‹ herausgegeben, welches Planer bei der Infrastrukturplanung von Gebäuden unterstützen soll. Im Abschnitt ›Normen, Normungsinstitute, Richtlinien‹ führen die Herausgeber aus:

„Bei der Planung und Errichtung von Gebäuden sind neben den spezifischen Vorgaben des Gebäude- und Anlagenbetreibers (zum Beispiel Werksvorschriften) und des zuständigen VNB [Verteilnetzbetreiber – d. Verf.] zahlreiche Normen, Vorschriften und Richtlinien zu beachten und einzuhalten. Wenn im Folgenden international gültige Normen und Schriften verwendet werden, werden diese gemeinsam mit spezifisch in Deutschland verwendeten Dokumenten im Anhang aufgelistet. Zur Minimierung des technischen Risikos beziehungsweise zum Schutz aller Beteiligten beim Umgang mit elektrotechnischen Komponenten sind die wesentlichen Planungsregeln in Normen zusammengestellt. Normen stellen den Stand der Technik dar und sie sind Grundlage von Beurteilung und Rechtsprechung. Technische Normen sind Soll-Bedingungen von Fachverbänden, die durch rechtliche Standards wie zum Beispiel Arbeitsschutzgesetze verpflichtend werden. Des Weiteren ist die Einhaltung von technischen Standards bestimmend für die Betriebserlaubnis oder den Versicherungsschutz" (Siemens 2015, S. 14).

In diesem Handbuch werden rund 200 Normen berücksichtigt: Es wird auf 18 ausschließlich europäische Richtlinien und Verordnungen sowie auf 137 internationale Normen bzw. Standards und 43 ausschließlich in Deutschland anzuwendende (Rechts-)Normen Bezug genommen. Ein Unternehmen, welches im Bereich der elektrischen Gebäudeplanung tätig werden möchte, sollte anscheinend in der Lage sein, alle Dokumente (oder zumindest einen Großteil) in ihrer Umsetzung zu beherrschen.

Abgesehen von der Tatsache, dass es sich hierbei bereits um eine Markteintrittsbarriere handelt, genügt die einmalige Kenntnis dieser Dokumente nicht. Der Anwender muss zudem von jeder Veränderung, die in den Dokumenten vorgenommen wird, Kenntnis erlangen und diese angemessen berücksichtigen.

Eine der im Siemens-Handbuch aufgeführten Normen ist die internationale Norm ISO 9001. Von dieser erschien im November 2015 die überarbeitete Fassung als nationale Norm DIN EN ISO 9001:2015 ›Qualitätsmanagementsysteme – Anforderungen‹. Sie wurde veröffentlicht im Rahmen der Harmonisierungsrechtsvorschriften der EU (vgl. dazu Abl. EU C 412 v. 11.12.2015 i. V. m. Abl. EU L 218 v. 13.8.2008) und erlangte damit rechtliche Bedeutung für viele Unternehmen.

Trotz der vielen Bemühungen, die dem Bürokratieabbau in Deutschland und in der Europäischen Union dienen sollen, scheint die Frage auf, welche Relevanz bzw. Existenzberechtigung dieses Dokument hat.

1.3 Relevanz technischer Normen für den Bildungssektor

Die im vorherigen Abschnitt angesprochene ISO 9001:2015 gehört zu den technischen Normen. Dass diese im Zusammenhang mit einem technischen Sachgebiet wie der ›Planung der elektrischen Energieverteilung‹ Anwendung findet, lässt sich grundsätzlich nachvollziehen.

Insgesamt lässt sich gleichwohl eine zunehmende Vernetzung technischer und sozialer Prozesse in vielfältiger Hinsicht erkennen. Wie sich den nächsten Abschnitten entnehmen lässt, fanden Normdefinitionen zum Teil unbeabsichtigt, zum Teil systematisch Eingang in weitere Lebensbereiche. Beschränkte sich die Normung in ihrer Anfangszeit auf technische Sachverhalte, wurde im weiteren Verlauf versucht, soziale Konstrukte auf die gleiche Art und Weise zu schematisieren, d. h. zu normieren.

Auf diesem Weg haben technische Normen z. B. ihren Einsatz bei der Bewertung von Bildungsangeboten gefunden (z. B. DIN EN ISO 9001:2015, DIN EN ISO 29990). Für die vorliegende Arbeit werden Beispiele aus dem Bildungssektor zur Verdeutlichung dienen, hierbei insbesondere nicht staatliche

Bildungsanbieter, die privatwirtschaftliche Maßnahmen und eventuell Maßnahmen der Arbeitsförderung offerieren. Da es Ziel der Arbeit ist, den Anschluss für weitere Forschung aufzuzeigen, wird auf eine detaillierte Trennung der Bildungsangebote und -prozesse verzichtet. Die getroffenen Aussagen sind allgemeingültiger Natur, es sei denn, es wird explizit auf etwas anderes hingewiesen. Der Bildungssektor wurde ausgewählt, um die praktischen Auswirkungen des Versuchs der Übertragung technischer Normen auf einen nicht technischen Sachbereich zu untersuchen.

Beispiel: Markteintritt in den Markt für Maßnahmen der Arbeitsförderung[2]
Wollte zu Beginn des Jahres 2017 ein privater Bildungsanbieter als Träger von Maßnahmen im Sinne des ›Sozialgesetzbuch – Drittes Buch – Arbeitsförderung (SGB III)‹ am Markt auftreten, musste nicht nur dieses Gesetz bekannt sein, sondern auch die auf Grundlage des § 184 SGB III erlassene Verordnung.

Dem § 176 SGB III kann entnommen werden, dass eine spezielle Zulassung durch eine fachkundige Stelle vonnöten ist, um die Trägereigenschaft zu erlangen. Diese Marktzugangsbeschränkung gilt nicht für ausschließlich betriebliche Maßnahmen. Unter welchen Bedingungen ein Träger von der fachkundigen Stelle zuzulassen ist, regelt der § 178 SGB III. Die Zulassung als Maßnahmeträger ist zu erteilen, wenn

1. „er [der Träger – d. Verf.] die erforderliche Leistungsfähigkeit und Zuverlässigkeit besitzt,
2. er in der Lage ist, durch eigene Bemühungen die berufliche Eingliederung von Teilnehmenden in den Arbeitsmarkt zu unterstützen,
3. Leitung, Lehr- und Fachkräfte über Aus- und Fortbildung sowie Berufserfahrung verfügen, die eine erfolgreiche Durchführung einer Maßnahme erwarten lassen,
4. er ein ›*System zur Sicherung der Qualität*‹ anwendet und
5. seine vertraglichen Vereinbarungen mit den Teilnehmenden angemessene Bedingungen insbesondere über Rücktritts- und Kündigungsrechte enthalten" (Hervorhebung durch den Verfasser).

Die im Jahr 2012 erlassene ›Verordnung über die Voraussetzungen und das Verfahren zur Akkreditierung von fachkundigen Stellen und zur Zulassung von Trägern und Maßnahmen der Arbeitsförderung nach dem Dritten Buch Sozialgesetzbuch‹ – kurz: ›Akkreditierungs- und Zulassungsverordnung – Arbeitsförderung (AZAV)‹ konkretisiert die Vorgaben der §§ 176–183 SGB III. Dem Fokus der Arbeit folgend, wird hauptsächlich das unter Nr. 4 benannte

---

2 Anmerkung: Die wichtigsten rechtlichen Grundlagen befinden sich im vollen Wortlaut im Anhang A.

Qualitätssicherungssystem betrachtet. Allerdings geht weder aus den Paragrafen des Sozialgesetzbuches noch aus der Verordnung hervor, warum dieses eingefordert wird. In der Begründung des ›Bundesministeriums für Arbeit und Soziales (BMAS)‹ zur AZAV aus dem Jahr 2012 lässt sich hierzu nachlesen:

> „Der Feststellung eines wirksamen ›Systems zur Sicherung der Qualität‹ kommt [...] besondere Bedeutung zu, *da dieses System das notwendige Vertrauen schafft*, dass die von dem Träger erbrachten Angebote den strengen Anforderungen an die Qualität und Effizienz von Maßnahmen der Arbeitsförderung entsprechen" (Hervorhebung durch den Verfasser – BMAS 2012, S. 5).

Ausschließlich dem **Schaffen von Vertrauen** dient demzufolge der Nachweis eines Qualitätssicherungssystems. Des Weiteren kommt in der Begründung zur AZAV deutlich zum Ausdruck, dass Dreh- und Angelpunkt für die Wirksamkeit des geforderten ›Systems zur Sicherung der Qualität‹ dessen tatsächliche Anwendung ist. Dort wird ausgeführt, dass die Effektivität eines solchen Systems von der „sachgerechte[n] Einführung, Aufrechterhaltung und tatsächliche[n] Anwendung" (BMAS 2012, S. 5) abhängt. Es wird auch ausgeführt, wie die Überprüfung der tatsächlichen Anwendung erfolgen soll:

> „Die fachkundige Stelle muss *anhand dieser Dokumentation* feststellen, ob das ›System zur Sicherung der Qualität‹ und die tatsächliche Anwendung der gewählten Methoden einschließlich der Auswertung und Messung der Prozesse und des Grads der Zielerreichung sowie der daraus abgeleiteten Verbesserungsprozesse geeignet sind, Sicherung und Steigerung der Qualität zu gewährleisten" (Hervorhebung durch den Verfasser – BMAS 2012, S. 5).

Welche Dokumente die Gesetzgeber konkret erwarten, lässt sich wiederum dem § 2 AZAV entnehmen. Beispielsweise erläutert der Abs. 4 in Bezug auf das ›System zur Sicherung der Qualität‹ nach § 178 Nummer 4 SGB III, dieses läge vor, wenn „durch zielgerichtete und systematische Verfahren und Maßnahmen die Qualität der Leistungen gewährleistet und kontinuierlich verbessert wird" (§ 2 Abs. 4 AZAV 2012). Der Nachweis kann mithilfe der Einreichung verschiedener Dokumente entsprechend der neun Punkte umfassenden Aufzählung im folgenden Satz des Abs. 4 durch die Träger erbracht werden. Die Nachweise müssen sich beziehen auf die Dokumentation

1. „zu einem kundenorientierten und auf Eingliederung in den Ausbildungs- und Arbeitsmarkt gerichteten Leitbild,
2. zur Unternehmensorganisation und -führung, einschließlich der Festlegung von Unternehmenszielen und der Durchführung eigener Prüfungen zur Funktionsweise des Unternehmens,

3. zu einem zielorientierten Konzept zur Qualifizierung und Fortbildung der Leitung und der Lehr- und Fachkräfte,
4. zu Zielvereinbarungen, einschließlich der Messung der Zielerreichung und der Steuerung fortlaufender Optimierungsprozesse auf Grundlage erhobener Kennzahlen und Indikatoren,
5. zur Berücksichtigung arbeitsmarktlicher Entwicklungen bei Konzeption und Durchführung von Maßnahmen der Arbeitsförderung,
6. zu den Methoden zur Förderung der individuellen Entwicklungs-, Eingliederungs- und Lernprozesse der Teilnehmenden,
7. zu den Methoden der Bewertung der durchgeführten Maßnahmen sowie ihrer arbeitsmarktlichen Ergebnisse,
8. zur Art und Weise der kontinuierlichen Zusammenarbeit mit Dritten und der ständigen Weiterentwicklung dieser Zusammenarbeit und
9. zu einem systematischen Beschwerdemanagement, einschließlich der Berücksichtigung regelmäßiger Befragungen der Teilnehmenden" (§ 2 Abs. 4 AZAV 2012).

Es existiert ein weiteres Dokument, welches diese Punkte zusätzlich spezifiziert. Gemäß § 182 SGB III wurde bei der Bundesagentur ein Beirat eingerichtet, der Empfehlungen für die Zulassung von Trägern und Maßnahmen ausspricht. Ein Bildungsträger, der zu Beginn des Jahres 2017 einen Markteintritt bzw. die Erweiterung seines Portfolios um Arbeitsförderungsmaßnahmen plante, musste demzufolge die ›Empfehlungen des Beirats nach § 182 SGB III‹ vom 21.12.2016 kennen. Sie enthalten eine zwei A4-Seiten umfassende detaillierte Aufschlüsselung einzufordernder Unterlagen bezogen auf die oben genannten neun Punkte aus der AZAV (vgl. dazu ausführlich Anhang A).

Ein Zertifikat ersetzt die Detailprüfung
Auf das Beibringen detaillierter Unterlagen entsprechend der Empfehlungen des ›Beirates nach § 182 SGB III‹ kann in dem Moment verzichtet werden, in dem die Bildungsträger in der Lage sind, eine Zertifizierung für ihr Qualitätssicherungssystem vorzulegen.

In der Begründung zur AZAV wird dazu ausgeführt, dass „die fachkundige Stelle vorliegende *Zertifizierungen, zum Beispiel nach DIN EN ISO 9001*, berücksichtigen" kann, um Doppelprüfungen zu vermeiden und Zulassungskosten zu senken (Hervorhebung durch den Verfasser – vgl. BMAS 2012, S. 5). Trotz der eindeutigen Benennung der Norm und der Verwendung der Terminologie der DIN EN ISO 9001:2015 (vgl. Zitat auf Seite 7 und z. B. Abschnitt 5.4), formuliert der ›Beirat nach § 182 SGB III‹ wesentlich offener: „Eine Festlegung auf bestimmte Systeme zur Sicherung der Qualität bei Trägern der Arbeitsförderung erfolgt nicht" (Beirat nach § 182 SGB III 2016, S. 2). Nichtsdestotrotz kann ein

Zertifikat – bei Anerkennung durch die fachkundige Stelle – eine vollständige detaillierte Prüfung ersetzen. **Das Zertifikat wird zum Vertrauenssubstitut.** Bedenklich ist zudem die Nutzung des sogenannten ›gleitenden Verweises‹ (zum Begriff vgl. Punkt b im Abschnitt 4.4.2) auf die DIN EN ISO 9001 durch Weglassen des Ausgabedatums. Im Jahr 2012 war beispielsweise die Version aus dem Jahr 2008 gültig, die sich inhaltlich von der Version aus dem Jahr 2015 und damit der im Jahr 2017 gültigen Version unterschied. Beim gleitenden Verweis besteht die Gefahr, dass durch die privaten Normungsorganisationen andere Inhalte in die Norm eingebracht und damit rechtsverbindlich werden, ohne dass eine neuerliche Prüfung durch die zuständigen staatlichen Stellen erfolgt.

Zusammenfassend ergibt sich aus dem zuvor Dargestellten, dass Bildungsträger vor ihrem Markteintritt als Maßnahmeträger der Arbeitsförderung verschiedene Gesetze, Verordnungen, Begründungen des Gesetzgebers und zusätzliche Durchführungsbestimmungen kennen mussten. Dies waren Anfang des Jahres 2017 vorwiegend folgende Dokumente:

- Das Dritte Buch des Sozialgesetzbuchs – Arbeitsförderung – Stand: 5.1.2017,
- AZAV – Akkreditierungs- und Zulassungsverordnung – Arbeitsförderung vom 2.4.2012,
- Begründung der Verordnung über die Voraussetzungen und das Verfahren zur Akkreditierung von fachkundigen Stellen und zur Zulassung von Trägern und Maßnahmen der Arbeitsförderung nach dem Dritten Buch Sozialgesetzbuch (AZAV) – Stand: 5.4.2012,
- Empfehlungen des Beirats nach § 182 SGB III. Bekanntmachung am 21.12.2016 sowie
- DIN EN ISO 9001:2015 (bzw. andere Qualitätssicherungssysteme).

Zurückkehrend zu der Aussage, dass sowohl die nationalen als auch die europäischen Gesetzgeber bestrebt seien, die bürokratischen Anforderungen zu minimieren, scheinen zumindest in Bezug auf die Marktzutrittsberechtigung in einzelnen Segmenten des Bildungsmarktes Zweifel berechtigt.

In Bezug auf den Nachweis eines Qualitätssicherungssystems stellte sich für Bildungsträger im Jahr 2017 die Frage, wie sie diesen Nachweis gemäß § 178 Nr. 4 SGB III erbringen. Insbesondere ergab sich die Überlegung, inwieweit eine Zertifizierung nach DIN EN ISO 9001:2015 sinnvoll sein könnte oder ob ein anderes Qualitätssicherungssystem bzw. eine andere Zertifizierung genutzt werden sollte. Um diese Entscheidung zu treffen, mussten der Anwendungsbereich und die Wirkungen dieser Normen bekannt sein.

Von der Perspektive der Gesetzgeber aus betrachtet ist bemerkenswert, dass sie auf der einen Seite sehr detaillierte Angaben darüber machten, welche Dokumente vorgelegt werden sollten, um eine Zulassung als Träger zu rechtfertigen, und auf der anderen Seite die Vorlage eines einzelnen Zertifikates diese Dokumentenvielfalt ersetzen konnte. Dem Wunsch, eine intensive Prüfung in Bezug auf die Leistungsfähigkeit eines Bildungsträgers durchzuführen, wird damit nicht entsprochen.

Inwieweit die Anwendung eines Qualitätssicherungssystems, welches das Vertrauen schaffen soll, dass Bildungsträger so agieren, wie vom Gesetzgeber gewünscht, **durch Beibringen verschiedener Dokumente oder eines Zertifikates** überprüft werden kann, ist ebenso fraglich.

Kapitel 2.
Forschungsinteresse und Aufbau der Arbeit*

2.1 Normen in der öffentlichen Wahrnehmung

Aufgrund ihrer Omnipräsenz vermitteln die Schriftsätze der privaten Normungsorganisationen – die Normen – den Eindruck einer zwangsläufigen Anwendungspflicht. In den vergangenen Jahrzehnten erschien das Normungswesen als ein sich selbst erhaltendes System, welches seine Berechtigung anscheinend aus seiner Existenz zog. Unterstützung erhält das Normungswesen in den letzten Jahren durch die europäischen Gesetzgeber, die in ihrer Gesetzgebung verstärkt auf die Normen privater Normungsorganisationen, wie z.B. der International Organization for Standardization (ISO) oder des CEN – Europäisches Komitee für Normung (CEN), zurückgreifen (vgl. Kapitel 4).

Normen, wie bspw. die sogenannten ›harmonisierten Normen‹, werden quasi-verbindlich[1], da mit ihnen im technischen Bereich die „*Vermutung der Konformität von Produkten*, die auf dem Markt angeboten werden sollen, mit den wesentlichen Anforderungen hinsichtlich jener Produkte, die in den einschlägigen Rechtsvorschriften der Union zur Harmonisierung festgelegt sind", belegt werden kann (Hervorhebung durch den Verfasser – Abl. EU L 316 v. 14.11.2012, S. 12).

Da der Nachweis einer Konformität, d.h. der Fehlerfreiheit bzw. Erfüllung bestimmter Anforderungen (vgl. zu (Nicht)konformität ISO 9000:2015-11, S. 39 Punkt 3.6.9 und 11) auf anderem Wege ungleich schwieriger erscheint, erwächst für viele Unternehmen eine, wenn vielleicht auch nicht reale so doch sehr stark ›gefühlte Verpflichtung‹ der Anwendung. Und dies trotz oder gerade wegen der permanenten Betonung, dass ihre Anwendung freiwillig sei.

---

* Anmerkung: In der vorliegenden Arbeit wird die Perspektive des Normanwenders oder des potenziellen Normanwenders eingenommen. Wenn von ›Organisationen‹ die Rede ist, so sind immer (auch) die in den Organisationen handelnden Akteure gemeint; zudem werden unter diesem Begriff Einzelunternehmer und Einzelunternehmerinnen ohne weitere Beschäftigte subsumiert. Die Aussagen in den folgenden Abschnitten sind zunächst allgemeingültig und werden später auf den Bildungssektor übertragen.
1 Vgl. dazu z.B. Abl. EU C 412 v. 11.12.2015, S. 12 Abs. 5 i.V.m. dem Beschluss Nr. 768/2008/EG (Abl. EU L 218 v. 13.8.2008, S. 83 Abs. 9).

Die Forderung nach der ›Freiwilligkeit der Anwendung‹ lässt sich bspw. nachlesen in den sogenannten ›Grundprinzipien‹ der Welthandelsorganisation (WTO) (vgl. WTO 2014, S. 122–125), die von den europäischen Gesetzgebern als ›Grundsätze auf dem Gebiet der Normung‹ anerkannt wurden. Die Grundsätze „Kohärenz, Transparenz, Offenheit, Konsens, *Freiwilligkeit der Anwendung*, Unabhängigkeit von Einzelinteressen und Effizienz" (Hervorhebung durch den Verfasser – Abl. EU L 316 v. 14.11.2012, S. 12 Abs. 2) wurden in die europäische Rechtsprechung mit der Verordnung Nr. 1025/2012 „Zur europäischen Normung" inkorporiert.

Die zunehmende Ausweitung der Normierung sowohl technischer Sachverhalte als auch sozialer Konstrukte stellt die tatsächliche Freiwilligkeit der Anwendung allein aufgrund der zunehmenden Durchdringung verschiedenster Lebensbereiche infrage.

Zunehmende Probleme bei der demokratischen Legitimierung von Normen
Da die Normsetzung durch private Normungsorganisationen erfolgt, ist sie keiner staatlichen Kontrolle unterworfen. Insofern kann auch nicht sichergestellt werden, dass die Normsetzung mithilfe demokratischer Legitimierungsverfahren erfolgt. Beispielsweise erfolgte die Abweisung des Volksbegehrens gegen die ›Transatlantic Trade and Investment Partnership (TTIP)‹ und das ›Comprehensive Economic and Trade Agreement (CETA)‹, bei denen das Thema Standardisierung/Normung einen hohen Stellenwert hat, mit der Begründung, dass es sich nicht um Rechtsakte, sondern um interne Vorbereitungsakte handle (vgl. Efler/EU C(2014) 6501 vom 10.9.2014). Somit wird darüber durch Mitarbeiter der Verwaltung beraten und es wird inkorporiert, was private Normungsorganisationen entwickeln.

In diesem Zusammenhang erscheint auch die Aussage der Bundesregierung zu einer Anfrage des Mitglieds des Bundestages ROLAND CLAUS aus dem Februar 2016 interessant, auf welchem Wege „die Mitglieder des Sachverständigenrates [...] die erforderlichen Kenntnisse bezüglich des Inhalts der geheimen TTIP-Unterlagen erlangt" haben (Gleicke 2016). Die Antwort der Parlamentarischen Staatssekretärin IRIS GLEICKE stellte darauf ab, dass die Argumentation in einer „Randziffer [des] Jahresgutachtens [2015/16 – d. Verf.]" ausreichend sei und ergänzte: „Die Aussagen des Sachverständigenrates setzen nach Auffassung der Bundesregierung keine Kenntnis der TIPP-Verhandlungsdokumente voraus" (Gleicke 2016).

2.2 (Re-)Zertifizierung als Investitionsentscheidung

Beim Studium des Dokumentes DIN EN ISO 9001:2015 wird deutlich, dass die Zielgruppe ›Organisationen‹ i. d. R. im Sinne von wirtschaftlich tätigen Akteuren und keine ›Privatpersonen‹ sind. Unter einer Organisation werden hier verschiedenartige arbeitsteilige Institutionen verstanden, die das Ergebnis des zielorientierten ganzheitlichen Gestaltens von Beziehungen in offenen sozialen Systemen sind (vgl. Vahs 2005, S. 13).

Seit im Jahr 2015 die Novellierung der DIN EN ISO 9001:2015 erschien, müssen sich Organisationen – nicht nur im Bildungswesen – die Frage stellen, inwieweit dies für ihre Tätigkeit von Relevanz ist: (1) Organisationen, die bisher nicht entsprechend der Vorgängernorm handelten, stehen vor der grundlegenden Fragestellung, ob die Norm für sie generell von Interesse sei. (2) Jede Organisation, die sich entsprechend der DIN EN ISO 9001:2008-12 zertifizieren ließ, muss sich fragen, ob sie eine Re-Zertifizierung benötigt. Dann muss sie sich mit den neuen Norminhalten auseinandersetzen, da sich Organisationen nach einer Übergangsfrist von drei Jahren ausschließlich nach der Version aus dem November 2015 zertifizieren lassen können. Der 15.9.2018 ist das späteste Datum der Beendigung der Annahme der Konformitätsvermutung entsprechend der ersetzten Vorgängernorm (vgl. Abl. EU C 412 v. 11.12.2015, S. 4).

Komponenten der Investitionsauszahlungen
Wurde die Norm – unabhängig von den Gründen – z. B. als potentielles Vertrauenssubstitut für den Nachweis gegenüber einem Auftraggeber eingestuft, stellt sich den Akteuren als nächstes die Frage, ob die hieraus resultierenden Investitionen getätigt werden sollten. Investitionstheoretisch könnte auch die Unterlassungsalternative optimal sein, da die mit der Zertifizierung verbundenen Investitionsauszahlungen signifikant sind und unbekannten Investitionseinzahlungen gegenüberstehen.

Von den notwendigen Investitionsauszahlungen lassen sich im Vorfeld die Kosten für unternehmensexterne Dienstleister relativ gut ermitteln, da hierfür Angebote eingeholt werden können. Dazu gehören bspw. (a) Kosten für Beraterhonorare und (b) Honorare für die Auditoren, (c) Kosten für die Beschaffung von Normtexten, (d) Kosten für die Ausstellung der Zertifikate, (e) Reise- und Übernachtungskosten der Auditoren, um nur einige zu nennen.

Schwieriger erscheint die Abschätzung organisationsinterner Kosten z. B. für (f) die Umstellung interner Prozesse, (g) die Arbeitszeit der Mitarbeiter, die mit der Implementierung befasst sind, (h) die Arbeitszeit der Mitarbeiter, für die

Erstellung interner Materialien (Handbücher, Intranetseiten) oder (i) die Schulung der Mitarbeiter. Auch diese Liste ließe sich noch weiter fortsetzen.

In Bezug auf die Preisgestaltung der Honorare für die zertifizierenden Auditoren ergab eine nicht-repräsentative Marktrecherche des Verfassers (vgl. Anhang B), dass die Angebote i. d. R. von folgenden Faktoren abhängig gemacht wurden: Anzahl der Mitarbeiter, Einstufung der Organisation (mit Entwicklung/ohne Entwicklung), Standorte, Branche, vorhandene bzw. zu erstellende Dokumentation (QM-Handbuch etc.), Wahl der Zertifzierungsstelle (vgl. z. B. StrategicEnterprise AG 2016).

Da es den Zertifizierungsstellen gemäß DIN EN ISO/IEC 17065:2013-01 untersagt ist, Beratungen in Unternehmen durchzuführen, die sie zertifizieren, muss hierzu ein weiterer Dienstleister eingeschaltet werden (vgl. ISO 17065:2013-01, S. 20–22). In einem Unternehmen mit mehr als 100 Mitarbeitern belaufen sich diese (a) Kosten für Beraterhonorare je nach Angebot auf z. B. 15 000 EUR (vgl. SMCT 2016). Die Tabelle 2.1 gibt einen kurzen Überblick über die (b) Honorare für Auditoren (vgl. detaillierter im Anhang B).

Tabelle 2.1: Beispielhafte Kosten für die Zertifizierung gemäß DIN EN ISO 9001

Mitarbeiter	bis 10[a]	50[b]	85[c]
Audittage (Organisation mit nur einem Standort)	1,5	5,0	6,0[d]
Kosten Auditoren für Zertifizierung	2 304 EUR	5 750 EUR	6 900 EUR
Kosten Überwachungsaudit	1 170 EUR	1 667 EUR	k. A.

[a] Vgl. Angebot für einen Weiterbildungsdienstleister, DNV GL 2016.
[b] Vgl. Denkeler 2016.
[c] Vgl. Angebot für eine Zertifizierung gem. DIN EN ISO 9001:2015 und SGB III-AZAV, HZA 2016a.
[d] Vgl. DAkkS 2016a, S. 18.

Verhältnismäßig gering erscheinen in diesem Zusammenhang die Kosten für (c) die Beschaffung der Normtexte: Für die DIN EN ISO 9000:2015 und die DIN EN ISO 9001:2015 belaufen sich diese auf 284,02 EUR (vgl. in diesem Zusammenhang Abschnitt 5.2). Ähnliches gilt für die (d) Zertifikatskosten. Ein Zertifikat gemäß AZAV i. V. m. SGB III wird beispielsweise von der HZA mit 120 EUR für eine Einzelmaßnahme in Rechnung gestellt (vgl. HZA 2016b, S. 2). Steht kein Auditor in regionaler Nähe zur Verfügung, kann die Position (e) Reisekosten größere Ausmaße annehmen, da sie teilweise mit bis zu 60 % des Tagessatzes für Auditoren angesetzt werden (vgl. DNV GL 2016).

Wie bereits angesprochen, lassen sich die Positionen (f) bis (i) wesentlich schwieriger ermitteln, da sie je nach Struktur und Art des Unternehmens individuell zu kalkulieren sind. Durch die zeitaufwendige Mitarbeit bei der Umstellung der internen Prozesse auf die Vorgaben der Auditoren, um die Zertifizierung zu erlangen, erreichen die Personalkosten leicht fünfstellige Beträge.

Gelingt es, die Kostenpositionen (a) bis (i) zu ermitteln, sind damit längst nicht sämtliche Auszahlungen dieser Investition erfasst. In jährlichem Abstand sind nach der Erstzertifizierung zwei Überwachungsaudits durchzuführen (vgl. Hinsch 2014, S. 149). Da keine Vollprüfung erfolgt, werden hierfür ca. ein Drittel der Kosten für die erste Zertifizierung fällig. Nach drei Jahren muss ein Re-Zertifizierungsaudit durchgeführt werden, um das Zertifikat zu erneuern. Die Vorschriften hierzu enthält die ISO 17 021 (vgl. Hinsch 2014, S. 149). Für eine Re-Zertifizierung werden in der Regel zwei Drittel der Kosten des Erstzertifizierungsaudits angesetzt (vgl. SMCT 2016). Die Einbeziehung einer automatischen Preissteigerung (z. B. jährlich 2 % beim Angebot von DNV GL 2016, S. 4 oder HZA 2016a) in das Preismodell der Zertifizierer ergibt – bei einer Entscheidung für die Zertifizierung – **eine dynamisch wachsende Reihe von Investitionsauszahlungen, ohne dass dieser direkte Einzahlungen gegenüberstehen!**

2.3 Stand der Forschung

Quellenlage bis zum Jahr 1999
Das Befolgen von Normen muss per se keine negativen Auswirkungen auf den Einzelnen oder die Gesamtwirtschaft haben. Es stellt sich nichtsdestotrotz die Frage, ob Normen zur Grundlage einzelner Rechtsakte werden sollten, die durch ein Gremium einer privaten Normungsorganisation entstanden sind, deren Inhalte nicht demokratisch legitimiert und deren Wirkungen lediglich unvollständig wissenschaftlich belegt sind. Bis in die 1990er-Jahre gab es relativ wenige Untersuchungen, die sich mit der Wirkung von Normen auseinandersetzten. CLEMENS UND HAUSER untersuchten im Jahr 1993 das Thema „Die Harmonisierung technischer Normen in der EG und ihre Auswirkungen auf den industriellen Mittelstand". Dabei zeichneten sie ein durchaus kritisches Bild und wiesen darauf hin, dass die Harmonisierung dort begrenzt sein sollte, wo „allzu weit gehende Vereinheitlichung zu Kreativitätsverlusten und Ineffizienzen führt" (Clemens & Hauser 1993, S. 92).

Während sich CLEMENS UND HAUSER vor allem mit der Produktion von Gütern und der sogenannten EG-Maschinenrichtlinie befassten, bezog ENSTHALER neben dieser Richtlinie auch die Normen für Qualitätsmanagementsysteme in seine Betrachtung ein. Er kritisierte dabei, dass sich die Normen zumeist auf technische Abläufe beschränkten und die sozialen Systeme in Unternehmen zu wenig berücksichtigten. Er stand dem Normungswesen als solchen hingegen eher positiv gegenüber (vgl. Ensthaler 1995, S. 70).

REIMERS untersuchte ebenfalls im Jahr 1995 schwerpunktmäßig die Bereitschaft von Unternehmen, an Normungsprozessen teilzunehmen, und wies auf die Gefahr von ›Normungskriegen‹ hin, deren Ergebnis weder im Interesse des Verbrauchers sein muss, noch zwingend einen höheren technischen Fortschritt garantiert (vgl. Reimers 1995, S. 233).

In einer sehr umfangreichen Arbeit hat sich ZUBKE-VON THÜNEN (1999) mit der Einbindung technischer Normen in die Gesetzgebung beschäftigt (vgl. Abschnitt 4.4.2) und die bestehenden Verfahren verworfen. Zudem warnte er vor einer weiteren Aushöhlung des allgemeinen Gesetzesvorbehaltes und der gewaltenteiligen Funktionenordnung (vgl. Zubke-von Thünen 1999, S. 936). Die von ihm angemahnte grundlegende Reform der Rechtsetzung fand weder auf nationaler Ebene in Deutschland noch auf europäischer Ebene Gehör.

Die Studien zum Thema Normung nahmen in der Folgezeit zwar zu, beschäftigten sich allerdings einerseits überwiegend mit dem Normungswesen als Ganzem. Andererseits sind sie in der Regel von den nationalen Normungsorganisationen in Auftrag gegeben worden und wirken damit tendenziös. In Deutschland ist das DIN häufig Herausgeber und der publizierende Verlag ist der zum DIN gehörende Beuth-Verlag (vgl. Literaturverzeichnis). Dies gilt bspw. auch für die Werke zur Historie der Technischen Normung von MUSCHALLA und WÖLKER (vgl. Muschalla 1992; Wölker 1992).

Die Studie im Auftrag des DIN aus dem Jahr 2000 und deren internationale Folgestudien
Bei Aussagen zum Normungswesen wird vielfach davon ausgegangen, dass die Anwendung von Normen positive Auswirkungen sowohl auf die anwendenden Organisationen als auch die Volkswirtschaft insgesamt habe (vgl. dazu z. B. Blind 2006).

Eine umfangreiche Studie aus dem Jahr 2000, die vom ›Deutschen Institut für Normung (DIN)‹ in Auftrag gegeben wurde, versuchte hierfür den wissenschaftlichen Beweis zu erbringen. Die Autoren befassten sich mit den Auswirkungen bei der Anwendung von Normen auf über 1 500 Seiten in fünf Bänden und fanden international viel Beachtung (vgl. DIN-Studie: Gesamtwirtschaftlicher Nutzen der Normung, Bd. 1–5, 2000). Basierend auf dieser von der Technischen Universität Dresden sowie dem Fraunhofer Institut für Systemtechnik und Innovationsforschung in Karlsruhe veröffentlichten Untersuchung wurden weitere Länderstudien (z. B. in Großbritannien, Kanada, Australien, Frankreich und Neuseeland) in den Jahren 2000 bis 2011 unter gleichen Annahmen durchgeführt.

Über zehn Jahre hinweg wurden rund um den Globus Studien auf Basis der gleichen Überlegungen wie in der DIN-Studie aus dem Jahr 2000 durchgeführt. Die Ergebnisse waren sicher auch Grundlage für die diesbezüglichen Entscheidungen der europäischen Gesetzgeber im Jahr 2012. Mit der EU-Verordnung Nr. 1025/2012 (vgl. Abl. EU L 316 v. 14.11.2012) räumten sie dem Normungswesen eine größere Bedeutung innerhalb der europäischen Rechtsprechung und Politik ein und veranlassten dessen (teilweise) Finanzierung (ausführlicher dazu im Abschnitt 4.5.6). Selbst im Jahr 2016 referenzierte die EU-Kommission in ihrem Bericht „über die Durchführung der Verordnung (EU) Nr. 1025/2012 in den Jahren 2013 bis 2015" noch auf diese Studien (vgl. FN 13, Europäische Kommission 2016a, S. 8).

Noch in ihrer Folgestudie hatten die Autoren folgenden Zusammenhang als Hauptergebnis festgehalten: *„Je größer der Bestand der Normen ist, desto größer ist der Diffusionseffekt des technologischen Wissens und desto größer ist das Wirtschaftswachstum"* (Hervorhebung durch den Verfasser – Blind, Jungmittag & Mangelsdorf 2011, S. 14).

An dieser Aussage gab es z. B. bereits in einer französischen Studie für die Association française de normalisation (AFNOR) aus dem Jahr 2009 Zweifel. Es wurde zwar bestätigt, dass es einen positiven und *signifikanten statistischen Zusammenhang* gäbe, dennoch wurde bereits zu diesem Zeitpunkt die Aussagekraft infrage gestellt. Die Autoren merkten an, dass das Modell nicht explizit auf den Wissensdiffusionsprozess in der Gesellschaft eingeht und sahen trotz einer statistischen Korrelation die Kausalität nicht bestätigt (vgl. Miotti 2009, S. 15).

Auch wenn es keine eindeutigen Aussagen zu den Gründen gibt, die die Europäische Kommission veranlasste, den Einfluss der Ergebnisse privater Normungsorganisationen auf die europäische Rechtsprechung weiter auszudehnen, kann davon ausgegangen werden, dass die Ergebnisse der Studie aus dem Jahr 2000 im Auftrag des DIN und deren internationale Folgestudien starken Einfluss auf die Einschätzung des gesamtwirtschaftlichen Nutzens des Normungswesens hatten – deren spätere kritische Betrachtung hingegen nicht.

2.4 Die Revision der ISO 9001 im Jahr 2015

Zertifikate gemäß ISO 9001:2015 stehen als Vertrauenssubstitute im Mittelpunkt der vorliegenden Arbeit. Das Dokument ISO 9001:2015 lässt sich – wie noch gezeigt wird – zunächst einmal als eine Norm einstufen, die Teil des internationalen

Normungswesens ist. Sie wurde ausgewählt, da sie weltweit intensiv genutzt wird. Bei genauerer Betrachtung ist ihr Anwendungsgebiet die Normung sozialer Konstrukte. Dies führt z. B. in Bezug auf den Bildungssektor zu Verwerfungen, da das Dokument der Technischen Normung entstammt. Die Auswahl des Bildungssektors wurde bereits weiter oben begründet (vgl. Abschnitt 1.3).

Als im November 2015 die überarbeitete Fassung mit dem Titel ›Quality management systems – Requirements‹ als nationale Norm DIN EN ISO 9001:2015 ›Qualitätsmanagementsysteme – Anforderungen‹ erschien, war dies die fünfte Ausgabe seit der Erstausgabe im Jahr 1987 (vgl. ISO 9001:2015-11, S. 4 des Vorwortes und S. 7). Sie wurde zudem als ›harmonisierte Norm‹ im Rahmen der Harmonisierungsrechtsvorschriften der EU deklariert (vgl. dazu Abl. EU C 412 v. 11.12.2015 i. V. m. Abl. EU L 218 v. 13.8.2008) und ist im EU-Rechtsverständnis eine ›Technische Vorschrift‹ (weitere Ausführungen im Abschnitt 4.5.1).

An der Norm ISO 9001:2015 als Ergebnis eines Normsetzungsprozesses (vgl. Abschnitt 3.4.4) lässt sich erkennen, dass die Definitionen und Schriftsätze Resultate von Aushandlungsprozessen der Mitglieder des Ausschusses ›Quality management and quality assurance (ISO/TC 176)‹ sind. Im Jahr 2017 verzeichnete dieses Technische Komitee der ISO 96 Mitglieder und weitere Beobachter aus 25 Ländern (vgl. ISO 2017b). An der direkten Ausarbeitung waren offiziell nur die Personen beteiligt, die innerhalb des Unterkomitees ›SC 2 Quality systems‹ in der Arbeitsgruppe ›ISO/TC 176/SC 2/WG 24 – Revision of ISO 9001‹ mitgewirkt haben (ISO 2016). Das Unterkomitee hat 86 Mitglieder und 11 Beobachter. Laut der Aussage von CHARLES CORRIE, des Sekretärs des ISO/TC 176, haben an den Treffen zur Revision der ISO 9001:2015 regelmäßig etwa 100 Delegierte teilgenommen (vgl. Corrie 2017).

Gefahr verschiedener Interpretationen
Bereits auf der Grundlage des Entwurfs ›DIN prEN ISO 9001:2014-08, Qualitätsmanagementsysteme‹ aus dem Jahr 2014 erschienen im Bereich der sogenannten ›Beraterliteratur‹ Hinweise für die Umsetzung der veränderten Inhalte der neuen Fassung der DIN EN ISO 9001:2015 (vgl. dazu z. B. Hinsch 2014, Reimann 2015). Diese Literatur ist vielfach dadurch gekennzeichnet, dass sie selbstständig Interpretationsversuche im Bezug darauf unternimmt, was die Normsetzer meinten: Die Autoren versuchen auf Grundlage ihrer Erfahrungen und Expertise zu beschreiben, was die Normsetzer der ISO im Technischen Komitee ›ISO/TC 176‹ vermutlich ausdrücken wollten, aber nicht niedergeschrieben haben. Eine solche Vorgehensweise kann einen Normanwender in seiner Arbeit unterstützen. Mutmaßungen bedeuten dennoch, dass der Wunsch nach einer einheitlichen

(normierten) Anwendung behindert wird: Wenn jeder Autor seine eigenen Ideen zu dem erklärt, *was gemeint wurde*, kann von Einheitlichkeit keine Rede sein. Die vorliegende Arbeit unterscheidet sich von diesen Ansätzen, indem sie die DIN EN ISO 9001:2015 – und soweit notwendig die DIN EN ISO 9000:2015 – auf Grundlage einer Dokumentenanalyse kritisch untersucht. Es wird auf den deutschsprachigen Normtext abgestellt, solange dieser keine widersprüchlichen Ergebnisse liefert. Dies geschieht aus der Überlegung heraus, dass für Unternehmen in den Grenzen der Bundesrepublik Deutschland die Amtssprache Deutsch ist, und der Tatsache, dass die deutsche Übersetzung ansonsten obsolet wäre. Die Normübersetzung soll vermutlich auch einem des Englischen unkundigen Normanwender die Möglichkeit eröffnen, die Norm anzuwenden. Dies gilt erst recht, wenn dieser zur Anwendung verpflichtet ist, um beispielsweise Konformitätsvermutungen gemäß der EU-Verordnung Nr. 1025/2012 (vgl. Abl. EU L 316 v. 14.11.2012) gerecht zu werden.

Das Normungswesen als selbstreferenzielles System
Da die Schriftsätze keine Verweise auf Literatur außerhalb des Normensystems enthalten, bleibt unveröffentlicht, auf welcher wissenschaftlichen Basis Definitionen entstanden bzw. welches theoretische Fundament ihnen zugrunde liegt. Beim internationalen Normenwerk und in seinen Teilen auf europäischer aber auch nationaler Ebene handelt es sich größtenteils um ein selbstreferenzielles System – zu erkennen an der Tatsache, dass Normen zu ihrer Erläuterung vielfach auf andere Normen verweisen.

> Zur Verdeutlichung: Die mit dem Wort ›Literaturhinweise‹ betitelte Liste[2] enthält in der DIN EN ISO 9001:2015 bspw. ausschließlich Verweise auf andere Normen (vgl. ISO 9001:2015-11, S. 64–65 Endnoten 1–27) oder die Internetseite der ISO (vgl. ISO 9001:2015-11, S. 65 Endnoten 28–29).

Den Schriftsätzen/Normen fehlt es an Begründungen oder Nachweisen ihrer Richtigkeit bzw. Relevanz. Damit wird ein Spielraum für Interpretationen geschaffen, durch den die intendierte Wirkung in Frage gestellt oder gar verfehlt wird. Zudem eröffnen unklare Formulierungen einen Spielraum für Interpretationen, die im schlechtesten Fall sogar kontraproduktiv sind.

---

2 In der englischsprachigen Entsprechung wird der Begriff ›Bibliography‹ verwandt, der außerhalb der Normung i. d. R. mit dem Begriff ›Quellenverzeichnis‹ übersetzt wird.

2.5 Interdisziplinärer Ansatz der Arbeit

2.5.1 Erfahrungs- und Erkenntnisobjekt

Wissenschaftliches Arbeiten soll durch „begründetes und nachvollziehbares Gewinnen neuer Erkenntnisse und deren Anwendung zur Lösung praktischer Problemstellungen beitragen" (Töpfer 2010, S. 22). Wirtschaftlich handelnden Akteuren, aber auch politischen Entscheidungsträgern Argumente in Bezug auf die (Nicht)anwendung der ISO 9001:2015 zu liefern, ist Gegenstand der vorliegenden Arbeit.

Die Ausführungen auf den vorhergehenden Seiten zeigen, wie vielschichtig die Betrachtung des Normungswesens ausfallen muss. Anhand der ISO 9001:2015 werden exemplarisch die Verwerfungen aufgezeigt, die beim Versuch der Normung sozialer Konstrukte mithilfe technischer Normen auftreten.

Es scheint so, als entziehe sich das Normungswesen der exakten Zuordnung zu einem spezifischen Lebens- und Forschungsbereich. Vielmehr lässt sich feststellen, dass unterschiedliche Forschungsbereiche angesprochen werden. Überblicksartig lässt sich diese Problematik bereits bei der Beantwortung der Frage erahnen: *Was ist eine Norm?* Ein Einstieg in das Thema sei folgendermaßen formuliert:

Die Norm ISO 9001:2015 ist (a) Ergebnis einer historischen Entwicklung, (b) trotz ihrer Struktur und Anmutung keine technische Norm – ihr Ursprung liegt in der Qualitätssicherung und betrifft damit ebenfalls soziale Konstrukte, (c) Arbeitsergebnis einer privaten Normungsorganisation, (d) Teil des internationalen Normungswesens und (e) ein Dokument, dessen Ziel die Verhaltenssteuerung/Regulation ist.

In der ›Science Community‹ ist es vielfach üblich, die Welt in verschiedene Lebensbereiche aufzuteilen und Wissenschaftsdisziplinen zu formen, die sich auf die Bearbeitung spezifischer Lebensbereiche spezialisieren (vgl. Bardmann 2014, S. 47). Dabei geht es um die Unterscheidung von Erfahrungs- und Erkenntnisobjekt. Das *Erfahrungsobjekt* beschreibt den Gegenstandsbereich und die in der Realität auftretenden Phänomene, die in einer Wissenschaftsdisziplin beschrieben bzw. erklärt werden. Die Betriebswirtschaftslehre als Teilgebiet der Wirtschaftswissenschaften befasst sich als anwendungsorientierte Wissenschaft „in ihrem Erfahrungsobjekt mit dem menschlichen Verhalten und Handeln in der ökonomischen, sozialen, technischen und ökologischen Welt von Wirtschaftssubjekten" (Töpfer 2010, S. 22). Das *Erkenntnisobjekt* legt den fachlichen Blickwinkel fest, von dem aus eine Analyse stattfindet. Dies mündet zumeist in die Bearbeitung innerhalb einer Wissenschaftsdisziplin.

Die Welt in Teilprobleme aufzuspalten und in Einzelwissenschaften zu bearbeiten, wird dem komplexen Phänomen ›Normungswesen‹ – als Erfahrungsobjekt – nicht gerecht. Die isolierte Betrachtung innerhalb einer Wissenschaftsdisziplin kann nicht gleichzeitig die Existenz der ISO 9001:2015 erklären, die Auswirkungen auf das Verhalten der sozialen Akteure und den Einfluss auf betriebswirtschaftliche Ergebnisse beschreiben. Daher wird die vorliegende Arbeit fast zwangsläufig einen interdisziplinären Ansatz verfolgen. Sie befindet sich am Schnittpunkt mehrerer Diskussionslinien und berührt bspw. marktwirtschaftliche, wirtschaftshistorische, rechtliche, politische aber auch verhaltenswissenschaftliche Themen.

Als Erkenntnisobjekt wird das stabile Institutionen- bzw. Systemvertrauen in das Normungswesen untersucht. Der Fokus wird dahingehend geöffnet, dass untersucht wird, wie Institutionen- bzw. Systemvertrauen mithilfe von Vertrauenssubstituten entstehen kann und so stabil wird, dass es losgelöst von persönlichen Interaktionen über längere Zeiträume Bestand haben kann. Zur Verdeutlichung dieses Phänomens wird die ISO 9001:2015 in ihrer Relevanz für einen Bildungsträger bei der Beantragung von Maßnahmen der Arbeitsförderung dienen. Dieses Beispiel ermöglicht es zudem, die Verwerfungen zu thematisieren, die bei der Übertragung technischer Normierungen auf soziale Konstrukte auftreten.

2.5.2 Wirtschaftshistorische Betrachtung

Der Definition z. B. von Douglas North folgend, stellen Institutionen von Menschen erdachte Rahmenbedingungen für die Ausrichtung bestimmter Verhaltensweisen und die Beschränkung menschlicher Interaktionen dar (vgl. North 1992, S. 3). Hauptzweck und Hauptwirkung von Institutionen sind – laut Oliver Williamson – die Einsparung von Transaktionskosten (vgl. Williamson 1990, S. 1).

Um nachzuvollziehen, inwieweit die Befolgung der Inhalte des hier betrachteten Dokumentes mit der Bezeichnung ›DIN EN ISO 9001:2015‹ zwingend oder hilfreich für die Zielerreichung sein könnte, muss einerseits die Funktion und anderseits die historische Entwicklung dieser Institution verstanden werden. Bisher wurde stillschweigend davon ausgegangen, dass eine Notwendigkeit bestünde, sich mit den Arbeitsergebnissen privater Normungsorganisation zu befassen. Aber dieser Überlegung fehlt das Zwingende, wenn die Entstehung des internationalen Normungswesens nicht berücksichtigt wird. Ohne wirtschaftshistorische Kenntnisse fehlt das Verständnis dafür, dass ein Dokument, welches von einem Gremium der ›International Organization for

Standardization (ISO)‹ erarbeitet wurde, z. B. für ein deutsches Unternehmen Relevanz haben sollte.

Einen Erklärungsansatz gibt das *Kapitel 3*, welches die wichtigsten Etappen der historischen Entwicklung nachzeichnet. Diese Grobskizze stellt keine detaillierte geschichtswissenschaftliche Abhandlung dar, ermöglicht dennoch die Erklärung, wie die Omnipräsenz der DIN-, EN- bzw. ISO-Normen entstand.

2.5.3 Politik, Rechtsprechung und Regulation

Da der Abschnitt 3.4 sowohl die historische Entwicklung des internationalen Normungswesens als auch Abstimmungsprozesse aufzeigt, die auf den einzelnen Normungsebenen zu neuen bzw. novellierten Normen führen, wurde es ins Kapitel 3 eingegliedert.

Darüber hinaus lassen sich diese Vorgänge vom Blickwinkel der Politikwissenschaften aus betrachten. Genauso wie die weiteren Abschnitte, die sowohl politikwissenschaftliche als auch andere Themengebiete berühren. So werden in Kapitel 3 und Kapitel 4 viele Entscheidungen beschrieben, die politisch motiviert waren – unabhängig davon, ob diese auf internationaler, europäischer, nationaler Ebene oder Verbandsebene erfolgten. Wie gezeigt wird, ist das Normungswesen längst Bestandteil der europäischen Tagespolitik und zwar sowohl innerhalb der Europäischen Union als auch in der Beziehung zu ihren Wirtschaftspartnern.

Aufgrund ihrer – häufig nicht einmal bewusst wahrgenommenen – permanenten Anwesenheit steigt die Bedeutung der Normen. Ihren ›Siegeszug‹ traten sie spätestens in dem Moment an, als die europäischen Gesetzgeber entschieden hatten, innerhalb von Rechtsnormen auf Dokumente privater Normungsorganisationen zu verweisen. Um die Hintergründe hierfür nachvollziehen zu können, wird erläutert, wie Normen eingesetzt werden, um die von NORTH beschriebene Ausrichtung bestimmter Verhaltensweisen einzelner Akteure zu erreichen. Unter dem Begriff ›Regulation‹ wird sich das *Kapitel 4* mit dem verhaltenswissenschaftlichen Thema ›Normen als Instrumente staatlicher Regulation‹ und der eher rechtswissenschaftlichen Thematik der Einbindung von Dokumenten privater Normungsorganisationen in die nationale und europäische Rechtsprechung befassen.

Auch in diesen Abschnitten werden keine vollständigen verhaltens- bzw. rechtswissenschaftlichen Abhandlungen erfolgen, da sie jeweils eigenständige Arbeiten rechtfertigen würden. Es geht vielmehr um das allgemeine Verständnis der veränderten Funktion des Normungswesens, um zukünftige Entwicklungsmöglichkeiten realistisch abschätzen zu können.

2.5.4 Qualitätssicherung als Anwendungsbereich der ISO 9001:2015

Um sich als Organisation oder gesetzgebende Institution für oder gegen die Anwendung der Norm entscheiden zu können, wird ein Gesamtverständnis dahingehend benötigt, welchen Inhalt und welche Wirkung die ISO 9001:2015 hat.

Daher wird im *Kapitel 5* die Norm in den Kontext der Qualitätssicherung eingeordnet. Da laut Selbstaussage der Norm der Begriff ›Qualitätsmanagementsystem‹ in den Mittelpunkt gestellt werden soll, ist eine Darstellung der Zusammenhänge zwischen Qualitätssicherung und Qualitätsmanagementsystem notwendig. Dafür wird nach einem kurzen Überblick über die Entstehungsgeschichte der ISO 9001:2015, der Begriff in seine Wortbestandteile zerlegt: beginnend bei den zentralen Begriffen ›Qualität‹ und ›Qualitätssicherung‹ bis zum Erklärungsversuch für den Begriff ›Qualitätsmanagementsystem‹.

2.5.5 Herausbildung von Institutionen- und Systemvertrauen

Im Anschluss an die Beschreibung des Einsatzes von Normen zur Verhaltenssteuerung im Kontext der Qualitätssicherung, erfolgt im *Kapitel 6* die theoretische Betrachtung des Phänomens Institutionen- bzw. Systemvertrauen.

Zu Beginn der Untersuchung stellt sich die Frage nach dem zu nutzenden Theoriegebäude. Das wirtschaftstheoretisch häufig genutzte neoklassische Theoriegerüst erweist sich für die Erläuterung der Institution ISO 9001:2015 ungeeignet. Historisch gesehen sollte diese Norm zur Qualitätssicherung eingesetzt werden. Vom neoklassischen Standpunkt aus ist es schwierig, deren Existenz zu begründen – allerdings besteht dazu auch keine Notwendigkeit.

Die ›neoklassische Arrow-Debreu-Welt‹ (vgl. Arrow & Hahn 1991; Debreu 1976) mit ihren Annahmen, wie (a) rationale Akteure, (b) vollständige Voraussicht, (c) vollständige Informationen, (d) keine Transaktionskosten etc. bedarf keiner Institution bzw. Norm für Qualitätssicherung.

Wird die neoklassische Welt verlassen und nach Theoriegebäuden gesucht, die geeignet sind, die beschriebenen real existierenden Phänomene zu erklären, lassen sich die Überlegungen der sogenannten ›Neuen Institutionenökonomik‹ nutzen. Die hier vorherrschenden Annahmen beziehen sich auf eine lebensnähere Betrachtung, die es gestattet, die Existenz der Institution ISO 9001:2015 zu begründen.

Den Ideen der ›Neuen Institutionenökonomik‹ folgend, werden u. a. folgende Annahmen dieser Arbeit zugrunde gelegt: (a) Es existieren positive Transaktionskosten. Die Akteure entscheiden (b) nur mit eingeschränkter Rationalität und unter (c) unvollkommener Voraussicht. Positive Transaktionskosten resultieren bspw. aus (d) asymmetrischen Informationen, die (e) Möglichkeiten für opportunistisches Verhalten eröffnen (vgl. Richter & Furubotn 2010, S. 50–51).

Mithilfe dieses neoinstitutionalistischen Bezugsrahmens können die Existenz der Norm begründet und deren Wirkungen zur Minderung von Handlungskomplexität beschrieben werden. Es werden darüber hinaus die Begriffe Vertrauen, Vertrauenssubstitute und Reputation eingeführt. Diese werden für ein vom Verfasser entwickeltes Modell zur Erläuterung der Wirkungsweise von Vertrauensketten bei der Ausbildung von stabilem Institutionen- bzw. Systemvertrauen herangezogen.

Im sich anschließenden *Kapitel 7* werden die Erkenntnisse für die Zulassung von Bildungsträgern im Rahmen der Arbeitsförderung angewendet. Es wird beschrieben, welche Implikationen durch den Einsatz von Zertifikaten gemäß DIN EN ISO 9001:2015 entstehen.

Das abschließende *Kapitel 8* enthält eine Zusammenfassung der gefundenen Ergebnisse und beschreibt Ansätze für die weitere Forschung.

Kapitel 3.
Das internationale Normungswesen

3.1 Grundlegende Begriffsklärungen

3.1.1 Oberbegriff ›Norm‹

In der vorliegenden Arbeit werden die in ihrer Bedeutung ähnlichen Begriffe ›Norm‹, ›Rechtsnorm‹ und ›Standard‹ verwendet. Für die weitere Nutzung werden sie voneinander abgegrenzt. Die Begriffsbestimmung erscheint umso wichtiger, da die Begriffe ›Norm‹ und ›Standard‹ umgangssprachlich teilweise synonym verwandt werden (für eine etymologische Betrachtung vgl. z. B. Appl 2012, S. 17).

Eine umfangreiche Sammlung verschiedener Definitionen zum Normbegriff stammt von ZUBKE-VON THÜNEN. Für die Sozialwissenschaften können unter Normen

> „Maßstäbe für eine wertende Beurteilung menschlichen Handelns im regulativen oder ethischen Sinne verstanden [werden]. Im Unterschied zur *ethischen Norm* als *absolutem Sollen* oder *der Sittlichkeit* hat die *soziale Norm* oder *Sitte* keinen allgemeinen, sondern nur einen auf das gesellschaftliche Gefüge begrenzten Geltungsbereich" (Hervorhebungen im Original – Zubke-von Thünen 1999, S. 104).

Entsprechend dem lateinischen Ursprungswort ›norma‹ im Sinne von Richtschnur oder Maßstab werden je nach Kontext mit Normen verschiedene *Verhaltenserwartungen* verknüpft. Diese können sich auf Verhaltenserwartungen einer Person an sich selbst oder auf Verhaltenserwartungen einer Gruppe bzw. der Gesellschaft beziehen. Normen sollen damit zum einen den Bestand und das geregelte Funktionieren sozialer Gebilde ermöglichen und zum anderen Entscheidungsfindungsprozesse als auch das Verhalten in alltäglichen Handlungssituation erleichtern (vgl. Köck 2008, S. 351).

3.1.2 Rechtsnorm

Unter einer ›Rechtsnorm‹ wird in dieser Arbeit das *gesetzte Recht* verstanden, d. h. eine Zwangsnorm, die mit hoheitlicher Befehls- oder Zwangsgewalt durchgesetzt werden kann. BROX UND WALKER führen dazu aus:

> „Rechtsnormen [...] entstehen dadurch, dass sie entweder von den Organen einer Gemeinschaft ausdrücklich gesetzt (gesetztes Recht) oder dauernd stillschweigend geübt werden (Gewohnheitsrecht). [...] Das gesetzte Recht kann in der Form von Gesetzen, Rechtsverordnungen und autonomen Satzungen aufgestellt werden" (Brox & Walker 2007, S. 6).

Rechtsnormen sind durch ihren zweiteiligen Aufbau charakterisiert. Sie bestehen aus Tatbestand und Rechtsfolge. Dabei dienen sie nicht der Abbildung der Wirklichkeit, sondern zielen darauf ab, menschliches Verhalten zu regeln bzw. vorzuschreiben. „Rechtsnormen sind generell-abstrakte Sollensanordnungen für das menschliche Verhalten, die von staatlicher Autorität getragen sind und mit spezifischen staatlichen Rechtsfolgen – Sanktionen, Zwang, Förderung – verknüpft sind" (Appl 2012, S. 18).

3.1.3 (Technische) Norm

Gemäß der *europäischen* Norm DIN EN 45020:2007-03 wird innerhalb des Normungswesens unter dem Begriff ›Norm‹ folgendes verstanden:

> „Dokument, das mit Konsens erstellt und von einer anerkannten Institution angenommen wurde und das für die allgemeine und wiederkehrende Anwendung Regeln, Leitlinien oder Merkmale für Tätigkeiten oder deren Ergebnisse festlegt, wobei ein optimaler Ordnungsgrad in einem gegebenen Zusammenhang angestrebt wird" (vgl. Suchbegriff: Norm, DIN 2017c).

Ergänzend wird in der DIN 820-1 ›Teil 1: Grundsätze‹ hinzugefügt: „Der Inhalt der Normen ist an den Erfordernissen der Allgemeinheit zu orientieren. Die Normen haben den jeweiligen Stand der Wissenschaft und Technik sowie die wirtschaftlichen Gegebenheiten zu berücksichtigen" (Punkt 7.7 DIN 820-1:2014-06). Mit diesem Zusatz werden Normen mit dem Begriff ›Technik‹ verknüpft. Aus diesem Grund wird auch von ›technischen Normen‹ und ›Technischer Normung‹ gesprochen. APPL versteht unter Technik:

> „das methodische Nutzbarmachen und praktische Anwenden naturwissenschaftlicher Erkenntnisse innerhalb der jeweils erkennbaren Grenzen der Naturgesetze durch alle künstlichen Systeme, materieller, energetischer und informationeller Natur, zur Erreichung eines strategisch bestimmten Zwecks" (Appl 2012, S. 14).

Mit dem Wunsch, weitere Lebensbereiche auch außerhalb technischer Themen zu normen, entfernen sich die Normungsorganisationen – wie noch gezeigt wird – von diesem (historischen) Grundverständnis.

3.1.4 Industrie- und innerbetriebliche Standards

Die Definition dessen, was ein ›Standard‹ ist, gestaltet sich schwieriger. Im Kontext des internationalen Normungswesens besonders problematisch ist die Tatsache, dass im Englischen für den Begriff ›Norm‹ das Wort ›standard‹ genutzt wird.

›Normen‹ und ›(Industrie)standards‹ sind jeweils Ergebnisse von Vereinheitlichungsprozessen. Eine Möglichkeit, die beiden Begriffe zu differenzieren, bietet die Beantwortung der Frage, wem die erzielten Ergebnisse zuzuordnen sind und wer über sie verfügen darf/kann. Im Rahmen der bereits zitierten Studie zum ›Gesamtwirtschaftlichen Nutzen der Normung‹ aus dem Jahr 2000 schlagen die Autoren des Bands 3 eine Differenzierung nach dem Charakter des Wissens vor, welches in dem – durch den Vereinheitlichungsprozess entstandenen – Dokument kodifiziert wird (vgl. DIN 2000c, S. 98). Sie sehen dabei das Wissen als ein Gut, welches sich entsprechend der jeweiligen Verfügungsrechte unterscheiden lässt.

Das *Kompakt-Lexikon Wirtschaft* des Springer Gabler-Verlags versteht unter dem Begriff ›Gut‹:

„Mittel zur Befriedigung menschlicher Bedürfnisse; insofern vermag es Nutzen zu stiften. Im Gegensatz zu freien Gütern unterliegen ökonomische oder wirtschaftliche Güter der Knappheit (knappes Gut). Nur letztere sind Gegenstand des wirtschaftlichen Handelns, welches die Mikroökonomie untersucht. Sie verlangen die Anwendung des ökonomischen Prinzips. – Güter werden nach unterschiedlichen Kriterien eingeteilt. […] Nach der Zugangsmöglichkeit lassen sich unterscheiden: öffentliches Gut (Kollektivgut) und privates Gut (Individualgut)" (Springer 2014, S. 250).

Das *Kompakt-Lexikon Wirtschaftstheorie* des Springer Gabler-Verlags ergänzt: „Unterliegt ein Gut nicht dem Ausschlussprinzip und zudem der Nichttrivialität des Konsums, so wird auch von einem (geborenen) öffentlichen Gut gesprochen. Im Gegensatz dazu sind beim privaten Gut die Eigentumsrechte einem Besitzer genau zugeordnet" (Springer 2013b, S. 130).

In Anlehnung an BLUM UND JÄNCHEN lassen sich vier Konstellationen und ein Sonderfall (vgl. Tabelle 3.1) unterscheiden (vgl. Blum & Jänchen 2002, S. 28–29):

(a) Bei der Erstellung innerbetrieblicher Standards, z. B. im Rahmen der ›Werknormung‹ entsteht ein *privates Gut*. Das Wissen, welches in diesem Prozess erlangt wird, steht zunächst ausschließlich dem erarbeitenden Unternehmen zu. Dieses kann damit grundsätzlich sämtliche Vorteile aus der Vereinheitlichung ziehen. In diesem Abschnitt bleiben Fahrlässigkeit und kriminelle Aktivitäten wie Industriespionage unberücksichtigt.

Tabelle 3.1: Überblick über die Standardisierungsinstrumente

Standardisierungsinstrumente		Charakter des kodifizierten Wissens		
Punkt	Bezeichnung	Privates Gut	Klubgut	Öffentliches Gut
(a)	Werknorm	X		
(b)	Industriestandard (Einzelunternehmen)	X	X	
(c)	Industriestandard (Strategische Allianz)		X	
(d)	Überbetriebliche Normung		X	X
(e)	Sonderfall: DIN-Spezifikation		(X)	X

Zur Abgrenzung bleibt festzuhalten, dass das Wissen weder im Konsens aller interessierten bzw. betroffenen Kreise entstehen muss, noch den Stand der Technik bzw. Wissenschaft widerspiegeln muss. Der Begriff ›Werknorm‹ wird aus historischer Tradition für innerbetriebliche Standards verwandt.

(b) Ein *privates Gut* entsteht ebenfalls, wenn es einem Unternehmen gelingt, den eigenen innerbetrieblichen Standard als sogenannten ›Industriestandard‹ durchzusetzen. In diesem Fall wird der Wirkungsbereich über das einzelne Unternehmen hinaus erweitert. Auch in diesem Fall zieht in der Regel das standardsetzende Unternehmen den größten Nutzen aus dieser Situation.

Ein Beispiel ist seit Anfang der 1990er-Jahre die Wettbewerbssituation der Firma Microsoft für das Betriebssystem ›Windows‹. Weltweit nutzten Anfang 2017 ca. 92 % der Desktopnutzer das Betriebssystem von Microsoft (vgl. Tabelle 3.2).

Tabelle 3.2: Marktanteile der wichtigsten Desktop-Betriebssysteme

Betriebssystem	08/2016[a]	12/2016[a]
Windows	89,79 %	91,72 %
Mac	7,87 %	6,07 %
Linux	2,33 %	2,21 %

[a] *Quelle: NetMarketShare 2017 – Stand: Januar 2017.*

Unternehmen, die eigene Software für einen großen Markt anbieten wollten, mussten diese entsprechend der Spezifikationen für ›Windows‹ entwickeln. Die Vorteile aus dieser Entwicklung kamen insbesondere der Firma Microsoft zugute, da damit eine Nachfrage nach ihrem Betriebssystem angeregt wurde. Es entstand eine gewisse Abhängigkeit der Softwarenutzer, die die Marktposition von Microsoft festigte.

(c) Entschließen sich mehrere Unternehmen gemeinsam im Rahmen einer strategischen Allianz bestimmte Spezifikationen – also ebenfalls einen ›Industriestandard‹ – zu erarbeiten, entsteht ein sogenanntes *Klubgut*. Dabei handelt es sich um Wissen, welches nur innerhalb der strategischen Allianz existieren und genutzt werden kann. Die Ausgestaltung der zur Vereinheitlichung genutzten Parameter erfolgt in der Regel in mehrheitsbasierten Abstimmungsprozessen.

Ein Beispiel für diesen Sachverhalt ist die Entwicklung des ›Universal Serial Bus (USB)‹. Die Nutzung dieser Spezifikation eines seriellen Bussystems zur Verbindung eines Computers mit externen Geräten ist den Mitgliedern des ›USB Implementers Forum‹ vorbehalten. Die ursprüngliche Entwicklung begann im Jahr 1994 durch AJAY BHATT von Intel. 845 Mitglieder gehörten im Jahr 2016 dem ›USB Implementers Forum‹ an (vgl. USB Implementers Forum 2016). Zu ihnen zählten Unternehmen wie Intel, Microsoft, Compaq, Apple und Hewlett-Packard (vgl. allusb.com 2016).

(d) Wenn mehrere Unternehmen sich entschließen, einen Sachverhalt nicht nur innerhalb einer strategischen Allianz zu vereinheitlichen, sondern ihre Ergebnisse in der Öffentlichkeit zur Diskussion zu stellen, handelt es sich um ›Überbetriebliche Normung‹. Hierbei lassen sich zwei Phasen unterscheiden: Zum einen die Phase, in der in einem formal durchgeführten Verfahren die Norm durch eine anerkannte Normungsorganisation erstellt wird. Zum anderen die Phase, in der die Norm für jedermann verfügbar ist. Am Normungsprozess sollten – so die Idee – alle betroffenen bzw. interessierten Kreise teilnehmen. Während dieser Phase ist das innerhalb des Normungsgremiums geteilte Wissen ein *Klubgut*. Nach der Veröffentlichung der Norm verändert sich der Charakter. Das Wissen, welches mit der normierten Regel verbunden ist, wird *öffentliches Gut*.

Neben typischer Weise durch eine Normungsorganisation begleiteten Normungsprozessen, z. B. die Erstellung der ISO 9000:2015 oder ISO 9001:2015, kann auch ein Industriestandard Grundlage für eine spätere überbetriebliche Normung sein. So wurde das Ethernet-Protokoll, welches zum Datenaustausch in kabelgebundenen Datennetzen verwendet wird, ursprünglich von ROBERT METCALFE am ›Xerox Palo Alto Research Center (PARC)‹ Mitte der 1970er-Jahre entwickelt. Seit dem Jahr 1979 entwickelten Metcalfe's Unternehmen 3Com und die Unternehmen Digital Equipment Corporation (DEC), Intel und Xerox das Ethernet-Protokoll zu einem gemeinsam genutzten Industriestandard weiter. Die Weiterentwicklung wurde im Jahr 1983 Grundlage der Technischen Norm IEEE 802.3 (vgl. IEEE 2016) und steht seitdem jedermann zur Verfügung.

(e) Die im Abschnitt 3.4.2.2 noch genauer beschriebenen ›DIN SPEC Spezifikationen‹ stellen einen Sonderfall dar. Sie werden grundsätzlich auch von mehreren Beteiligten erstellt, aber nicht im Rahmen einer öffentlichen Diskussion unter Einbeziehung aller interessierten Kreise, wie es für das Ergebnis eines Normungsprozesses notwendig wäre (vgl. DIN 820-3:2014-06, Punkt 3.1.3.1). Das entstehende Dokument ist für die Beteiligten an der Erstellung zunächst ein *Klubgut*. Allerdings ist dieses für die sofortige Veröffentlichung vorgesehen, in der Hoffnung, dass andere Unternehmen dieses Dokument anerkennen und sich entsprechend verhalten. Daher wird das Dokument im Moment der Veröffentlichung zu einem *öffentlichen Gut*.

Da es nicht in einem geordneten Normungsverfahren gemäß DIN 820 erstellt wurde, sondern im Rahmen eines DIN-Standardisierungsverfahrens (vgl. DIN 820-3:2014-06, Punkt 3.1.3.12), wird es nicht Bestandteil des deutschen Normenwerkes (vgl. DIN 820-3:2014-06, Punkt 3.3.9). Es hat die Anmutung einer überbetrieblichen Norm, wurde im Gegensatz dazu jedoch nur von einem eingeschränkten Erstellerkreis entworfen.

Das bisher Gesagte lässt sich wie folgt zusammenfassen: Entsteht durch einen Vereinheitlichungsprozess eine technische Regel mit dem Charakter eines privaten Gutes, wird der Begriff ›Innerbetrieblicher Standard‹ verwandt. Ein ›Industriestandard‹ hat entweder den Charakter eines privaten Gutes oder den eines Klubgutes.

Ist das Ergebnis des Vereinheitlichungsprozesses ein öffentliches Gut, welches unter Einbeziehung aller interessierten Kreise entstanden ist, wird von einer ›(Überbetrieblichen) technischen Norm‹ gesprochen. Die ›DIN SPEC Spezifikationen‹ stellen zwar auch öffentliche Güter dar, entstanden aber im Rahmen der Verfolgung von Einzelinteressen.

Auch wenn die geregelten Sachverhalte in der ISO 9000:2015 und der ISO 9001:2015 mit Technik im engeren Sinne nichts zu tun haben, werden diese Dokumente regelmäßig als technische Norm eingestuft.

3.1.5 Die Normungsebenen

Um nachzuvollziehen, inwieweit die Befolgung der Inhalte eines Dokumentes wie der ISO 9001:2015 zwingend oder hilfreich sein könnte, muss die historische Entwicklung einerseits und die Funktion dieser Institution anderseits verstanden werden. Ohne wirtschaftshistorische Kenntnisse fehlt das Verständnis dafür, dass ein Dokument, welches von einem Gremium der ›International Organization for Standardization (ISO)‹ erarbeitet wurde, z.B. für ein deutsches Unternehmen Relevanz haben sollte. Wie aus dem Anhang D ersichtlich ist, gibt es allein in Deutschland weit mehr Organisationen, die sich mit Normung beschäftigen, als nur das DIN. Um die Bedeutung nachvollziehen zu können, die das DIN aktuell in Deutschland hat, ist die Kenntnis der historischen Entwicklung notwendig.

Vielfach entsteht der Eindruck, dass die Normen und Standards der internationalen, der europäischen oder der nationalen Normungsorganisationen teilweise unhinterfragt angewandt werden. In einigen Bereichen der Wirtschaft haben sie einen quasi-verbindlichen Charakter (vgl. Cecchini 1988, S. 25). Die europäischen Gesetzgeber verlassen sich zunehmend auf private Normungsorganisationen und lassen deren Ergebnisse in die Rechtsprechung verschiedener Wirtschaftsbereiche einfließen, z.B. bei den Themen Produktsicherheit und -haftung (vgl. Lach & Polly 2015, S. 15).

Auch auf Teile der ISO 9001:2015 nehmen die europäischen Gesetzgeber an verschiedenen Stellen Bezug. Bei der deutschen Norm DIN EN ISO 9001:2015 handelt es sich um die deutsche Übersetzung der Internationalen Norm ISO 9001:2015, die innerhalb der ISO vom Technischen Komitee ISO/TC 176 ›Quality management and quality assurance‹, Unterkomitee SC 2 ›Quality systems‹ erarbeitet wurde. Zur Einordnung der Norm in den Gesamtzusammenhang des internationalen Normungswesens wird dieses in Anlehnung an Krieg, Heller und Hunecke (1983) in vier Normungsebenen unterteilt und entsprechend Tabelle 3.3 differenziert.

Tabelle 3.3: *Übersicht über die Normungsebenen*

Nr.	Normungsebene[a,b]	Kürzel	Normungsorganisation[c]
1	Innerbetrieblich	–	–
2	National	DIN	Deutsches Institut für Normung
3	Europäisch	EN	Europäisches Komitee für Normung
4	International	ISO	International Organization for Standardization

[a] Vgl. Krieg, Heller & Hunecke 1983, S. 1.
[b] Vgl. DIN 820-3:2014-06, Punkt 3.2.20.
[c] Beispiele

Die *Normungsebene 1* erfasst die ›innerbetrieblichen Standards‹ – auch ›Werknormen‹ genannt. Die DIN 820-3 versteht hierunter: das „Ergebnis der Normungsarbeit eines Unternehmens (Betriebes, Werkes), einer Behörde oder einer Körperschaft (Verbandes, Vereines) für eigene Bedürfnisse" (DIN 820-3:2014-06, Punkt 3.3.19). Die erste Normungsebene ist durch einen eingeschränkten Anwenderkreis gekennzeichnet, auf dessen Bedürfnisse sämtliche Vorschriften individuell abgestimmt wurden. Damit liegt im Vergleich zu den anderen Normungsebenen und den dort kodifizierten Vorschriften der höchste Grad an Anwenderspezifität vor. Angesichts des zugrunde liegenden Fokus der vorliegenden Arbeit wird die Normungsebene 1 nicht weiter betrachtet.

Nationale Normungsorganisationen regeln auf der *Normungsebene 2* Sachverhalte, die ausschließlich innerhalb der Grenzen der Nationalstaaten gelten.

Um eine weitere Zunahme der Doppelnormung zu beschränken, prüfen die nationalen Normungsorganisationen, inwiefern Normungsanträge eher auf europäischer oder internationaler Ebene zu bearbeiten sind. Wenn es möglich ist, soll die höchstmögliche Normungsebene bevorzugt werden, um einen freien Handel grenzüberschreitend zu begünstigen. Die nächsthöhere Ebene ist die europäische Ebene: *Normungsebene 3*.

Die stärkste Ausprägung der Allgemeingültigkeit haben die Normen der *Normungsebene 4*: die internationalen Normen. Sie sind am wenigsten anwenderspezifisch und werden in der Regel erst durch eine Anpassung im anwendenden Unternehmen für dieses nutzbar.

3.2 Entstehung der Technischen Normung*

3.2.1 Technische Normung vom Mittelalter bis zur Industrialisierung

Schon Jahrhunderte bevor Institutionen wie die Normungsorganisationen geschaffen wurden, wurde sich mit dem Thema ›Vereinheitlichung‹ beschäftigt. Seitdem die Herrschenden kriegerische Auseinandersetzungen mithilfe einer großen Anzahl von Menschen zur Ausweitung ihrer Machtgebiete führten, gab es Überlegungen zur Vereinheitlichung. Diese bezogen sich vor allem auf Waffen, Ausrüstung und Uniformen.

Ab dem 15. Jahrhundert entstanden die ersten Artillerien mit ihren Geschützen. Infolgedessen nahm der Bedarf an gusseisernen Kanonen, die die kupfernen verdrängten, zu. Um deren Massenfertigung zu realisieren, reduzierte z. B. die französische Artillerie die Anzahl verschiedener Kaliber (vgl. Muschalla 1992, S. 141), unterstützt durch Erfindungen, wie dem im Jahr 1540 in Nürnberg entwickelten ›Kalibermaßstab‹ (vgl. Meyers Konversations-Lexikon 1890, S. 387).

Die Übernahme der vorhandenen Söldnerheere als ›stehende Heere‹ durch Staaten wie Frankreich, Brandenburg oder Österreich trug dazu bei, dass mit der Tuchherstellung für Uniformen die Textilwirtschaft an Bedeutung gewann. Für die Produktion einer Vielzahl gleichartiger Kleidungsstücke war die Vereinheitlichung von Produktionsabläufen fast unumgänglich.

Diese Vereinheitlichungsbestrebungen waren die Vorläufer der Technische Normung im heutigen Verständnis: Normung ist eine „Tätigkeit zur Erstellung von Festlegungen für die allgemeine und wiederkehrende Anwendung, die auf aktuelle und absehbare Probleme Bezug haben und die Erzielung eines optimalen Ordnungsgrades in einem gegebenen Zusammenhang anstreben" (DIN 820-3:2014-06, Punkt 3.1.3).

Die Rüstungsindustrie beschleunigte die technische Entwicklung und gleichzeitig die Entstehung der Technische Normung in Europa und Nordamerika. Ende des 18. Jahrhunderts entstanden durch den permanenten Materialbedarf der stehenden Heere viele staatliche und private Manufakturen, die arbeitsteilig Waffen fertigten (vgl. Muschalla 1992, S. 141–142, 155–156).

Verbunden mit der technischen Entwicklung während der Industrialisierung bildeten sich mit den Technikern und Ingenieuren neue Berufsstände, die

---

* Anmerkung: Dieser Abschnitt stellt keine geschichtswissenschaftliche Abhandlung mit Vollständigkeitsanspruch dar. Es handelt sich vielmehr um einen groben Überblick über die Entwicklung der Technischen Normung in den letzten 450 Jahren.

ihrerseits das Thema Technische Normung vorantrieben. So empfahl der 1856 gegründete ›Verein Deutscher Ingenieure (VDI)‹ auf seiner 3. Hauptversammlung im Jahr 1860, in Deutschland gleiche Maße zu verwenden (vgl. Holm 1967, S. 17).

3.2.2 Entstehung von Normungsorganisationen

In London wurde 1901 die erste nationale technische Normungsorganisation als ›Engineering Standards Committee (ESC)‹ gegründet (vgl. Zubke-von Thünen 1999, S. 553), der Vorläufer der heutigen ›British Standards Institution (BSI)‹ (vgl. BSI 2016). Im Jahre 1903 wurde die erste britische Norm unter der Bezeichnung BS1 veröffentlicht und normte Stahlwinkel (vgl. Cebr 2015, S. 15). Auch in anderen europäischen Staaten wurden ab der Jahrhundertwende zum 20. Jahrhundert Normungsorganisationen gegründet, z. B. 1907 in Frankreich (vgl. Zubke-von Thünen 1999, S. 504). In den USA wurde der Vorläufer des heutigen ›American National Standards Institute (ANSI)‹ als ›American Engineering Standards Committee (AESC)‹ im Jahr 1919 gegründet (vgl. ANSI 2008, S. 4).

Von französischen und amerikanischen Fabriken mit Massenfertigung ausgehende Impulse sorgten für einen Anstieg der Anzahl der ›Werknormen‹ auch in Deutschland. (Zum Begriff ›Werknorm‹ vgl. Punkt a auf Seite 27.) Das Ziel war es, Skalenerträge[1] bei der industriellen Fertigung zu erzielen. Eine Voraussetzung für die Massenproduktion sind Fertigungsteile, die sich für verschiedene Aufträge nutzen lassen. Dazu müssen Produkte austauschbar sein, z. B. metrische Schrauben. Ende des 19. Jahrhunderts sah die Realität für viele Unternehmen in Deutschland anders aus. Es existierte eine hohe Anzahl nicht substituierbarer Marktgüter unterschiedlicher Produzenten, die weder funktionell noch hinsichtlich ihrer Dimensionen austauschbar waren. Die Ursache lag in der Marktmacht der Abnehmer. Ein Auszug aus einem Brief WERNER SIEMENS an seinen Bruder CARL SIEMENS Ende des 19. Jahrhunderts verdeutlicht dies:

„Nach Normalkonstruktionen und der Fabrikation weniger Typen strebe ich seit 15 Jahren. Es ist aber sehr schwer! Jede Bahn und Direktion hat ihre Liebhabereien. Es ist bisher noch nie vorgekommen, dass wir Bestellungen von Hunderten gleicher Apparate bekommen haben, von einer eigentlichen Massenarbeit konnte also bisher keine Rede sein" (zitiert in: Holm 1967, S. 16).

---

1 Skalenerträge (Economies of Scale/Scope): Besondere Form der Größenvorteile, bei der die Stückkosten eines Gutes unter ansonsten gleichbleibenden Bedingungen mit einer zunehmenden Gesamtproduktion abnehmen. In diesem Zusammenhang z. B. aufgrund des Wegfalls häufiger Umrüstaktivitäten wegen verschiedener Kundenanforderungen durch Standardisierung (vgl. Springer 2013b, S. 104).

Der Waffen- und Munitionshersteller ›Ludwig Loewe & Co. AG, Berlin‹ gehörte zu den ersten Unternehmen in Deutschland, die nach amerikanischem Vorbild systematisch Normen einsetzten. Das 1901 dort eingerichtete erste deutsche Normenbüro erfasste die internen Regularien in sogenannten ›Normalienbüchern‹ (vgl. Gieseler 2016).

3.2.3 Kriegsministerien als Katalysatoren der Technischen Normung zu Beginn des 20. Jahrhunderts*

Mit Beginn des Ersten Weltkrieges wurden in Deutschland viele Projekte der innerbetrieblichen Normung nicht fortgesetzt. Erst Versorgungsengpässe an der Front und weitere Missstände des militärischen Beschaffungswesens, speziell in der Konstruktion und Fertigung von Rüstungsgütern, lösten *von staatlicher Seite überbetriebliche Vereinheitlichungsbestrebungen* aus. Insbesondere die kriegsdienliche Produktion sollte vereinheitlicht werden, um Rohstoffe und Zeit einzusparen.

Zunächst wurde versucht, die Probleme mit einer zunehmenden Zentralisierung der Beschaffung zu lösen. Im Ergebnis wurden im Jahr 1916 das Waffen- und Munitionsbeschaffungsamt und das Kriegsamt als oberste Kriegswirtschaftsbehörden errichtet. Deren Ziel war es, die Privatindustrie verstärkt an der Rüstungsproduktion zu beteiligen. Für die Umsetzung wurden Maschinenbauingenieure aus führenden Großunternehmen der Branche und aus technischen Hochschulen gesucht.

Das Ende 1916 gegründete *›Königliche Fabrikationsbüro (Fabo)‹* sollte zu einer größeren Effizienz der Beschaffung beitragen, indem es die Voraussetzungen für eine arbeitsteilige Heeresgutfertigung schaffte. Zielsetzung war die Erarbeitung einheitlicher Grundlagen für die Massenfertigung des gesamten, vom Waffen- und Munitionsbeschaffungsamt bereitzustellenden Heeresgerätes. Die Lösung dieser Aufgabe wurde in der Erstellung von ›Normalien‹ gesehen (vgl. Holm 1967, S. 21).

Im Mai 1917 wurde der *›Normalienausschuss für den deutschen Maschinenbau‹* gegründet. Hintergrund war der Wunsch, eine zu große Einflussnahme des Staates auf die Normung zu verhindern. Diese wurde befürchtet, da im ›Fabo‹

---

* Anmerkung: Zur Geschichte der Technischen Normung existiert eine eher eingeschränkte Quellenlage. Die vorhandene Literatur fokussiert stark auf die Entwicklung des ›Deutschen Instituts für Normung (DIN)‹ und wird zu einem Großteil in dessen Verlag, dem Beuth-Verlag (vgl. Abschnitt 3.2.5) verlegt.

die ausgeliehenen Ingenieure im Staatsauftrag unter Aufsicht von Offizieren arbeiteten.

Zu den Gründungsmitgliedern gehörten neben Ingenieuren des ›Fabo‹ Vertreter aus Unternehmen der Branchen Maschinenbau, Elektrotechnik, Feinmechanik und des Schiffbaus. Dazu kamen Vertreter verschiedener Verbände, z. B. der Verbände ›Verein Deutscher Ingenieure (VDI)‹, ›Verband Deutscher Maschinen- und Anlagenbau (VDMA)‹ und des ›Vereins Deutscher Schiffswerften‹ (vgl. Holm 1967, S. 23) sowie Beamte aus technischen und militärischen Behörden.

Das Interesse militärischer Behörden an der Normung war nicht nur in Deutschland vorhanden. Auch das AESC wurde unter Beteiligung einer Militärbehörde – des U.S. Departments of War, Navy and Commerce – gegründet (vgl. ANSI 2008, S. 3).

Bereits vor Ende des Ersten Weltkrieges rückte in Deutschland die Nachkriegszeit in den Fokus des ›Normalienausschusses‹. Normung sollte zu einer Senkung der Herstellungskosten und zur Verbesserung der Wettbewerbsbedingungen führen. Darüber hinaus war es laut Aussage des Ausschussmitglieds FRANZ HAIER erklärtes Ziel, mithilfe

„einheitlicher Normen auf nationaler Ebene die *Umstellung der Privatindustrie von Friedens- auf Kriegsfertigung* und umgekehrt für die Zukunft zu erleichtern und zu beschleunigen. Auch sollten dadurch vorhandene Materialbestände in den Lagern besser ausgenutzt werden können" (Hervorhebung durch den Verfasser – zitiert in: Wölker 1992, S. 126).

Da die Möglichkeiten, Handel zu betreiben, durch die kriegerischen Auseinandersetzungen des Ersten Weltkriegs abnahmen, wuchs in Deutschland das Interesse weiterer Unternehmen und Branchen am Thema Technische Normung, um von den versprochenen Vorteilen der Rationalisierung zu partizipieren. Zur Erweiterung des Betätigungskreises wurde im Dezember 1917 der ›*Normenausschuss der Deutschen Industrie (NADI)*‹ als Nachfolger des ›Normalienausschusses‹ gegründet. Ab 1918 wurde ausschließlich die Kurzbezeichnung ›NDI‹ verwandt. Der 22.12.1917 gilt zudem als Gründungsdatum des heutigen ›Deutsches Institut für Normung (DIN)‹.

Wie sehr die Kriegssituation die Gründung prägte, lässt sich an einem Auszug aus der Eröffnungsrede des Vorsitzenden WALDEMAR HELLMICH erkennen:

„Jeder Kampf zwingt die beteiligten Parteien, die Kräfte zusammenzufassen und sie nach außen zur Wirkung zu bringen. Jede Energievergeudung im Inneren schwächt die Kampffähigkeit und muss daher vermieden werden. Hieraus erklärt es sich, dass Bestrebungen, die auf Vereinheitlichung und damit auf Energieersparnis hinauslaufen, in solchen Zeiten den günstigsten Boden finden. [...] So hat auch der gewaltige Weltkrieg die Erkenntnis, dass die Notwendigkeit äußerster Energieersparnis uns nach dem Kriege zu einer möglichst weitgehenden Verwendung von Normalteilen und Normalerzeugnissen zwingen wird, in weiten Kreisen reifen lassen."

Zudem betonte er, dass die Hauptziele des NADI die Hilfe für „die vaterländische Industrie im internationalen Wettbewerb der Nachkriegszeit zugunsten einer schnellen industriellen Mobilmachung" seien (zitiert in: Wölker 1992, S. 142).

3.2.4 Verbreitung der Technischen Normung nach dem Ersten Weltkrieg

Zur Realisierung dieser Vorhaben war eine breite Akzeptanz des erstellten Normenwerks notwendig. Die vordringliche Aufgabe des ›Normenausschusses der Deutschen Industrie (NDI)‹ in der Zeit nach dem Ersten Weltkrieg war daher die weitere Verbreitung der Idee der Normung und die tatsächliche Einführung der erstellten Normen in den Wirtschaftsunternehmen und der öffentlichen Verwaltung.

Wie bereits dargestellt wurde, bestand von staatlicher Seite ein starkes Interesse an der Durchsetzung der Normungsidee. Einige Beispiele für staatliche Unterstützung belegen dies: Bereits im April 1919 ordnete das preußische Handelsministerium die Nutzung von Normen im Unterricht aller „Berufs-, Wahl- und Fachschulen" an. Ein behördlicher Erlass des Reichswirtschaftsministeriums aus dem Juli 1919 weist auf die Anwendung von Normformaten innerhalb der Behörden hin (vgl. Holm 1967, S. 32).

Besondere Unterstützung erhielt der NDI seit 1921 von HEINRICH RUELBERG aus dem Reichswirtschaftsministerium in seiner Funktion als Referent für die Bereiche ›Normalisierung der gesamten Industrie, Typisierung, Spezialisierung, Betriebsorganisation‹. Neben seinen Bestrebungen, die neuen Papierformate in den Behörden einzuführen, bewirkte er unter anderem, dass die *Normen Teil staatlicher Ausschreibung* wurden. Dazu bat er das Ministerium für Handel und Gewerbe um Förderung der Hochbaunormung: „Bei der Vergebung von Staatsaufträgen kann die Normung wesentlich gefördert werden, wenn in möglichst großem Umfange die Verwendung genormter Bauteile zur Bedingung gemacht wird" (zitiert in: Wölker 1992, S. 203).

Darüber hinaus waren es persönliche Kontakte aus dem NDI, die bspw. eine rasche Verbreitung der neuen DIN-Normen für Papierformate ermöglichten. Es wurden verschiedene Großunternehmen und Behörden davon überzeugt, die neue ›DIN-Norm 476 – Papierformate‹ als verbindlich zu erklären, so z. B. die Deutsche Reichsbahn/das Reichsbahn-Zentralamt u. a. Im Siemens-Konzern wurde die Norm DIN 476 bspw. bereits 1922, im Jahr ihrer Veröffentlichung eingeführt (vgl. Wölker 1992, S. 194–204).

In den folgenden Jahren nahmen Umfang und Bedeutung des Normungswesens insgesamt weiter zu. Aufgrund des Vertrags von Versailles durften in der Weimarer Republik nur eine begrenzte Anzahl an Waffen und militärischem Gerät produziert werden. In Vorbereitung eines kriegerischen Bedarfsfalls wurden in den 1930er-Jahren viele Normen im Rahmen der Zusammenarbeit mit dem Heereswaffenamt erstellt.

Vorwiegend der Zentralitätsanspruch, als einziger Vertreter der deutschen Wirtschaft zu gelten, wird den NDI im Jahr 1926 bewogen haben, seinen Namen in *Deutscher Normenausschuss (DNA)* zu ändern. Von diesem Zeitpunkt an stand ›DIN‹ lediglich noch als Verbandszeichen.

Bereits wenige Wochen nach seiner Gründung veröffentlichte der NADI unter der damaligen Bezeichnung ›Deutsche Industrienormen‹ die ›D I Norm 1‹ über Kegelstifte. Als Abkürzung für ›*Deutsche Industrienorm*‹ wurden bis 1926 die Arbeitsergebnisse des ›NDI‹ unter der Bezeichnung ›DIN-Norm‹ herausgegeben. Die Kurzform ›*DIN-Norm*‹ wurde für die Arbeitsergebnisse des DNA beibehalten (vgl. Holm 1967, S. 42). Ende 1932 umfasste allein das Normenwerk des DNA bereits 4 500 DIN-Normen sowie etwa 1 000 Normentwürfe und wurde auch außerhalb Deutschlands als technisch-wissenschaftliches Gesamtwerk wahrgenommen (vgl. Holm 1967, S. 52).

3.2.5 Andere Normungsorganisationen – Entwicklungen in Deutschland bis 1945

Die internationale Aufmerksamkeit und der zunehmende Umfang bedeuteten jedoch nicht automatisch auch Akzeptanz in allen Bereichen der deutschen Wirtschaft. Neben dem DNA gab es weitere Verbände, die sich in Deutschland mit Normung befassten. Der historisch gesehen ältere VDI hatte bereits früher eigene Normen hervorgebracht. Die ersten Normen des ›Normalienausschusses für den deutschen Maschinenbau‹ wurden noch mit ›VDI-Norm‹ bezeichnet. Nach der Gründung des ›Königlichen Fabrikationsbüros‹ wurden keine Normen mehr direkt vom VDI aufgestellt. Die Gründe waren vor allem verbandspolitisch beim NDI zu suchen, in dem Einzelpersonen ein Alleinstellungsmerkmal entwickeln wollten und sich von anderen Verbänden abkoppelten (vgl. Wölker 1992, S. 131–139).

Neben dem VDI und dem ›Verband der Elektrotechnik Elektronik Informationstechnik (VDE)‹ ist der 1917 in Hamburg gegründete ›Handelsschiff-Normen-Ausschuss (HNA)‹ ein anderes Beispiel für Normungsorganisationen jener Zeit.

Der ›HNA‹ hatte ein anderes Verständnis von Normung und setzte beispielsweise aufgrund internationaler Handelsbeziehungen nicht nur auf das metrische Gewinde, sondern weiterhin auf das Zollgewinde. Beide Normungssysteme standen über viele Jahre konkurrierend einander gegenüber und wurden letztlich gegeneinander ausgespielt. Als im Jahr 1929 der HNA insolvent wurde, bot ihm der DNA eine Eingliederung (!) als Fachnormenausschuss des DNA an.

Die wirtschaftlich bessere Situation des NDI/DNA resultierte hauptsächlich aus der Entscheidung, von Anfang an Einnahmen mit dem Verkauf der DIN-Normen zu generieren. Dies ermöglichte eine stabile finanzielle Arbeitsgrundlage. Die ansteigende Anzahl abgeforderter Exemplare führte zur Ausgliederung der Druck- und Vertriebsaktivitäten in eine eigenständige Organisation. 1924 wurde der ›Beuth-Verlag‹ gegründet, der diese Aufgabe seitdem übernahm. Im Jahr 2014 betrugen die Umsätze 61,5 Mill. EUR. Im Folgejahr erhöhte sich dieser Betrag um weitere 7 % auf 65,8 Mill. EUR (vgl. Beuth Verlag 2017a).

Ein Verband, der seine Eigenständigkeit neben dem DNA lange Zeit bewahrte, war der 1925 gegründete ›Reichsausschuss für Lieferbedingungen (RAL)‹. Der Verband war eine unabhängige Institution, welche lediglich in der Anfangszeit dem Reichswirtschaftsministerium unterstand. Der RAL hatte sich zum Ziel gesetzt, für die deutsche Industrie und die Regierung der Weimarer Republik die technischen Güte-, Prüf- und Bezeichnungsbedingungen zu vereinheitlichen und zu präzisieren sowie Qualitätsanforderungen festzulegen. Mit dem Erlass einer staatlichen Gütezeichenverordnung im Jahr 1942 verlor der RAL seinen Aufgabenbereich und stellte seine Tätigkeit vorerst ein (vgl. RAL 2015a). 1952 wurde die Institution als selbstständiger ›Ausschuss für Lieferbedingungen und Gütesicherung‹ dem DNA angegliedert.

Erst mit der Abspaltung 1972 erlangte sie ihre Selbstständigkeit erneut. Seit 1980 führt die Institution den Namen ›Deutsches Institut für Gütesicherung und Kennzeichnung (RAL)‹. Das RAL stellt heute ebenfalls ein umfangreiches Normensystem dar, welches im Jahr 2015 ca. 170 Gütezeichen umfasste (vgl. RAL 2015b).

3.2.6 Das Normungswesen im Kontext der Kriegsvorbereitungen

In der Zeit vor und während des Zweiten Weltkriegs war die Normungsarbeit der Normungsorganisationen weltweit stark durch die Kriegswirtschaft beeinflusst. Die AESC wurde im Jahr 1928 in ›American Standards Association (ASA)‹ umbenannt. Bei Kriegseintritt der USA arbeiteten in der ASA im Jahre 1941 rund 1 300 Ingenieure in speziellen Ausschüssen, um die amerikanischen Kriegsstandards für Qualitätskontrolle, Sicherheit, fotografische Hilfs- und Betriebsstoffe sowie Ausrüstungskomponenten für das Militär zu entwickeln. Bereits im Jahr zuvor wurden dafür sogenannte ›War Standards Procedures‹ erstellt, welche es ermöglichen sollten, die Kriegsproduktion effizienter zu gestalten (vgl. ANSI 2008, S. 6–7).

Die enge Verflechtung zwischen Normungswesen und Kriegswirtschaft lässt sich in Deutschland am Erlass des damaligen Reichswirtschaftsministers vom Mai 1939 erkennen. Im Rahmen der Kriegsvorbereitung erließ er ein ›Sofortprogramm zur Leistungssteigerung der deutschen Wirtschaft‹ mit Richtlinien für Vereinheitlichungsarbeiten, in dem er die Möglichkeit forderte, Normen privater Normungsorganisationen als verbindlich zu erklären, überholte Normen zurückzuziehen und neue Normen aufstellen zu können. Werden Normen als ›verbindlich‹ erklärt, verändern sie ihren Charakter und werden zu gesetztem Recht im Sinne einer ›Rechtsnorm‹ (vgl. dazu Abschnitt 3.1.2).

Eine Woche nach Ausbruch des Zweiten Weltkrieges durch den Überfall von Hitler-Deutschland auf Polen erließ der damalige Beauftragte für den Vierjahresplan eine Rechtsgrundlage für die Verbindlichkeitserklärung verschiedener Technischer Normen. Ab dem Jahr 1940 wurden die ersten DIN-Normen und RAL-Normen für verbindlich erklärt. Dazu gehörten z. B. Normen für Gewinde, Blechpackungen, Hinweisschilder, fotografische Papiere, Konservengläser, Dampflokomotiven. Bis zum Kriegsende waren es ca. 1450 DIN-Normen (vgl. Holm 1967, S. 56–57).

Während der Diktatur der Nationalsozialisten wurde fortgesetzt, was in der Weimarer Republik seinen Anfang nahm. Nicht nur Rüstungsgüter wurden genormt, sondern auch viele Produkte für Bereiche des täglichen Lebens. So wurde bspw. seit dem Jahr 1928 das nach DIN 5051:1928-10 und DIN 5052:1928-10 produzierte sogenannte ›Genormte Wirtschaftsporzellan‹ als Kaffee- und Essservice angeboten (vgl. Holm 1967, S. 48). Die Bevölkerung bekam damit fast unausweichlich (wenn auch z. T. unbewusst) Kontakt mit dem Thema ›Technische Normung‹.

Mit der Zunahme der als ›verbindlich‹ erklärten Normen wuchs die Häufigkeit der Kontakte der deutschen Bevölkerung und der Bevölkerung in den besetzten Gebieten mit dem Thema Technische Normung. Gleiches gilt für andere europäische und nordamerikanische Staaten, in denen im Rahmen der Kriegswirtschaft verstärkt genormt wurde.

3.3 Entwicklung des nationalen Normungswesens in der Bundesrepublik Deutschland

3.3.1 Durchsetzung des DIN als ›die‹ nationale Normungsorganisation

Mit dem Zusammenbruch von Hitler-Deutschland musste auch der DNA seine Arbeit einstellen und alle kriegsbedingten DIN-Normen im Juli 1945 den Besatzungsbehörden übergeben. Diese gestanden gleichwohl dem Normungswesen eine große Bedeutung für den zukünftigen Wiederaufbau zu. Darum erteilte der ›Alliierte Kontrollrat‹ am 31.12.1946 dem DNA die Erlaubnis, seine Arbeiten in allen vier Besatzungszonen wieder aufzunehmen (vgl. Holm 1967, S. 64–65).

Ab 1948 war der DNA wieder national tätig und weitete mit dem Eintritt in die ›International Organization for Standardization (ISO)‹ im Dezember 1951 seine Tätigkeit auf das internationale Arbeitsfeld aus. Im Jahr 1967 lagen bereits 2800 Übersetzungen von Normen ins Deutsche vor (vgl. Holm 1967, S. 82).

Um den Einfluss und seine Bedeutung auszubauen, legte der DNA seinen nationalen Fokus weiterhin auf die Anwendung seiner Normen durch Unternehmen und die öffentliche Verwaltung sowie die Akzeptanz in der Bevölkerung. Insbesondere stand nach der Erstellung der Normen der tatsächliche Einsatz in der Praxis im Mittelpunkt der Bemühungen. Zur Umsetzung dieser Absichten wurde eine spezielle Werbeabteilung in der Berliner Geschäftsstelle eingerichtet, die vielfältige Maßnahmen zur Verankerung des Normungsgedankens und der Normungsterminologie in der öffentlichen Wahrnehmung umsetzte. Beispielsweise sollten Hersteller davon überzeugt werden, dass sie „ihre Fertigung den DIN-Normen anpassen". Und „neben dem Bemühen der Verbraucher und des Handels, durch ständige Nachfrage die Herstellung und Lagerung von Normteilen zu fordern, [sollen] auch die Behörden *bei ihren Aufträgen das Berücksichtigen und Anwenden der DIN-Normen zur Bedingung machen*" (Hervorhebung durch den Verfasser – siehe Holm 1967, S. 84).

Zwei Maßnahmen zur Umsetzung seien beispielhaft genannt: Für die weitere Verbreitung der Normungsidee wurde im Jahr 1953 eine Schulaktion mit dem Namen ›Einführung der DIN-Normen in den Unterricht‹ durchgeführt. Zudem konnten verschiedene technische Verlage – wie z. B. der Springer-Verlag – überzeugt werden, Merkzettel an ihre Autoren abzugeben, in denen sie auf die nationale und internationale Normungsarbeit des DNA aufmerksam machten. Dazu ein Auszug aus dem Schreiben an die Autoren des Springer-Verlags:

„Der Deutsche Normenausschuss macht darauf aufmerksam, dass in seinen Fachnormenausschüssen unter Heranziehung der jeweils interessierten Fachkreise Festlegungen – Normen – getroffen werden, deren allgemeine Anwendung für die Industrie geboten ist. Die Verfasser technischer und wissenschaftlicher Bücher werden deshalb gebeten, in ihren Werken Terminologie und technische Daten zu verwenden, die durch Normen festgelegt sind. Das gleiche gilt für Maße und Benennungen industrieller Erzeugnisse sowie für Gütebestimmungen, Prüfvorschriften, Prüfverfahren, Lieferbedingungen usw., die in den Normen ebenfalls erfasst werden. Der Verlag legt Wert darauf, dass die unter seiner Verantwortung herausgegebenen Bücher und Schriften mit dem neuesten Stand der Technischen Normung in Einklang stehen" (Zitiert in Holm 1967, S. 88-89).

Fünfzig Jahre nach seiner Gründung betreuten 1967 im ›DNA – *Deutscher Normenausschuss*‹ 121 Fachnormenausschüsse und selbstständige Arbeitsausschüsse sowie 2000 Unterausschüsse und Arbeitskreise bereits insgesamt 10 500 DIN-Normen und 2 000 Normentwürfe, von denen ein Großteil dem Ingenieurwesen entstammte. Weitere Möglichkeiten zur Ausweitung der Aktivitäten der Technischen Normung wurde in den Informationsverarbeitungstechnologien und der Elektrotechnik erkannt.

Um die elektrotechnische Normungsarbeit zusammenzufassen, gründeten DIN und der historisch ältere VDE (gegründet 1893) im Jahr 1970 die ›Deutsche Kommission Elektrotechnik Elektronik Informationstechnik in DIN und VDE (DKE)‹. Mit der vom VDE juristisch getragenen DKE gab es in der Bundesrepublik Deutschland nur noch eine Stelle für elektrotechnische Normung, die auch die deutschen Interessen in den internationalen Normungsorganisationen der Elektrotechnik vertreten sollte.

Die nationale *Normung* konzentrierte sich Anfang der 1970er-Jahre auf Rationalisierung durch Automation, gab aber aufgrund der neuen technischen Möglichkeiten das Konzept der Typenbeschränkung auf. Die Zusammenarbeit mit den Gesetzgebern wurde verstärkt, um deren Wünschen nach Erstellung z. B. von Sicherheitsvorschriften ohne aufwendiges Gesetzgebungsverfahren nachzukommen (vgl. Scheel 2002a, S. 221). Im Rahmen der zunehmenden internationalen Normung ging es um die *Vereinfachung des Austauschs von Gütern im Welthandel*. Der Schwerpunkt der internationalen Tätigkeiten lag hauptsächlich auf sogenannten Terminologienormen, wie z. B. Normen über Bildzeichen, Schaltzeichen oder für das Technische Zeichnen (vgl. Holm 1967, S. 98-100).

3.3.2 Der Normenvertrag aus dem Jahr 1975

Bevor der sogenannte *Normenvertrag* 1975 unterzeichnet wurde, beschloss der ›Deutsche Normenausschuss (DNA)‹ seine Umbenennung in ›Deutsches Institut für Normung (DIN)‹. Die Unterzeichnung des Normenvertrages kann als wichtigstes Ereignis der Nachkriegszeit für das DIN angesehen werden. Obwohl es diverse andere Normungsorganisationen gab (vgl. dazu auch Anhang D), hatte sich das DIN nach fast sechzig Jahren durchgesetzt und wurde als „*die* zuständige Normungsorganisation für das Bundesgebiet und Berlin (West) sowie als *die* Nationale Normungsorganisation in nichtstaatlichen Internationalen Normungsorganisationen" (Hervorhebungen durch den Verfasser – BMWi 1975, §1 Abs.1) anerkannt. Durch den Normenvertrag zwischen der Bundesrepublik Deutschland und dem DIN wurde dessen Arbeit als private Normungsorganisation eine rechtliche Grundlage gegeben.

Das DIN sollte im Bereich der Technik eine Ordnungsfunktion für die Selbstverwaltung der Wirtschaft unter Einbeziehung des Staates ausüben. In einer Erklärung zum Normenvertrag formulierte das Präsidium des DIN im Jahr 1975 sein Selbstverständnis und seinen Anspruch:

„DIN-Normen sind in Deutschland und auch über seine Grenzen hinweg zu einem Ordnungselement der technischen Welt geworden. Sie sind bedeutungsvoll für alle Bereiche des Lebens. DIN-Normen haben in die öffentliche Verwaltung Eingang gefunden, der Gesetzgeber bezieht sich auf sie, wenn er technische Sachverhalte festlegen will.

Gerichten dienen sie zur Feststellung des Standes der Technik, Vertragsparteien zur Definition ihrer Liefergegenstände. DIN-Normen haben kraft Entstehung, Trägerschaft, Inhalt und Anwendungsbereich den Charakter von Empfehlungen mit einer technisch-normativen Wirkung.

Die Beachtung der DIN-Normen steht jedermann frei. Aus sich heraus besitzen sie keine rechtliche Verbindlichkeit. Wer die DIN-Normen beachtet, folgt einer von der repräsentativen Fachwelt aufgestellten und getragenen Empfehlung. Er verhält sich damit in der Regel technisch ordnungsgemäß. Die Beachtung der DIN-Normen kann technisch geboten sein, ohne dass ein Anwendungszwang vorliegt.

Jedermann kann aber von den DIN-Normen abweichen; er begibt sich damit des Vorteils, sich auf eine von der repräsentativen Fachwelt aufgestellte und getragene Empfehlung berufen zu können" (DIN 2001, S.51).

Zudem wurde 1975 explizit herausgestellt, dass sich die Tätigkeiten des DIN „nur auf den *gesetzesfreien* Raum beziehen [und] den hoheitlichen Bereich unberührt lassen" (Hervorhebung durch den Verfasser – DIN 2001, S.53).

3.3.3 Wiederaufnahme der Tätigkeiten des DIN in Ostdeutschland (ab 1990)

Im Jahr 1961 war der Wirkungsbereich des DNA eingeschränkt worden: Nach dem Mauerbau schloss die Regierung der Deutschen Demokratischen Republik (DDR) die Geschäftsstellen in Ost-Berlin, Jena und Ilmenau. In der Folgezeit wurde in der DDR die Normung vom ›Deutschen Amt für Meßwesen‹ durchgeführt, dessen Arbeitsergebnisse die ›Technische Normen, Gütevorschriften und Lieferbedingungen (TGL)‹ waren. Im Gegensatz zu den DIN-Normen waren diese verpflichtende Vorschriften und keine Empfehlungen. Einige TGL-Normen stimmten aufgrund gemeinsamer historischer Wurzeln mit einer Anzahl DIN-Normen überein: Dies betraf vor allem die TGL-Normenreihe 0-XXX (vgl. Friedrich 2017).

Aus dem ›Deutschen Amt für Meßwesen‹ ging Anfang der 1970er-Jahre das ›Amt für Standardisierung, Meßwesen und Warenprüfung der DDR‹ hervor. Seitdem dieses im Jahr 1990 durch das DIN übernommen wurde, ist das DIN erneut auch auf dem Gebiet der fünf ostdeutschen Bundesländer tätig.

3.3.4 Veränderung der Arbeitsschwerpunkte des DIN

Trotz einer Vielzahl an Normungsorganisationen (vgl. Tabelle D.1) erarbeitet das ›Deutsche Institut für Normung‹ die meisten Normen in Deutschland. Laut Normenvertrag zwischen dem DIN und der Bundesrepublik Deutschland aus dem Jahr 1975 soll das DIN auf nationaler Ebene „dafür Sorge tragen, dass die Normen bei der Gesetzgebung, der öffentlichen Verwaltung und im Rechtsverkehr als Umschreibungen technischer Anforderungen herangezogen werden können" (vgl. Normenvertrag von 1975 § 1 (2) in: DIN 2001, S. 37).

Im Zusammenhang mit der Unterzeichnung des Normenvertrages im Jahr 1975 formulierte das Präsidium des DIN in einer Erklärung folgende Grundsätze: „Freiwilligkeit, Öffentlichkeit, Sachzielbezogenheit, Beteiligung aller interessierten Kreise und Ausrichtung am allgemeinen Nutzen" (vgl. DIN 2001, S. 52).

Ergänzt werden diese Grundsätze um weitere Sachverhalte, die unter Bezugnahme auf die DIN 820 Teil 1-3 (vgl. DIN 820-1:2014-06; DIN 820-3:2014-06) über die Satzung des DIN verbindlich (vgl. DIN 2015d, S. 3) einbezogen wurden: (a) Entscheidungen sollen auf dem Konsens der Beteiligten beruhen und (b) der Stand der Wissenschaft und Technik soll berücksichtigt werden. (c) Die Normen sollen einheitlich und in sich widerspruchsfrei und auch nicht im Widerspruch zu bereits existierenden Normen stehen. (d) Alle interessierten Kreise sollen einbezogen werden, (e) damit nicht der einzelwirtschaftliche Nutzen im Vordergrund steht, sondern (f) gesamtwirtschaftliche Ziele das Ergebnis der Normungsarbeit bestimmen. (g) Normungsanträge sollen nur angenommen werden, wenn wirtschaftliche Erfordernisse dafür sprechen. Und (h) durch Internationalisierung soll der Freihandel begünstigt werden (vgl. Jänchen 2008, S. 20). Die Gesamtübersicht über die Grundsätze, denen sich das DIN im Jahr 2017 verpflichtet sah, enthält Anhang E.

Andere Normungsorganisationen nutzen branchenspezifische Ausrichtungen als Differenzierungsmerkmal. Der als ›Normenausschuss der Deutschen Industrie‹ gegründete Verein hatte sich im Gegensatz dazu stets als Vertreter der gesamten deutschen Wirtschaft verstanden und dargestellt.

Um Einfluss zu erhalten und auszubauen und um sich im Bewusstsein der Gesellschaft – als nicht zu hinterfragende Tatsache – zu verankern, wurden im Lauf der Jahre seit der Gründung neue Normungsgebiete erschlossen: in den 1960er-Jahren die Informationstechnologien und die Elektrotechnik, in den folgenden Jahrzehnten Themen wie z. B. Sicherheit, Ergonomie, Kerntechnik, Arbeits-, Umwelt- und Verbraucherschutz sowie Qualitätssicherung und Managementsysteme. Im Jahr 2003 wurde der Bereich der Innovationen als neuer Arbeitsschwerpunkt gesetzt. Damit begleitet die Technische Normung ein Produkt bereits vor seiner Entstehung. Im Ergebnis wurde die Berücksichtigung der Normen zum einen unausweichlich und zum anderen selbstverständlich.

›Technische‹ Normung nicht mehr Mittelpunkt

Im Laufe der Jahre wurden die Arbeitsschwerpunkte – erkennbar in der Satzung – des ›Deutschen Instituts für Normung e. V.‹ mehrfach geändert. Zum Vergleich werden die Satzungen der Jahre 1997 und 2013/2015 in der Tabelle 3.4 einander gegenübergestellt. An den Aufgabenbeschreibungen lassen sich einige grundlegende Veränderungen der Schwerpunkte in der Arbeit des DIN erkennen: Die klare Ausrichtung auf die Erstellung nationaler Normen wird dahingehend aufgeweicht, dass auch der Begriff „Standardisierung" (vgl. dazu auch Abschnitt 3.1.4) explizit genannt wird.

Tabelle 3.4: *Vergleich der Satzungen des DIN von 1997 und 2013/2015*

Satzung des DIN von 1997*	Satzung des DIN von 2013/2015*
„Das DIN verfolgt […] Zwecke […] indem es, durch *Gemeinschaftsarbeit der interessierten Kreise*, zum Nutzen der Allgemeinheit Deutsche Normen oder andere Arbeitsergebnisse, die der Rationalisierung, der Qualitätssicherung, dem Umweltschutz, der Sicherheit und der Verständigung in Wirtschaft, *Technik*, Wissenschaft, Verwaltung und Öffentlichkeit dienen, aufstellt, sie veröffentlicht und ihre Anwendung fördert."[a]	„Aufgabe (Zweck) des DIN ist es, zum Nutzen der Allgemeinheit unter Wahrung des öffentlichen Interesses *in geordneten und transparenten Verfahren* die Normung und *Standardisierung* anzuregen, zu organisieren, zu steuern und zu moderieren. Die Arbeitsergebnisse dienen der *Innovation*, Sicherheit und Verständigung in Wirtschaft, Wissenschaft, Verwaltung und Öffentlichkeit sowie der Qualitätssicherung und Rationalisierung und dem Arbeits-, Umwelt- und Verbraucherschutz. Die Arbeitsergebnisse werden veröffentlicht und ihre Anwendung wird gefördert."[b,c]

[a] Quelle: DIN 2001, S. 13.
[b] Quelle: DIN 2013b, S. 3.
[c] Quelle: DIN 2015d, S. 3.
* Hervorhebungen durch den Verfasser.

Auffällig ist zudem, dass nicht mehr die „Gemeinschaftsarbeit der interessierten Kreise", sondern ausschließlich „geordnete und transparente Verfahren" im Mittelpunkt der Tätigkeit des DIN stehen. Dies ist zum einen sicherlich dem Umstand geschuldet, dass die zukünftige Normungsarbeit eher auf europäischer und internationaler Ebene und weniger auf nationaler Ebene stattfinden wird. Zum anderen ließe sich argumentieren, dass das DIN größere Unabhängigkeit bzw. größeren Einfluss anstrebt.

Die Bedeutung des Themas ›Technik‹ als Schwerpunkt hat für das DIN weiter abgenommen. Ursprünglich wurde diese Institution geschaffen, um (a) den Austauschbau durch Präzisionsfertigung, (b) die Fließbandarbeit, (c) eine Kostenreduktion der Massenfertigung, (d) die Spezialisierung von Firmen und (e) die Funktion großer räumlicher technischer Systeme, wie z. B. elektrische Energienetze oder überregionale Transport und Kommunikationssysteme wie Eisenbahn, Wasserstraßen oder Telefonnetze zu ermöglichen (vgl. Bahke 2002, S. 61).

Während in den letzten Jahrzehnten die Normungsaktivitäten auf neue Arbeitsbereiche ausgedehnt wurden, lässt sich im Jahr 2013 – fast 100 Jahre nach der Gründung des DIN – der Begriff ›Technik‹, der Ausgangspunkt für die Technische Normung war, nicht mehr finden.

Zu Beginn des Jahres 2017 ist die Formulierung der Aufgabe des DIN unverändert (vgl. DIN 2015d, S. 3). Dem DIN war es damit möglich, weitere Themengebiete des allgemeinen und des Wirtschaftslebens zu besetzen.

3.4 Entscheidungsprozesse der verschiedenen Normungsebenen

3.4.1 Ablauf eines Normungsprozesses

Auf Normungsebene 1 treffen die Unternehmen selbständig die Entscheidungen in Bezug auf die eigenen Werknormen. Hierfür gibt es keine zwingenden Vorschriften. Die Betrachtung dieser Normungsebene ist nicht Teil der vorliegenden Arbeit. Die Erarbeitung von Normen auf den Normungsebenen 2–4 wird in den nächsten Abschnitten genauer betrachtet.

Grundsätzlich erfolgt die Normung nach dem jeweils gleichen Grundprinzip. Der *Ablauf eines Normungsvorhabens*, welches erfolgreich verläuft, besteht aus sieben Schritten (vgl. Hartlieb, Kiehl & Müller 2009, S. 31):

(1) Vorlegen eines Normungsantrages,
(2) Annahme des Normungsantrages,
(3) Bearbeitung des zu normenden Gegenstandes (materieller oder immaterieller Art) durch ein dazu befugtes Arbeitsgremium einer Normungsorganisation,
(4) Veröffentlichung eines Normentwurfs und öffentliche Stellungnahmen (Einspruchsverfahren),
(5) Bearbeitung der eingegangenen Stellungnahmen,
(6) Annahme der Norm durch das zuständige Arbeitsgremium sowie
(7) Veröffentlichung der Norm.

3.4.2 Normungsprozesse auf nationaler Ebene

Auf nationaler Ebene sollen die Vertreter der interessierten Kreise grundsätzlich an drei Stellen *auf das Normungsvorhaben Einfluss nehmen* können: (1) Ein Normungsantrag kann, so er begründet ist, von jedermann gestellt werden. Normungsanträge können z. B. beim DIN elektronisch eingereicht werden (vgl. DIN 2017e). (2) Die nächste Möglichkeit ergibt sich über eine konkrete gestalterische Mitarbeit in den Ausschüssen der Normungsorganisationen. (3) Außerhalb der Gremienarbeit kann jedermann vor Verabschiedung einer Norm – im

Rahmen des öffentlichen Einspruchsverfahrens – Stellungnahmen zur Anpassung der Norm einreichen. Um einer breiteren Öffentlichkeit die Möglichkeit zur Teilnahme am Einspruchsverfahren zu geben, haben bspw. das DIN und der DKE spezielle Onlineportale eingerichtet (vgl. DIN 2017d; VDE Verlag 2017).
Inwieweit Anträge bzw. Stellungnahmen Berücksichtigung finden, liegt z. B. entweder in der Hand des Präsidiums des DIN, das gegebenenfalls über die Gründung eines neuen DIN-Normenausschusses entscheidet oder in der Hand der Arbeitsausschussmitglieder, die über die Berücksichtigung eines Einspruchs entscheiden (vgl. DIN 820-4:2014-06).
Die Mitarbeit in den Arbeitsausschüssen ist nicht ohne Weiteres möglich. Hierfür ist eine Autorisierung durch eine entsendende Stelle erforderlich. Wechseln Mitarbeiter eines Unternehmens ihr Fachgebiet, erlischt deren Autorisierung automatisch. Das gleiche gilt für den Fall, dass Mitarbeiter die entsendende Stelle verlassen.
Darüber hinaus ist bspw. die Anzahl der Mitarbeitenden in den Arbeitsausschüssen und im Beirat auf jeweils 21 beschränkt (vgl. DIN 2013a, S.6, 9). Die DIN-Richtlinie für Normungsausschüsse schreibt zudem vor, dass diese Personenanzahl möglichst nicht ausgeschöpft werden soll (vgl. DIN 2013a, S.9).
Wie bereits in Abschnitt 3.3.4 erwähnt wurde, ist nicht genau erkennbar, inwieweit die Mitarbeit ›aller interessierten Kreise‹ tatsächlich noch Maxime der Arbeit des DIN ist. Gemäß der DIN-Satzung von 2015 geht es insbesondere um „geordnete und transparente Verfahren" (DIN 2015d, S.3). Die Berücksichtigung *aller* interessierten Kreise wird nicht mehr ausdrücklich erwähnt. Da es sich um ein freiwilliges Verfahren handelt, kann zudem nicht zwingend davon ausgegangen werden, dass jede zur Teilnahme berechtigte Interessengruppe auch tatsächlich am Normungsprozess teilnimmt. Die folgenden Beispiele belegen, dass der direkte Zugang aller Interessierten nur eingeschränkt realisiert werden kann und wird.

Eingeschränkte Beteiligung der privaten Haushalte
Um dem Vorwurf zu begegnen, dass sich die privaten Haushalte nicht am Normungsprozess beteiligen können, wurde durch das DIN ein sogenannter ›Verbraucherrat‹ eingerichtet (vgl. Geschäftsordnung des DIN Abschnitt 4.2.2, DIN 2001, S.24–25). Dieser setzt sich seit der Gründung im Jahr 1974 aus fünf Mitgliedern zusammen, die vom Präsidenten des DIN im Einvernehmen mit dem ›Verbraucherzentrale Bundesverband (vzbv)‹ und dem ›Bundesministerium der Justiz und für Verbraucherschutz (BMJV)‹ berufen werden. Im Jahr 2017 wurden die Mitglieder von folgenden Institutionen gestellt: der Bundesanstalt für Materialforschung und -prüfung (BAM), dem DHB – Netzwerk Haushalt (Berufsverband der Haushaltsführenden e.V., Bonn), der Hochschule

für angewandte Wissenschaften (Hamburg), der Stiftung Warentest und dem Verbraucherzentrale Bundesverband (vzbv) (vgl. DIN 2017b).
Es stellt sich allerdings die Frage, inwieweit diese fünf Mitglieder des Verbraucherrates tatsächlich die Interessen des überwiegenden Teils der 40,7 Mill. privaten Haushalte der Bundesrepublik Deutschland (vgl. Statistisches Bundesamt 2016, S. 50) abbilden können; auch wenn sie von acht hauptamtlichen und 60 ehrenamtlichen Mitarbeitern unterstützt werden (vgl. DIN 2015a, S. 62).

Eingeschränkte Beteiligung wissenschaftlicher Einrichtungen
Entsprechend den Grundsätzen der Normungsarbeit des DIN (vgl. Anhang E) soll sich die Normung im „Rahmen, den die wissenschaftliche Erkenntnis setzt" (vgl. DIN 2016c), vollziehen. Darüber hinaus sollen DIN-Normen den Stand der Technik widerspiegeln (*Anmerkung: Dies gilt demzufolge nicht für ›DIN SPEC Spezifikationen‹ – vgl. Abschnitt 3.4.2.2*). Die Nachfrage des Verfassers beim für die DIN EN ISO 9001:2015 zuständigen ›DIN – Normenausschuss Qualitätsmanagement, Statistik und Zertifizierungsgrundlagen (NQSZ)‹, inwieweit wissenschaftliche Einrichtungen am Normerstellungsprozess der ISO 9001:2015 von deutscher Seite aus teilgenommen haben, wurde von dessen Geschäftsführer REINER HAGER wie folgt beantwortet:

> „Die Arbeitsgremien des DIN sollen ausgewogen zusammengesetzt sein, d. h. alle für ein Thema wesentlichen interessierten Kreise werden eingeladen, sich am Normungsprozess zu beteiligen. Der interessierte Kreis ›Wissenschaft und Forschung‹ ist dabei einer unter vielen, neben z. B. ›Wirtschaft‹, ›Anwender‹ oder ›öffentliche Hand‹. *Inwieweit also wissenschaftliche Gutachten oder Beiträge von den Vertretern der Wissenschaft oder auch den Vertretern anderer interessierter Kreise als Grundlage ihrer inhaltlichen Beiträge im Normungsprozess herangezogen wurden, ist für den Prozess nicht maßgeblich und daher auch nicht ausdrücklich bekannt.* Von DIN eingefordert werden solche Beiträge nicht, da unsere Aufgabe das Projektmanagement des Normungsprozesses und nicht das Einbringen von Inhalten ist" (kursive Hervorhebung durch den Verfasser – Hager 2015).

Inwieweit aus dieser Aussage geschlussfolgert werden kann, dass zum einen wissenschaftliche Einrichtungen beteiligt wurden und zum anderen in welcher Art und Weise wissenschaftliche Ergebnisse tatsächlich Eingang in die deutsche Stellungnahme gefunden haben, ist nicht zu erkennen. Auch dem Grundsatz der ›Öffentlichkeit‹ (vgl. Anhang E) wurde nicht entsprochen. HAGER führte dazu des Weiteren aus:

> „Ich kann Ihnen sagen, dass Vertreter der Wissenschaft im ISO 9001-Prozess beteiligt waren. Aus Datenschutzgründen darf ich Ihnen jedoch die Namen nicht mitteilen, ebenso wenig, wie die Stellungnahmen zum Norm-Entwurf. Ich kann Ihnen aber auch verraten, dass der Großteil der inhaltlichen Beiträge eher aus der unternehmerischen Praxis in der Anwendung der bisherigen ISO 9001 kam" (Hager 2015).

Wird zudem davon ausgegangen, dass in den normerstellenden Arbeitsausschüssen maximal 21 Personen alle interessierten Kreise abbilden sollen, kann davon ausgegangen werden, dass nicht die breite Meinungsvielfalt der gesamten Gesellschaft abgebildet werden kann. Die Vorgehensweise folgt den historischen Überlegungen, die bereits in der Gründungsversammlung des NDI am 22.12.1917 Thema waren. Bereits damals wurde beschlossen, dass keine Einzelpersonen oder Einzelfirmen aufgenommen werden, sondern nur Vereinigungen von in sich geschlossenen und schon organisierten Interessengruppen. Ziel war es, der Gefahr von Zufallsmehrheiten zu begegnen (vgl. Wölker 1992, S. 144 und FN 114). Inwieweit dies tatsächlich gelang oder ob lediglich eine breite Mitwirkung reduziert wurde (und wird), ist nicht belegt.

3.4.2.1 Konsensentscheidungen bei ›DIN-Normen‹

Wie bereits ausgeführt wurde, ist der grundlegende Ablauf für die Entstehung von Normen auf den Normungsebenen 2–4 vergleichbar. Unterschiede lassen sich im Schritt ›*(6) Annahme der Norm durch das zuständige Arbeitsgremium*‹ feststellen. Diese Annahme erfolgt auf supranationaler Ebene im Anschluss an ein Abstimmungsverfahren und auf nationaler Normungsebene aufgrund einer *Konsensentscheidung*.

Im juristischen Sinne wird unter einem Konsens (im Rückgriff auf das Vertragsrecht) ein Korrespondieren der Willenserklärungen verstanden. In der rechtlichen Auslegung liegt Konsens dann vor, wenn eine Entscheidung „*das gemeinsam Gewollte*" abbildet (Brox & Walker 2007, S. 140).

Die Normsetzer des DIN gingen anders vor. In der DIN EN 45020:2007-03 definierten sie ›Konsens‹ als:

> „allgemeine Zustimmung, die durch *das Fehlen aufrechterhaltenen Widerspruchs* gegen wesentliche Inhalte seitens irgendeines wichtigen Anteils der betroffenen Interessen und durch ein Verfahren gekennzeichnet ist, das versucht, die Gesichtspunkte aller betroffenen Parteien zu berücksichtigen und alle Gegenargumente auszuräumen" (Hervorhebung durch den Verfasser – vgl. Suchbegriff: Konsens, DIN 2017c).

In der Anmerkung zum Begriff wird betont: „*Konsens bedeutet nicht notwendigerweise Einstimmigkeit*". Mit anderen Worten: Bereits das Ausbleiben von Einwänden – und nicht das gemeinsam Gewollte – wird als Konsens angesehen.

Hierin unterscheiden sich die beiden Verfahren zur Normsetzung und zur Gesetzgebung: Während für technische Normen eine Entscheidung im Konsens eingefordert wird, kommen Gesetze und Verordnungen in den nationalen gesetzgebenden Einrichtungen durch Mehrheitsentscheidungen zustande. In einer repräsentativen Demokratie, wie der der Bundesrepublik Deutschland, sollen Gesetze den Willen der Wähler reflektieren und gelten damit als demokratisch legitimiert. In dieser Hinsicht stimmen die Verfahren der Technischen Normung und der staatlichen Gesetzgebung überein: An beiden Verfahren sind die interessierten Gruppen nicht direkt, sondern nur vermittelt beteiligt. Beim Gesetzgebungsverfahren erfolgt die Vertretung über die gewählten Parteien bzw. Landesregierungen.

Die Idee hinter der nationalen Technischen Normung ist, dass diese den Konsens aller interessierten Kreise widerspiegelt. SCHEEL verwendet hierfür den Terminus „fachliche Legitimation" (Scheel 2002a, S. 220). Die Überprüfung einer Norm nach spätestens fünf Jahren soll sicherstellen, dass diese regelmäßig an den Stand von Wissenschaft und Technik angepasst wird (vgl. DIN 820-4:2014-06, Punkt 7).

Für die Verwirklichung dieser Idee müssen einige Rahmenbedingungen eingehalten werden. Als erstes muss sichergestellt werden, dass mit den maximal 21 Mitarbeitenden in den Arbeitsausschüssen tatsächlich alle interessierten Kreise an der Normung teilnehmen. NAGEL zufolge nahm die Beteiligung dieser bereits seit den 1980er-Jahren ab. Seiner Beobachtung nach hatte sich zur Jahrtausendwende „der Rückzug einiger Kreise bereits vollzogen" (Nagel 2002, S. 70).

Werden als nächstes die Arbeitsprozesse in den Normungsausschüssen betrachtet, wird deutlich, dass die Ergebnisse der Arbeitsausschüsse das Resultat von Aushandlungsprozessen sind. Somit ist deren Güte abhängig (a) von den fachlichen Fähigkeiten der Mitarbeitenden im Arbeitsausschuss, (b) von deren kommunikativen Fähigkeiten sowie (c) dem Willen und (d) den Fähigkeiten der Beteiligten zur Konsensfindung.

NAGEL bemerkte dazu weiter, „dass immer weniger Entwickler und Konstrukteure im Normungsprozess tätig sind, sondern vorzugsweise marktorientierte Vertriebsingenieure und Marketingspezialisten" (Nagel 2002, S. 70) als Experten berufen werden.

Im Sinne der DIN-Norm 820-3 ist ein Experte ein „autorisierter und entscheidungsbefugter Fachmann" (Punkt 3.2.9 DIN 820-3:2014-06), der ohne Vergütung durch das DIN tätig wird. Die Autorisierung unterliegt dabei keinem speziellen demokratischen oder sonstigen Auswahlverfahren. Wie vielfach bei Ehrenämtern üblich, ist es ausreichend, die Bereitschaft zur Mitarbeit anzudeuten, um berufen zu werden. Ein Nachweis von besonderen Qualifikationen wird nicht verlangt. Kommt eine so berufene Expertengruppe zu dem Ergebnis, dass es

keine Einwände mehr gegen das entstandene Dokument gibt (Konsens im Normungssinne), wird eine Norm angenommen und veröffentlicht.
Treten in den Arbeitsgruppen Unstimmigkeiten auf, können diese nicht ›problemlos‹, d.h. gegen den Widerstand von Minderheitenmeinungen, überwunden werden. Auf europäischer und internationaler Ebene wird der Konsens durch eine Mehrheitsentscheidung ersetzt (vgl. Abschnitte 3.4.3 und 3.4.4). Liegt ein Dissens zwischen den Interessengruppen vor, kann dieser auf nationale Normungsebene nicht über ein Abstimmungsverfahren ausgeräumt werden. Dies führt zu teilweise langwierigen Aushandlungsprozessen.

Der Bearbeitungszeitraum für die Erstellung einer Norm betrug bis zum Jahr 2014 im Durchschnitt 34 Monate. Die EU-Kommission und das CEN haben eine Vereinbarung über ein ›Framework Partnership Agreement (FPA)‹ getroffen. Damit darf ab dem Jahr 2020 ein von der Kommission beauftragtes Normungsvorhaben nicht länger als 18 Monate dauern (vgl. DIN 2015a, S. 37).

3.4.2.2 Keine Konsensentscheidungen bei ›DIN SPEC Spezifikationen‹

„Ohne Konsens keine Norm." So steht es im DIN-Geschäftsbericht für das Berichtsjahr 2014 (DIN 2015a, S. 42). Ein Prinzip, welches seit Gründung des NDI die Normungstätigkeit in Deutschland bestimmt hat (vgl. Wölker 1992, S. 143), wurde – wie bereits ausgeführt – mithilfe bspw. der Satzung aus dem Jahr 2013 aufgeweicht. Nicht mehr ausschließlich die ›Normung‹, sondern auch die ›Standardisierung‹ wurden Aufgabenschwerpunkt (vgl. Abschnitt 3.3.4). Ergebnisse der Standardisierung sind sogenannte ›Spezifikationen‹. Entsprechend der DIN-Norm DIN 820-3:2014-06 zeigt die Tabelle 3.5 die Unterschiede und Zusammenhänge.

Spezifikationen, die in einem kleinen Kreis ohne verpflichtenden Konsens erstellt wurden, veröffentlicht das DIN mit dem Kürzel ›DIN SPEC‹ (vgl. Stichwort DIN SPEC; Zollondz, Ketting & Pfundtner 2016, S. 234). Den bereits in den 1970er-Jahren vorgebrachten Vorbehalten gegenüber der Normung wird mit der verstärkten Nutzung der ›DIN SPEC Spezifikationen‹ Vorschub geleistet. Der Präsident des DIN gestand bereits im Jahr 1975 ein, dass in der breiten Öffentlichkeit die Normung z. T. kritisch hinterfragt wird. Er sah die Technische Normung konfrontiert mit Fragestellungen wie:

- „Wer normt eigentlich?
- Normen nicht nur die Hersteller unter dem Druck ganz bestimmter Interessen?
- Werden nicht vorrangig wirtschaftliche Gesichtspunkte bei der Normung gesetzt?" (vgl. DIN 2001, S. 52).

Tabelle 3.5: Normdefinitionen zum Begriff ›Normung‹ und ›Standardisierung‹

Tätigkeit	Definition	Ergebnis
Normung	planmäßige, durch die interessierten Kreise gemeinschaftlich *im Konsens* durchgeführte Vereinheitlichung von materiellen und immateriellen Gegenständen *zum Nutzen der Allgemeinheit*[a]	DIN-Norm – Deutsche Norm, im DIN aufgestellte […] Norm[c]
Standardisierung	technische Regelsetzung *ohne zwingende Einbeziehung aller interessierten Kreise* und *ohne die Verpflichtung zur Beteiligung der Öffentlichkeit* […] der Erarbeitungsprozess von Spezifikationen zur Unterscheidung von der (voll konsensbasierten) Normung [wird] im Deutschen als Standardisierung bezeichnet[b]	DIN SPEC – Spezifikation des DIN, vom DIN herausgegebenes Dokument, das das Ergebnis einer Standardisierung enthält[d]

[a] Hervorhebungen durch den Verfasser – Quelle: DIN 820-3:2014-06, Punkt 3.1.3.1.
[b] Hervorhebungen durch den Verfasser – Quelle: DIN 820-3:2014-06, Punkt 3.1.3.2.
[c] Quelle: DIN 820-3:2014-06, Punkt 3.3.7.
[d] Quelle: DIN 820-3:2014-06, Punkt 3.3.8.

Vorteilhaft für das DIN – als auch für die standardisierenden Organisationen – ist, dass die Unterscheidung von Normen und Spezifikationen ausschließlich sich interessierenden Personen bekannt ist. Einer Vielzahl von Personen wird der Zusatz ›SPEC‹ gar nicht bewusst oder negativ auffallen, da er der vertrauten Marke ›DIN‹ folgt.

Wie bereits im Abschnitt 3.2 ausgeführt wurde, sind die Dokumente des DIN als Marke in der deutschen Gesellschaft tief verwurzelt. In der öffentlichen Wahrnehmung wird dieser Einrichtung eine gewisse Glaubwürdigkeit und Verlässlichkeit zugesprochen. Das DIN nutzt diese Markenwahrnehmung, um vermehrt Unternehmen zur Nutzung der Spezifikationen zu bewegen (vgl. Werbefilm zur ›DIN SPEC 4885 Faserverstärkte Kunststoffe‹, DIN 2017a).

Die ›*DIN SPEC Spezifikationen*‹ nach dem ›Public Available Specifcation-Verfahren (PAS)‹ bewirbt das DIN auf seiner Internetseite wie folgt:

„Die DIN SPEC nach dem PAS-Verfahren ist der kürzeste Weg von der Forschung zum Produkt. *Keine Konsenspflicht* und *kleinere agile Arbeitsgruppen* ermöglichen, eine DIN SPEC innerhalb weniger Monate zu erarbeiten.

Die DIN SPEC ist ein hochwirksames Marketinginstrument, das *dank der anerkannten Marke DIN für eine große Akzeptanz bei Kunden und Partnern* sorgt. DIN sorgt dafür, dass die DIN SPEC nicht mit bestehenden Normen kollidiert, und veröffentlicht die Standards, auch international. Eine DIN SPEC kann die Basis für eine DIN-Norm sein. […]

Nachdem der Workshop[2] das Manuskript zur Veröffentlichung fertig gestellt hat, wird dieses über eine einfache Mehrheit verabschiedet. Alle Befürworter werden als Verfasser im Dokument aufgeführt. Anschließend erfolgt eine abschließende Freigabe durch den Vorsitzenden des Vorstandes vom DIN. Der Beuth Verlag veröffentlicht die DIN SPEC danach" (Hervorhebungen durch den Verfasser – DIN 2016a).

Bei Betrachtung dieser Aussagen ist zu erkennen, dass mit einem gewissen Desinteresse gerechnet wird, sodass sich niemand genauer mit den Zusammenhängen beschäftigt. Die elementaren Grundsätze der Europäischen Kommission auf dem Gebiet der internationalen Normungsarbeit „Kohärenz, Transparenz, Offenheit, Konsens, Freiwilligkeit der Anwendung[3], Unabhängigkeit von Einzelinteressen und Effizienz" (Abl. EU L 316 v. 14.11.2012, S. 12 Abs. 2), wie sie auch die WTO in ihren Grundprinzipien vorsieht (vgl. WTO 2014, S. 61–63), werden mit der Erstellung von ›*DIN SPEC Spezifikationen*‹ außer Kraft gesetzt.

Nichtsdestotrotz ist die Aussage vom Anfang des Abschnittes: „Ohne Konsens keine Norm" weiterhin korrekt. Dies gelingt über die unterschiedliche Zuordnung von DIN-Normen und ›DIN SPEC Spezifikationen‹. Die DIN 820-3:2014-06 differenziert bei den Dokumenten, die in das deutsche Normenwerk aufgenommen werden: „Deutsches Normenwerk – Gesamtheit der vom DIN herausgegebenen Deutschen Normen" (vgl. DIN 820-3:2014-06, Punkt 3.3.9). Als Ergebnis eines Standardisierungsprozesses ist eine ›DIN SPEC Spezifikation‹ damit nicht Bestandteil des Deutschen Normenwerkes.

Die Unterschiede einer ›DIN SPEC Standardisierung‹ gegenüber der Normungsarbeit werden am Beispiel der ›DIN SPEC 77222‹ dargestellt:

---

2   Ein ›Workshop‹ wird vom DIN als temporäres Gremium verstanden. Es ist mit den Arbeitsausschüssen bei der Normerstellung vergleichbar.
3   Zur Einschränkung der Freiwilligkeit der Anwendung vgl. Abschnitt 2.1 auf Seite 11.

Bei diesem Standard geht es um das Thema der privaten Finanzanalyse und Finanzberatung für Verbraucher. Standardisiert wurde ein Analysekonzept der DEFINO Gesellschaft für Finanznorm mbH, d. h. der Vorgang ist nicht unabhängig von Einzelinteressen. Es handelt sich auch nicht um ein transparentes Verfahren, da es im Standardisierungsprozess erstellt wurde, an dem nicht sämtliche interessierten Gruppen teilgenommen haben. Innerhalb von acht Monaten und sechs Workshops haben drei Professoren, zwei Vertreter der Verbraucherseite und Vertreter der Finanzbranche (Anzahl ist nicht belegt) diesen Standard erstellt (vgl. DIN 2015b, S. 1–2). Für die Verabschiedung war kein Konsens notwendig, sondern es reichte ausschließlich eine einfache Mehrheit.

Folgende Überlegungen könnten die Verantwortlichen beim DIN bewegt haben, das ausschließliche Konzept der Normung durch die Hinzunahme der Standardisierung aufzugeben: Aufgrund der Tatsache, dass immer mehr Normungsvorhaben auf die europäische oder internationale Ebene verlagert wurden, sank die Bedeutung der nationalen Normungsorganisationen. Wie in den nächsten Abschnitten gezeigt wird, traten bspw. die europäischen Normungsorganisationen mit der Zielsetzung an, Normen in der gesamten Europäischen Union zu vereinheitlichen und zu ersetzen. Wenn jedoch nationale Normen ersetzt werden, sinkt der Bedarf an nationalen Normungsorganisationen. Experten könnten direkt in die entsprechenden Gremien der Normungsebene 3 und 4 entsandt werden, ohne dass es einer eigenständigen nationalen Institution bedürfte.

Es drohte damit der Wegfall eines Großteils der Existenzberechtigung und damit der Umsatzmöglichkeiten. Warum sollten z. B. die deutschen Übersetzungen von Normen über den Beuth Verlag bezogen werden? Dies wäre ohne Weiteres auch exklusiv über das CEN oder die ISO möglich. Dieser Bezugsweg existiert bereits für die Normenausgaben in englischer, französischer, spanischer und russischer Sprache (vgl. ISO 2017d). Die ›DIN SPEC Spezifikationen‹ gaben hier einen Ausweg, auch wenn es bedeutete, die Grundsätze der Normung – die bis dato Arbeitsgrundlage waren – zum Teil aufzugeben.

3.4.3 Normungsprozesse auf europäischer Ebene

Das Deutsches Institut für Normung (DIN) ist als zuständige Normungsorganisation für die Bundesrepublik Deutschland sowie als zuständige nationale Normungsorganisation in nicht staatlichen internationalen Normungsorganisationen mit dem Normenvertrag vom 5.6.1975 anerkannt worden (vgl. Normenvertrag § 1 (1), DIN 2001, S. 37). Deshalb ist das DIN auf Normungsebene 3 – der europäischen Ebene – Mitglied in den drei europäischen Normungsorganisationen:

- Europäisches Komitee für Normung (CEN),
- Europäisches Komitee für elektrotechnische Normung (CENELEC) und
- Europäisches Institut für Telekommunikationsnormen (ETSI).

In ihrer Begründung zur EU-Verordnung Nr. 1025/2012 zur ›Europäischen Normung‹ haben das Europäische Parlament und der Rat diese drei Normungsorganisationen als europäische Normungsorganisationen in einer abschließenden Aufzählung benannt und damit ein abgeschlossenes Oligopol geschaffen (vgl. Abl. EU L 316 v. 14.11.2012, S. 20 Art. 2 Nr. 9 i. V. m. Anhang I). Neue Normungsorganisationen werden nach dieser Verordnung nicht zugelassen. Warum diese drei Organisationen gewählt wurden, wird nicht erläutert.

Neben dem DIN für die Bundesrepublik Deutschland gehören zum CEN 33 weitere Normungsorganisationen (vgl. CEN 2017, die vollständige Übersicht der Mitglieder befindet sich im Anhang C). Jedes Land entsendet *genau ein Mitglied*, welches die Interessen des gesamten Landes zu vertreten hat. Die Position des jeweiligen Landes soll in einem sogenannten *Spiegelausschuss* ermittelt werden. In diesem Arbeitsausschuss wird die fachliche Betreuung des jeweiligen Normengebiets angesiedelt (siehe Abb. 3.1).

Abbildung 3.1: Spiegelung supranationaler Normungsarbeit; Grafik in Anlehnung an: Hartlieb, Kiehl & Müller 2009, S. 40.

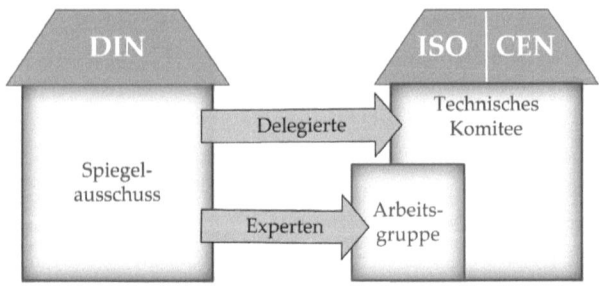

Je nach Zuordnung erfolgt dies im DIN oder in der ›DKE – Deutsche Kommission Elektrotechnik Elektronik Informationstechnik in DIN und VDE‹.

Die Mitglieder arbeiten in den übergeordneten Organen von CEN bzw. CENELEC, der Generalversammlung, den politischen und technischen Lenkungsgremien und den Technischen Komitees. In den *Technischen Komitees* werden die entsprechenden Normentwürfe erarbeitet, die dann zur Abstimmung vorgelegt werden. Einsprüche und Stellungnahmen werden beim nationalen Spiegelausschuss eingereicht und von diesem bearbeitet.

Es wurde bereits ausgeführt, dass Schritt ›(6) *Annahme der Norm durch das zuständige Arbeitsgremium*‹ auf europäischer Ebene anders verläuft als auf nationaler Ebene: Für die Annahme einer Norm werden mindestens die einfache Mehrheit und 71 % der gewichteten Mehrheit der abstimmenden nationalen Normungsorganisationen bei der formellen Abstimmung benötigt (vgl. CEN/CENELEC 2015, S. 28).

Wurde eine Europäische Norm angenommen, muss diese von den nationalen Normungsorganisationen unverändert als nationale Norm übernommen werden. Hierzu besteht eine Verpflichtung gemäß der CEN/CENELEC-Geschäftsordnung Teil 2:2015 (vgl. CEN/CENELEC 2015, S. 38). Vorhandene, abweichende nationale Normen sind zurückzuziehen (vgl. Hartlieb, Kiehl & Müller 2009, S. 44). Der postulierte Vorteil der europäischen Normungsarbeit besteht damit darin, dass eine ›Europäische Norm (EN)‹ 34 nationale Normen ersetzen kann. Entsprechend der Zielsetzung des CEN/CENELEC soll hierdurch eine Entbürokratisierung des europäischen Normungswesens vorangetrieben werden.

Da das Abstimmungsverhalten zu Inhalten von Aushandlungsprozessen in den Gremien wird und die Position der Bundesrepublik Deutschland lediglich durch eine Person vertreten wird, spiegeln ›EN-Normen‹ nicht zwingend den nationalen Sachverstand wider. Eine ›fachliche Legitimation‹ steht spätestens dann nicht mehr im Mittelpunkt, wenn es zu *Tauschgeschäften* unter den Mitgliedsorganisationen auf europäischer und internationaler Ebene kommt. EICKHOFF UND HARTLIEB führen aus:

„Eine Delegation aus dem Land A wird bei einem Normungsvorhaben, dessen Inhalt sie weniger tangiert, eher im Sinne einer Delegation des Landes B abstimmen, wenn diese im Gegenzug einem Normungsvorhaben zustimmt, dass für Land A von höherer Bedeutung ist. Zur Realisierung entsprechender Tauschgeschäfte ist es notwendig, dass sich die Partner vertrauen" (Eickhoff & Hartlieb 2002, S. 182).

Da das Abstimmungsverhalten der Delegierten weder staatlich reglementiert noch in irgendeiner Form staatlich vorgegeben ist, entfaltet das Abstimmungsverhalten der Einzelpersonen gesamtwirtschaftliche und gesamtgesellschaftliche Wirkung. Bezogen auf das obige Zitat entscheidet im Zweifelsfall die Einzelperson vor Ort, inwieweit sie auf Tauschgeschäfte eingeht und damit einschätzt, dass ein Thema jetzt und in Zukunft für die nationale Volkswirtschaft von untergeordneter Bedeutung ist. Es ist zudem unwahrscheinlich, dass ein Thema keine Organisation bzw. keinen Bürger der Bundesrepublik Deutschland tangiert. Ob Langzeitwirkungen evaluiert und berücksichtigt werden, ist nicht belegt. Unabhängig vom durch die Einzelperson vertretenen Standpunkt gelten die Normen nach ihrer Annahme in Deutschland.

Um einen Eindruck vom Umfang der europäischen Normungsaktivitäten zu erhalten, gibt die Tabelle 3.6 die Ergebnisse der Aktivitäten der privaten Normungsorganisationen auf europäischer Ebene zahlenmäßig wieder. Die Tabelle 1.1 auf Seite 4 enthält zum Vergleich für denselben Zeitraum die Aktivitäten des DIN.

Tabelle 3.6: Normungsaktivitäten auf europäischer Ebene in den Jahren 2013 bis 2015

Europäisches Komitee für Normung (CEN) Europäisches Komitee für elektrotechnische Normung (CENELEC)	$2013^{c,d}$	$2014^{c,d}$	$2015^{e,f}$
Normen (EN^a und HD^b)	19 796	20 255	20 741
Davon neu erschienen^{g,h}	1 523	1 609	1 616
Technische Komitees/Unterkomitees	463	469	479
Arbeitsgruppen	1 780	1 856	1 911

^{a} Europäische Norm (EN).
^{b} Harmonisiertes Dokument (HD) – vgl. dazu Abl. EU C 412 v. 11.12.2015 i. V. m. Abl. EU L 218 v. 13.8.2008 und Abschnitt 4.5.5.
^{c} Quelle: CEN 2015, S. 29-32.
^{d} Quelle: CENELEC 2015, S. 25.
^{e} Quelle: CEN 2016, S. 17.
^{f} Quelle: CENELEC 2016, S. 21.
^{g} Quelle: DIN 2015a, S. 59.
^{h} Quelle: DIN 2016b, S. 55.

3.4.4 Normungsprozesse auf internationaler Ebene

Vergleichbar mit der europäischen Normungsebene hat die Normungsebene 4 einen ähnlichen Aufbau. Auf ihr sind u. a. die korrespondierenden internationalen privaten Normungsorganisationen tätig:

- International Organization for Standardization (ISO),
- International Electronical Commission (IEC) und
- International Telecommunication Union (ITU).

In der Begründung zur Europäischen Normung gemäß EU-Verordnung Nr. 1025/2012 haben das Europäische Parlament und der Rat diese drei Normungsorganisationen als Internationale Normungsorganisationen in einer abschließenden Aufzählung benannt (vgl. Abl. EU L 316 v. 14.11.2012, S. 20 Art. 2 Nr. 9). Anfang des Jahres 2017 waren 163 nationale Organisationen bei der ISO (vgl. ISO Central Secretariat 2017), 84 Mitglieder bei der IEC (vgl. IEC Central Office 2017) und 193 nationale Normungsorganisationen und über 700 privatwirtschaftliche und akademische Einrichtungen bei der ITU (vgl. General Secretariat of ITU 2017) registriert.

Die internationale Normungsarbeit beruht auf dem sogenannten *Delegationsprinzip* (vgl. DIN 2015c). Ähnlich der dritten Normungsebene erarbeiten Spiegelgremien eine nationale Stellungnahme zu vorliegenden Normentwürfen. Aus diesen Gremien werden Experten in die internationalen Arbeitsgremien – bspw. in die Technischen Komitees – delegiert.

Zu den bereits im vorherigen Abschnitt problematisierten Aushandlungsprozessen zwischen den einzelnen Delegationen verschiedener Länder kommen wiederum individuelle und organisatorische Probleme. GEIGER UND KOTTE beschrieben diese Situation einmal im Zusammenhang mit der Entwicklung der ISO-Definition für den Begriff ›Qualität‹ und führten aus:

> „Bei der Beurteilung solcher Entwicklungen sollte berücksichtigt werden, dass die Zusammensetzung von Normungsgremien – auch angesichts der Ehrenamtlichkeit sowie der Seltenheit der Sitzungen – zu Tätigkeiten führt, die weniger zielgerichtet sind als jegliche Berufsarbeit. Deshalb entstehen oft auch Zufallsergebnisse. Es sollte zudem bekannt sein, dass immer wieder nahezu gleiche Gedanken vorgelegt und diskutiert werden, und dass in den Sitzungen immer wieder neue nationale Abgeordnete auftauchen, welche die Vorgeschichte nicht kennen; ganz abgesehen von den unterschiedlichen Fähigkeiten der Teilnehmer, die Ansichten durchzusetzen, die durchzusetzen sie von ihren Entsendern beauftragt sind, oder auch die eigenen" (Geiger & Kotte 2008, S. 72).

Unabhängig vom Arbeitsergebnis wird der Norm-Entwurf nach der Erarbeitung allen ISO- bzw. IEC-Mitgliedern für eine nationale Stellungnahme zur Verfügung gestellt. Um Stellungnahmen der Öffentlichkeit zu ermöglichen, betreibt bspw. das DIN eine Online-Plattform: das ›Norm-Entwurfs-Portal‹ (vgl. DIN 2017d).

Nachdem die Stellungnahmen im Spiegelausschuss beraten wurden, gehen die Ergebnisse zurück in die internationalen Arbeitsgremien zur Abstimmung. Abermals verschieden von der europäischen Ebene sind die Regeln für die Annahme eines Normentwurfs: Z. B. ist bei einer durch die International Organization for Standardization (ISO) durchgeführten Abstimmung eine Zwei-Drittel-Mehrheit der aktiv beteiligten Mitglieder erforderlich. Daneben dürfen nicht mehr als 25 % der abgegebenen Stimmen negativ ausfallen (vgl. Punkt 2.7.3 ISO 2017a, S. 31). Es handelt sich also nicht um eine konsensuale Entscheidung aller interessierten Kreise, sondern diese entsteht durch Aushandlungsprozesse der abstimmenden Personen.

Nach der Veröffentlichung der Norm besteht keine Verpflichtung der ISO- bzw. IEC-Mitglieder zur Übernahme der internationalen Norm in das nationale

Normenwerk. Andererseits wird versucht, mithilfe der ›Wiener Vereinbarung‹ aus dem Jahr 1991 zwischen ISO und CEN sowie dem ›Dresdner Abkommen‹ aus dem Jahr 1996 zwischen IEC und CENELEC die Effizienz der Normung zu erhöhen, indem die Facharbeit möglichst nur auf eine Normungsebene begrenzt wird (vgl. Eickhoff & Hartlieb 2002, S. 174–175). Parallele Abstimmungsverfahren sollen eine gleichzeitige Anerkennung von ISO-Normen und EN-Normen erreichen. Eine Europäische Norm muss danach automatisch von den nationalen Normungsorganisationen übernommen werden (vgl. dazu auch Abschnitt 3.4.3).

Die Normungsaktivitäten auf internationaler Ebene in den beiden größten Normungsorganisationen ISO und IEC für die Jahre 2013–2015 fasst die Tabelle 3.7 zusammen.

Tabelle 3.7: Normungsaktivitäten auf internationaler Ebene in den Jahren 2013 bis 2015

International Organization for Standardization (ISO) und International Electronical Commission (IEC)	2013[a]	2014[a]	2015[b]
Normen/ andere Dokumente	26 916	27 426	28 028
Davon neu erschienen	1 561	1 955	1 985
Norm-Entwürfe (Bestand)	2 773	2 945	2 879
Aktuelle Projekte	6 076	6 273	6 357
Arbeitsausschüsse	4 751	4 867	3 384

[a] Quelle: DIN 2015a, S. 59.
[b] Quelle: DIN 2016b, S. 55.

3.5 Zwischenfazit

Die Technische Normung ist kein rein deutsches Phänomen. Trotzdem lässt sich anmerken, dass das intensive und umfangreiche Engagement deutscher Normungsorganisationen sowohl die europäische als auch die internationale Normungsarbeit beeinflusst(e). Viele der auf europäischer Ebene angewandten Konzepte basieren auf Konstrukten, die gleich oder ähnlich in Deutschland entwickelt und eingesetzt wurden. Laut Geschäftsbericht des Jahres 2014 leitete keine andere Normungsorganisation so viele europäische und internationale Projekte wie das DIN (vgl. DIN 2015a, S. 58).

Der Anhang D enthält eine Übersicht über die internationalen Normungsorganisationen, die im Jahr 2014 Normen in der Datenbank des Beuth-Verlags bereitstellten. Insgesamt enthielt diese 450 000 Normen, wovon 340 000 downloadfähig waren (vgl. Beuth 2014, S. 2). Zu diesem Zeitpunkt umfasste das deutsche Normenwerk 4 191 DIN SPEC Spezifikationen und 38 189 DIN-Normen, von denen 1 801 im Jahr 2014 neu erschienen waren. Zusätzlich waren weitere 4 333 Normenentwürfe in Vorbereitung (vgl. DIN 2015a, S. 12). Das DIN betreut damit eines der umfangreichsten Normenwerke weltweit (vgl. Tabelle 3.8 und auch die Tabellen 1.1, 3.6 und 3.7.)

Tabelle 3.8: Regelwerke der Datenbank des Deutschen Informationszentrums für technische Regeln DITR (2014)

		Normen	in %
DIN-Normen (inkl. Entwürfen)	DE[b]	38 189	7,1 %
DIN Technische Regeln (DIN-Spezifikationen, VG u. a.)	DE	4 191	0,8 %
DIN-Übersetzungen	DE	18 038	3,4 %
Europäisch: CEN/CENELEC		23 735	4,4 %
Europäische technische Regeln (HD, CWA u. a.)		2 125	0,4 %
Europäische sonstige Standards		2 657	0,5 %
Europäisch: ETSI (Normen und technische Regeln)		17 709	3,3 %
International: ISO/IEC (inkl. aller Stufen von Entwürfen)		30 677	5,7 %
Internationale sonstige Standards (ITU u. a.)		8 289	1,5 %
Association française de normalisation (AFNOR)	FR	38 478	7,2 %
British Standards Institution (BSI)	GB	37 022	6,9 %
Türk Standardlari Enstitüsü (TSE)	TR	34 709	6,5 %
Austrian Standards Institute (ASI)	AT	32 145	6,0 %
Standardization Administration of China (SAC)	CN	31 406	5,9 %
Polish Committee for Standardization (PKN)	PL	31 045	5,8 %
Federal Agency on Technical Regulating and Metrology (GOST R)	RU	29 599	5,5 %
Asociación Española de Normalización y Certificación (AENOR)	ES	23 617	4,4 %
Swiss Association for Standardization (SNV)	CH	20 427	3,8 %
Deutsche technische Regeln	DE	18 228	3,4 %
Japanese Industrial Standards Committee Technical Regulations, Standards & Conformity Assessment (JISC)	JP	17 042	3,2 %
Technische Rechtsvorschriften	DE	14 130	2,6 %

		Normen	in %
American Society for Testing and Materials (ASTM)	US	12 580	2,3 %
American National Standards Institute (ANSI)	US	10 706	2,0 %
Beuth-Literatur	DE	9 654	1,8 %
Society of Automobile Engineers (SAE)	US	9 020	1,7 %
API/ASME/AWS/IEEE u. a.	US	8 696	1,6 %
Associação Brasileira de Normas Técnicas (ABNT)/ Mercosur	BRA	8 651	1,6 %
Canadian Standards Association (CSA)	CA	3 989	0,7 %
Summe[a]		536 754	100,0 %

[a] Stand: 12/2014 enthält die DITR-Datenbank 291 Regelwerke. Die Tabelle listet nur aktuelle Dokumente auf (DIN 2015a, S. 72).
[b] 16,5 % der weltweiten Normen und Standards stammen aus Deutschland.

Während sich die Anfänge des Themas in den Grundüberlegungen zu Vereinheitlichungsbemühungen bis ins Altertum zurückverfolgen lassen (z. B. hethitische Schriftzeichen um 1800 v. Chr., vgl. Muschalla 1992, S. 19), beschleunigte sich die Entwicklung mit der zunehmenden Industrialisierung – nicht nur in Deutschland und Europa, sondern weltweit.

Begünstigt wurde die Verbreitung des Normungsgedankens vor allem durch den Wunsch von Behörden und Ministerien des Vorkriegs-Deutschlands, im Kriegsfall die deutsche Wirtschaft schnellstens auf eine kriegsdienliche Produktion umstellen zu können. Unterstützt wurden die staatlichen Behörden dabei von Personen aus der Wirtschaft, die dieser Aufgabe persönlich eine große Bedeutung beimaßen, wie z. B.

WALDEMAR HELLMICH, dem ersten Vorsitzenden des NDI (vgl. Wölker 1992, S. 243). Dies lag hauptsächlich an der gemeinsamen Überzeugung, dass die Technische Normung eine Verbesserung der Kriegswirtschaft ermögliche. Aus diesem Grund wurden z. B. Behörden aufgefordert, DIN-Normen anzuwenden und zum Teil ihrer Ausschreibungen zu machen. Oder Berufsschulen wurden bereits in den 1920er-Jahren beauftragt, das Thema ›Normung‹ zu schulen.

Verankerung der Technischen Normung in der Gesellschaft
Dem Normungsgedanken standen jedoch nicht alle Gesellschaftsgruppen uneingeschränkt positiv gegenüber. So gab es z. B. Normungsgegner an technischen Hochschulen in Deutschland. Ein Stuttgarter Hochschullehrer kritisierte im Jahr 1918 bspw. (a) „[den] Zentralitätsanspruch, Fehlen einer föderalistischen Struktur, Missachtung regionaler Disparitäten, (b) mangelnde, unausgewogene

Beteiligung an den Arbeiten, (c) fehlerhafte, widersprüchliche Normfestsetzungsverfahren und theoretische, nicht der Praxis gemäße Ansätze, (d) Einschränkung der Freiheit des Herstellers durch Zwang zu Normenanwendung: gesetzliche Verbindlichkeit der Normen, Anspruch des Verbrauchers auf normgerechte Produkte. [...] (e) Gefahr der übereifrigen Anwendung, Normenfanatismus, (f) Einschränkung der Auswahl für den Verbraucher [...], (g) Beschneidung der konstruktiven Freiheit und der Kreativität des Ingenieurs, geistige Verarmung" (Wölker 1992, S. 160–161).

Während es in den 1920er-Jahren und Anfang der 1930er-Jahre noch kritische Stimmen zum Thema Normung gab, hinterfragte die breite Masse der Bevölkerung die Normen innerhalb des totalitären Staatssystems in Hitler-Deutschland nicht. Verstärkt wurde dieser Effekt dadurch, dass Behörden verschiedene Normen als verbindlich erklärten und deren Anwendung damit zwingendes Recht wurde.

Da in der Nachkriegszeit die Arbeit mit Zustimmung des Alliierten Kontrollrates kurzfristig erneut aufgenommen wurde, blieb die Technische Normung präsent. Die aktive Normungsarbeit der Normungsorganisationen ließ das Normenwerk sehr schnell anwachsen (vgl. Abb. 3.2). Die Verankerung der Technischen Normung setzte sich in der Folgezeit fort: Bspw. dürften vielen Menschen die genormten Bezeichnungen für Leuchtmittelfassungen vom ›Typ E 27‹ oder für Batterien vom ›Typ AA‹ ein Begriff sein, auch wenn sie diese eventuell nicht der Technischen Normung zuordnen würden. Im Jahr 2014 existierten weltweit mehr als eine halbe Million Normen, wobei 16,5% der Normen in Normenwerken aus Deutschland geführt wurden (vgl. Tabelle 3.8).

Als im Jahr 1951 der DNA der ISO beitrat, ebnete er sich den Weg, der 1975 in die Anerkennung als die alleinige nationale Normungsorganisation führte, die die Bundesrepublik Deutschland in internationalen Normungsangelegenheiten und -gremien vertreten darf. Über die tatsächlichen Gründe kann lediglich gemutmaßt werden. Tatsache ist, dass das DIN im Jahr 1975 das umfangreichste deutsche Normenwerk betreute und in internationalen Normungsorganisationen bereits vertreten war. Konkurrierende Normungsorganisationen wurden entweder integriert, wie z. B. der HNA oder der RAL, oder es wurden mit ihnen Kooperationen vereinbart, wie z. B. mit dem VDE.

Abbildung 3.2: Normenbestand in Deutschland 1951–2008.

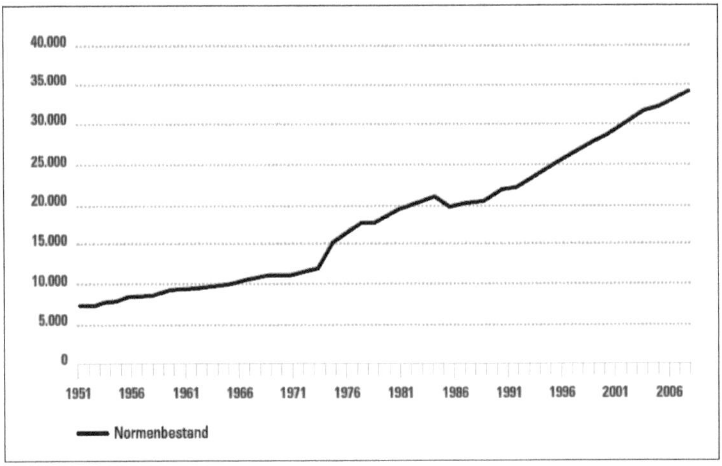

Quelle: Abb. in Blind, Jungmittag & Mangelsdorf 2011, S. 9

Mit der vom VDE juristisch getragenen DKE gibt es in der Bundesrepublik Deutschland nur noch eine Stelle für elektrotechnische Normung, die auch die deutschen Interessen in den internationalen Normungsorganisationen der Elektrotechnik vertreten soll. Über diese Konstruktion ist das DIN als einzige von der EU anerkannte Normungsorganisation der Bundesrepublik Deutschland in den drei anerkannten europäischen Normungsorganisationen CEN, CENELEC und ETSI aktiv.

Für das Normungswesen in Deutschland lässt sich damit von einer *marktbeherrschenden Stellung des DIN* sprechen.

Bruch mit den Ursprüngen der Normung

Lange Zeit wurde als großer Pluspunkt herausgestellt, dass die nationalen Normen das Ergebnis einer Konsensentscheidung seien. Diese Argumentation greift nur dann, wenn Normen überhaupt noch auf nationaler Ebene entwickelt werden. Für viele Bereiche gilt bereits, dass Normen von Normungsebene 3 übernommen werden und damit nicht zwingend nationale Standpunkte widerspiegeln, sondern die Abstimmungsergebnisse in europäischen oder internationalen Gremien. Die Entwicklung und Veröffentlichung von Spezifikationen wird zudem ein Aufweichen der Kriterien vorantreiben, die in früheren Jahren technisch fundierte Ergebnisse sicherstellen sollten.

Der geringer werdenden Bedeutung der nationalen Normung gegenüber der internationalen – und besonders der europäischen Normung – versucht das DIN mit der Ausweitung seiner Aktivitäten im Bereich der Standardisierung über die ›DIN SPEC Spezifikationen‹ zu begegnen. TORSTEN BAHKE – bis 2016 Vorsitzender des DIN- Vorstandes – formulierte dazu Folgendes:

> „Ein weiterer Vorteil der DIN SPEC: Wir können unabhängig von CEN und ISO agieren und den Standard direkt auf internationaler Ebene platzieren. Einer späteren Überführung in eine europäische oder Internationale Norm steht ja dennoch nichts im Wege.
> Unsere Strategie, durch die DIN SPEC in innovativen Bereichen Fuß zu fassen und somit die Normungsthemen von morgen zu sichern, geht auf. *Wir wollen diese Projekte nicht konkurrierenden Konsortien überlassen, die nicht in der Lage sind, den Mittelstand und die Sozialpartner einzubinden.* DIN muss auch in diesen Sektoren zur bevorzugten Adresse für Normung und Standardisierung werden, damit deutsche Spitzentechnologie weltweit zum Standard wird. Deshalb gehen wir *aktiv in die Akquise neuer Standardisierungsprojekte* und eruieren gemeinsam mit Branchenbeteiligten, in welchen Bereichen Standards von Nutzen sein könnten. Auch diese Investitionen zeigen Erfolge: Mit unserem Innovationsmanagement haben wir Themen wie zum Beispiel Smart Cities, Elektromobilität oder Industrie 4.0 zu DIN geholt" (Hervorhebungen durch den Verfasser – DIN 2015a, S. 12).

Da Normung und Standardisierung die Existenzgrundlage für eine Normungsorganisation sind, bringt das DIN zum Ausdruck, eventuell auch in Bereichen aktiv zu werden, die ohne sein Engagement nicht standardisiert worden wären. Inwieweit dieses Vorgehen volkswirtschaftlich sinnvoll ist oder nicht, erscheint hierbei kein Kriterium zu sein. Es geht in erster Linie um ein Besetzen verschiedenster Themenbereiche, um seine marktbeherrschende Stellung aufrechtzuerhalten und die weitere Existenzberechtigung nachzuweisen. Dieser Ansatz wird sehr deutlich durch den Angriff gegen andere Normungsorganisationen, indem BAHKE diesen jegliche Verankerung in der Gesellschaft abspricht.

Erkennbar nimmt der ehemalige Vorstandsvorsitzende des DIN darüber hinaus eine Abkopplung von den historischen Werten des DIN in Kauf und verstößt gegen die Vorgaben der Europäischen Kommission in Bezug auf die Grundprinzipien der Europäischen Normung (vgl. Abschnitt 3.4.2.2).

Kapitel 4.
Pfadabhängigkeit des Normungswesens

4.1 Verhältnis staatlicher Institutionen zum Normungswesen

Im vorhergehenden Kapitel wurde der Technischen Normung bereits eine sehr hohe praktische Relevanz zugesprochen. Inwieweit über diese nachgewiesene Relevanz hinaus die DIN EN ISO 9001:2015 als Ergebnis der Technischen Normung tatsächlich von Unternehmen, wie z. B. Bildungsanbietern, angewandt werden sollte, wird im Folgenden geklärt. Dabei geht es in diesem Kapitel zunächst nicht ausschließlich um die im Fokus stehende Einzelnorm, sondern die Ergebnisse der Technischen Normung insgesamt in ihrem Verhältnis zur Rechtsprechung.

Begonnen wird mit der Einführung des Konzeptes der Pfadabhängigkeit (vgl. Abschnitt 4.2), um die dargestellten Einzelereignisse sinnvoll verknüpfen zu können und zu begründen, warum der durch die europäischen Gesetzgeber eingeschlagene Weg unumkehrbar erscheint. Danach erfolgt die Darstellung der Normen als Instrumente zur Verhaltensbeeinflussung von Akteuren (vgl. Abschnitt 4.3).

Im Anschluss wird gezeigt, wie staatliche Behörden sowohl auf nationaler Ebene (vgl. Abschnitt 4.4) als auch auf europäischer Ebene (vgl. Abschnitt 4.5) Normen nutzen und wie deren sukzessive Einbindung in die Rechtsprechung erfolgte. Es handelt sich hierbei um keine umfassende rechtswissenschaftliche oder rechtshistorische Abhandlung. Dem Leser wird die Gelegenheit gegeben, zu erkennen, welchen **Grad der Verbindlichkeit** Normen, wie z. B. die harmonisierte Norm EN ISO 9001:2015, im Zeitablauf erhielten. Die historische Betrachtung bezieht sich dabei schwerpunktmäßig auf den Zeitraum nach dem Jahr 1945 und die Regelungen für die Europäischen Gemeinschaften (EG) bzw. Europäische Union (EU). Auf der ›Normungsebene 2‹ werden die Gegebenheiten und Entwicklungen für die Bundesrepublik Deutschland betrachtet. In der Deutschen Demokratischen Republik (DDR) hatten Normen den Charakter von Rechtsnormen und waren damit – wie bereits ausgeführt wurde – zwingendes Recht.

Bereits die wirtschaftshistorischen Betrachtungen innerhalb von Kapitel 3 lassen eine Pfadabhängigkeit klar erkennen. Ein kurzer Abriss zur Einführung: Während das Normungswesen zu seinen Anfängen weltweit eine ausschließlich technische Ausrichtung hatte, die zunächst mithilfe der Austauschbarkeit von Werkstücken ökonomische Skaleneffekte erzielen wollte, wurde das Normungswesen seit Ende des 20. Jahrhunderts zu einem Hilfsmittel einer überlasteten Rechtsprechung. Die entsprechenden Gesetzgeber erkannten, dass sie nicht (mehr) in der Lage waren, sämtliche zu regulierende Sachverhalte in der erforderlichen Detailtiefe und Geschwindigkeit auszuarbeiten, um den beteiligten sozialen Akteuren genaue Vorgaben für ihr Verhalten zu machen. Diese Situation nutzten die entstehenden nationalen Normungsorganisationen und weiteten ihren politischen Einfluss aus (vgl. Abschnitt 3.2).

Auf der Suche nach geeigneten Institutionen begannen die nationalen Gesetzgeber seit Mitte der 1970er-Jahre, mithilfe von Verweisen auf Dokumente der Technischen Normung, die Rechtsprechung in technischen Bereichen in ihrem Sinne zu vereinfachen. Als die Gesetzgeber begannen, verstärkt mit Normverweisen zu arbeiten, wurde dies teilweise kritisch hinterfragt. Daraufhin befasste sich letztlich das Bundesverfassungsgericht z.B. im Jahr 1978 mit der Vorgehensweise des deutschen Gesetzgebers. Obwohl das Bundesverfassungsgericht konkrete Vorgaben für die Vorgehensweise der Rechtsetzung mithilfe von Normverweisen definierte, lässt sich feststellen, dass es die Nutzung von Normverweisen im Wesentlichen legitimierte (vgl. BVerfG 1978).

Im Ergebnis wurde vielfach die datierte und die normkonkretisierende allgemeine Verweisung genutzt, um existierende technische Normen *privater Normungsorganisationen* einzubeziehen. Die Sorge, dass Inhalte den Weg in Gesetze bzw. Verordnungen finden, die nicht von den dafür vorgesehenen legislativen Institutionen geprüft wurden, wurde damit zurückgestellt. Auch die fehlende direkte Kontrolle über den konkreten Inhalt der einbezogenen Normen wurde somit billigend in Kauf genommen.

4.2 Das Konzept der Pfadabhängigkeit

4.2.1 Der Entwicklungspfad des Normungswesen

Die Frage, warum es zu einer Einbindung der Dokumente privater Normungsorganisationen in die Rechtsprechung mit teilweise sogar verbindlichem Charakter kam, lässt sich mithilfe der Überlegungen zu verlaufsabhängigen Entwicklungen von Institutionen erläutern (vgl. Arthur 1989; Arthur, Ermoliev & Kaniovski 1987; David 1985; North 1991; North 1992). ALCHIAN ging noch davon aus, dass effiziente Institutionen sich gegenüber ineffizienten im Laufe der Zeit durchsetzen (vgl. Alchian 1950). ARTHUR, ERMOLIEV UND KANIOVSKI schufen hingegen die Grundlagen für das Konzept der Pfadabhängigkeit (vgl. z.B. Arthur, Ermoliev & Kaniovski 1987, S. 294–303). Bereits DAVID (1985) zeigte am Beispiel des Layouts der ›QWERTY-Tastatur‹, dass es die Möglichkeit gibt, dass sich weniger überlegene Technologien am Markt durchsetzen (vgl. David 1985, S. 332–337).

4.2.2 Sich selbstverstärkende Mechanismen

Wird einmal ein Entwicklungspfad eingeschlagen, wird dieser durch vier sich selbst verstärkende Mechanismen gestützt. Dazu zählen (1) *hohe Einrichtungskosten der Institution*, die sich beim wiederholten Einsatz als ›Quasi-Stückkosten‹ verteilen, (2) *Lerneffekte*, die die Kosten des Einsatzes einer Institution senken und diese verbessern, (3) „*Koordinationseffekte*, die eine Zusammenarbeit mit anderen Akteuren, die ähnliche Schritte unternehmen, vorteilhaft sein lassen und (4) *adaptive Erwartungen*, wenn die zunehmende Verbesserung einer Marktposition Erwartungen eines weiteren Ausbaus dieser Position unterstützt" (vgl. North 1992, S. 111).

ARTHUR fasst in einer Aussage die Bedeutung historischer – auch unbedeutender – Ereignisse oder zufälliger Umstände bei der Durchsetzung von Institutionen zusammen: „›History‹ becomes important" (Hervorhebung im Original – Arthur 1989, S. 128). Durch jene Ereignisse

> „können auch unproduktive Pfade weiterverfolgt werden. Die Tatsache zunehmender Erträge einer gegebenen Menge von Institutionen, die eine produktive Tätigkeit geradezu hemmen, wird Organisationen und Interessengruppen entstehen lassen, die ein Interesse an den bestehenden Beschränkungen haben. Sie werden den Staat in ihrem Sinne gestalten" (North 1992, S. 118).

Bezogen auf das Normungswesen lassen sich folgende Erkenntnisse für die Selbstverstärkermechanismen festhalten:

(1) *Hohe Einrichtungskosten der Institution*: Seitdem Normungsorganisation existieren (vgl. Abschnitt 3.2.2), hat das strukturierte Normungswesen ein beachtliches Ausmaß an Kapital und Personal gebunden. Allein die Tatsache, dass die Datenbank des ›Deutschen Informationszentrums für technische Regeln (DITR)‹ 536 754 Regelwerke im Jahr 2014 enthielt (vgl. DIN 2015a, S. 72) und im Jahr 2016 bereits auf ca. 600 000 Regelwerke angewachsen war (vgl. DIN 2016b, S. 70), gibt einen Hinweis darauf, wie umfangreich die Kosten gewesen sein müssen, um dies zu realisieren.

Dies bedeutet andererseits, dass der Weiterbetrieb des Normungswesens aufgrund der gesunkenen ›Quasi-Stückkosten‹ kostengünstiger ist als die Einrichtung einer neuen Institution, die die gleichen Funktionen übernimmt.

(2) *Lerneffekt*: Neben den direkten Lerneffekten, die sicherlich auftreten, wenn technische Sachverhalte genormt werden und deren Normen alle fünf Jahre überprüft werden, haben anscheinend die europäischen Gesetzgeber ebenso gelernt, dass sich die Rechtsetzung vereinfachen lässt, wenn auf Normen verwiesen wird.

(3) *Koordinationseffekte*: Die Normungsorganisationen entstanden, wie bereits gezeigt wurde, in verschiedenen europäischen Ländern und auch in Nordamerika zu ähnlichen Zeiten am Anfang des 20. Jahrhunderts. Diese Gleichzeitigkeit und ähnlichen Erfahrungen führten letztlich zur Organisation der nationalen Normungsorganisationen in europäischen (z. B. CEN) und in internationalen Dachverbänden (z. B. ISO).

(4) *Adaptive Erwartungen*: Die erzielten Erfolge verschiedener Industrieunternehmen seit Beginn des 20. Jahrhunderts waren Grundlage für weitere Normungsaktivitäten anderer Unternehmen, um ähnliche Kostenvorteile zu erreichen. Auch am Beispiel des DIN lässt sich zeigen, dass die Ausweitung von Normungsaktivitäten von hohem Interesse ist, um die eigene Marktposition weiter zu verbessern. Die bereits zitierten Aussagen des damaligen Vorstandsvorsitzenden des DIN (vgl. Abschnitt 3.5) sind dafür ein deutlicher Beleg. Ein weiteres Beispiel sind in diesem Zusammenhang die Bestrebungen des DIN, außerhalb der europäischen Normung mithilfe von ›DIN SPEC Spezifikationen‹, weitere Geschäftsfelder hinzuzugewinnen (vgl. Abschnitt 3.4.2.2).

4.2.3 Ergebnisse der Selbstverstärkermechanismen

Entsprechend der Ideen von ARTHUR zeichnen sich die Ergebnisse nach dem Wirken der beschriebenen Selbstverstärkermechanismen durch folgende Merkmale aus (vgl. Arthur 1994): (a) *Unbestimmtheit*: eine Mehrzahl an Lösungen ist möglich und damit das Ergebnis nicht vorherbestimmt. (b) *Ineffizienz*: superiore Technologien können inferioren Technologien unterliegen, wenn es ihnen nicht gelingt, ausreichend Anhänger zu finden. (c) „*Blockierung*: hat man sich eine Lösung einmal zu eigen gemacht, so ist es schwer, davon wieder abzugehen. Und (d) *Verlaufsabhängigkeit*: die Auswirkungen unbedeutender Ereignisse und zufälliger Umstände können Lösungen herbeiführen, die, sobald sie einmal überwiegen, einen ganz bestimmten Verlauf bewirken" (vgl. North 1992, S. 112).

Auf das Normungswesen übertragen, spiegeln sich die Merkmale wie folgt wider.

Sie werden in den nächsten Abschnitten genauer betrachtet:

(a) *Unbestimmtheit*: Es fehlt die Zwangsläufigkeit, dass Rechtsetzung mithilfe von Dokumenten privater Normungsorganisationen erfolgen müsste. Genauso könnten die Gesetzgeber selbst als Regulatoren tätig werden und entsprechende Dokumente verfassen. Zum Begriff Regulation und deren Einsatz zur Verhaltenssteuerung vgl. Abschnitt 4.3.

(b) *Ineffizienz*: Ein empirisch belastbarer Beweis dafür, dass das Normungswesen in jedem Fall zu besseren Ergebnissen führt, liegt bisher nicht vor. So lässt bspw. die in der ISO 9001:2015 verankerte Forderung nach der Umsetzung der Prozessorientierung in Organisationen ohne Begründung außer Acht, dass weitere Konzepte der Unternehmensführung existieren (vgl. Kapitel 5).
(c) *Blockierung*: Wie schwierig es ist, den einmal eingeschlagenen Weg zu verlassen, zeigen die Abschnitte 4.4 und 4.5, die den zeitlichen Ablauf der Integration von Normen in die europäische Rechtsprechung darstellen. Waren es anfangs nur einzelne – technische – Teilbereiche, die durch Normen unterstützt wurden, können seit dem Jahr 2012 weitere – damit auch soziale – Lebensbereiche mithilfe von Normen reguliert werden.
(d) *Verlaufsabhängigkeit*: Die vorhergehenden Ausführungen zeigen deutlich den Verlauf der Entwicklung des Normungswesens. Der Abschnitt 4.6 zeigt, inwieweit einzelne Ereignisse einen Entwicklungspfad maßgeblich beeinflussen können.

4.3 Regulation zur Verhaltenssteuerung

4.3.1 Regulation und Regulatoren

Unter *Regulation* wird im Weiteren ein Eingriff oder eine Intervention verstanden. In einer stärker wirtschaftlichen Ausrichtung versteht z. B. das ›Kompakt Lexikon Wirtschaft‹ des Springer-Verlags unter dem Begriff „Regulierung – Beeinflussung des Verhaltens von Unternehmen und Konsumenten durch gesetzgeberische, meist marktspezifische Maßnahmen" (Springer 2014, S. 470).

Unter einem *Regulator* wird damit die regulierende Kraft verstanden, die das Verhalten von Akteuren beeinflusst. Damit können Regulatoren grundsätzlich alle Mitglieder der Gesellschaft sein. Die Regulatoren werden in der vorliegenden Arbeit in die beiden Kategorien ›Staatliche Regulatoren‹ und ›Private Regulatoren‹ eingeteilt. Zur ersten Kategorie zählen soziale Akteure bzw. Akteursgruppen, die im hoheitlichen Auftrag handeln. Dem wirtschaftlichen Fokus dieser Arbeit folgend, werden der zweiten Kategorie hauptsächlich soziale Akteure bzw. Akteursgruppen in privatwirtschaftlichen Organisationen wie Unternehmen gezählt.

4.3.2 Zielsetzung der Regulation

Unabhängig von der Zuordnung zu einer der beiden Regulatorengruppen ist die Zielsetzung der Regulation die Anpassung des Verhaltens von sozialen Akteuren. Da Organisationen lediglich durch das Handeln ihrer Organisationsmitglieder in Erscheinung treten können, wird die Anpassung des ›Verhaltens von Institutionen‹ ebenfalls über die Anpassung individueller Verhaltensweisen erreicht.

BLIND UND GRUPP unterscheiden verschiedene Maßnahmebündel mit unterschiedlichen Zielsetzungen: „(1) soziale regulative Maßnahmen, (2) wettbewerbspolitische Regulation und (3) industriepolitische Maßnahmen" (DIN 2000b, S. 78). Die angesprochenen Punkte werden im Folgenden genauer betrachtet.

Die *(1) soziale Regulation* lässt sich an der sogenannten ›Helmpflicht‹ im industriellen Bereich illustrieren: Die Intervention zielt auf den individuellen Schutz des Einzelnen. „Industrieschutzhelme sind Kopfbedeckungen aus widerstandsfähigem Material, die den Kopf vor allem gegen herabfallende Gegenstände, pendelnde Lasten und Anstoßen an feststehenden Gegenständen schützen sollen" (BG BAU 2006, S. 3). Zielsetzung ist die Anpassung des Verhaltens eines konkreten Individuums, z. B. eines Bauarbeiters auf einer Baustelle. Der Sachverhalt scheint vollständig reguliert zu sein; sowohl von privaten als auch von staatlichen Regulatoren. Die europäischen Gesetzgeber haben zuletzt im Jahr 2016 die EU-Verordnung Nr. 2016/425 über Persönliche Schutzausrüstungen (PSA) novelliert (sie löste die EG-Richtlinie Nr. 89/686/EWG ab). Die PSA müssen u. a. die Anforderungen des Anhangs II der Verordnung erfüllen und unterliegen dem EU-Baumusterprüfverfahren gemäß Anhang V (Abl. EU L 81 v. 31.3.2016).

(2) Wettbewerbspolitische Regulation soll bspw. auf die Begrenzung des Marktzutritts oder auf Maßnahmen zur Anpassung des Preisniveaus zielen. Sie dienen z. B. durch Setzung von Mindestpreisen dem Schutz der Interessen einzelner Anspruchsgruppen. Die Intention kann hierbei der Schutz der Konsumenten vor überhöhten Preisen oder das Wohl der Arbeitnehmer bei der Einführung eines Mindestlohns sein.

Nach BLIND UND GRUPP soll die *(3) Industriepolitische Regulation* überwiegend distributive Ziele verfolgen. Dazu zählen z. B. tarifäre oder nicht-tarifäre Handelsbeschränkungen, steuerpolitische Entscheidungen zur finanziellen Be- und Entlastung einzelner Branchen oder Regionen sowie andere Subventionen oder Abgaben (vgl. DIN 2000b, S. 80).

Kritik der Einteilung von Blind und Grupp

Verhaltensbezogene Regulation gibt den durch die Regulation Betroffenen einen Rahmen vor, in dem diese ihre Entscheidungen treffen sollen. BLIND UND GRUPP setzen die ›soziale Regulation‹ mit „Verhaltensregulation" gleich („soziale oder Verhaltensregulationen" (DIN 2000b, S. 78)). Dies erweckt den Anschein, dass die wettbewerbs bzw. industriepolitische Regulation auf etwas Anderes wirkt als das Verhalten von Akteuren.

Die Autoren sprechen von der Regulierung „einzelner Branchen und Sektoren", bringen dabei jedoch nicht zum Ausdruck, dass diese Maßnahmebündel die gewünschte Wirkung ebenfalls nur erzielen, wenn einzelne Akteure ihre Verhaltensweisen entsprechend anpassen (vgl. Beispiele im Abschnitt 4.3.5).

Ergänzend sei erwähnt, dass neben den genannten Maßnahmenbündeln weitere denkbar wären, die andere Zielsetzungen verfolgen können. So kann beispielsweise eine Regulation auch der Durchsetzung individueller Interessen dienen.

4.3.3 Theoretischer Hintergrund der staatlichen Regulation

Auf nationaler Ebene der Bundesrepublik Deutschland (Normungsebene 2) bestimmt das Grundgesetz in den Art. 2 Abs. 1 S. 1 GG und Art. 14 Abs. 1 S. 1 GG, dass der *Schutz des Lebens und die körperliche Unversehrtheit des Menschen, seiner Sachgüter und der Umwelt* Grundrechte bzw. objektivrechtliche Wertentscheidungen der Verfassung im Sinne des Art. 20a GG darstellen. Der Art. 20 des Grundgesetzes postuliert die Dreiteilung der staatlichen Gewalten. Zudem nimmt der Absatz 3 die parlamentarischen Gesetzgeber in die Pflicht, Gesetze entsprechend der verfassungsmäßigen Ordnung zu erlassen.

Die ständige Rechtsprechung des Bundesverfassungsgerichtes betont die Anwendung der sogenannten ›Wesentlichkeitslehre‹. Danach haben die Gesetzgeber alle wesentlichen Entscheidungen selbst zu treffen und dürfen diese nicht der zweiten und dritten Gewalt überlassen.

Hierzu gehören auch die Gesetze des Umwelt- und Technikrechts, mit deren Umsetzung die grundrechtlichen Schutzpflichten des Staates Rechtswirklichkeit und die Bürger vor Bedrohungen bewahrt werden sollen (vgl. Zubke-von Thünen 1999, S. 59–61).

Die abzuwehrenden Bedrohungen können aus unterschiedlichen Quellen entspringen: Dies können z. B. Naturgefahren sein; Gefahren, die den Staat als Ganzes betreffen, oder Gefahren, die Gesundheit oder Besitz des Einzelnen oder einer Gruppe von Personen bedrohen. In vielen Fällen soll und kann Technik dazu beitragen, Gefahren verschiedenster Art zu mindern. Sie kann auch dazu eingesetzt werden, den Wohlstand eines Landes zu mehren und/oder Arbeitsabläufe und Abläufe des täglichen Lebens zu vereinfachen. Der Technikeinsatz hingegen verursacht selbst wiederum neue Risiken, deren Ausmaß oftmals nicht genau abgeschätzt werden kann.

In Fortführung der Gedanken des Grundgesetzes kann der Staat gefordert sein, „zum Schutz vor Risiken der Technik regelnd und beschränkend einzugreifen, zur Entwicklung ihrer Chancen aber fordernd und fördernd zu steuern"

(Scheel 2002a, S. 216). Gemäß ihres verfassungsmäßigen Auftrages sind die nationalen Gesetzgeber aufgefordert, grundsätzlich staatlich imperativ zu intervenieren, z. B. mithilfe von Schutz- und Sicherheitsvorschriften. Dies entspricht dem Regulationstyp 2 (vgl. dazu Abschnitt 4.3.4 Punkt c).

Da die Technik in den meisten Fällen ›tatsächlich‹ genutzt werden soll, bedarf es staatlicher Regelungen, die einen Ausgleich zwischen Nutzen und Gefahren ermöglichen. Die mangelnde Fähigkeit staatlicher Einrichtungen, Regelungen kurzfristig umzusetzen und deren Einhaltung vollständig zu kontrollieren, eröffnet den Weg für verschiedene Arten der Selbstregulierung (vgl. Scheel 2002a, S. 218).

Neben dem Schutz des Lebens, des Menschen, seiner Sachgüter und der Umwelt kommen speziell auf europäischer Ebene (Normungsebene 3 – vgl. Abschnitt 3.4.3) Interventionen zur *Regulierung des freien Warenverkehrs* im europäischen Binnenmarkt hinzu. So postuliert die EG-Verordnung Nr. 765/2008 des Europäischen Parlaments und des Rates vom 9.7.2008 über die Vorschriften für die Akkreditierung und Marktüberwachung im Zusammenhang mit der Vermarktung von Produkten:

> „Es muss sichergestellt werden, dass Produkte, die in den Genuss des freien Warenverkehrs innerhalb der Gemeinschaft gelangen, Anforderungen für ein hohes Niveau in Bezug auf den Schutz öffentlicher Interessen wie Gesundheit und Sicherheit im Allgemeinen, Gesundheit und Sicherheit am Arbeitsplatz, Verbraucher- und Umweltschutz und Sicherheit erfüllen, während gleichzeitig gewährleistet wird, dass der freie Warenverkehr nicht über das nach den Harmonisierungsrechtsvorschriften der Gemeinschaft oder anderen einschlägigen Gemeinschaftsvorschriften zulässige Maß hinaus eingeschränkt wird" (Abl. EU L 218 v. 13.8.2008, S. 30).

Unter ›Binnenmarkt‹ verstehen die europäischen Gesetzgeber hierbei

> „einen Raum ohne Binnengrenzen, in dem der freie Verkehr von Waren, Personen, Dienstleistungen und Kapital gewährleistet ist. Folglich ist das Verbot mengenmäßiger Beschränkungen im Warenaustausch sowie von Maßnahmen mit gleicher Wirkung wie solche mengenmäßigen Beschränkungen eine der Grundlagen der Union" (Abl. EU L 241 v. 17.9.2015, S. 1).

4.3.4 Regulationstypen

Normen kodifizieren die verschiedenen Verhaltenserwartungen (im Sinne der Definition aus Abschnitt 3.1.1), die ein Regulator mit einer Intervention verbindet. Eine Intervention bedeutet i. d. R. den Eingriff eines Regulators in die freie Entfaltung eines Individuums bzw. im wirtschaftlichen Kontext in die unternehmerische Entscheidungsfreiheit. Die Darstellung beschränkt sich an dieser Stelle auf Interventionen, die mithilfe verschiedenster Dokumente erfolgen.

Damit bleibt zunächst einmal die Regulation mittels sozialer Normen unberücksichtigt, sodass auch Themen wie Machtverhältnisse zwischen den Akteuren vernachlässigt werden.

In der Tabelle 4.1 werden diese Regulationstypen und ihre Instrumente dargestellt. Aufgrund der oben vorgenommenen Beschränkung auf die staatlichen bzw. privaten Regulatoren werden in dieser Arbeit je nach dem Grad der Intervention fünf Regulationsytypen unterschieden.

Tabelle 4.1: Zusammenwirken staatlicher und privater Regulatoren

Punkt	Regulationstyp		Instrumente[1]	Regulatoren[2]	
	Nr.	Bezeichnung		Staatlich	Privat
a)	0	Kein Eingriff	–	0	0
b)	1	Intentionales Nicht-Eingreifen	–	0	0
c)	2	Staatlich imperative Regulation	Rechtsnormen	X	0
d)	3	Private Selbstregulation	Innerbetriebliche Standards	0	X
e)	4	Staatlich regulierte Selbstregulation	Technische Normen	X	X

[1] Beispiele
[2] 0 – Es erfolgt keine Intervention des Regulators. X – Es erfolgt eine Intervention des Regulators.

a) **Regulationstyp 0 – Kein Eingriff**
Als Prämisse lässt sich festhalten, dass grundsätzlich jeder Lebenssachverhalt regulierungsfähig ist. Wird ein vorliegender Lebenssachverhalt nicht in Regulationsüberlegungen einbezogen und weder bewusst noch unbewusst von staatlichen oder privaten Regulatoren beeinflusst, d. h. in seinem Geschehen verändert, handelt es sich um den Regulationstyp 0.

b) **Regulationstyp 1 – Intentionales Nicht-Eingreifen**
Obwohl ein potenzieller Regulierungsbedarf erkannt wurde, erfolgt bei diesem Regulationstyp absichtlich kein Eingriff, da sich der potenzielle Regulator bspw. einen Mehrwert von der Tatsache verspricht, dass eine optimale Lösung aufgrund von Aushandlungsprozessen der beteiligten Personen gefunden wird.

Als Beispiel sei hier die Arbeitsweise von ›teilautonomen Arbeitsgruppen‹ angeführt: Der Arbeitgeber als potenzieller Regulator stellt es den Mitgliedern der teilautonomen Arbeitsgruppe frei zu entscheiden, wer welchen

Arbeitsschritt übernimmt und wie die Arbeit organisiert wird. Hintergrund ist die Annahme, dass diese Selbstorganisation zu einem optimalen Einsatz der vorhandenen Mitarbeiterkompetenzen führt, ohne den Nachteil von Ermüdungserscheinungen aufgrund der Eintönigkeit einer vorgegebenen Aufgabenstellung zu erzeugen (zu teilautonomen Arbeitsgruppen vgl. z. B. Berthel & Becker 2013, S. 477).

Die Regulationstypen 0 und 1 kennen definitionsgemäß keine formalen Gebote, Verbote oder Richtlinien etc. Nichtsdestotrotz existieren innerhalb dieses Typs (technische) Spezifikationen. Lässt sich für einen Satz an Spezifikationen kein konkreter Autor identifizieren, handelt es sich um einen ›faktischen Standard‹. Prominentes Beispiel hierfür ist die Tastenanordnung der Schreibmaschinentastatur ›QWERTY‹ (vgl. David 1985, 332–337). Die Kategorie der ›faktischen Standards‹ dient damit der Vollständigkeit, wird aber in der vorliegenden Arbeit nicht weiter betrachtet werden. Die enorme Bereitschaft zur Normung verschiedenster Bereiche des Alltagslebens hat dazu geführt, dass viele faktische Standards mittlerweile durch Normen ersetzt wurden.

c) **Regulationstyp 2 – Staatlich imperative Regulation**
Die stärkste Form der staatlichen Intervention ist die staatlich imperative Regulation. Sie ist Folge von Entscheidungen, die auf höchster politischer Ebene durch die hierzu ermächtigten Instanzen der Legislative – z. B. auf nationaler bzw. europäischer Ebene – getroffen werden. Ergebnis dieser Entscheidungen sind Gebote und Verbote, die für jedermann bindend sind, der durch diese Festlegungen betroffen ist. Grundsätzlich steht der ordnenden Institution das gesamte rechtsstaatliche Instrumentarium zur Verfügung, um eine Umsetzung dieser Vorschriften zu erzwingen.

Bei den Standards des Regulationstyps 2 handelt es sich hauptsächlich um Rechtsnormen (vgl. Abschnitt 3.1.2). Von hoheitlicher Seite werden Rechtsnormen genutzt, um einen Tatbestand zu beschreiben und aus ihm bestimmte Rechtsfolgen abzuleiten. Sie besitzen damit den höchsten Grad an Verbindlichkeit, sodass es keine Alternative zu ihrer verordneten Anwendung gibt. Diese von behördlichen Stellen herausgegebenen Dokumente sind vor allem für den Verwaltungsvollzug von Bedeutung. Rechtsnormen wie bspw. Bundesgesetze gelten, weil sie im Rahmen eines demokratischen Verfahrens ordnungsgemäß zustande gekommen sind.

Im Gegensatz dazu gelten Normen von Normungsinstituten, weil sie von den Experten mehrheitlich als ›richtig‹ oder ›gut‹ bezeichnet wurden (vgl. Scheel 2002b, S. 127–128) – unabhängig davon, wie diese Entscheidung getroffen wurde.

d) **Regulationstyp 3 – Private Selbstregulation**
Bei diesem Regulationstyp interveniert kein staatlicher Regulator. Der Eingriff erfolgt durch einen privaten Regulator, z. B. durch ein Unternehmen oder eine private Normungsorganisation. Die private Selbstregulation ist an die allgemeine Rechtsordnung gebunden. Von hoheitlicher Seite wird kein besonderer Steuerungsbedarf gesehen. Im Gegenteil: Es wird davon ausgegangen, dass die individuellen Regelungen – wenn sie innerhalb der bestehenden Rechtsordnung erfolgen – den Bürgern grundsätzlich dienen oder ihnen zumindest nicht schaden.

Als Beispiele lassen sich interne Absprachen in Unternehmen anführen bspw. das Festlegen einer Betriebsordnung, das Umsetzen eines dedizierten Managementkonzepts, Einzelabsprachen mit anderen Unternehmen oder auch die Erstellung von Werksnormen (vgl. dazu Abschnitt 3.1.4 Punkt a).

Innerbetriebliche Standards werden gesetzt, wenn die überbetrieblichen Normen nicht ausreichend konkret sind, um den Ansprüchen des Unternehmens gerecht zu werden oder wenn für einen Sachverhalt keine Regelungen existieren. Die innerbetrieblichen Regelwerke bzw. Regelwerke von Verbänden und/oder Unternehmensverbünden können später Grundlage im Rahmen der nationalen, europäischen oder internationalen Normung sein (vgl. Hartlieb, Kiehl & Müller 2009, S. 89).

Eine weitere Möglichkeit für den Einsatz von Standards besteht in dem Versuch, unternehmenseigene Spezifikationen zu bestimmen und diese für die strategische Marktbeeinflussung zu nutzen. Gelingt es einem Unternehmen, einen Standard durchzusetzen, können z. B. Wettbewerber oder Zubehörlieferanten gezwungen werden, sich an bestimmte Vorgaben zu halten, um mit den eigenen Produkten kompatibel zu sein.

Ein Beispiel ist Anwendersoftware für das – mit 90 % Marktanteil (vgl. NetMarket-Share 2017) – sehr weitverbreitete Betriebssystem ›Windows‹ der Firma Microsoft. Weitere Beispiele sind die Festlegungen von ›RAL-Gütezeichen‹ des ›Deutschen Instituts für Gütesicherung und Kennzeichnung (RAL)‹ oder die Festlegung von ›DIN SPEC Spezifikationen‹ (vgl. Abschnitt 3.4.2.2) als Instrumente des Regulationstyps 3.

e) **Regulationstyp 4 – Staatlich regulierte Selbstregulation**
Das Prinzip der staatlich regulierten Selbstregulation beruht darauf, dass der Staat einen strukturierenden Rahmen bereitstellt und in diesem bestimmte Entscheidungsspielräume einräumt. Von den Befürwortern dieses Regulationstyps wird argumentiert, es handle sich um eine „Symbiose staatlicher Regelung und Kontrolle mit gesellschaftlicher Selbstregulierung"

(Scheel 2002a, S. 218). Ob diese Symbiose einen gesamtgesellschaftlichen Nutzen darstellt, wird an dieser Stelle nicht diskutiert. Es lässt sich hingegen erkennen, dass sowohl durch die nationalen als auch durch die europäischen Gesetzgeber die staatlich regulierte Selbstregulation verstärkt eingesetzt wird. Begründet wird dieses Vorgehen mit dem Hinweis darauf, dass die Gesetzgeber zum einen ihre Handlungsfähigkeit behalten (Entlastungsfunktion) und zum anderen die jeweils beabsichtigten Effekte erzielen können.

Ausgangspunkt ist die Überlegung, dass die Regelungs- und Kontrollmöglichkeiten staatlicher Institutionen teilweise nicht mehr mit der Geschwindigkeit des technischen Fortschritts mithalten und damit Anpassungen nicht im notwendigen Maße vorgenommen werden können.

> „Der Rechtsrahmen, der der Kommission ermöglicht, eine oder mehrere europäische Normungsorganisationen zu beauftragen, eine europäische Norm oder ein Dokument der europäischen Normung für Dienstleistungen zu erarbeiten, sollte unter uneingeschränkter Achtung der Zuständigkeitsverteilung zwischen der Europäischen Union und den Mitgliedstaaten gemäß den Verträgen angewandt werden" (Abl. EU L 316 v. 14.11.2012, S. 13 Rn. 12).

In der gleichen Verordnung heißt es zudem:

> „Europäische Normen haben für den Binnenmarkt eine ganz wesentliche Bedeutung, beispielsweise aufgrund der Verwendung harmonisierter Normen, verbunden mit der Vermutung der Konformität von Produkten, die auf dem Markt angeboten werden sollen, mit den wesentlichen Anforderungen hinsichtlich jener Produkte, die in den einschlägigen Rechtsvorschriften der Union zur Harmonisierung festgelegt sind" (Abl. EU L 316 v. 14.11.2012, S. 12 Abs. 5).

Entsprechend der Vorstellungen der europäischen Gesetzgeber soll der Regulationstyp 4 auch auf der Normungsebene 4 (internationale Normung) Anwendung finden. Dazu führen sie aus:

> „Normung spielt für den internationalen Handel und die Öffnung von Märkten eine immer wichtigere Rolle. Die Union sollte sich bemühen, die Zusammenarbeit zwischen den europäischen Normungsorganisationen und internationalen Normungsorganisationen zu fördern" (Abl. EU L 316 v. 14.11.2012, S. 12 Abs. 6).

Die Selbstregulation im Rahmen des Regulationstyps 4 erfolgt in vielen Fällen mithilfe von technischen Normen. Dies ist nicht die einzige Möglichkeit. Abhängig vom eingeräumten Entscheidungsspielraum für die von der Regelung Betroffenen, existiert der Regulationstyp 4 in verschiedenen Ausprägungen. Entscheidungsspielräume können enger gefasst sein, indem z. B. in Gesetzen eine oder mehrere Wahlmöglichkeiten durch die Gesetzgeber eingeräumt werden. Bspw. überlassen die nationalen Gesetzgeber den

Bilanzierungspflichtigen die Wahl, in welcher Form diese ihre Gewinn- und Verlustrechnung aufstellen möchten. Entsprechend der Regelungen des § 275 Abs. 1 HGB gibt es eine Wahlmöglichkeit:

> § 275 Gliederung
> (1) Die Gewinn- und Verlustrechnung ist in Staffelform nach dem Gesamtkostenverfahren oder dem Umsatzkostenverfahren aufzustellen.

Oder die Entscheidungsspielräume sind weiter gefasst, wie es bspw. das Grundgesetz im Art. 9 Abs. 3 GG für Regelungen zwischen Arbeitgebern und Arbeitnehmern/Gewerkschaften vorsieht. Den Tarifvertragsparteien wird die eigenständige Regelung ihrer arbeitsrechtlichen Angelegenheiten ohne staatliche Eingriffe zugestanden. Die staatlichen Regulatoren geben für Tarifauseinandersetzungen z. B. durch das Tarifvertragsgesetz lediglich einen Rahmen vor (z. B. die Einhaltung der Friedenspflicht zur Laufzeit eines Tarifvertrages, vgl. § 74 Abs. 2 BetrVG).

Abschließend lässt sich feststellen, dass jede Form der Regulation nur in dem Maße die gewünschten Ergebnisse zeigen kann, wie die handelnden Akteure bereit sind, sich diesen Vorgaben zu unterwerfen und ihr Verhalten entsprechend der Verhaltenserwartung anzupassen. Nichtsdestotrotz versuchen die nationalen und die europäischen Gesetzgeber regelmäßig Normen zu nutzen, um Verhalten zu regulieren. Wie sich dies in den letzten Jahrzehnten veränderte, zeigt der Abschnitt 4.4.

4.3.5 Keine Regulationswirkung ohne Verhaltensanpassung

Verhaltensbezogene Regulation gibt den durch die Regulation Betroffenen einen Handlungsspielraum vor, in dem diese ihre Entscheidungen treffen sollen. Inwieweit sich die Betroffenen tatsächlich entsprechend der Vorgaben verhalten, lässt sich nicht zwangsläufig vorhersagen.

Trägt bspw. ein Bauarbeiter trotz klarer Vorgabe (Regulation) keinen Industrieschutzhelm, können die Regulatoren ihre beabsichtigten Ziele (hier: Schutz der Person) solange nicht erreichen, solange der Bauarbeiter sein Verhalten nicht anpasst. Während die Vorschriften zum Tragen eines Industrieschutzhelms im Deutschland des 21. Jahrhunderts verbreitet zur gewünschten Verhaltensänderung führten, lassen sich beim Tragen eines Schutzhelms beim Fahrradfahren noch größere Widerstände beobachten (vgl. Dowideit 2013).

Ein weiteres Beispiel dient der Verdeutlichung, dass auch wettbewerbspolitische Regulationen Maßnahmen zur Anpassung von Verhalten sind und nicht allein durch deren Verkündung die gewünschten Wirkungen eintreten: Die staatlichen

Regulatoren verbieten mithilfe von Rechtsnormen z. B. kartellmäßige Preisabsprachen. So kodifiziert das ›Gesetz gegen Wettbewerbsbeschränkungen (GWB)‹

§ 1 Verbot wettbewerbsbeschränkender Vereinbarungen
Vereinbarungen zwischen Unternehmen, Beschlüsse von Unternehmensvereinigungen und aufeinander abgestimmte Verhaltensweisen, die eine Verhinderung, Einschränkung oder Verfälschung des Wettbewerbs bezwecken oder bewirken, sind verboten.

Handelte es sich bei der wettbewerbspolitischen Regulation um Maßnahmen, deren Umsetzung ohne Verhaltensänderung einzelner Personen wirken würde, könnten die gewünschten Ziele mit der bloßen Verkündung der Regulation (hier: Veröffentlichung des Gesetzes) erreicht werden. Diese Überlegung kann mit einem von vielen Beispielen widerlegt werden.

„Die Europäische Kommission hat gegen fünf große Fahrstuhlbauer wegen illegaler Preisabsprachen Kartellstrafen in der Rekordhöhe von 992 Millionen Euro verhängt. ThyssenKrupp muss nach Angaben der Behörde mit 479,7 Millionen Euro die höchste Einzelstrafe zahlen. Der eigentlich fällige Betrag sei um 50 Prozent erhöht worden, weil ThyssenKrupp ein ›Wiederholungstäter‹ sei. Das Unternehmen war 1998 bereits wegen Kartellabsprachen im Edelstahlsektor bestraft worden.

Otis von United Technologies wurde mit 225 Millionen Euro bestraft. Bußgelder wurden zudem gegen die Hersteller Kone aus Finnland (142 Millionen Euro), Schindler (143,7 Millionen Euro) aus der Schweiz und ein Mitsubishi-Unternehmen (1,8 Millionen Euro) verhängt. [...]

Die Unternehmen haben den Feststellungen der Kommission zufolge von etwa 1995 bis 2004 in Deutschland, Belgien, Luxemburg und den Niederlanden Aufträge und Ausschreibungen untereinander aufgeteilt. Dabei haben sie nach Ansicht der Behörde sowohl bei Neuanlagen als auch im Wartungs- und Ersatzteilgeschäft [...] gegen europäisches Kartellrecht verstoßen.

,Steuerzahler, öffentliche Einrichtungen und Bauherren sind in großem Stil betrogen worden', sagte ein Sprecher der Kommission. Jedes der Unternehmen habe seine angestammten Marktanteile behalten. Andere Mitglieder hätten, ,wenn sie gerade nicht an der Reihe waren', völlig überhöhte Angebote abgegeben. In allen beteiligten Unternehmen seien hochrangige Mitglieder des Managements an den Preisabsprachen beteiligt gewesen. [...]

,Die Manager wussten, dass das, was sie taten, verboten war', erklärte Wettbewerbskommissarin Neelie Kroes. ,Es ist empörend, dass die Baukosten für Gebäude, einschließlich Krankenhäuser, von diesem Kartell in die Höhe getrieben wurden.' Auch die EU selbst wurde nach Angaben der Kommission Opfer des Kartells. Sowohl bei der Renovierung des Kommissionsgebäudes in Brüssel als auch beim Neubau eines Gebäudes des Europäischen Gerichtshofs in Luxemburg sei das Kartell tätig gewesen" (tagesschau.de 2007).

Deutlich erkennbar verfehlte die Rechtsnorm (zum Begriff vgl. Abschnitt 3.1.2) als Regulationsinstrument zumindest teilweise ihre Wirkung. Die handelnden

Personen passten ihr Verhalten nicht vollständig an das von den staatlichen Regulatoren formulierte Ziel an. Im Gegenteil: Sie handelten sogar bewusst gegen die Vorgabe – und dies auch wiederholt.

Die Tabelle 4.2 des Bundeskartellamts belegt, dass bewusstes Fehlverhalten kein Einzelfall ist. Dort werden einige Kartellverfahren aufgezählt, die zu besonders hohen Bußgeldern führten. Es zeigt sich, dass scheinbar selbst hohe Bußgelder ihre abschreckende Wirkung nicht vollständig entfalten und damit auch nicht zwangsläufig eine Verhaltensänderung der beteiligten Personen entsprechend der staatlichen Intentionen begründen.

In diesem Zusammenhang darf nicht übersehen werden, dass die beteiligten Akteure sehr wohl reguliertes Verhalten zeigten: Kartellvereinbarungen sind eindeutig Formen der privaten Selbstregulation, die ihrerseits nur Bestand haben, wenn die Beteiligten ihr Verhalten an diese Vereinbarungen anpassen. Mit anderen Worten kann auch eine staatlich erwünschte wettbewerbspolitische Regulation ohne Anpassung des individuellen Verhaltens der Akteure keine Wirkung entfalten.

Tabelle 4.2: Ausgewählte Kartellverfahren mit Höchstbußgeldern

Jahr	Kartellverfahren	Summe der verhängten Bußgelder in Euro[a]	davon höchstes Einzelbußgeld gegen ein Unternehmen in Euro
2003	Zement[b]	700 800 000	251 500 000
2005	Industrieversicherungen	151 400 000	33 850 000
2007	Flüssiggas	248 950 000	67 200 000
2008	Tondachziegel	188 081 000	66 280 000
2008	Dekorpapier	61 000 000	25 000 000
2009	Kaffee	159 000 000	83 000 000
2010	Brillengläser	115 000 000	31 330 000
2012	Feuerwehrlöschfahrzeuge	50 500 000	30 000 000
2013	Schienen – DB	134 500 000	103 000 000
2013	Schienen – Privatmarkt	97 640 000	88 000 000
2014	Zuckerhersteller	280 000 000	195 500 000

[a] Wegen Rechtshängigkeit bei Gericht sind noch nicht alle Geldbußen rechtskräftig.
[b] Das Bußgeld im Zementverfahren ist durch das Oberlandesgericht Düsseldorf auf rund 400 Millionen Euro reduziert worden.
Quelle: Bundeskartellamt 2016.

Tarifäre und nicht-tarifäre Handelsbeschränkungen als Regulationsinstrumente

Bei Betrachtung der Regulation über alle Regulationstypen hinweg fällt auf, dass sich die staatlichen Regulatoren mit dem Regulationstyp 2 (staatlich imperative Regulierung) zurücknehmen und gezielt auf den Regulationstyp 4 (staatlich regulierte Selbstregulation) setzen.

Beispielhaft lässt sich dies an den Instrumenten für die Beschränkung des Handels zeigen: Zölle zählen z. B. zu den tarifären Handelsbeschränkungen. Da diese i. d. R. durch staatliche Regulatoren erhoben werden, gehören sie zum Regulationstyp 2. Bereits im Jahr 1947 wurde das ›General Agreement on Tariffs and Trade (GATT)‹ (Allgemeines Zoll- und Handelsabkommen) als völkerrechtlicher Vertrag zwischen 23 Ländern abgeschlossen. Seit 1995 hat die ›Welthandelsorganisation (WTO)‹ die Inhalte des ›GATT‹ inkorporiert (vgl. WTO 2014). Die Staaten der Europäischen Union streben als Mitglieder der WTO im Rahmen der Harmonisierung des Handels den Abbau dieser Art der Handelsbeschränkungen – sowohl in Europa als auch in der Welt – an.

Zum Regulationstyp 4 gehören als wettbewerbspolitische Maßnahmen z. B. Sicherheitsbestimmungen oder Qualitätskriterien. Deren Ziel ist es, die Anzahl der Anbieter, deren Aktionsweise oder das Produktionsergebnis zu kontrollieren bzw. einzuschränken. Die Ergebnisse von Normungs- und Standardisierungsprozessen lassen sich grundsätzlich den (nicht-tarifären) Handelsbeschränkungen zuordnen (vgl. DIN 2000b, S. 71). Diese werden jedoch weder von der EU noch von der WTO kritisiert. Im Gegenteil: Die europäischen Gesetzgeber befürworten das Normungswesen und haben die Anforderungen der WTO an die Institution ›Norm‹ inkorporiert (vgl. Abl. EU L 316 v. 14.11.2012, S. 12 Ziffer 2).

Die Wirkung eines Zolles ist im Vergleich zur Festlegung eines bestimmten Standards bzw. einer Norm wesentlich offensichtlicher und einfacher zu steuern. Aus volks- und betriebswirtschaftlicher Sicht stellt sich die Frage, warum diese Art der nicht-tarifären Handelsbeschränkungen nicht nur toleriert, sondern sogar begünstigt wird.

Gleiches lässt sich für die industriepolitische Regulation zeigen: Hierfür dient das weiter unten noch einmal aufgegriffene Beispiel der Volkswagen AG (vgl. Abschnitt 8.5 auf Seite 232). Der Artikel 5 der EG-Verordnung 715/2007, der die Emissionshöchstgrenzen für die Zulassung von Kraftfahrzeugen festlegt, schreibt vor:

(1) Der Hersteller rüstet das Fahrzeug so aus, dass die Bauteile, die das Emissionsverhalten voraussichtlich beeinflussen, so konstruiert, gefertigt und montiert sind, dass das Fahrzeug unter normalen Betriebsbedingungen dieser Verordnung und ihren Durchführungsmaßnahmen entspricht.
(2) Die Verwendung von Abschalteinrichtungen, die die Wirkung von Emissionskontrollsystemen verringern, ist unzulässig (Abl. EU L 171 v. 29.6.2007, S. 6).

Trotz der klaren Vorgaben dieser Rechtsnorm haben einzelne Akteure bei verschiedenen Automobilkonzernen ihr Verhalten nicht entsprechend angepasst und vorsätzlich Veränderungen an den Fahrzeugen vorgenommen. Die reine Existenz einer Rechtsnorm oder Norm ist eindeutig nicht in der Lage, das Verhalten von Akteuren zu lenken.

4.4 Einbindung von Ergebnissen privater Normungsorganisationen in die nationale Rechtsprechung

4.4.1 Traditionelle Gesetzgebung

Bei der Betrachtung der bisherigen Ergebnisse fallen mehrere Aspekte auf:

(a) *Normung im bisher beschriebenen Sinne hat ihren Ursprung im Bereich der Technik.* Interne Vorgaben (Normen) wurden genutzt, um durch die Optimierung von Produktionsabläufen und durch die Verbesserung von technischen Einrichtungen und Anlagen die Ausbringungsmenge zu steigern. Sie wurden in Bereichen entwickelt, die durch einfach zu reproduzierende Prozesse und Ergebnisse gekennzeichnet waren, wie z. B. in der industriellen Massenfertigung.

(b) *Technische Normen wurden durch Akteure in privaten Organisationen geschaffen.* Schriftstücke, die das ›Normale‹ bzw. die ›Norm‹ enthielten, wurden anfangs z. B. ›Normalienbücher‹ genannt (vgl. Abschnitt 3.2.2). Diese wurden nicht von staatlichen Institutionen ›erfunden‹, sondern von privatwirtschaftlichen Organisationen entwickelt.

(c) *Hoheitliche Einrichtungen bedienten sich Technischer Normen seit dem Beginn der Industrialisierung.* Als Beispiel kann das allgemeine Landrecht in Preußen angeführt werden. Es drohte im strafrechtlichen Teil Baumeistern Strafe an, „welche bei Ausführung eines Baues die Regeln ihrer Kunst [...] außer Acht lassen" (§ 574 des StGB der Preusischen Staaten, Königlicher Staatsrath Preußens 1843, S. 94). Diese Regeln der Baukunst dienten als Maßstab für ein sicherheitstechnisch ordnungsgemäßes Verhalten im Bauwesen. Mit diesem Vorgehen wurden insbesondere die Zunftregeln der beim Bau tätigen Handwerker inkorporiert. Später wurden daraus die ›allgemein anerkannten

Regeln der Technik‹, die im Jahr 2013 vom BGH in ihrer Anwendung als Mindeststandard bestätigt wurden (vgl. BGH, Urteil v. 7.3.2013 (VII ZR 134/12), Rn. 9).

Regulierende Eingriffe bezogen sich anfangs auf zwei Bereiche: Zum einen auf Vorschriften zum Schutz der Bürger vor negativen Auswirkungen durch technische Neuerungen – beispielhaft seien hier für Deutschland die Vorschriften in Bezug auf Dampfkesselanlagen aus dem Jahr 1871 genannt (vgl. RGBl Nr. 649 vom 29.5.1871, S. 122–126). In der ersten Hälfte des 19. Jahrhunderts waren staatliche Einrichtungen zum anderen daran interessiert, die Normung speziell zur Optimierung der kriegsdienlichen Produktion zu nutzen. Für Beispiele sei hier auf die Ausführungen zu den USA und Deutschland verwiesen (vgl. Abschnitt 3.2.6).

Die traditionelle Vorgehensweise der Gesetzgeber bestand in der detaillierten Ausarbeitung sämtlicher Rechtsvorschriften. Dies schloss auch Bestimmungen ein, die sich auf technische Sachverhalte bezogen. Den Wirtschaftsakteuren wurde scheinbar die Fähigkeit abgesprochen, sich eigenverantwortlich ohne weitere Einflussnahme so zu verhalten, dass weder die öffentliche Sicherheit noch die Gesundheit der Bürger gefährdet war. Dieses fehlende Vertrauen führte zu äußerst komplexen Rechtsvorschriften. Die traditionelle Gesetzgebung dominierte bis in die 1960er-Jahre hinein.

Das Normungswesen hatte in diesem Zusammenhang noch keine herausgehobene Bedeutung. In der Erklärung zum Normenvertrag von 1975 führte das Präsidium des DIN aus, in welchem Bereich sich die Arbeit des deutschen Normungsinstituts bewegen sollte: „Der Vertrag kann und soll sich *nur auf den gesetzesfreien Raum* beziehen. Er muss den hoheitlichen Bereich unberührt lassen" (Hervorhebung durch den Verfasser – DIN 2001, S. 53).

4.4.2 Entwicklung des Normverweises

Mit der zunehmenden Beschleunigung technischer Entwicklungen gelang es den Gesetzgebern nicht mehr, in der notwendigen Geschwindigkeit auf Veränderungen zu reagieren. Dies machte Anpassungen im Rechtsetzungsverfahren notwendig – sowohl auf nationaler als auch auf europäischer Ebene.

Um die vom Blickwinkel der nationalen Gesetzgeber aus notwendigen Regelungen zeitnah und umfassend vornehmen zu können, begannen die nationalen Gesetzgeber, auf technische Normen zu verweisen. Dies ist eine Vorgehensweise, die die europäischen Gesetzgeber ab 1985 unter dem Begriff der ›Neuen Konzeption‹ (vgl. ETSI 2015) im Rahmen ihrer Rechtsetzung übernahmen (vgl. Abschnitt 4.5.3).

Obwohl – laut Normenvertrag – technische Normen zu diesem Zeitpunkt ihre Geltung ausschließlich innerhalb des gesetzesfreien Raumes entfalten sollten, erfolgte ihre Nutzung in Rechtsvorschriften des öffentlichen Rechts auf zweierlei Art: (a) als starre oder (b) als gleitende Verweisung. Darüber hinaus lässt sich zwischen einer (c) normergänzenden und einer (d) normkonkretisierenden Verweisung unterscheiden. Welche Bedeutung dies in der Umsetzung hatte und hat, wird zunächst für die vier Verweisungsarten überblicksartig erläutert:

(a) Die *starre Verweisung* ist dadurch gekennzeichnet, dass eine bestimmte Norm mit explizitem Ausgabedatum mit einer Rechtsnorm verbunden wird. Je nach Betrachtungswinkel ist diese Vorgehensweise mit verschiedenen Vor- und Nachteilen verbunden. Vom Blickwinkel einer gewissen Rechtssicherheit und der Sicherheit, dass das geltende Recht die Regelungen enthält, die die gesetzgebenden Einrichtungen gewollt haben, ist der starre Verweis ein Vorteil. Vom Blickwinkel der Flexibilität aus ist der starre Verweis von Nachteil. Ändert sich eine (technische) Norm, auf die die Gesetzgeber verweisen, muss die Rechtsnorm angepasst werden.

Ein Beispiel: Der § 35h der Straßenverkehrs-Zulassungs-Ordnung (StVZO) von 1988 schrieb das Mitführen von Verbandskästen vor, die der DIN 13163 oder der DIN 13164 aus dem Dezember 1987 entsprachen (vgl. StVZO 1988, S. 41). Die Übergangsbestimmungen des § 72 StVZO (Fassung von 1988) verwiesen auf ältere Versionen der DIN-Normen und sahen Folgendes vor:

> „Verbandskästen, einschließlich ihres Inhalts, die der DIN 13163 Ausgabe März 1969 oder DIN 13164 Blatt 1, Ausgabe April 1968 entsprechen sowie Erste-HilfeMaterial nach Abs. 3, das der DIN 13164 Blatt 1, Ausgabe April 1968 entspricht, dürfen weiter benutzt werden" (StVZO 1988, S. 75).

Die Anfang des Jahres 2017 geltende Fassung des § 35h StVZO sah wiederum die Anwendung des „Normblatt[s] DIN 13164, Ausgabe Januar 1998 oder Ausgabe Januar 2014" (StVZO 2012, S. 32) vor.

Wie dieses Beispiel erkennen lässt, führt der starre Verweis zu einem beständigen Überarbeiten von Gesetzestexten. Dies wird umso klarer, wenn die Vorschrift aus der DIN-Norm 820-4 berücksichtigt wird, die vorschreibt: „Normen müssen vom zuständigen Arbeitsausschuss spätestens alle fünf Jahre überprüft werden" (DIN 820-4:2014-06, Punkt 7).

Der starre Verweis nimmt einen regelmäßigen Arbeitsaufwand für die Gesetzgeber in Kauf. Dies wird folgendermaßen begründet: Wenn auf der einen Seite durch den Verweis auf technische Normen bereits nicht demokratisch legitimierte Inhalte Bestandteil von Rechtsnormen werden, erfolgt auf der anderen Seite zumindest eine regelmäßige Überprüfung. Die Bürger sollen sich darauf verlassen können, dass die vom Grundgesetz für die Gesetzgebung vorgesehenen Instanzen Inhalt und Rechtsfolge der geltenden Rechtsnormen und der einbezogenen Normen kennen (zu Entscheidungen des BVerfG vgl. Fußnoten 10–16 in Scheel 2002b, S. 132–133).

(b) Die *gleitende Verweisung* vermeidet das permanente Anpassen von Rechtsnormen, da sie auf die Angabe eines speziellen Ausgabedatums der einbezogenen (technischen) Normen verzichtet. Wird gleichwohl einerseits argumentiert, dass die Gesetzgeber ihren Kontroll- und Regelungspflichten nicht mehr nachkommen können und deswegen bestimmte Sachverhalte in die Selbstregulation der Bürger geben, lässt sich andererseits sicherlich bezweifeln, dass die Gesetzgeber die Inhalte der verwendeten Normen regelmäßig überprüfen. Dies ist aber nötig, da eine geänderte Norm über die gleitende Verweisung Tatbestand und Rechtsfolge einer Rechtsnorm verändern können (vgl. Hartlieb, Kiehl & Müller 2009, S. 79).

(c) Bei dem Verweis des § 35h StVZO auf die DIN 13 164 handelt es sich um einen *normergänzenden Verweis*. Die postulierte Rechtsnorm wird erst durch den Einschluss der technischen Norm vollständig. Ohne Kenntnis des genauen Inhalts der DIN-Norm weiß der Kfz-Halter nicht, wie der Inhalt eines gesetzeskonformen Verbandskastens beschaffen sein muss.

Die bereits angesprochenen demokratischen Bedenken finden sich auch in der verfassungsrechtlichen Diskussion zur Zulässigkeit der normergänzenden Verweisung wieder (vgl. Scheel 2002b, S. 132–133). Der angesprochene § 35h StVZO mit seiner Regelung wird als verfassungsrechtlich konform betrachtet, weil er einen starren und keinen gleitenden Verweis enthält. Der damit verbundene erhöhte Anpassungsbedarf wird billigend in Kauf genommen, da sichergestellt werden soll, dass das von der Verfassung zur Normsetzung berufene Organ die Regelungen kennt, die es zur Grundlage einer bestimmten Rechtsfolge vorgesehen hat.

(d) Die *normkonkretisierende Verweisung* wird häufig als gleitende Verweisung verwandt. Sie gilt als verfassungsrechtlich zulässig, da sie eine in sich vollständige Rechtsnorm spezifiziert. Diese wäre bereits ohne den konkretisierenden Standard anwendbar. Da der Text zumeist abstrakt formuliert ist, soll die referenzierte Norm für Klarheit beim Anwender sorgen.

Wird auf den ›Stand der Technik‹ verwiesen, wird bei der normkonkretisierenden gleitenden Verweisung auch von der sogenannten *Generalklauselmethode* gesprochen. Das Bundesverfassungsgericht (BVerfG) hat in einer Entscheidung aus dem Jahr 1978 entschieden, dass es für die Verwendung möglich sein muss, den ›Stand der Technik‹ objektiv festzustellen. Im Gegensatz dazu versteht das BVerfG unter den ›Allgemein anerkannten Regeln der Technik‹ die herrschende Meinung der jeweiligen Fachleute (vgl. BVerfG 1978, Rn. 105–106).

Obwohl bei weitem nicht unumstritten, wurde von den europäischen Gesetzgebern für die europäische Rechtsprechung das normkonkretisierende Verweisungskonzept aus Deutschland übernommen und weiterentwickelt. Kritik übte bspw. ZUBKE-VON THÜNEN. Er kritisierte das Entstehen von „Ersatzgesetzgebern" (vgl. Zubke-von Thünen 1999, S. 941) und zwar unabhängig davon, ob dies die mit der Aufgabe überforderten Gerichte oder demokratisch nicht legitimierte private Normungsorganisationen seien.

Weder die Inkorporation noch die datierte Verweisung, die normergänzende undatierte oder die normergänzende allgemeine Verweisung sah er als geeignet zur Integration von technischen Normen an. Die normkonkretisierende allgemeine Verweisung bewertete er als nur mangelhaft geeignet, da auch sie das Postulat der Rechtssicherheit nur ungenügend sicherstelle (vgl. Zubke-von Thünen 1999, S. 918–930).

Zudem stufte er die normkonkretisierende gleitende Verweisung als kritisch ein, da diese „wachsende Verlagerung legislativer Kompetenzen auf Exekutive und Judikative zur zunehmenden *Aushöhlung des Grundsatzes der gewaltenteiligen Funktionenordnung* führt" (Hervorhebung im Original – Zubke-von Thünen 1999, S. 936).

Seine Lösungen bestanden in Reformen beim parlamentarischen Gesetzgeber. „Gute Gesetze, welche einen einfachen Vollzug und dessen eindeutige Prüfung durch Behörden und Gerichte ermöglichen, bilden somit die Basis für die zweifellos notwendigen Reformen auch der zweiten und dritten Gewalt" (Zubke-von Thünen 1999, S. 976) – eine Forderung, die sich sicher auch auf die europäische Ebene übertragen ließe, deren Umsetzung dagegen bisher aussteht.

4.5 Einbindung von Ergebnissen privater Normungsorganisationen in die Rechtsprechung der Europäischen Union

4.5.1 Terminologie der europäischen Gesetzgeber

In der europäischen Rechtsprechung findet sich in der EU-Verordnung Nr. 1025/2012 im Artikel 2 eine Legaldefinition des Begriffes ›Norm‹. Ebenso wie bereits in der EG-Richtlinie Nr. 83/189 aus dem Jahre 1983 (vgl. Abl. EG L 109 v. 26.4.1983, S. 9) wird hierunter eine ›technische Spezifikation‹ verstanden:

1. „›Norm‹ [ist] eine von einer anerkannten Normungsorganisation angenommene technische Spezifikation zur wiederholten oder ständigen Anwendung, **deren Einhaltung nicht zwingend ist** und die unter eine der nachstehenden Kategorien fällt:
   (a) ›internationale Norm‹: eine Norm, die von einer internationalen Normungsorganisation angenommen wurde;
   (b) ›europäische Norm‹: eine Norm, die von einer europäischen Normungsorganisation angenommen wurde;
   (c) ›harmonisierte Norm‹: eine europäische Norm, die auf der Grundlage eines Auftrags der Kommission zur Durchführung von Harmonisierungsrechtsvorschriften der Union angenommen wurde;
   (d) ›nationale Norm‹: eine Norm, die von einer nationalen Normungsorganisation angenommen wurde; […]
2. ›technische Spezifikation‹: ein Schriftstück, in dem die technischen Anforderungen dargelegt sind, die ein Produkt, ein Verfahren, eine Dienstleistung oder ein System zu erfüllen hat, und das einen oder mehrere der folgenden Punkte enthält:
   (a) die Eigenschaften, die ein Produkt erfüllen muss, wie Qualitätsstufen, Leistung, Interoperabilität, Umweltverträglichkeit, Gesundheit, Sicherheit oder Abmessungen, einschließlich der Anforderungen an die Verkaufsbezeichnung, Terminologie, Symbole, Prüfungen und Prüfverfahren, Verpackung, Kennzeichnung oder Beschriftung des Produkts sowie die Konformitätsbewertungsverfahren;
   (b) die Herstellungsmethoden und -verfahren für die landwirtschaftlichen Erzeugnisse gemäß der Definition in Artikel 38 Absatz 1 AEUV, für die Erzeugnisse, die zur menschlichen und tierischen Ernährung bestimmt sind, und Arzneimittel sowie die Herstellungsmethoden und -verfahren für andere Produkte, sofern sie die Eigenschaften dieser Erzeugnisse beeinflussen;
   (c) die Eigenschaften, die eine Dienstleistung erfüllen muss, wie Qualitätsstufen, Leistung, Interoperabilität, Umweltverträglichkeit, Gesundheit oder Sicherheit, einschließlich der Anforderungen an die Informationen, die der Dienstleistungserbringer gemäß Artikel 22 Absätze 1 und 2 der Richtlinie 2006/123/EG dem Dienstleistungsempfänger zur Verfügung stellen muss;
   (d) die Verfahren und Kriterien zur Bewertung der Leistung von Bauprodukten gemäß Artikel 2 Nummer 1 der Verordnung (EU) Nr. 305/2011 des Europäischen Parlaments und des Rates vom 9. März 2011 zur Festlegung harmonisierter Bedingungen für die Vermarktung von Bauprodukten … in Bezug auf ihre wesentlichen Eigenschaften" (Hervorhebung durch den Verfasser – Art. 2, Abl. EU L 316 v. 14.11.2012, S. 19).

Grundsätzlich müssten die Dokumente ISO 9000:2015 und ISO 9001:2015 als Normen gemäß Art. 2 Nr. 1 c) eingestuft werden, da es sich bei ihnen um Dokumente handelt, die entsprechend der Harmonisierungsrechtsvorschriften angenommen wurden (vgl. Abl. EU C 293 v. 12.8.2016). Allerdings müsste es sich dazu um „technische Spezifikationen" entsprechend Nr. 4 handeln. Dies lässt sich gleichwohl bezweifeln: Beispielsweise enthält die ISO 9001:2015

Verhaltenserwartungen und keine „technischen Anforderungen". Da es sich bei den Inhalten des Dokumentes weder um ein Produkt noch ein Verfahren oder eine Dienstleistung handelt, stellt einzig der Begriff ›System‹ einen Zusammenhang her.

Ebenso handelt es sich nicht um „eine Vorschrift für ein Erzeugnis", deshalb ist auch der Begriff ›sonstige Vorschrift‹ zu verwerfen. Europäisches Parlament und Europäischer Rat definieren in der EU-Richtlinie 2015/1535 den Begriff ›sonstige Vorschrift‹ und verstehen darunter:

> „eine Vorschrift für ein Erzeugnis, die keine technische Spezifikation ist und insbesondere zum Schutz der Verbraucher oder der Umwelt erlassen wird und den Lebenszyklus des Erzeugnisses nach dem Inverkehrbringen betrifft, wie Vorschriften für Gebrauch, Wiederverwertung, Wiederverwendung oder Beseitigung, sofern diese Vorschriften die Zusammensetzung oder die Art des Erzeugnisses oder seine Vermarktung wesentlich beeinflussen können" (Art. 1 Abs. 1 d, Abl. EU L 241 v. 17.9.2015, S. 3).

Müssen technische Spezifikationen bzw. sonstige Vorschriften rechtlich oder de facto innerhalb der EU-Mitgliedsstaaten Beachtung finden, werden diese *technische Vorschriften* genannt (Abl. EU L 241 v. 17.9.2015, S. 4). Unter dem Begriff der *technischen De-Facto-Vorschriften* versteht die Richtlinie:

> i) „die Rechts- oder Verwaltungsvorschriften eines Mitgliedstaats, in denen entweder auf technische Spezifikationen oder sonstige Vorschriften oder auf Vorschriften betreffend Dienste oder auf Berufskodizes oder Verhaltenskodizes, die ihrerseits einen Verweis auf technische Spezifikationen oder sonstige Vorschriften oder auf Vorschriften betreffend Dienste enthalten, verwiesen wird und deren Einhaltung eine Konformität mit den durch die genannten Rechtsoder Verwaltungsvorschriften festgelegten Bestimmungen vermuten lässt.
>
> ii) die freiwilligen Vereinbarungen, bei denen der Staat Vertragspartei ist und die im öffentlichen Interesse die Einhaltung von technischen Spezifikationen oder sonstigen Vorschriften oder von Vorschriften betreffend Dienste mit Ausnahme der Vergabevorschriften im öffentlichen Beschaffungswesen bezwecken;
>
> iii) die technischen Spezifikationen oder sonstigen Vorschriften oder die Vorschriften betreffend Dienste, die mit steuerlichen oder finanziellen Maßnahmen verbunden sind, die auf den Verbrauch der Erzeugnisse oder die Inanspruchnahme der Dienste Einfluss haben, indem sie die Einhaltung dieser technischen Spezifikationen oder sonstigen Vorschriften oder Vorschriften betreffend Dienste fördern; dies gilt nicht für technische Spezifikationen oder sonstige Vorschriften oder Vorschriften betreffend Dienste, die die nationalen Systeme der sozialen Sicherheit betreffen" (Art. 1 Abs. 1 f), Abl. EU L 241 v. 17.9.2015, S. 4).

Wird akzeptiert (obwohl dies nicht unproblematisch ist, siehe Abschnitt 3.1.3), dass die Normen ISO 9001:2015 und ISO 9000:2015 – aufgrund ihrer Einstufung als ›technische Normen‹ – als ›technische Spezifikation‹ anzusehen sind, so lassen sie sich am ehesten noch als ›technische De-Facto-Vorschriften‹ einstufen, da Rechts- oder Verwaltungsvorschriften der EU vor allem im Rahmen von Konformitätsbewertungen auf diese Dokumente verweisen.

Augenscheinlich sollen diese Dokumente nicht als Norm eingestuft werden, da ansonsten diese Überlegungen zu einem logischen Widerspruch führen: wenn ›technische De-Facto-Vorschriften‹ innerhalb der EU-Mitgliedsstaaten Beachtung finden *müssen* (vgl. Abl. EU L 241 v. 17.9.2015, S. 4), kann es sich bei diesen Dokumenten nicht mehr um eine Norm handeln, da deren Einhaltung nicht zwingend ist (vgl. Abl. EU L 316 v. 14.11.2012, Art. 2 Nr. 1).

Bei der Betrachtung der Begründung zur EU-Richtlinie 2015/1535 wird deutlich, dass die Einstufung absichtsvoll erfolgte und spätestens seit dem Jahr 2015 zu einer stärkeren Verbindlichkeit führen sollte:

„Es hat sich erwiesen, dass der Begriff der technischen De-facto-Vorschrift geklärt werden muss. Die Bestimmungen, nach denen sich eine Behörde auf technische Spezifikationen oder sonstige Vorschriften bezieht oder zu ihrer Einhaltung auffordert sowie die Produktvorschriften, an denen die Behörde aus Gründen des öffentlichen Interesses beteiligt ist, verleihen diesen Spezifikationen und Vorschriften *eine stärkere Verbindlichkeit, als sie eigentlich aufgrund ihres privaten Ursprungs hätten*" (Hervorhebung durch den Verfasser – Abl. EU L 241 v. 17.9.2015, S. 2 Nr. 12).

4.5.2 Das alte Konzept – Harmonisierung als Ziel (bis 1985)

Rückblickend lässt sich die zunehmende Einbindung zunächst technischer Normen später auch von Normen zur Regulation sozialer Konstrukte in die europäische Rechtsprechung anhand von EU-Rechtsvorschriften nachweisen. In diesem Kontext können als Meilensteine angesehen werden:

bis 1985	›Old Approach‹	›Das alte Konzept‹
1985–2008	›New Approach‹	›Die neue Konzeption‹
ab 2008	›New Legislative Framework‹	›Der neue Rechtsrahmen‹

Ein zentrales Ziel der europäischen Gesetzgeber war und ist die Beseitigung von Beschränkungen und die Gewährleistung des freien Warenverkehrs im europäischen Binnenmarkt (zum Begriff vgl. Abschnitt 4.3.3). Bis in die 1980er-Jahre wurden auf europäischer Ebene ebenso wie auf nationaler Ebene die technischen Rechtsvorschriften sehr detailliert ausgearbeitet. Die Einstimmigkeit, mit der diese beschlossen werden mussten, machten ihre Annahme, Einführung und Umsetzung sehr aufwendig. Zudem existierten für viele Sachverhalte teilweise konkurrierende nationale Rechtsvorschriften. Um einen einheitlichen Rechts- und Wirtschaftsraum Realität werden zu lassen, mussten und müssen die nationalen Vorschriften angeglichen werden. Dieser Prozess wird ›Harmonisierung‹

genannt. Dessen Ziel war und ist es, durch eine europäische Rechtsnorm möglichst 28 bis 33 nationale Rechtsnormen zu ersetzen (Mitgliedsstaaten bzw. Mitgliedsstaaten inklusive EU-Beitrittskandidaten – Stand: Januar 2017). Ein wichtiger Schritt, um die Anzahl nationaler Einzelentscheidungen zu minimieren, war die Richtlinie 83/189/EWG des Rates vom 28.3.1983 (vgl. Abl. EG L 109 v. 26.4.1983), mit der – entsprechend dem Titel der Richtlinie – ein ›Informationsverfahren auf dem Gebiet der Normen und technischen Vorschriften‹ eingeführt wurde. In der Begründung zu dieser Verordnung hieß es:

> „Handelsbeschränkungen aufgrund technischer Vorschriften für Erzeugnisse sind nur zulässig, wenn sie notwendig sind, um zwingenden Erfordernissen zu genügen, und wenn sie einem Ziel allgemeinen Interesses dienen, für das sie eine wesentliche Garantie darstellen. Es ist unerläßlich, daß die Kommission schon vor dem Erlaß technischer Vorschriften über die erforderlichen Informationen verfügt. Die Mitgliedstaaten sind […] gehalten, der Kommission die Erfüllung ihrer Aufgabe zu erleichtern; sie sind deshalb verpflichtet, ihr von ihren Entwürfen auf dem Gebiet der technischen Vorschriften Mitteilung zu machen" (Abl. EG L 109 v. 26.4.1983, S. 8).

Gemäß Art. 6 Abs. 3 wurde es der Kommission ermöglicht, „die europäischen Normungsgremien zu ersuchen, innerhalb einer bestimmten Frist eine europäische Norm zu erarbeiten" (Abl. EG L 109 v. 26.4.1983, S. 10). Dieses Novum sorgte für eine Bedeutungsanhebung der Ergebnisse der privaten Organisationen, die technische Normen entwarfen. Die Richtlinie 98/34/EG des Europäischen Parlaments und des Rates vom 22.6.1998 novellierte die 1983er-Version (Abl. EG L 204 v. 21.7.1998). Die Grundprinzipien blieben dabei erhalten.

4.5.3 Die neue Konzeption – Einführung des Normenverweises (bis 2008)

Seit den 1970er-Jahren begannen die Mitgliedsstaaten mit der gegenseitigen Anerkennung von Rechtsvorschriften. Es wurde das Ziel verfolgt, dass, wenn Produkte in einem Mitgliedsstaat rechtmäßig in Verkehr gebracht wurden, dies durch den anderen Mitgliedsstaat anerkannt wurde, solange keine besonderen Schutzrechte wie z. B. Gesundheit, Sicherheit, Umwelt- oder Verbraucherschutz beeinträchtigt wurden.

Auch wenn seit Anfang der 1980er-Jahre die europäischen Gesetzgeber begannen, auf technische Normen innerhalb ihrer Rechtsvorschriften zu verweisen, waren diese immer noch sehr detailliert. Unzufrieden mit der bestehenden Rechtsunsicherheit aufgrund verschiedener Handhabungen in den einzelnen Mitgliedsstaaten und diverser Gerichtsurteile[1], wünschte der Rat eine Konkretisierung der anzuwendenden Rechtsnormen. In seiner Entschließung 85/C 136/01 vom 7.5.1985 veröffentlichte der Rat seine ›Neue Konzeption auf dem Gebiet der technischen Harmonisierung und der Normung‹ in der Europäischen Union (Abl. EG C 136 v. 4.6.1985). Er unterstrich

„die Wichtigkeit und Nützlichkeit der neuen Konzeption, in deren Rahmen vorrangig den europäischen und erforderlichenfalls den nationalen Normen *vorübergehend* die Aufgabe zugedacht werden soll, die technischen Merkmale der Erzeugnisse zu definieren" (Hervorhebung durch den Verfasser – Abl. EG C 136 v. 4.6.1985, S. 1).

Diese Entschließung stellt damit einen weiteren Meilenstein der europäischen Normungspolitik dar: Die Ergebnisse privater Normungsorganisationen sollten *vorübergehend* genutzt werden, um aus europäischen Rechtsnormen auf diese Dokumente zu verweisen, um somit keine eigenständigen Definitionen für technische Erzeugnisse erstellen zu müssen. Der Rat forderte darüber hinaus

„in der Gemeinschaftspraxis im Bereich der technischen Harmonisierung [die] *Erweiterung der Verweisung vorrangig auf europäische* und erforderlichenfalls auf einzelstaatliche *Normen* bei der Festlegung der technischen Merkmale der Erzeugnisse, soweit die hierfür erforderlichen Voraussetzungen – insbesondere in [B]ezug auf Schutz von Gesundheit und Sicherheit – erfüllt sind" (Hervorhebung durch den Verfasser – Abl. EG C 136 v. 4.6.1985, S. 2).

Als Begründung für den Einsatz von Normen hieß es: „Durch Anwendung dieses Systems einer Harmonisierung der Rechtsvorschriften *in jedem nur möglichen Bereich* will die Kommission eine übermäßige Zunahme allzu technischer Einzelrichtlinien für jedes Erzeugnis verhindern" (Hervorhebung durch den Verfasser – Abl. EG C 136 v. 4.6.1985, S. 3).

Warum diese Aufgabe durch private Normungsorganisationen erfüllt werden sollte, blieb unbegründet. Es wurde lediglich beschrieben, dass der „Rat der Auffassung [sei], daß die Normung einen wichtigen Beitrag zum freien Verkehr mit Industriewaren darstellt" (Abl. EG C 136 v. 4.6.1985, S. 2). Die privaten Normungsorganisationen sollten *technische Spezifikationen* erstellen, die die „grundlegenden Anforderungen" (Abl. EG C 136 v. 4.6.1985, S. 2) widerspiegeln, um den Produzenten als Richtschnur für ihre Erzeugniserstellung zu dienen.

Im Rahmen der Harmonisierung von Rechtsvorschriften sollten ausschließlich die zwingenden Erfordernisse vorgeschrieben werden, die eingehalten sein mussten, wenn sich ein Erzeugnis innerhalb des europäischen Binnenmarktes

---

[1] Z. B. EuGH-Urteil 1979: Rewe-Zentral AG/Bundesmonopolverwaltung für Branntwein, bekannt als ›Cassis de Dijon-Urteil‹ (vgl. EuGH 120/78, S. 655).

frei bewegen sollte. Für bestimmte Gruppen von Produkten sollten EU-Richtlinien erlassen werden, die grundlegende Anforderungen an die Sicherheit und den Gesundheitsschutz festlegen. Trotz des Ziels einer totalen Harmonisierung wurden die Bestimmungen nur auf einem relativ hohen Abstraktionsniveau verbindlich geregelt.

Im Rahmen der Selbstregulation sollten die europäischen Normungsorganisationen die jeweiligen Vorschriften unter Berücksichtigung des Standes der Technik konkretisieren. Sie erarbeiteten die technischen Spezifikationen, die benötigt wurden, um Erzeugnisse herzustellen und in Verkehr bringen zu können (vgl. DIN 2001, S. 58). Die jeweiligen Regierungen wurden verpflichtet, im Anschluss die Gesetze zur Umsetzung der EU-Richtlinien mit Verweis auf die technischen Normen zu erlassen.

Einschränkend stellte der Rat klar, dass sich „der ›Normenverweis‹ nur in jenen Bereichen anwenden [lässt], in denen zwischen ›grundlegenden Anforderungen‹ und ›Fertigungsspezifikationen‹ wirklich unterschieden werden kann" (Abl. EG C 136 v. 4.6.1985, S. 8).

Zur Frage nach der Verbindlichkeit bestimmte der Rat einerseits: „Diese technischen Spezifikationen erhalten *keinerlei obligatorischen Charakter*, sondern bleiben *freiwillige Normen*" (Hervorhebungen durch den Verfasser – Abl. EG C 136 v. 4.6.1985, S. 3).

Der Rat führte in diesem Zusammenhang den Terminus der ›Konformitätsvermutung‹ ein, wodurch „die Verwaltungen dazu verpflichtet [wurden], bei Erzeugnissen, die nach harmonisierten Normen [...] hergestellt worden sind, eine Übereinstimmung mit den in der Richtlinie aufgestellten ›grundlegenden Anforderungen‹ anzunehmen" (Abl. EG C 136 v. 4.6.1985, S. 3).

Im nächsten Teilsatz erfolgte andererseits eine weitreichende Einschränkung: „*[W]as bedeutet, daß der Hersteller zwar die Wahl hat, nicht nach den Normen zu produzieren, daß aber in diesem Fall die Beweislast für die Übereinstimmung seiner Erzeugnisse mit den grundlegenden Anforderungen der Richtlinie bei ihm liegt*" (Hervorhebung durch den Verfasser – Abl. EG C 136 v. 4.6.1985, S. 3).

Aufgrund dieser Aussage erhielten die harmonisierten Normen eine sehr hohe praktische Relevanz und *Quasi-Verbindlichkeit*, da Nichtanwender Gefahr liefen, dass, sollte ihre Argumentationsstrategie von den Verwaltungen nicht anerkannt werden, sie ihre Produkte nicht in Verkehr bringen dürften.

4.5.4 Entschließungen des Rates der Europäischen Union zum verstärkten Einsatz technischer Normen

In den folgenden Jahren wurden verschiedene Richtlinien nach der ›Neuen Konzeption‹[2] erlassen. In der Entschließung 92/C 173/01 des Rates vom 18.6.1992 zur ›Funktion der europäischen Normung in der europäischen Wirtschaft‹ äußerte sich der Rat positiv zu einer Fortführung der ›Neuen Konzeption‹ (vgl. Abl. EG C 173 v. 9.7.1992, S. 2, Rn. 16). Der Rat vertrat in Rn. 17 die Auffassung, dass „die Verwendung europäischer Normen stärker gefördert werden müßte als Instrument der wirtschaftlichen und industriellen Integration im Rahmen des europäischen Marktes sowie als technische Grundlage für die Rechtsvorschriften" (Abl. EG C 173 v. 9.7.1992, S. 2). Zudem sollte der Einsatz von Normen als technische Spezifikationen nicht mehr nur auf Produkte begrenzt sein, sondern auf „Dienstleistungen oder Prüfverfahren" (Abl. EG C 173 v. 9.7.1992, S. 2) ausgeweitet werden. Darüber hinaus wurde in der Rn. 21 betont, dass weiterhin der *„Grundsatz des Verweises auf die Normen"* (Abl. EG C 173 v. 9.7.1992, S. 2) bei künftigen Entwürfen für gemeinschaftliche Rechtsvorschriften genutzt werden sollte.

Anfang der 1990er-Jahre entwickelte die EU-Kommission in Zusammenarbeit mit den nationalen Akkreditierungsstellen konkrete Vorschriften für die Konformitätsbewertung (weitere Ausführungen dazu in Abschnitt 4.5.5). Dies waren im Besonderen die Beschlüsse des Rates 90/683/EWG (Abl. EG L 380 v. 31.12.1990) und dessen Nachfolger 93/465/EWG (Abl. EG L 220 v. 30.08.1993). Neben der Beschreibung der Konformitätsbewertungsverfahren wurde in diesem Beschluss die einheitliche Verwendung der CE-Kennzeichnung verabschiedet.

Mit der Entschließung 2000/C 141/01 des Rates vom 28.10.1999 zur ›Funktion der Normung in Europa‹ wurde der Weg geebnet, die Normung auf weitere, nicht technische Lebensbereiche auszudehnen und verstärkt internationale Normen zu nutzen. In Rn. 10 betonte der Rat, dass die europäische Normung „dem öffentlichen Interesse und insbesondere den europäischen Politiken dienlich [sein solle und] Normen in neuen Bereichen […] schaffen [und] internationale Normen kohärent" (Abl. EG C 141 v. 19.5.2000, S. 1) umsetzen sollte. Der Rat „ermutigt die europäischen Normungsgremien dazu, […] auch weiterhin neue Politiken zur Anpassung an die sich wandelnden Markterfordernisse [zu] entwickeln" (Abl. EG C 141 v. 19.5.2000, S. 1).

---

2 Die Übersetzung des englischen Terminus ›New Approach‹ führte je nach Übersetzer innerhalb der europäischen Rechtsdokumente entweder zu der Begrifflichkeit ›Neue Konzeption‹ oder ›Neues Konzept‹. Dies erklärt die Uneinheitlichkeit in einigen Zitaten.

4.5.5 Der gemeinsame Rechtsrahmen (ab 2008)

EU-Kommission und Rat betonten 2003 in verschiedenen Dokumenten einerseits die

> „Bedeutung des neuen Konzepts […] als geeignetes und wirksames Regulierungsmodell, in dessen Rahmen technologische Neuerungen ermöglicht, die Wettbewerbsfähigkeit der europäischen Industrie gestärkt und die Grundsätze des Vertrauens, der Transparenz und der Kompetenz unterstützt werden" (Abl. EU C 282 v. 25.11.2003, S. 3).

Andererseits formulierten sie noch fünf Jahre später, „dass ein präziserer Rahmen für die Konformitätsbewertung, Akkreditierung und Marktüberwachung zu schaffen sei" (Abl. EU L 218 v. 13.8.2008, S. 82).

Die wichtigsten Bestimmungen des daraufhin entworfenen ›Neuen Rechtsrahmens‹ finden sich in der Verordnung (EG) Nr. 765/2008 des Europäischen Parlaments und des Rates vom 9.7.2008 „über die Vorschriften für die Akkreditierung und Marktüberwachung im Zusammenhang mit der Vermarktung von Produkten" (Abl. EU L 218 v. 13.8.2008, S. 30) und dem Beschluss 768/2008/EG des Europäischen Parlaments und des Rates vom 9. Juli 2008 „über einen gemeinsamen Rechtsrahmen für die Vermarktung von Produkten" (Abl. EU L 218 v. 13.8.2008, S. 82). Diese werden ergänzt durch die jeweils aktualisierten „Mitteilungen der Kommission im Rahmen der Durchführung der Verordnung (EG) Nr. 765/2008 des Europäischen Parlaments und des Rates vom 9. Juli 2008, Beschluss Nr. 768/2008/EG des Europäischen Parlaments und des Rates vom 9. Juli 2008, Verordnung (EG) Nr. 1221/2009 des Europäischen Parlaments und des Rates vom 25. November 2009" über die jeweils gültigen harmonisierten Normen im Sinne der Harmonisierungsrechtsvorschriften der EU (vgl. Abl. EU C 293 v. 12.8.2016, Stand: 01/2017).

Der Beschluss 768/2008/EG führte die Bestimmungen aus dem Beschluss 93/465/EWG fort und ersetzte diesen. Mit der Verordnung (EG) Nr. 765/2008 wurde die rechtliche Grundlage für die Akkreditierung und die Marktüberwachung geschaffen. Der Art. 30 enthält zudem Vorschriften zur Verwendung der CE-Kennzeichnung (Abl. EU L 218 v. 13.8.2008).

Im Art. 2 des Beschlusses 768/2008/EG wurde definiert, was unter dem Terminus ›Harmonisierungsrechtsvorschriften‹ gefasst werden soll: Es handelt sich um die „Rechtsvorschriften der Gemeinschaft zur Harmonisierung der Bedingungen für die Vermarktung von Produkten" (Abl. EU L 218 v. 13.8.2008, S. 2).

Der ›gemeinsame Rechtsrahmen‹ aus dem Titel des Beschlusses enthielt darüber hinaus allgemeine Grundsätze und Musterbestimmungen, die Zuständigkeiten der Wirtschaftsakteure, das zu erzielende Schutzniveau und vor allem die Konformitätsbewertungsverfahren.

Diese Konformitätsbewertungsverfahren wurden in 16 verschiedene Module aufgeteilt, die in den jeweiligen Rechtsvorschriften genutzt werden konnten. Deren Auswahl erfolgte gemäß Art. 4, wenn in einer Harmonisierungsrechtsvorschrift die Konformitätsbewertung für ein bestimmtes Produkt vorgeschrieben würde. Die Entscheidung für ein Modul sollte anhand nachfolgender Überlegungen erfolgen:

a) „Eignung des betreffenden Moduls für die Produktart;
b) Art der mit dem Produkt verbundenen Risiken, und Relevanz der Konformitätsbewertung entsprechend der Art und der Höhe der Risiken;
c) ist die Beteiligung eines Dritten vorgeschrieben, müssen dem Hersteller sowohl Module der Qualitätssicherung als auch der Produktzertifizierung entsprechend dem Anhang II zur Auswahl stehen;
d) das Vorschreiben von Modulen, die im Verhältnis zu den von der betreffenden Rechtsvorschrift erfassten Risiken zu belastend sind, ist zu vermeiden" (Abl. EU L 218 v. 13.8.2008, S. 87).

Die verschiedenen Module enthielten unterschiedliche Anforderungen an die in der jeweiligen Harmonisierungsrechtsvorschrift genannten Wirtschaftsakteure. So forderten beispielsweise die Module D, D1, E, E1, H und H1 den Betrieb eines Qualitätssicherungssystems. Wobei auch innerhalb dieser Module unterschiedliche Anforderungen bestanden.

4.5.6 Öffnung des Normenverweises für sämtliche Rechtsvorschriften

In der Entschließung 2010/2051(INI) des Europäischen Parlaments vom 21.10.2010 zur ›Zukunft der europäischen Normung‹ erfolgte ein klares Bekenntnis des Parlamentes zu einer Fortsetzung des Einsatzes der europäischen Normung „zur Unterstützung des Erlasses von Rechtsvorschriften im Zuge des ›Neuen Konzepts‹ [, da es sich] als erfolgreiches und wesentliches Instrument für die Vollendung des Binnenmarkts erwiesen hat" (Abl. EU C 70 E v. 8.3.2012, S. 60 Rn. 14). Das Parlament ging noch einen Schritt weiter und „hält es für wünschenswert, die Verwendung von Normen auf andere Bereiche der Rechtsvorschriften und der Politiken der Union jenseits des Binnenmarktes auszuweiten" (Abl. EU C 70 E v. 8.3.2012, S. 60 Rn. 14).

Als HEINRICH RUELBERG im Jahr 1921 in Deutschland die stärkere Verwendung von Normen im Rahmen öffentlicher Ausschreibungen forderte (vgl. Abschnitt 3.2.4), begann die stärkere Durchdringung verschiedener Lebensbereiche und sorgte für den Eingang des Normungswesens in die öffentliche Wahrnehmung. Dieser Prozess wurde im Jahr 2010 durch das europäische Parlament fortgesetzt, indem dieses forderte „beim öffentlichen Beschaffungswesen europäische Normen einzusetzen, um die Qualität der öffentlichen Dienstleistungen zu verbessern und innovative Technologien zu fördern" (Abl. EU C 70 E v. 8.3.2012, S. 65 Rn. 58). Im Jahr 2014 wurde dies durch die Richtlinie 2014/24/EU des Europäischen Parlaments und des Rates vom 26.2.2014 über die öffentliche Auftragsvergabe umgesetzt. Vgl. dazu z. B. Rn. 74 der Begründung, Art. 42 Abs. 3b und 6, Art. 44 sowie Art. 62 (Abl. EU L 94 v. 28.3.2014).

Der ›Leitfaden zur europäischen Normung als Unterstützung für legislative und politische Maßnahmen der Union‹, den die Europäische Kommission im Jahr 2015 veröffentlichte, führt dazu aus:

> „Der Umstand, dass in Rechtsvorschriften des ›neuen Konzepts‹ bzw. des neuen Rechtsrahmens für Produkte auf der Grundlage von Normungsaufträgen der Kommission erarbeitete europäische Normen erfolgreich genutzt werden, hat schrittweise dazu geführt, dass zur Unterstützung anderer Rechtsvorschriften der Union und sogar politischer Maßnahmen, bei denen keine speziellen Rechtsvorschriften der Union vorhanden sind, immer häufiger auf europäische Normen zurückgegriffen wird. Der Prozess, der mit der Richtlinie 83/189/EWG begann, führte zur Verordnung (EU) Nr. 1025/2012 zur europäischen Normung, nach der *die europäische Normung ein anerkanntes politisches Instrument für die Union* ist" (Hervorhebung durch den Verfasser – Europäische Kommission 2015d, S. 37).

Die EU-Verordnung Nr. 1025/2012 des Europäischen Parlaments und des Rates vom 25.10.2012 ›zur europäischen Normung‹ präzisierte den neu geschaffenen Rechtsrahmen und enthielt Aussagen zur Finanzierung und Beteiligung der Interessenträger an europäischer Normung. Die Verordnung spezifiziert die Zusammenarbeit zwischen den Normungsorganisationen auf nationaler und europäischer Ebene sowie den gesetzgebenden Institutionen. Darüber hinaus wurden verbindliche Vorschriften festgelegt für die „Erarbeitung von europäischen Normen und Dokumenten der europäischen *Normung für Produkte und für Dienstleistungen zur Unterstützung von Rechtsvorschriften und von politischen Maßnahmen* der Union" (Hervorhebung durch den Verfasser – Abl. EU L 316 v. 14.11.2012, S. 19).

Mit der EU-Richtlinie 2015/1535 des europäischen Parlaments und des Rates vom 9.9.2015 über ein Informationsverfahren auf dem Gebiet der technischen Vorschriften und der Vorschriften für die Dienste der Informationsgesellschaft wurde die Richtlinie 98/34/EG abgelöst. Darüber hinaus besteht ein wichtiger Unterschied zur Vorgängerrichtlinie darin, dass der bestehende sogenannte ›Ständige Ausschuss‹ gemäß Artikel 2 von der Kommission in Bezug auf die Normungsvorhaben angehört werden muss (vgl. Abl. EU L 241 v. 17.9.2015, S. 5 Art. 3 Abs. 4). Bisher war dies ein freiwilliger Vorgang, den die Kommission ohne Regulativ durchführen konnte.

4.5.7 Verbindlichkeit versus Freiwilligkeit der Normanwendung

Im Abschnitt 4.3 wurde gezeigt, wie Normen im Rahmen der Regulation genutzt werden. Je nach Betrachtungswinkel lassen sich die eingesetzten Instrumente verschiedentlich kategorisieren, z. b. als soziale regulative Maßnahmen, wettbewerbspolitische oder industriepolitische Maßnahmen. Unabhängig von der vorgenommenen Kategorisierung sind regulative Maßnahmen nur dann erfolgreich, wenn sie zu einer Verhaltensänderung der sozialen Akteure führen.

Das deutsche und das europäische Normungswesen lassen sich grundsätzlich dem *Regulationstyp 4*, der staatlich regulierten Selbstregulation zuordnen (vgl. Abschnitt 4.3.4 Punkt e). Die Normungen der internationalen Normungsorganisationen wie z. B. der ›International Organization for Standardization (ISO)‹ gehören zum Regulationstyp 3, der privaten Selbstregulation. Dies ist hauptsächlich in der Tatsache begründet, dass auf jeder Normungsebene die Anwendung der Normen eine freiwillige Entscheidung bleiben soll, die sich innerhalb eines durch staatliche Institutionen vorgegebenen verbindlichen Rechtsrahmens bewegt.

Für die Ergebnisse der ISO gilt Ähnliches. Der Unterschied besteht darin, dass sich die Normenden nicht an einem konkreten Rechtsrahmen orientieren (können), da sie Spezifikationen aufstellen, die in vielen Staaten angewandt werden (sollen). Die Integration in konkrete Rechtsrahmen erfolgt erst auf einer darunterliegenden Normungsebene. Die Tabelle 4.3 weist die Festlegungen aus, die die freiwillige Anwendung kodifizieren.

Tabelle 4.3: Freiwilligkeit der Anwendung von Normen

Normungsebene	Zitat[*]
2 – National	Die Mitarbeit an der Normung und die Anwendung von Normen sind *freiwillig*.[a]
3 – Europäisch	›Norm‹: eine von einer anerkannten Normungsorganisation angenommene technische Spezifikation zur wiederholten oder ständigen Anwendung, deren Einhaltung *nicht zwingend* ist.[b]
4 – International	Standard: Document approved by a recognized body, that provides, for common and repeated use, rules, guidelines or characteristics for products or related processes and production methods, with which compliance is *not mandatory*.[c]

[*] *Hervorhebungen durch den Verfasser.*
[a] *Grundsätze der Normungsarbeit des DIN, DIN 2016c.*
[b] *EU-Verordnung Nr. 1025/2012 zur europäischen Normung, Abl. EU L 316 v. 14.11.2012, S. 19 Art. 2.*
[c] *The WTO Agreements Series, WTO 2014, S. 58.*

Die Informationspflichten gemäß der EU-Richtlinie Nr. 2015/1535 beziehen sich nicht mehr ausschließlich auf Erzeugnisse, sondern auch auf Dienste und wurden damit an die Informationsgesellschaft angepasst. Zudem enthält die Richtlinie Ausführungen zur Handhabung sogenannter De-facto-Vorschriften (vgl. Abschnitt 4.5.1) und weitere Definitionen. Bedeutsam sind speziell die Ausführungen zu den Begriffen ›technische Vorschrift‹ und ›Technische De-facto-Vorschriften‹. **Hier wird ausgeführt, dass technische Vorschriften technische Spezifikationen sind, deren Beachtung rechtlich oder de facto verbindlich ist** (vgl. Abl. EU L 241 v. 17.9.2015, S. 4). Entsprechend der Aussagen in der Tabelle 4.3 können Normen keine technischen Vorschriften sein, da die Anwendung von Normen freiwillig sei.

Die europäischen Gesetzgeber wollten an und für sich eine begriffliche Klarstellung erreichen. Die Aussagen führen jedoch entweder zu einem definitorischen Widerspruch, oder der Einsatz von Normen soll zukünftig nicht mehr freiwillig sein.

4.6 Die DIN-Studien aus den Jahren 2000 und 2011

Das vierte von ARTHUR beschriebene Merkmal (vgl. Abschnitt 4.2.1) – die *Verlaufsabhängigkeit* – wird im vorliegenden Zusammenhang nochmals genauer betrachtet. Ein nicht zu vernachlässigendes, historisch bedeutsames Ereignis im Sinne des Merkmals (4), stellen die bereits erwähnte – im Auftrag des ›Deutschen Institut für Normung (DIN)‹ erarbeitete – Studie aus dem Jahr 2000 und deren Folgestudien z. B. aus Großbritannien (2005), Australien (2006), Kanada (2007), Frankreich (2009) und Neuseeland (2011) dar.

Auch wenn es keine eindeutigen Aussagen zu den Argumenten gibt, die die Europäische Kommission veranlassten, den Einfluss der Ergebnisse privater Normungsorganisationen auf die europäische Rechtsprechung immer weiter auszudehnen, kann davon ausgegangen werden, dass die angesprochenen Studien starken Einfluss auf die Einschätzung des gesamtwirtschaftlichen Nutzens des Normungswesens hatten. Was daran erkennbar ist, dass sie bspw. in verschiedenen Dokumenten zitiert wurden. Noch im Jahr 2016 referenzierte die EU-Kommission in ihrem Bericht „über die Durchführung der Verordnung (EU) Nr. 1025/2012 in den Jahren 2013 bis 2015" auf die oben genannten Untersuchungen (vgl. FN 13, Europäische Kommission 2016a, S. 8). Der zeitliche Ablauf dieser Studien und die damit verbundenen Effekte werden im Folgenden nachgezeichnet.

Die vom DIN „federführend" (DIN 2000a, S. 7) in Auftrag gegebene Studie befasste sich mit den Auswirkungen bei der Anwendung von Normen auf über 1 500 Seiten in fünf Bänden und fand international viel Beachtung.

Die Auswertung der Aussagen von Unternehmen aus Deutschland, Österreich und der Schweiz sind dennoch bei genauerer Betrachtung teilweise ernüchternd: Ein Teil der Untersuchung bezog sich bspw. auf die Frage, ob ein hoher Normenbestand mit einem Außenhandelsüberschuss einhergehe. Hierzu wird bereits von den Autoren ausgeführt: „In der Mehrheit liegen jedoch – in Übereinstimmung mit den zwiespältigen Schlüssen aus den Theorien – keine signifikanten Ergebnisse vor" (DIN 2000b, S. 6–7).

4.6.1 Die Kernaussagen

Im Jahr 2011 veröffentlichten BLIND und JUNGMITTAG sowie MANGELSDORF eine Aktualisierung zur DIN-Studie aus dem Jahr 2000, die im Beuth Verlag erschien. Kernaussage des Dokumentes war die grundsätzliche Bestätigung der Vorgängerstudie:

> „Für den ursprünglich berechneten Betrag von ca. 16 Mrd. Euro im Jahr 1998 ergibt sich nun ein leicht geringerer Wert von 13,77 Mrd. Euro. Im wiedervereinigten Deutschland trägt die Normung mit 14,59 Mrd. Euro zum Wachstum bei.
>
> In den Zeitperioden vor dem Mauerfall steigen die Beträge zunächst an, bevor sie ab Mitte der siebziger Jahre abnehmen. Aufgrund der *Zurückziehung von 1 300 Bildzeichennormen* Mitte der achtziger Jahre reflektiert der Normenbestand nur bedingt die Verbreitung von technologischem Wissen. Der negative Betrag im Zeitraum 1986 bis 1990 erklärt sich also durch die *Bereinigung des Normenbestandes*. Im wiedervereinigten Deutschland steigen die Beträge wieder an und ergeben für die letzte Fünfjahresperiode 2002 bis 2006 einen Wert von 16,77 Mrd. Euro.
>
> Insgesamt revidieren die vorliegenden Ergebnisse die in der Vergangenheit gefundenen Resultate zum volkswirtschaftlichen Nutzen der Normung in Höhe von ca. 1 Prozent des *Bruttosozialproduktes leicht*. Es zeigt sich aber, dass sich der gesamtwirtschaftliche Nutzen der Normung seit 1992 in einem Bereich zwischen 0,7 Prozent und 0,8 Prozent des *Bruttoinlandsproduktes* stabilisiert" (Hervorhebungen durch den Verfasser – vgl. Blind, Jungmittag & Mangelsdorf 2011, S. 15–16).

Verschiedene Fragen ergeben sich bei der Betrachtung dieser Aussagen. Beispielsweise: Warum soll die Nichtnutzung von Piktogrammen oder veralteten Normen zu einem negativen Beitrag am Wirtschaftswachstum führen? Innerhalb der Annahmen des durch die Studie postulierten Modells ist es sicher möglich, einen statistischen Zusammenhang zu erkennen zwischen der „Zurückziehung von 1 300 Bildzeichennormen Mitte der achtziger Jahre" sowie der „Bereinigung des Normenbestandes" in den 1990er-Jahre und einem negativen Wirtschaftswachstum – außerhalb dieses Modells fällt dies schwer.

„Ergebnisse der makroökonomischen Analyse bestätigen einen volkswirtschaftlichen Nutzen der Normung in Höhe von ca. 1 % des Bruttosozialprodukts" (DIN 2000a, S. 33). Dieses Zitat stellt eine Kernaussage der Studie aus dem Jahr 2000 dar. Die Autoren waren der Meinung, sie würden damit den viel beachteten sogenannten ›CecchiniReport‹ bestätigen (vgl. Cecchini 1988), dessen Ergebnis die gleiche Größenordnung hätte. Allerdings muss hier der Vollständigkeit halber die Fußnote zu diesem Wert Erwähnung finden, die besagt, dass der Report keine direkten Aussagen zur Normung tätige. „Dieser Wert wurde indirekt über die wirtschaftlichen Effekte der Vollendung eines schrankenlosen Binnenmarktes in Europa ermittelt" (DIN 2000b, S. 305 FN 53). Im Jahr 2000 war durch die Wiedervereinigung der beiden deutschen Staaten und der zunehmenden Ausdehnung des europäischen Wirtschaftsraumes innerhalb der Europäischen Union ein Wirtschaftsmarkt mit viel größerem Potenzial entstanden, als dies im Jahr der Veröffentlichung des ›Cecchini-Reports‹ 1988 absehbar war. Dessen Zahlenmaterial fußte damit auf völlig anderen Annahmen und es ist nicht belegt, warum mit diesen im Jahr 2000 weiter gerechnet wurde.

Im Jahr 2011 ändern die Autoren des DIN die Bezugsgröße und verwenden ohne Begründung das Bruttoinlandsprodukt (Bruttoinlandsprodukt + Saldo der Primäreinkommen mit der übrigen Welt = Bruttosozialprodukt[3]). Warum zudem im Jahr 2011 nur auf Daten bis 2006 zugegriffen wurde, lässt sich nur mutmaßen. Ein Grund könnte die Tatsache sein, dass das durchschnittliche Wirtschaftswachstum auf Basis des Bruttoinlandsprodukts in den Jahren 2000–2010 preisbereinigt bei 0,9 % lag (vgl. Abb. 4.1 auf der nächsten Seite). Weitergedacht würden damit die Aussagen bedeuten, dass ohne das Normungswesen die Wirtschaft kaum gewachsen wäre.

4.6.2 Die Grundannahmen

Da es sich bei der Bestätigung des ›Cecchini-Reports‹ um eine der wichtigsten Aussagen der Studie handelt, die international viel Aufmerksamkeit erregte, wird versucht, diese nachzuvollziehen: In der Studie aus dem Jahr 2000 wurden insgesamt 4 160 Unternehmen aus Deutschland (2 100), Österreich (592) und der Schweiz (1 468) per Zufallsauswahl befragt. Die Forscher konzentrierten sich dabei auf acht normungsintensive und zwei normungsarme Branchen – ›Kontrollgruppe‹ genannt.

---

3 Das Bruttosozialprodukt wird seit 1995 als Bruttonationaleinkommen bezeichnet.

Es wurden in Deutschland 1644 Unternehmen mit *mehr als 100 Mitarbeitern* aus den normungsintensiven Branchen ausgewählt, von denen 417 Unternehmen antworteten. Die ›Kontrollgruppe‹ enthielt 456 Unternehmen mit mehr als 50 Mitarbeitern aus den Branchen Rundfunk-, Fernseh- und Nachrichtentechnik sowie Herstellung von pharmazeutischen Erzeugnissen, von denen 41 Unternehmen geantwortet haben (vgl. DIN 2000d, S.6–16). Aus den drei Staaten antworteten insgesamt 707 Unternehmen (vgl. DIN 2000d, S.27). Die Forscher wiesen darauf hin, dass

„der Rücklauf *nicht repräsentativ* für die Grundgesamtheit ist. […] [Und] *nur eine volle Aussagekraft für die Stichprobe* [habe]. Darüber hinausgehende Interpretationen sind zwar möglich, müssen aber mit der entsprechenden Vorsicht vorgenommen werden. Mögliche Verzerrungen (Bias) durch die mangelnde strukturelle Repräsentativität der Befragung *müssen bei der Interpretation unbedingt berücksichtigt werden*" (Hervorhebungen durch den Verfasser – DIN 2000d, S.31).

Bei ihrer Untersuchung gingen die Autoren von folgenden Grundannahmen aus:

„Die Bedeutung von technologischen Aktivitäten als einer wesentlichen Determinante der ökonomischen Leistungsfähigkeit industrialisierter Volkswirtschaften ist heutzutage *weitestgehend anerkannt*. […] [D]ie wirtschaftliche Entwicklung [wird] nicht schon von technologischen Innovationen alleine positiv beeinflusst, sondern erst durch ihre erfolgreiche Verbreitung" (Hervorhebung durch den Verfasser – DIN 2000b, S.165).

Zudem wird angenommen, dass

„sowohl Patentanmeldungen als auch die Publikation von Normen und technischen Regeln […] als *Output-Indikatoren des nationalen Innovationssystems* verstanden werden [können]. Mit dem *Bestand an Patenten* und dem *Bestand an gültigen Normen* liegen zwei Indikatoren vor, die geeignet sind, den technischen Fortschritt in einer Volkswirtschaft abzubilden.
Zusammen mit den *Lizenzausgaben an ausländische Unternehmen* als Messgröße für den immer wichtigeren Technologieimport gehen diese drei *Variablen als Indikator für* den ansonsten nur als linearer Trend modellierten technischen Fortschritt in die Schätzung einer langfristigen *gesamtwirtschaftlichen Produktionsfunktion* für die Bundesrepublik Deutschland ein" (Hervorhebungen durch den Verfasser – DIN 2000b, S.165).

Abbildung 4.1: *Wirtschaftswachstum 1950–2016 (Bruttoinlandsprodukt, preisbereinigt).*

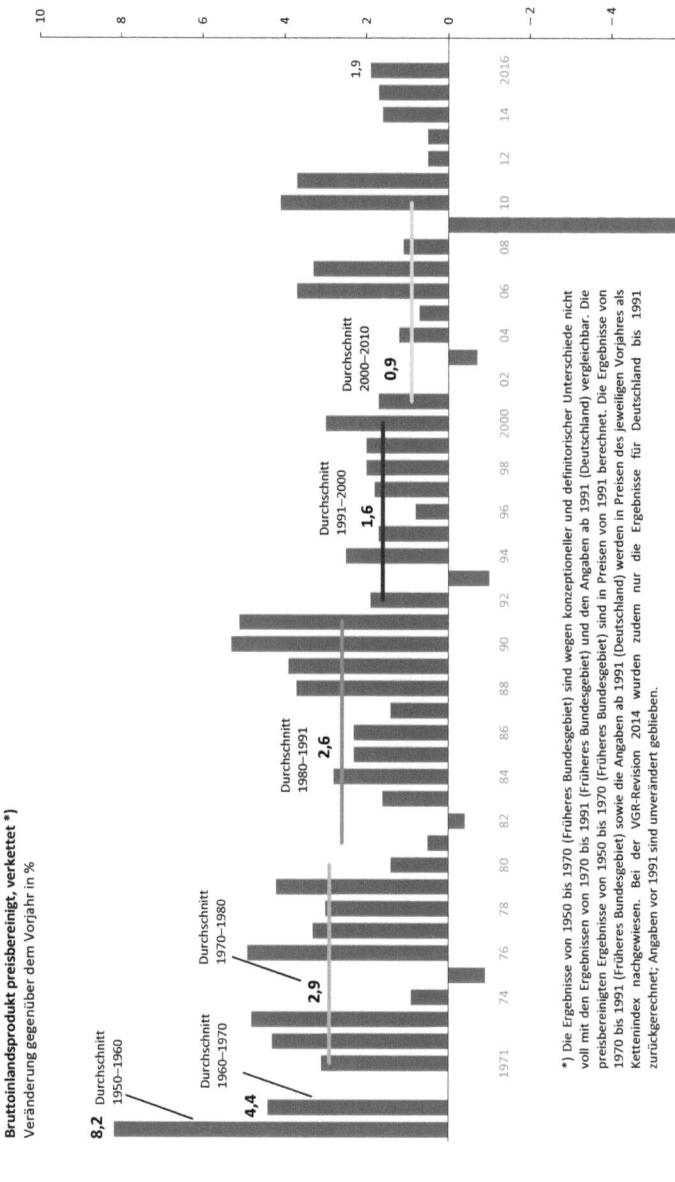

Quelle: *Statistisches Bundesamt 2017, S. 4.*

4.6.3 Die Berechnungen

Für die Berechnung des wirtschaftlichen Nutzens gingen die Autoren auf zwei Wegen vor. Zum einen versuchten sie, die *Opportunitätskosten* zu ermittelten, die bei einer Abschaffung des DIN bestehen würden. Und zum anderen versuchten sie, den *Beitrag der Normung zum Wachstum* (hier: Bruttosozialprodukt) zu ermitteln. Da beide Werte in ihrer „grundsätzlichen Dimension mit der aus der Unternehmensbefragung berechneten Obergrenze der Opportunitätskosten einer Abschaffung des DIN" (DIN 2000b, S. 304) übereinstimmten, sahen sich die Autoren bestätigt. Die Berechnungen wurden wie folgt durchgeführt:

Berechnung der Bandbreite der Opportunitätskosten
Auswertung der Frage 31 nach den zusätzlichen Kosten bzw. den Kosteneinsparungen, wenn das DIN nicht zur Verfügung stehen würde.

„*82 % der diese Frage beantwortenden Unternehmen* würden durch die Abschaffung des DIN zusätzliche Kosten entstehen. *Dreiundachtzig Unternehmen* haben zum finanziellen Volumen eine Angabe gemacht. Im Durchschnitt würden diesen Unternehmen zusätzliche Kosten in Höhe von 780 000 DM entstehen.

Aufgrund der hohen Varianz wird im Folgenden eine Bandbreite berechnet, die sich auf das 1. Quartal in Höhe von 10 000 DM und das 3. Quartal in Höhe von 250 000 DM bezieht.

Im Gegensatz dazu sparen 28,5 % der Unternehmen Kosten durch die Abschaffung des DIN. Bei den *fünfundvierzig Unternehmen*, die einen DM-Betrag angegeben haben, würden sich die Kosteneinsparungen auf lediglich etwas über 110 000 DM belaufen. Wiederum wird eine Bandbreite berechnet, die durch das 1. Quartal in Höhe von 0 DM und das 3. Quartal in Höhe von 50 000 DM bestimmt wird.

Unterstellt man, dass es sich bei den befragten Unternehmen um eine *repräsentative Stichprobe* aus den *insgesamt circa 60 000 Unternehmen des Verarbeitenden Gewerbes und des Baugewerbes* handelt und die Unternehmen mit quantitativen Angaben wiederum eine *repräsentative Auswahl* darstellen, dann können daraus die Opportunitätskosten für die Abschaffung des DIN berechnet und mit den makroökonomischen Schätzergebnissen verglichen werden.

Volkswirtschaftlich bzw. aus Sicht der Unternehmen des Verarbeitenden Gewerbes und des Baugewerbes liegen die Nettokosten einer Abschaffung des DIN in einem Intervall zwischen 0,5 Mrd. und 11 Mrd. DM" (Hervorhebungen durch den Verfasser – vgl. DIN 2000b, S. 302–303).

Einzelheiten der Berechnung werfen verschiedene Fragen auf. Zum einen wird an den Formulierungen deutlich, dass die Autoren selbst das Ergebnis als nicht hinreichend empirisch gesichert ansehen („Unterstellt man, dass es sich ... um eine repräsentative Stichprobe ... handelt").

Dasselbe betrifft die genannten Geldbeträge. Auch hier muss die Repräsentativität (vgl. Nuissl 2010, S. 106) angenommen werden. Sie kann jedoch bezweifelt werden, da es sich um Selbstaussagen von Unternehmen handelt. Die Autoren führten oben bereits aus, dass die Gesamtzahl der vorliegenden 707 Fragebögen die Grundgesamtheit nicht repräsentativ abbildet, sodass dies erst recht für die vorliegenden maximal 83 Unternehmensmeinungen gelten muss.

Diese 83 Aussagen aus verschiedensten Branchen werden ausschließlich in Bezug zu zwei Wirtschaftsbereichen gesetzt: dem Verarbeitenden Gewerbe und dem Baugewerbe. Die Zahl von 60 000 Unternehmen kann dabei nicht nachvollzogen werden. Die Autoren beziehen sich auf die Zahlen des Statistischen Jahrbuchs von 1999 und geben den Wert als Gesamtzahl der Unternehmen des Verarbeitenden Gewerbe und des Baugewerbes an (vgl. FN 49 DIN 2000b, S. 303). Bei diesen Zahlen handelt es sich hingegen nur um „Unternehmen mit 20 Beschäftigten und mehr" (Statistisches Bundesamt 1999, S. 188).

Darüber hinaus ist dieser Wert ungünstig, da die Studie in Deutschland ausschließlich Unternehmen mit mehr als 100 Mitarbeitern erfasst hat, und deren Gesamtzahl lag im Jahr 1999 bei 14 702 (vgl. Statistisches Bundesamt 1999, S. 199, 218). Trotz des niedrigeren Bezugswertes stellen die 45 bzw. 83 antwortenden Unternehmen nur 0,3 % bzw. 0,56 % der Unternehmen dieser Wirtschaftsbereiche dar.

Wird die Bandbreite der Opportunitätskosten mithilfe der korrigierten Zahlen – bei sonst gleicher Berechnung – ermittelt, ergeben sich nunmehr Nettokosten aus der Abschaffung des DIN i. H. v. 0,12 - 2,8 Mrd. DM (0,06 - 1,43 Mrd. EUR).

Berechnung des Beitrags der Normen zum Wirtschaftswachstum
Die Autoren der Studie führten ihre Berechnungen wie folgt fort:

„Über die Zeit von 1960 bis zur Wiedervereinigung 1989 *hat der Normenbestand* 27 % *zum Wirtschaftswachstum beigetragen* […]. Unterstellt man, dass es sich bei diesem Wert um ein langfristiges konstantes Mittel handelt, kann ausgehend vom Wachstum der Bruttowertschöpfung im Produzierenden Gewerbe zwischen 1997 und 1998 berechnet werden, wie viel der Normenbestand dazu beigetragen hat. (FN 51: *Vom Rückgang der Wertschöpfung im Bauwesen in diesem Zeitraum wird abstrahiert.*)

Da die Bruttowertschöpfung im Produzierenden Gewerbe von 1997 bis 1998 *um circa 45 Mrd. DM gewachsen ist*, können dem Normenbestand davon *etwa 12 Mrd. DM* zugerechnet werden.

Dieser Wert *stimmt* in seiner grundsätzlichen Dimension mit der aus der Unternehmensbefragung berechneten Obergrenze der Opportunitätskosten einer Abschaffung des DIN überein" (Hervorhebungen durch den Verfasser – vgl. DIN 2000b, S. 304).

Entsprechend der oben ausgeführten Grundannahmen entwickelten die Autoren eine Funktion, um den Beitrag von Normen, Ausgaben für ausländische Lizenzen und Patenten zum Wirtschaftswachstum zu ermitteln.

> „Die Bedeutung der Normen steht an zweiter Stelle mit Prozentpunkten zwischen 0,2 und 1,5. Über den Untersuchungszeitraum von 1961 bis 1990 gesehen tragen sie 27 % zum Wirtschaftswachstum bei, wobei der Durchschnittswert für das letzte Jahrzehnt von 1986 bis 1996 auf knapp 23 % gefallen ist" (DIN 2000b, S. 177).

Selbst wenn die Berechnungen nachvollzogen werden könnten, ist nicht unmittelbar einsichtig, warum mit 27 % weiter gerechnet wurde. Zudem betrug die Bruttowertschöpfung der beiden Branchen ohne „Abstrahieren" nur 33,55 Mrd. DM und lag damit ein Viertel niedriger als angegeben (vgl. Statistisches Bundesamt 1999, S. 670). Die Gründe für die Vernachlässigungen sind nicht belegt.

Wird dennoch mit den angepassten Werten neu gerechnet, ergeben sich nunmehr 7,7 Mrd. DM (3,95 Mrd. EUR), die weder mit der damals berechneten Obergrenze (11 Mrd. DM/5,62 Mrd. EUR) noch mit der korrigierten Obergrenze (2,8 Mrd. DM/1,43 Mrd. EUR) übereinstimmen.

Sollten die Opportunitätskosten tatsächlich den Wert des Normungswesens widerspiegeln, hätten sich die Werte als Anteil an der Bruttowertschöpfung entsprechend der Tabelle 4.4 ergeben. Die Nutzung des Betrags der Bruttowertschöpfung verwundert. Jedoch selbst beim Bezug auf das Bruttosozialprodukt von 1998 ergeben sich nicht die aus dem ›Cecchini-Report‹ abgeleiteten Werte.

Die Höhe weisen die Autoren dennoch nach und wechseln – ohne Begründung – zwischen den Bezugsgrößen. Von Bruttowertschöpfung (bisherige Berechnung) zum Bruttosozialprodukt, um am Schluss die Höhe von 31,5 Mrd. DM (16,1 Mrd. EUR) wiederum als Teil der Bruttowertschöpfung zu berechnen. Die Autoren führen aus:

> „[Z]um einen haben wir in unserer Untersuchung des Beitrags der Normen zum Wachstum einen *Anteil von* 27 % gefunden.
> Bezieht man sich auf die *durchschnittliche Wachstumsrate von* 3,3 % vom gesamten Bruttosozialprodukt (also auch aus dem nicht-verarbeitenden Gewerbe), dann ergibt sich insgesamt ein Beitrag der Normung zum Bruttosozialprodukt von 0,9 %.
> Dieses Ergebnis unterscheidet sich nur unwesentlich von Cecchinis Resultat zum volkswirtschaftlichen Nutzen der Normung.
> In absoluten Zahlen bedeutet dies bei einer Bruttowertschöpfung von 3 500 Mrd. DM im Jahre 1998 ein Nutzen der Normung von 31,5 Mrd. DM" (Hervorhebung durch den Verfasser – vgl. DIN 2000b, S. 304).

Tabelle 4.4: DIN-Studie nachgerechnet (eigene Berechnungen des Verfassers).

Werte des Jahres 1998	[Mrd. DM]	[Mrd. EUR]	Anteil an Bruttowertschöpfung: 3 580,55 Mrd. DM[a] (gesamt)	Anteil am Bruttosozialprodukt 2 004,79 Mrd. DM[b] (gesamt)
DIN-Studie				
27 % Anteil der Normen – Basis: 45,00 Mrd. DM	12,15	6,21	0,34 %	0,61 %
Obergrenze Opportunitätskosten	11,00	5,62	0,31 %	0,55 %
Untergrenze Opportunitätskosten	0,50	0,26	0,01 %	0,02 %
nachgerechnet				
23 % Anteil der Normen – Basis: 33,55 Mrd. DM	7,72	3,95	0,22 %	0,38 %
Obergrenze Opportunitätskosten	2,8	1,43	0,08 %	0,14 %
Untergrenze Opportunitätskosten	0,12	0,06	0,0034 %	0,0060 %

[a] Siehe Statistisches Bundesamt 1999, S. 670.
[b] Siehe Statistisches Bundesamt 2017, S. 3.

4.6.4 Die Schlussfolgerungen

Der Normungsbeitrag i. H. v. 27 % lässt sich nur nachvollziehen, wenn die (vermutlich jährlichen) Wachstumswerte des willkürlich gewählten Zeitraums 1961–1996 addiert werden. In den Berechnungen im Jahr 2011 wurde der Wert von 1991 als durch Sondereffekte belasteter Wert herausgenommen (vgl. Tabelle 4.5).

Tabelle 4.5: Wachstumsbeiträge der Produktionsfaktoren; Quelle: Abb. in Blind, Jungmittag & Mangelsdorf 2011, S. 15.

	1961–1965	1966–1970	1971–1975	1976–1980	1981–1985	1986–1990	1992*–1996	1997–2001	2002–2006
Kapital	2,30 %	1,70 %	1,60 %	1,10 %	0,90 %	0,90 %	0,90 %	0,50 %	0,30 %
Arbeit	0,70 %	0,10 %	–0,50 %	0,60 %	–0,40 %	1,20 %	–0,70 %	0,60 %	–0,30 %
Patente	0,50 %	0,50 %	–0,60 %	0,60 %	1,00 %	0,00 %	–0,70 %	–0,60 %	–0,60 %
Lizenzen	0,90 %	0,80 %	0,90 %	0,30 %	0,50 %	2,00 %	1,70 %	0,10 %	0,50 %
Normen	0,40 %	0,60 %	1,80 %	1,20 %	0,70 %	–0,02 %	0,70 %	0,80 %	0,70 %
Sondereinflüsse	0,01 %	0,01 %	–0,70 %	–0,20 %	–1,30 %	0,01 %	0,01 %	–1,10 %	1,10 %

* Für das Jahr 1991 liegen wegen der Wiedervereinigung Deutschlands keine verlässlichen Daten vor.

Diese beliebig erscheinenden 27 % wurden dann anscheinend auf die nicht preisbereinigte Wachstumsrate des Bruttosozialproduktes angewendet. Zum Vergleich: Im Zeitraum 1992–1996 betrug die preisbereinigte Wachstumsrate des Bruttoinlandsproduktes 1,6 %. Im längeren Zeitraum 1986–1996 betrug sie hingegen 2,4 %. Darüber hinaus wurde die gesamte Volkswirtschaft betrachtet und nicht nur zwei Wirtschaftsbereiche wie in den Berechnungen zuvor.

Letztlich wurde die Summe der – der Normung zugeschriebenen – Teile der Wachstumsrate des Bruttosozialproduktes mit dem Durchschnittswert eben dieser Wachstumsrate des Bruttosozialproduktes multipliziert. Wäre der kürzere Zeitraum 1986–1996 zugrunde gelegt worden, wären nur 23 % (siehe oben) in die Rechnung eingeflossen. Diese Logik würde bedeuten: Je kürzer der Zeitraum wird, je kleiner wird der anrechenbare Beitrag der Normung. Diese Berechnungslogik wurde im Jahr 2011 nicht wiederholt. Stattdessen wurden die Werte der Tabelle 4.5 für die Begründung eines Anteils der Normung zwischen 0,7 % und 0,8 % herangezogen.

Im Jahr 2000 wurde das Ergebnis 27 % von 3,3 % Wachstumsrate des Bruttosozialproduktes auf die Bruttowertschöpfung des Jahres 1998 angewandt. Die Vermischung der Kennziffern der volkswirtschaftlichen Gesamtrechnung verwundert und wird auch nicht begründet. Nachvollziehbar wäre eine Anwendung auf das Bruttosozialprodukt respektive das Bruttonationaleinkommen.

Selbst wenn der Summenparameter unhinterfragt auf 23 % angepasst und akzeptiert wäre, hätte sich bei Berücksichtigung sämtlicher Korrekturen und konsistenter Bezugsgrößen folgender Wert ergeben: 23 % von 2,4 % = 0,55 % · 2 004,8 Mrd. DM = 11,06 Mrd. DM. Dieser Wert ist jedoch in seiner Berechnung am wenigsten nachvollziehbar, sodass dieser verworfen werden sollte. Auch die Berechnung von Opportunitätskosten auf Grundlage nicht repräsentativer Umfrageergebnisse erscheint nicht zielführend, um den Anteil des Normungswesens am Wirtschaftswachstum der Volkswirtschaft ermessen zu können.

Offen bleiben zudem weitere Fragen, von denen nur zwei angesprochen werden sollen: Warum wurden sämtliche Berechnungen so angelegt, dass der Wert wesentlich höher ausfiel und angeblich dem ›Cecchini-Report‹ entsprach? Warum fehlen die Berechnungen des Zusammenhangs zwischen Normung und Wirtschaftswachstum oder Bruttosozialprodukt oder Bruttowertschöpfung für die Länder Österreich und Schweiz?

4.7 Die internationalen Folgestudien

Trotz der bei genauerer Betrachtung ernüchternden Ergebnisse wurden – basierend auf dieser von der Technischen Universität Dresden sowie dem Fraunhofer Institut für Systemtechnik und Innovationsforschung in Karlsruhe veröffentlichten Untersuchung – weitere Länderstudien in den Jahren 2000 bis 2011 durchgeführt. Deren Ergebnisse werden im Folgenden ausschließlich überblicksartig dargestellt, da sie die These der Pfadabhängigkeit stützen sollen. Eine detaillierte Betrachtung sämtlicher Ergebnisse wäre im Kontext dieser Arbeit nicht zielführend und bleibt zukünftigen Forschungsarbeiten vorbehalten. Die Korrektheit der Daten innerhalb der gesetzten Modellannahmen wird an dieser Stelle nicht bezweifelt.

Es lässt sich vermuten, dass auch die internationalen Folgestudien die gefundenen Ergebnisse nachvollziehen wollten und für ihre Länder nach ähnlich bedeutenden Zusammenhängen zwischen Wirtschaftswachstum und Normenbestand suchten.

Großbritannien (2005) Die Annahmen für die Studie mit dem Titel „The Empirical Economics of Standards" im Auftrag des ›British Standards Institution (BSI)‹ referenzieren auf die deutsche Studie. Es wird folgendes angenommen: „first that standardisation activities produce measurable impacts upon labour productivity and second, that a *count of standards* produced by national standards bodies (NSBs) provides a *useful indicator* of this process" (Hervorhebungen durch den Verfasser – DTI 2005, S. 15).

Diese Studie ermittelte einen Zuwachs der Arbeitsproduktivität von 0,05 % bei einer Steigerung des Normenbestands um ein Prozent (vgl. DTI 2005, S. 26).

Australien (2006) Unter dem Titel „Standards and the economy" wurde im Jahr 2006 in Australien bei einem Anwachsen des Normbestandes um 1 % eine

Erhöhung der ›Total Factor Productivity (TFP)‹ in Höhe von 0,17 % berechnet (vgl. CIE 2006, S. 24).

Kanada (2007) Bei der Betrachtung von Aussagen auch in außereuropäischen Studien erscheint es fast so, als wollte keine Normungsorganisation hinter den Ergebnissen aus Deutschland zurückbleiben. Obwohl die Untersuchung des ›Standards Council of Canada‹ aus dem Jahr 2007 den Beitrag der Normen am Wirtschaftswachstum auf 0,2 % (vgl. Standards Council of Canada 2007, S. 12) und damit niedriger als in Deutschland berechnete, führte das Conference Board zur Interpretation dieser Zahlen aus:

> „There is little doubt, therefore, that labour productivity and *economic growth in Canada are positively related to the number of standards*. According to our results, the change in the quantity of standards in Canada accounted for approximately 9 per cent of the growth in economic output (real GDP) over the 1981–2004 time period. The empirical results *confirm* that *the main findings* in the DTI (2005) and Jungmittag, Blind, and Grupp (1999) studies of the impact of standards in Britain and Germany also apply to Canada standards are an important source of Canadian economic growth" (Hervorhebungen durch den Verfasser – Standards Council of Canada 2007, S. 13).

Frankreich (2009) Die Studie der ›Association française de normalisation (AFNOR)‹ aus dem Jahr 2009 mit dem Titel „The Economic Impact of Standardization" geht – den Überlegungen aus Deutschland folgend – von nachstehender Hypothese aus:

> „[T]here is a close relationship between innovation and technical progress and their dissemination, and that *this dissemination can be proxied by the activity of standardization.* In other words, standardization [...] can be considered as a specific form of technology transfer" (Hervorhebung durch den Verfasser – Miotti 2009, S. 8).

Laut dieser Studie bewirkt das Normungswesen eine Erhöhung des jährlichen Wirtschaftswachstum um 0,81 % (vgl. Miotti 2009, S. 15).

Neuseeland (2011) Bezugnehmend auf die bereits zuvor genannten Studien wurden auch vom ›Standards Council of New Zealand‹ noch im Jahr 2011 Berechnungen durchgeführt, die die gleichen Vorüberlegungen nutzten:

> „Having measured standardisation activity, studies completed by DIN (2000), DTI (2005), the Conference Board of Canada (2007), and AFNOR (2009) then used a Cobb-Douglas production function model to test the impact of this standardisation activity on productivity. This model illustrated there was a measurable statistical relationship between the catalogue of Standards and productivity growth. We have therefore replicated this approach using a Cobb-Douglas production function model of production that focuses on capital (K) and labour (L) inputs and total factor productivity (TFP)" (BERL 2011, S. 29).

Diese Studie ermittelte einen ähnlichen Zuwachs an Arbeitsproduktivität i. H. v. 0,054 % bei einer Steigerung des Normenbestands um ein Prozent wie auch die Studie aus Großbritannien (vgl. BERL 2011, S. 35).

Statistische Zusammenhänge als Kernaussagen
Die Autoren hatten in der Aktualisierung der Studie für das DIN im Jahr 2011 folgenden Zusammenhang als Hauptergebnis festgehalten: „Je größer der Bestand der Normen ist, desto größer ist der Diffusionseffekt des technologischen Wissens und desto größer ist das Wirtschaftswachstum" (Blind, Jungmittag & Mangelsdorf 2011, S. 14).

An dieser Aussage gab es dagegen z. b. bereits in der französischen Studie aus dem Jahr 2009 Zweifel. Es wurde zwar bestätigt, dass es einen positiven und signifikanten *statistischen Zusammenhang* gibt, allerdings wurde schon zu diesem Zeitpunkt die Aussagekraft infrage gestellt. Die Autoren merkten an, dass das Modell nicht explizit auf den Wissensdiffusionsprozess in der Gesellschaft eingeht, und sahen trotz einer signifikanten statistischen Korrelation die Kausalität nicht bestätigt (vgl. Miotti 2009, S. 15). Die von der AFNOR in Auftrag gegebene Nachfolgestudie verzichtete im Jahr 2016 auf die Analyse der Korrelation von Normenbestand und Wachstum des Bruttoinlandsproduktes (vgl. BIPE 2016, S. 1).

Im Jahr 2013 veröffentlichte die nationale australische Normungsorganisation einen Forschungsbericht, in dem zwar einerseits die Methodik der DIN-Studien aus den Jahren 2000 und 2011 genutzt und die statistischen Ergebnisse der DIN-Studie bestätigt wurden. Andererseits wurden kritische Anmerkungen dahingehend formuliert, dass z. B. die reine Veröffentlichung von Normen nicht notwendigerweise zu einem Wirtschaftswachstum beiträgt, wenn diese bspw. nicht ›korrekt‹ umgesetzt werden. Produktivität, Auswahl und Wettbewerb könnten in diesem Fall reduziert werden. Zudem sahen sie die Gefahr, dass Normen zu technischen Handelsbeschränkungen führen. Aus diesen Gründen warnte die Institution vor einer unreflektierten Nutzung der statistischen Ergebnisse (vgl. Standards Australia 2013, S. 1, 3, 6).

Eine von der BSI mit dem Titel „The Economic Contribution of Standards to the UK Economy" in Auftrag gegebene Studie formulierte im Jahr 2015 zwar einerseits ihre Kritik am genutzten Modell noch stärker, bestätigte jedoch andererseits insgesamt die statistischen Ergebnisse (vgl. Cebr 2015, S. 39). Warum dies geschah, blieb offen. Die Grundannahmen wurden hinterfragt, nach der auf der einen Seite mehr Normen angeblich einen proportionalen ökonomischen Nutzen generieren und auf der anderen Seite dieser Vorgang als eine Art ›black box‹ behandelt wird. Auch die Gleichwertigkeit der Nutzen älterer Normen gegenüber neueren wurde hinterfragt. Zudem wurde betont, dass *Normen allein nicht zu einem Anstieg der Produktivität führen.* Andere Gründe wie bspw. ein Anstieg des Bildungsniveaus in der Bevölkerung oder eine Zunahme an wissenschaftlichen Erkenntnissen könnten – laut der Autoren – Gründe für einen Produktivitätsanstieg sein (vgl. Cebr 2015, S. 37, 43).

DIN-Studie und Folgestudien bestimmen den Entwicklungspfad
Die Vorgehensweise der deutschen Gesetzgeber wurde seit Anfang der 1980er-Jahre durch die europäischen Gesetzgeber übernommen. Bis dahin war das Normungswesen vor allem eine technische Unterstützung für produzierende Unternehmen. Danach wurde es sukzessive in der europäischen Rechtsprechung derart verankert, dass eine andere Vorgehensweise der Rechtsetzung nunmehr unmöglich erscheint. Zudem wurde der Wirkungsbereich des Normungswesens weit über die Produkterzeugung hinaus ausgedehnt. Er reicht heute von Produkten und Dienstleistungen bis hin zur Unterstützung von politischen Maßnahmen.

Unabhängig davon, ob oder mit welcher Begründung die Ergebnisse der DIN-Studie aus dem Jahr 2000 als ›relevant‹ oder ›korrekt‹ eingestuft werden, handelt es sich dennoch um eines jener historischen Ereignisse, welches eine bestimmte Richtung für die weitere Entwicklung der Institution ›Normungswesen‹ darstellt. Klar erkennbar wurde die Bestätigung der Ergebnisse der Untersuchung durch die internationalen Folgestudien viel stärker berücksichtigt als deren spätere Kritik.

Fast anderthalb Jahrzehnte wurden rund um den Globus Studien mithilfe ähnlicher Grundannahmen wie in der DIN-Studie aus dem Jahr 2000 durchgeführt. Die Resultate wurden höchstwahrscheinlich auch von den europäischen Gesetzgebern bei ihren Entscheidungen im Jahr 2012 berücksichtigt. Im Ergebnis wurde mit der EU-Verordnung Nr. 1025/2012 (vgl. Abl. EU L 316 v. 14.11.2012) dem Normungswesen eine größere Bedeutung innerhalb der europäischen Rechtsprechung und Politik eingeräumt und dessen (teilweise) Finanzierung ermöglicht.

Bei Berücksichtigung der angeführten Kritikpunkte lassen sich die Aussagen des ›Europäischen Parlaments und Rates‹ zur Begründung der EU-Verordnung Nr. 1025/2012 nicht unbedingt nachvollziehen. Ohne empirisch belastbare Belege wird dort ausgeführt:

„Normen haben *eindeutig* positive Auswirkungen auf die Wirtschaft, indem sie unter anderem die wirtschaftliche Durchdringung im Binnenmarkt fördern und zur Entwicklung neuer und verbesserter Produkte und Märkte sowie besserer Lieferbedingungen beitragen. Normen führen daher in der Regel zu einem stärkeren Wettbewerb und niedrigeren Output und Verkaufskosten, was den Volkswirtschaften insgesamt und *besonders den Verbrauchern* zugute kommt. Normen leisten einen Beitrag zur Aufrechterhaltung und Verbesserung von Qualität, sind eine Informationsquelle und gewährleisten Interoperabilität und Kompatibilität, wodurch sie *mehr Sicherheit und Wert für die Verbraucher schaffen*" (Hervorhebungen durch den Verfasser – Abl. EU L 316 v. 14.11.2012, S. 12 Abs. 3).

Nicht einmal die DIN-Studie stützt sämtliche getroffenen Aussagen. So war ebenfalls das – im Zitat als Vorteil – angeführte Argument, Normen seien eine Informationsquelle, Gegenstand der Untersuchung. Dazu führten bereits die Autoren der Studie aus, dass Normen ausländische Anbieter unterstützen,

„weil sie technische Spezifikation transparent machen. Deshalb sieht sich auch über ein Drittel der Unternehmen insbesondere durch die europäische und internationale Normung mit einem erhöhten Konkurrenzdruck konfrontiert. [...] Obwohl dies [...] durchaus positiv zu bewerten ist, drohen dadurch auch Gefahren für die einheimische Wettbewerbsfähigkeit. Denn Normen erleichtern die Imitation von Produkten und Prozessen durch die ausländische Konkurrenz" (DIN 2000b, S. 7–8).

Komprimierte Darstellung des zeitlichen Ablaufs des Entwicklungspfades
Die historischen Ereignisse auf nationaler Ebene lassen sich dem Abschnitt 3.2 entnehmen. Der Prozess der Integration der Ergebnisse privater Normungsorganisationen in die europäische Rechtsprechung – der vermutlich stark von den beschriebenen Studienergebnissen beeinflusst wurde – wird in der Tabelle 4.6 nochmals überblicksartig in seinem zeitlichen Ablauf dargestellt.

Tabelle 4.6: Zeitlicher Ablauf der Integration von Normen (Hervorhebungen durch den Verfasser)

1983	wurde begonnen, „die europäischen Normungsgremien zu *ersuchen*, innerhalb einer bestimmten Frist eine europäische Norm zu erarbeiten" („Richtlinie 83/189/EWG des Rates vom 28. März 1983 über ein Informationsverfahren auf dem Gebiet der Normen und technischen Vorschriften", S. 10).
1985	betonten die Gesetzgeber „die Wichtigkeit und Nützlichkeit der neuen Konzeption, in deren Rahmen vorrangig der europäischen und erforderlichenfalls den nationalen Normen *vorübergehend* die Aufgabe zugedacht werden soll, die technischen Merkmale der Erzeugnisse zu definieren".
	„Durch Anwendung dieses Systems einer Harmonisierung der Rechtsvorschriften *in jedem nur möglichen Bereich* will die Kommission eine übermäßige Zunahme allzu technischer Einzelrichtlinien für jedes Erzeugnis verhindern." Normen sollten *nur die „grundlegenden Anforderungen"* widerspiegeln, um den Produzenten als Richtschnur für ihre Erzeugniserstellung zu dienen.

Fortsetzung nächste Seite ...

... Fortsetzung

	Der „›Normenverweis‹ [sei] nur in jenen Bereichen an[zu]wenden, in denen zwischen ›grundlegenden Anforderungen‹ und ›Fertigungsspezifikationen‹ wirklich unterschieden werden kann". Es wurden „die Verwaltungen dazu verpflichtet, bei Erzeugnissen, die nach harmonisierten Normen [...] hergestellt worden sind, eine Übereinstimmung mit den in der Richtlinie aufgestellten ›grundlegenden Anforderungen‹ anzunehmen." („Entschließung 85/C 136/01 des Rates vom 7. Mai 1985 über eine neue Konzeption auf dem Gebiet der technischen Harmonisierung und der Normung", S. 1–8).
1992	wurde gefordert, dass „die Verwendung europäischer Normen stärker gefördert werden müßte als Instrument der wirtschaftlichen und industriellen Integration im Rahmen des europäischen Marktes sowie als technische Grundlage für die Rechtsvorschriften". Zudem sollte der Einsatz von Normen als technische Spezifikationen nicht mehr nur auf Produkte begrenzt sein, sondern *auf „Dienstleistungen oder Prüfverfahren"* („Entschließung 92/C 173/01 des Rates vom 18. Juni 1992 zur Funktion der europäischen Normung in der europäischen Wirtschaft", S. 2) *ausgeweitet* werden.
1999	sollte die europäische Normung „dem öffentlichen Interesse und insbesondere den europäischen Politiken dienlich [sein], Normen in neuen Bereichen [...] schaffen [und] internationale Normen kohärent" umsetzen. Der Rat „*ermutigt die europäischen Normungsgremien* dazu, [...] auch weiterhin neue Politiken zur Anpassung an die sich wandelnden Markterfordernisse [zu] entwickeln" („Entschließung 2000/C 141/01 des Rates vom 28. Oktober 1999 zur Funktion der Normung in Europa", S. 1).
2008	wurde der ›*Neue Rechtsrahmen*‹ eingeführt, und die Konformitätsbewertungsverfahren wurden in 16 verschiedene Module aufgeteilt („Beschluss 768/2008/EG des Europäischen Parlaments und des Rates vom 9. Juli 2008 über einen gemeinsamen Rechtsrahmen für die Vermarktung von Produkten und zur Aufhebung des Beschlusses 93/465/EWG des Rates", S. 82).
2010	hielt „es [das Europäische Parlament – d. Verf.] für wünschenswert, *die Verwendung von Normen auf andere Bereiche der Rechtsvorschriften und der Politiken der Union jenseits des Binnenmarktes auszuweiten*" („Entschließung 2012/C 70 E/05 des Europäischen Parlaments vom 21. Oktober 2010 zur Zukunft der europäischen Normung (2010/2051(INI))", S. 60 Rn. 14).
2012	wurde der Auftrag an das Normungswesen auf die „Erarbeitung von europäischen Normen und Dokumenten der europäischen Normung *für Produkte und für Dienstleistungen zur Unterstützung von Rechtsvorschriften und von politischen Maßnahmen* der Union" („Verordnung (EU) Nr. 1025/2012 des Europäischen Parlaments und des Rates vom 25. Oktober 2012 zur europäischen Normung, zur Änderung der Richtlinien 89/686/EWG und 93/15/EWG des Rates sowie der Richtlinien 94/9/EG, 94/25/EG, 95/16/EG, 97/23/EG, 98/34/EG, 2004/22/EG, 2007/23/EG, 2009/23/EG und 2009/105/EG des Europäischen Parlaments und des Rates und zur Aufhebung des Beschlusses 87/95/EWG des Rates und des Beschlusses Nr. 1673/2006/EG des Europäischen Parlaments und des Rates", S. 19) ausgeweitet.

4.8 Zwischenfazit

Zu den Verwerfungen, die bei der Forschungsfinanzierung durch Unternehmen und Lobbyverbände auftreten können, gab es in den letzten Jahren einige Veröffentlichungen (vgl. z. B. Kohlenberg & Musharbash 2013; Kreiß 2015). Inwieweit die Tatsache, dass die Studie der Technischen Universität Dresden sowie des Fraunhofer Instituts für Systemtechnik und Innovationsforschung (FhG-ISI) aus Drittmitteln finanziert wurde, Einfluss auf die Ergebnisse hatte, kann nur gemutmaßt werden. Fakt ist nichtsdestotrotz, dass der Großteil der Geldgeber ein Interesse an positiven Aussagen zum Normungswesen hatte.

Die Zielsetzung der Finanzierer lässt sich erahnen: Würde durch die Ergebnisse der Studie dem Normungswesen eine größere Relevanz für die Volkswirtschaften in der Eurozone bescheinigt werden, könnte dies einen größeren Einfluss und die langjährige Sicherung der Existenzgrundlage für die verschiedenen Normungsorganisationen bedeuten. Damit hatten insbesondere die finanzierenden Normungsorganisationen ein spezielles Interesse an positiven Ergebnissen. Die gleichen Überlegungen lassen sich den anderen Normungsorganisationen weltweit zuschreiben, deren Studien auf den Ideen der DIN-Studie aufbauten.

Folgende Normungsorganisationen finanzierten die Studie: das Deutsches Institut für Normung (DIN), die Deutsche Elektrotechnische Kommission im DIN und VDE (DKE), das Österreichische Normungsinstitut (seit 2013 trägt es den Namen: ›Austrian Standards‹) sowie die Schweizerische Normenvereinigung (SNV). Industrielle Geldgeber waren die Siemens AG, die DaimlerChrysler AG, die ThyssenKrupp AG und die Hans L. Merkle-Stiftung im Stifterverband für die Deutsche Wissenschaft (Bosch). Daneben finanzierte das Bundesministerium für Wirtschaft (BMWi) die Studie mit (zu den Geldgebern vgl. DIN 2000a, S. 6).

Wie bereits ausgeführt wurde, waren es vor allem industrielle Unternehmen, die zu Beginn des 20. Jahrhunderts die Idee des Normungswesens voranbrachten. Zu den Vorreitern in Deutschland zählte damals bereits der Siemens-Konzern (vgl. Abschnitt 3.2.4). Auch 100 Jahre später ist es hauptsächlich die Großindustrie, die eine große Zahl der Normungsvorhaben einbringt. Konnte anhand der Studie dem Normungswesen eine große Bedeutung zuerkannt werden, war es weiterhin möglich, mit dessen Hilfe nichttarifäre Handelshemmnisse aufzubauen, um eigene Geschäftsfelder zu schützen (vgl. Abschnitt 4.3.5). HARTLIEB, KIEHL UND MÜLLER reduzierten diese Überlegungen – in einer im Beuth-Verlag erschienenen Publikation – auf die Formel „Wer den Standard setzt, hat den Markt." Sie erhoben darüber hinaus die Normung zur Ideologie, in dem sie ausführten: „Eine Welt ohne weitere Normung, darf es nicht geben!" (Hartlieb, Kiehl & Müller 2009, S. 2–3). Die Ergebnisse der Studie unterstützten diese Wünsche in einem hohen Maße. Nochmals wird die Quintessenz der Studie aus dem Jahr 2000 betrachtet. Im ersten Band der 1 500 Seiten umfassenden Studie – der sogenannten ›Executive Summary‹ – findet sich folgende Aussage:

> „Die positiven volkswirtschaftlichen Wirkungen, die weit über die Summe der einzelwirtschaftlichen Nutzen hinausreichen, und die staatsentlastenden Implikationen technischer Normen *legitimieren eine Förderung der Normung mit öffentlichen Geldern und verleihen der Normung somit einen festen Platz sowohl in der Wirtschaftspolitik* als auch in der Forschungs- bzw. Innovationspolitik" (Hervorhebungen durch den Verfasser – DIN 2000a, S. 34).

Wird nach der Lektüre der nur 45 Seiten umfassenden Zusammenfassung nicht weitergelesen, werden die oben zitierten Einschränkungen an die Repräsentativität der gesamten Studie nicht gesehen. Die Autoren gaben eine politische Empfehlung aufgrund ihrer Ergebnisse, trotz ihrer eigenen Aussage, dass „[m]ögliche Verzerrungen […] durch die mangelnde strukturelle Repräsentativität der Befragung […] bei der Interpretation unbedingt berücksichtigt werden [müssen]" (DIN 2000d, S. 31).

Implikationen privatwirtschaftlicher Forschungsfinanzierung
Womit lässt sich diese Vorgehensweise erklären? Hier kann nur gemutmaßt werden, da eine Reduktion auf versehentliche Fehlinterpretation aufgrund der Beteiligung vieler renommierter Wissenschaftler aus ebenso renommierten Forschungseinrichtungen ausgeschlossen sein sollte.

Es ist nachvollziehbar, dass letztlich jede Forschung nur „bestimmte Aspekte komplexer Forschungsfragen beleuchtet" (Kreiß 2015, S. 187) und erst die Betrachtung vieler Teilaspekte eine umfassende Wahrheit ergibt. Nichtsdestotrotz werden häufig „interessengeleitete Ergebnisse unredlicherweise als *die* Erkenntnisse der Wissenschaft hingestellt" (Hervorhebung im Original – Kreiß 2015, S. 187).

Solche interessengeleiteten Ergebnisse waren bei der DIN-Studie zu erwarten, da der Direktor des DIN den Forschungsauftrag folgendermaßen formulierte:

> „In den letzten Jahren wurde die technische Normung in allen ihren Fassetten verstärkt zum Gegenstand wissenschaftlicher Untersuchungen. Bei diesen Untersuchungen war auffällig, dass ökonomische Aspekte zwar behandelt, aber wegen fehlender entsprechender Theorien oft nur bruchstückhaft dargestellt wurden. Ferner *wurde aus der Industrie in verstärktem Maße die Wirtschaftlichkeit aller Aktivitäten und somit auch der Normung hinterfragt.*

Antworten können nur systematisch und gesichert gegeben werden, wenn sie sich auf eine einheitliche Grundlage beziehen. Im Hinblick auf den Rationalisierungsdruck in der Wirtschaft ist zu erwarten, dass Fragen zu Kosten und Nutzen der Normung nicht nur unter betriebswirtschaftlichen, sondern auch unter volks- und weltwirtschaftlichen Aspekten beantwortet werden müssen. Das Präsidium des DIN beschloss daher, geeignete wissenschaftliche Institutionen anzusprechen *mit dem Ziel, die Wirtschaftlichkeit der Normung systematisch bearbeiten zu lassen,* um Kosten und Nutzen der Normung betriebs- und volkswirtschaftlich transparent zu machen" (Hervorhebungen durch den Verfasser – DIN 2000b, S. V).

Das zu diesem Forschungsauftrag passende Resultat wurde geliefert, auch wenn in den Ergebnissen aus dem Jahr 2011 der Beitrag der Normen am Wirtschaftswachstum von ca. 1 % (vgl. DIN 2000b, S. 8) auf 0,7 % bis 0,8 % (vgl. Blind, Jungmittag & Mangelsdorf 2011, S. 14) nach unten revidiert wurde.

Letztlich erscheint die Normung in einem wirtschaftlich bedeutsamen Licht, auch wenn die Werte nicht auf Grundlage einer repräsentativen Studie entstanden. Zudem sind einige Berechnungen nicht problemlos nachzuvollziehen, wie weiter oben die wechselnde Verwendung der Begriffe Bruttosozialprodukt und Bruttowertschöpfung oder die Nutzung verschiedener Bezugswerte zeigte. So wurden z. B. Unternehmen größer 100 Mitarbeiter befragt und im Anschluss innerhalb der Berechnungen mit Zahlen von Unternehmen größer 20 Mitarbeiter – einer um den Faktor vier größeren Grundgesamtheit – in Bezug gesetzt.

Forschungsergebnisse richten die Wirtschaftspolitik aus
In der Aktualisierung der DIN-Studie aus dem Jahr 2011 wurde als Ergebnis formuliert, „dass die Normung eine positive Wirkung auf das Wachstum hat. *Je größer der Bestand der Normen ist,* desto größer ist der Diffusionseffekt des technologischen Wissens und *desto größer ist das Wirtschaftswachstum* in Deutschland" (Hervorhebungen durch den Verfasser – Blind, Jungmittag & Mangelsdorf 2011, S. 14).

Da die Ergebnisse und Empfehlungen der Autoren im Auftrag des DIN zu den eingetretenen historischen Entwicklungen führten, erscheint es fast müßig, die Grundannahmen der DIN-Studie detailliert zu hinterfragen. Daher werden an dieser Stelle nur einige Fragen beispielhaft aufgeworfen.

Anmerkung: Die Fragen sind weder sortiert noch beziehen sie sich auf nur einen wissenschaftlichen Aspekt. Sie sollen Fragen nach der Sinnhaftigkeit stellen und eher zukünftigen Forschungen dienen, um eventuell zu anderen Annahmen oder einer umfassenderen Betrachtung zu führen. U. a. Kreiss *wies auf diese Problematik unter der Überschrift „Falsche Annahmen liefern falsche Ergebnisse" (Kreiß 2015, S. 114) hin.*

- Lässt sich von einem Normenbestand auf eine Wissensdiffusion in der Gesellschaft schließen?
- Lässt sich sämtliches Wissen allumfassend durch Dokumente transportieren?
- Ist technischer Fortschritt wirklich nur das, was in Normen bzw. Patenten steht?
- Wenn ein höherer Normenbestand zu einem höheren Wirtschaftswachstum beiträgt, führt dann eine intensivere Arbeit der ehrenamtlichen Normsetzer über mehr Normen auch zu einem höheren Wirtschaftswachstum?
- Kann nicht bereits die Überarbeitung einer ›alten‹ technischen Norm zu positiven Effekten führen, ohne dass sich der Bestand an Normen erhöht?
- Wie bereits beschrieben wurde, sollen neue ›Europäischen Normen (EN)‹ möglichst 34 nationale Normen ersetzen. In diesem Fall sinkt der Normenbestand. Sinkt daraufhin das Wirtschaftswachstum in den Volkswirtschaften der Europäischen Union? Oder umgekehrt gefragt: führt die Übernahme internationaler Normen in den nationalen Normenbestand zwingend zu einem Wirtschaftswachstum?
- Da die Normung versucht, immer mehr soziale Konstrukte zu schematisieren, stellt sich die Frage, inwiefern die Veröffentlichung einer Norm sicherstellt, dass es zu Verhaltensänderungen kommt, die dann wiederum zu einem Wirtschaftswachstum führen?
- Wie sollen die in einer Norm gemeinten Personen und Organisationen von allen für sie relevanten Normen erfahren?
- Da Normen nicht kostenlos zu erhalten sind: wie wird sichergestellt, dass jeder alle relevanten Normen nutzt?
- Selbst wenn jedes Unternehmen alle relevanten Normen besitzt: wie kann sichergestellt werden, dass das Wissen auch diejenigen erreicht, die es einsetzen sollen?
- Ermöglicht jede Norm tatsächlich Wirtschaftswachstum bzw. ist der Beitrag zum Wirtschaftswachstum bei jeder Norm gleich? Ist bspw. der Beitrag der Normen EN ISO 14064-X:2012 in Bezug auf Treibhausgase genauso hoch wie der Beitrag des Normentwurfs der zukünftigen internationalen Norm DIN EN ISO 10750:2016-05: ›Schuhe – Prüfverfahren für Reißverschlüsse – Bindungsfestigkeit von unteren Begrenzungsteilen‹?
- Trägt die Normung von wenig innovativen oder bisher noch nicht genormten Sachverhalten tatsächlich mit der Veröffentlichung zum Wirtschaftswachstum bei? Wie hoch war z. B. der Anteil der Normen für das Bestattungswesen DIN EN 15017:2006-01 ›Bestattungs-Dienstleistungen – Anforderungen‹

oder DIN 75 081:1990-11 ›Bestattungskraftwagen (BKW)‹ am Wirtschaftswachstum der einzelnen Volkswirtschaften in der Europäischen Union?

Keine Korrektur der Ergebnisse
Besonders vor dem Hintergrund, dass die Ergebnisse spätestens seit dem Jahr 2009 (z. B. in Frankreich) kritisch hinterfragt wurden, ist die Überlegung zulässig, ob sich die europäischen Gesetzgeber ebenso offen und euphorisch zu einer Einbindung der Ergebnisse privater Normungsorganisationen bekannt hätten, wenn es diese Studienergebnisse nicht gegeben hätte oder deren Interpretation anders erfolgt wäre.

Nichtsdestotrotz muss konstatiert werden, dass der Verzicht auf die Normverweisung nicht mehr möglich erscheint. Somit zeichnet sich weder eine Rückkehr zu alten Vorgehensweisen der Rechtsprechung ab, noch scheint eine Reform der Rechtsprechung im Sinne von ZUBKE-VON THÜNEN in Sicht (vgl. Zubke-von Thünen 1999, S. 955–977).

Zudem ist auffällig, dass keine der nachfolgenden Studien Ergebnisse ihrer Vorgänger explizit infrage stellte. Vielmehr wurde – wie bereits dargestellt – einfach nicht mehr auf diese Ergebnisse referenziert. Ein weiteres Beispiel ist die von der Europäischen Kommission bei der Unternehmensberatung ›EY‹ in Auftrag gegebene Studie, die sich mit dem europäischen Normungswesen insgesamt und den Auswirkungen der EU-Verordnung Nr. 1025/2012 in den Jahren 2013 und 2014 beschäftigt.

Der Abschlussbericht mit dem Titel: „Independent Review of the European Standardisation System" stammt aus dem Jahr 2015. Dieser referenziert weder auf die bereits genannten Studien, noch wird die Existenz des Normungswesens hinterfragt. Nachdem über Jahre hinweg das Normungswesen als sinnvoll für das Wirtschaftswachstum dargestellt und letztlich in der europäischen Politik und Rechtsprechung verankert wurde, wies dieser Bericht ›nur noch‹ auf die Bedeutung für die Unternehmen und die Rechtsprechung sowie die Möglichkeiten der Optimierung hin (vgl. Europäische Kommission 2015c, S. 8–10). Das Normungswesen als Ganzes wird nicht mehr angezweifelt, sodass sie wirtschaftliche Grundlage für die Normungsorganisationen damit gesichert scheint.

Hätte die Entwicklung anders verlaufen können? Hierzu wäre eine genauere Berücksichtigung der Ergebnisse der verschiedenen Studien notwendig gewesen. Da diese jedoch von als vertrauenswürdig eingeschätzten Institutionen erstellt wurden, wurden sie zumindest anfangs nicht infrage gestellt. Durch die historische Entwicklung der Technischen Normung mit den in den letzten beiden Kapiteln beschriebenen Ereignissen und Entscheidungen der verschiedenen staatlichen Institutionen, kann dem Normungswesen ein stabiles Institutionen bzw. Systemvertrauen zugerechnet werden.

Die DIN-Studien und die Folgestudien fungierten hierbei bspw. als Vertrauenssubstitute. Die eingebundenen wissenschaftlichen Einrichtungen und die jeweiligen Normungsorganisationen fungierten als Drittinstanzen zur Absicherung der Vertrauenssubstitute durch ihre Reputation (zu den genauen Ausführungen vgl. Kapitel 6).

Kapitel 5.
Einordnung der Norm ISO 9001:2015 in den Kontext der Qualitätssicherung

Nachdem in den vorangegangenen Kapiteln zum einen die Entstehung der Technischen Normung und zum anderen deren Legitimierung durch die Einbindung in die Rechtsprechung beschrieben wurde, wird in den folgenden Kapiteln eine Einzelnorm näher betrachtet.

Es wurde bereits ausgeführt, dass es kaum Untersuchungen gibt, die sich mit Einzelnormen beschäftigen. Trotzdem hat der nationale Gesetzgeber z. B. bei der Veröffentlichung der ›Akkreditierungs- und Zulassungsverordnung – Arbeitsförderung (AZAV)‹ für den Bildungssektor eindeutig Bezug auf Qualitätssicherungssysteme und Normen genommen und auch die DIN EN ISO 9001:2015 namentlich aufgeführt. Die Europäischen Gesetzgeber gehen an verschiedenen Stellen, wie bereits gezeigt wurde, ähnlich vor: *Die vermuteten positiven Wirkungen des Normungswesens als Ganzes werden auf Einzelnormen übertragen, um auch bei diesen positive Wirkungen zu vermuten.*

Die Überlegungen in den folgenden Kapiteln geben Argumente für die Einschätzung, ob eine eher technische Norm, wie die ISO 9001:2015 für die Etablierung eines Qualitätssicherungssystems Anwendung finden soll bzw. kann. Es stellt sich zudem die Frage, inwieweit sich der gesetzgeberische Wunsch nach Verhaltensregulierung mithilfe dieser internationalen Norm realisieren lässt.

Im Kapitel 7 werden die gefundenen Erkenntnisse beispielhaft auf den Bildungsmarkt übertragen und zur Beantwortung der Frage herangezogen: Inwieweit kann sich der Gesetzgeber darauf verlassen, dass die Vorlage eines Zertifikates, welches die Einhaltung der Vorgaben der DIN EN ISO 9001:2015 bestätigt, eine Detailprüfung fachkundiger Stellen in Bezug auf die Eignung von Bildungsträgern im Zusammenhang mit einem ›System zur Sicherung der Qualität‹ erübrigt? Die beschriebenen Wirkungen lassen sich sodann auf verschiedene andere Sachverhalte verallgemeinern.

Eine solche Untersuchung kann nur zielführend sein, wenn es gelingt zu ermitteln, welchen Zweck das Dokument erfüllen soll. Dazu erfolgt in diesem Kapitel nach einer kurzen historischen Einordnung der Normentwicklung (vgl. Abschnitt 5.1) eine Analyse des Titels und des Anwendungsbereichs der Norm (vgl. Abschnitt 5.3). Die Titelanalyse erfolgt, da die Bezeichnung der Norm mit

›Qualitätsmanagementsysteme – Anforderungen‹ keinen Zusammenhang zum Thema ›Qualitätssicherung‹ herstellt (vgl. die Abschnitte 5.4 bis 5.6).

Das nachfolgende Kapitel enthält keine vollständige Analyse sämtlicher Wirkungen, die dieser Norm zugesprochen werden bzw. die mit ihr verbunden sind. Vielmehr geht es darum, Fragen aufzuwerfen, die einerseits einen kritischeren Umgang auf Seiten der Gesetzgeber und Unternehmen einfordern und andererseits einen Anschluss für weitere Forschungen bieten.

5.1 Die Ursprungsnorm des US-amerikanischen Verteidigungsministeriums*

In diesem Abschnitt werden zunächst die inhaltlichen Veränderungen der Norm – ausgehend von ihrer ersten Version bis zur Version aus dem Jahr 2015 – nachgezeichnet. Der Ursprung der ISO 9001:2015 wird in der *militärischen Norm MIL-Q-9858A* ›*Quality Program Requirements*‹ des US-amerikanischen Verteidigungsministeriums aus dem Jahr 1963 gesehen (vgl. z. B. Ensthaler 1995, S. 65 und Zollondz 2016b, S. 961 Abb. Q63). Sie ersetzte eine Fassung aus dem Jahr 1959 und forderte „the establishment of a quality program by the contractor to assure compliance with the requirements of the contract" (MIL-Q-9858A:1963-12, S. 1). Mit anderen Worten: Die Auftragnehmer mussten darlegen, dass ihre Produkte und Prozesse bestimmte Anforderungen erfüllten.

Auf Basis dieser Norm wurden verschiedene, zunächst noch branchen- und produktabhängige Normen erstellt, z. B. ASME-Code für Druckbehälter, AQAP für Wehrtechnik, KTA 1401 für Nukleartechnik (vgl. Ensthaler 1995, S. 65). Ein Vergleich verschiedener Normen, die nach dem Vorbild der MIL-Q-9858A entstanden, führte in den 1970er-Jahren zu der Erkenntnis, dass viele inhaltlich übereinstimmten. Diese Erkenntnis und die Tatsache, dass Lieferanten immer häufiger mit dem Problem konfrontiert wurden, dass verschiedene Auftraggeber verschiedene Anforderungen an die Qualitätssicherung hatten, führten zu der Überlegung, die Kriterien für die Darlegung der Qualitätssicherung zu vereinheitlichen.

Im Jahr 1979 wurde bei der ISO das Technische Komitee (siehe Abschnitt 3.4.4) ›*Quality management and quality assurance*‹ gegründet und mit der Normierung von Kriterien zur Darlegung der Qualitätszusicherung beauftragt. Als 1987 die internationale Normenreihe ISO 9000–9004 veröffentlicht wurde,

---

* Anmerkung: Der nachfolgende Abschnitt stellt keine detaillierte geschichtswissenschaftliche Abhandlung dar, sondern greift einzelne Etappen der Entwicklung der Norm heraus.

waren die Inhalte hauptsächlich auf den Einfluss und die Erfahrungen der Normungsorganisationen aus Kanada, Großbritannien und den USA zurückzuführen. Im Jahr 1995 löste diese Normenreihe auch die MIL-Q-9858A ab (vgl. MIL-Q-9858A:1985-09, S. 1).

An der Bezeichnung des Technischen Komitees ›Quality management and quality assurance (ISO/TC 176)‹ erkennbar, sind die Schwerpunkte seiner Tätigkeiten ›*Qualitätsmanagement und Qualitätszusicherung*‹. Ins Deutsche wird ›quality assurance‹ allerdings regelmäßig mit dem Wort ›*Qualitätssicherung*‹ (vgl. Abschnitt 5.5) übersetzt.

Die erste Fassung der ISO 9001 war die Fortführung der Ideen der kanadischen Normen CAN Z 299.1 und CAN Z 299.4, der Norm BS 5750 der ›British Standards Institution (BSI)‹ und der Norm MIL-Q-9858A des US-amerikanischen Militärs (vgl. Zollondz 2016b, S. 960). Sie bezog sich auf Sachverhalte, in denen ein Auftraggeber von seinem Lieferanten die Darlegung der Qualitätsfähigkeit in Bezug z. B. auf Design/Entwicklung, Produktion, Montage und Kundendienst forderte.

Die Auffassung von Organisationsmitgliedern, dass durch den Einsatz der Norm die Qualität der eigenen Produkte bzw. Dienstleistungen gesichert und Aufträge generiert werden könnten, führte trotz Kritiken zu einer weiten Verbreitung. In 187 Ländern bestanden bspw. in den Jahren 2013–2015 jeweils über eine Million gültige Zertifizierungen gemäß der ISO 9001 (vgl. für 2013, ISO 2015, S. 8; und für 2014–2015, ISO 2017f, S. 1).

Die nunmehr vorliegende Fassung aus dem November 2015 ist teilweise eine Reaktion auf Anmerkungen der Öffentlichkeit in Bezug auf die Vorgängerversion (vgl. z. B. Dalluege & Franz 2015, S. 13) und trägt den Titel ›Qualitätsmanagementsysteme – Anforderungen‹.

5.2 Zusammenhang der Normen ISO 9000 und ISO 9001

Während im Normentwurf ›prEN ISO 9001:2014‹ die Definitionen der verwendeten Begriffe enthalten waren (vgl. prEN ISO 9001:2014-08, S. 10–24), wurde in der endgültigen Ausgabe aus dem November 2015 lediglich noch ein Verweis auf die Norm ISO 9000:2015 aufgenommen (vgl. ISO 9001:2015-11, S. 18). Begründet wurde dieses Vorgehen mit dem Hinweis darauf, dass innerhalb des Unterkomitees ISO/TC 176 SC 2 keine Übereinstimmung zum Verbleib der Definitionen in der ISO 9001 erzielt werden konnte. Eine Anmerkung zum Entwurf der Arbeitsgrundlage für die Erarbeitung im Unterkomitee ISO/TC 176 SC 2 war: „The Annex SL terms are currently incorporated to assist reviewers of the committee draft. At this time there is no agreement to incorporate such terms in

ISO 9001, and they will be moved later into ISO 9000" (Committee Draft ISO/CD 9001, Secretariat of ISO/TC 176/SC2 2013, S. 11).

Bei der jetzt gewählten Vorgehensweise besteht für die Normanwender – aber auch für diejenigen, die sich ausschließlich über die Norm informieren möchten – ein Quasi-Zwang, beide Normen zu erwerben, wenn sie im Detail verstehen möchten, was die Normsetzer formulierten. An den Aussagen im Anhang B der DIN EN ISO 9001:2015 lässt sich erkennen, dass genau dies intendiert wurde, indem das Technische Komitee ISO/TC 176 ausführt:

„ISO 9000, *Quality management systems — Fundamentals and vocabulary*, liefert den wesentlichen Hintergrund für das richtige Verständnis und die richtige Umsetzung der vorliegenden Internationalen Norm. Die Grundsätze des Qualitätsmanagements, die während der Erarbeitung der vorliegenden Internationalen Norm berücksichtigt worden sind, werden in ISO 9000 ausführlich beschrieben. Diese Grundsätze sind keine Anforderungen an sich, sondern sie bilden die Grundlage für die Anforderungen, die in der vorliegenden Internationalen Norm festgelegt sind. ISO 9000 legt außerdem die Begriffe und Konzepte fest, die in dieser Internationalen Norm verwendet werden" (Hervorhebung im Original – ISO 9001:2015-11, S. 57).

Eine Erkenntnis ist damit, dass es unmöglich ist, ausschließlich die ISO 9001 anzuwenden. Zwangsläufig muss auch die ISO 9000 betrachtet werden. Die Folge für die Normanwender der ISO 9001:2015-11 ist, dass sie nicht nur diese Norm erwerben müssen, sondern für ein normkonformes Verhalten auch die Norm ISO 9000:2015-11 (vgl. Zollondz, Ketting & Pfundtner 2016, S. XI).

Verglichen mit anderen Normen kann davon ausgegangen werden, dass es ohne Weiteres möglich gewesen wäre, die verwendeten Begriffe in einem Glossar der jeweiligen Norm oder in einem eigenständigen Abschnitt zu erfassen. Der Normentwurf ›prEN ISO 9001:2014‹ bündelte bspw. die verwendeten Begriffe in einem eigenständigen Kapitel (vgl. prEN ISO 9001:2014-08, S. 10–24). Zudem wäre auch der Umfang nicht in einem ungewöhnlichen Maß angestiegen. Gegenüber der jetzt 65 Seiten umfassenden DIN EN ISO 9001:2015 enthält z. B. die DIN EN ISO 9000:2015 98 Seiten. Trotz einer Integration in die entsprechende Norm würde es darüber hinaus den interessierten Normanwendern immer noch freistehen, die umfangreichere ISO 9000 zu erwerben.

Das Resultat der Entscheidung, die Inhalte aufzuteilen, bedeutet vor allem einen betriebswirtschaftlichen Vorteil für die Normungsorganisationen. Da es nicht möglich ist, die DIN EN ISO 9001:2015 in all ihren Belangen umzusetzen, wenn als Grundlage die Begriffsdefinitionen fehlen, muss die DIN EN ISO 9000:2015 zusätzlich erworben werden.

Selbst bei vorsichtiger Schätzung führt dies weltweit zu Mehreinnahmen der Normungsorganisationen von über 100 Millionen EUR, wie die nachfolgende beispielhafte Berechnung des Verfassers zeigt:

Im Jahr 2015 gab es nach Aussage der ISO weltweit 1 029 746 Zertifikate gemäß ISO 9001:2008 (vgl. ISO 2017f, S. 1) davon 52 995 Zertifikate in Deutschland (vgl. ISO 2017e, Tabellenblatt: ISO 9001 Europe). Würde man davon ausgehen, dass ein Großteil dieser Zertifikate entsprechend der ISO 9001:2015 erneuert wird, müssten diese Zertifikatsinhaber zusätzlich zur ISO 9001 auch die aktuelle Fassung der ISO 9000 aus dem Jahr 2015 erwerben, um ein vollständiges Bild, der an sie gestellten Forderungen zu erhalten.

Der *Beuth Verlag* ist der exklusive Vertriebsweg des DIN. Über diesen können in Deutschland Normen bezogen werden (vgl. Abschnitt 3.2.5). Auf Basis der Netto-Verkaufspreise aus dem Januar 2017 wurden für den Erwerb der elektronischen Version der DIN EN ISO 9000:2015 über den Beuth Verlag 157,65 EUR in Rechnung gestellt (vgl. Beuth Verlag 2017b). 178,00 CHF wurden beim Erwerb der ISO 9000:2015 über die ISO berechnet.

Diese Preise lagen damit sogar noch über denen für die ISO 9001:2015. Die deutsche Übersetzung kostete beim Beuth Verlag 126,39 EUR und 138,00 CHF beim Erwerb über die ISO (vgl. ISO 2017d).

Beispielrechnung Mit folgenden zusätzlichen Umsatzerlösen durch den grundsätzlich notwendigen zusätzlichen Erwerb der DIN EN ISO 9000:2015/ISO 9000:2015 hätten die Normungsorganisationen rechnen können, wenn nur z. B. 70 % der bis spätestens 2018 zur Re-Zertifizierung anstehenden Zertifikatsinhaber diesen Erwerb getätigt hätten (ohne eventuelle neue Zertifizierungen!):[1]

Deutschland:
70 % · 52 995 Re-Zertifizierungen · 157,64 EUR/Norm = 5,9 Mill. EUR
Weltweit:
70 % · 1 029 746 Re-Zertifizierungen · 178,00 CHF/Norm = 128,3 Mill. CHF
(119,7 Mill. EUR)

Im Jahr 2015 flossen dem DIN Erträge i. H. v. ca. 80 Mill. EUR zu. Genaue Angaben enthielt der Geschäftsbericht 2015 nicht (vgl. DIN 2016b, S. 69). Erfolgt tatsächlich der grundsätzlich notwendige Erwerb der DIN EN ISO 9000:2015, führen diese fast 6 Mill. EUR zu einem Umsatzanstieg von ca. 7,5 % (auf Basis der Zahlen aus dem Jahr 2015). Zudem handelt es sich – volkswirtschaftlich gesehen – um Transaktionskosten, die nicht hätten entstehen müssen und lediglich entstanden sind, weil sich die Beteiligten Normsetzer nicht auf den Verbleib der Begriffsdefinitionen in der ISO 9001:2015 einigen konnten.

---

1 Auf Basis des Umrechnungskurses von 1 : 0,9332 am 02.01.2017 (finanzen.net 2017).

5.3 Analyse des Anwendungsbereiches gemäß Normtext

Nachdem der letzte Abschnitt einen Überblick gegeben hat, wie sich der Inhalt der Vorgängernormen entwickelte, wird im nächsten Abschnitt gezeigt, welche Zielsetzung die Normsetzer laut Normtext mit der novellierten Version verfolgen. Ausgangspunkt hierfür ist die Selbstaussage, die in dem Dokument unter dem Punkt ›*Anwendungsbereich*‹ niedergeschrieben wurde:

> „Diese Internationale Norm legt Anforderungen an ein Qualitätsmanagementsystem fest, wenn eine Organisation
> (a) ihre Fähigkeit darlegen muss, beständig Produkte und Dienstleistungen bereitstellen zu können, die die Anforderungen der Kunden und die zutreffenden gesetzlichen behördlichen Anforderungen erfüllen, und
> (b) danach strebt, die Kundenzufriedenheit durch wirksame Anwendung des Systems zu erhöhen, einschließlich der Prozesse zur Verbesserung des Systems und der Zusicherung der Einhaltung von Anforderungen der Kunden und von zutreffenden gesetzlichen und behördlichen Anforderungen" (ISO 9001:2015-11, S. 17).

Wie noch gezeigt wird, spiegelt der Unterpunkt (a) das historische Verständnis des Anwendungsbereiches dieser Norm – die Qualitätssicherung (vgl. Abschnitt 5.4.2) – wider. Die Formulierung deutet auf die Möglichkeit hin, einem Vertragspartner gegenüber darzulegen, dass man in der Lage ist, eine gleichbleibende Qualität sicherzustellen (zum Qualitätsbegriff vgl. Abschnitt 5.4.1). Aus diesem Grund wird die ISO 9001:2015 auch ›Darlegungsnorm‹ genannt. Auf diesen Punkt wird die theoretische Analyse zunächst fokussieren.

Wird der Text genauer analysiert, sei zunächst einmal festgestellt, dass die Inhalte des ›Anwendungsbereichs‹ nicht unmittelbar einsichtig sind. Für die explanative Analyse werden einzelne Wörter umgruppiert (vgl. Analyse A 1).

Im BESTANDTEIL 1-1 erfolgt – ebenso wie in der als ›Ursprungsnorm‹ bezeichneten Norm des US-amerikanischen Militärs MIL-Q-9858A – eine Beschreibung von *Anforderungen an etwas*. Gemäß der Ursprungsnorm musste ein Vertragspartner nachweisen, dass er die Anforderung eines Vertrages erfüllt – während es sich entsprechend des neuen Textes um die Anforderungen an ein Qualitätsmanagementsystem handelt. Wie soeben angedeutet, wird diese Bedeutungsverschiebung in einem späteren Abschnitt behandelt (vgl. dazu Abschnitt 5.5). Damit lässt sich erkennen, dass die BESTANDTEILE 1-2 UND 1-3 auf zwei Themenbereiche referenzieren: dies ist zum einen das Thema der *Qualitätssicherung* und zum anderen das Thema der *Erhöhung der Kundenzufriedenheit*. Eine strikte Trennung beider Themen erscheint notwendig. Auch wenn sie nicht völlig losgelöst von einander betrachtet werden können, stellen sie dennoch eine Verschiebung des Fokus der ursprünglichen Normidee dar.

Analyse A 1: Anwendungsbereich (Bestandteile umgruppiert)
BESTANDTEIL 1-1: Diese Internationale Norm legt Anforderungen an ein Qualitätsmanagementsystem fest, wenn
BESTANDTEIL 1-2: eine Organisation ihre Fähigkeit darlegen muss, beständig Produkte und Dienstleistungen bereitstellen zu können, die die Anforderungen der Kunden und die zutreffenden gesetzlichen behördlichen Anforderungen erfüllen,
BESTANDTEIL 1-3: und danach strebt, die Kundenzufriedenheit zu erhöhen
BESTANDTEIL 1-4: durch wirksame Anwendung
BESTANDTEIL 1-5: des Systems
BESTANDTEIL 1-6: einschließlich der Prozesse
BESTANDTEIL 1-7: zur Verbesserung des Systems und
BESTANDTEIL 1-8: der Zusicherung der Einhaltung von Anforderungen der Kunden und von zutreffenden gesetzlichen und behördlichen Anforderungen.

Der BESTANDTEIL 1-4 gehört nicht zur Definition des Anwendungsbereiches, sondern leitet über zur Wahl der Mittel, mit denen die Qualitätssicherung bzw. die Erhöhung der Kundenzufriedenheit erreicht werden sollen. Die BESTANDTEILE 1-5 UND 1-6 lassen erkennen, dass es sich um die Anwendung eines Systems und die Anwendung von Prozessen handeln soll. Welches System gemeint ist, kann nur vermutet werden. Voraussichtlich geht es um die Anwendung des im ersten Bestandteil benannten Qualitätsmanagementsystems. Im Zusammenhang mit dem BESTANDTEIL 1-4 wird deutlich, dass es neben einer ›wirksamen Anwendung‹ anscheinend auch eine ›unwirksame Anwendung‹ von Systemen und Prozessen geben kann. Wollten die Normsetzer mit ihrer Aussage die unwirksame Anwendung ausschließen, bleibt unklar, wie sie ›wirksame Anwendung‹ definieren.

Wird die Formulierung weiter analysiert, stellt sich besonders die Frage, worauf sich das Wort ›und‹ im BESTANDTEIL 1-7 des Unterpunkts (b) beziehen soll: Der BESTANDTEIL 1-7 handelt von der Verbesserung eines Systems. Beim Versuch diesen mit den anderen Bestandteilen zu verknüpfen, könnte sich folgender Zusammenhang ergeben: Das Mittel zur Zielerreichung soll die (wirksame) Anwendung von einem System einschließlich der Prozesse sein, die der Verbesserung dieses Systems und der Verbesserung der Zusicherung dienen soll.

In diesem Falle würde das Wort ›und‹ aus dem BESTANDTEIL 1-7 der Verknüpfung der BESTANDTEILE 1-7 UND 1-8 dienen. Dies erscheint grundsätzlich als die einzig logische Variante, weil ansonsten der BESTANDTEIL 1-8 einfach nur eine Wiederholung des Inhaltes des BESTANDTEILS 1-2 wäre. Nichtsdestotrotz stellt sich die Frage, was unter der *Verbesserung* der ›Zusicherung der Einhaltung von Anforderungen der Kunden‹ gemeint sein kann. Eine Antwort hierauf gibt dieser Punkt nicht.

Zusammenfassend lässt sich feststellen, dass bei der genauen Betrachtung des durch die DIN EN ISO 9001:2015 definierten Anwendungsbereiches Fragen dahingehend bleiben, was die Normsetzer ausdrücken wollten. Es scheint allerdings möglich, die Themen *Qualitätssicherung* und *Erhöhung der Kundenzufriedenheit* zu identifizieren. Abweichend von früheren Normversionen soll dazu das sogenannte Qualitätsmanagementsystem dienen.

Die vorliegende Arbeit betrachtet beispielhaft einen Bildungsanbieter, aus diesem Grund wird das Thema ›Erhöhung der Kundenzufriedenheit‹ nicht weiter berücksichtigt, da bei der Zulassung als Maßnahmeträger gemäß AZAV insbesondere der Nachweis eines Qualitätssicherungssystems gefordert wird. Eine ausführliche Analyse der Wirkungen der ISO 9001:2015 müsste einen erweiterten Fokus haben.

Da die BESTANDTEILE 1-4 BIS 1-8 die für die Umsetzung einzusetzenden Mittel beschreiben, bleiben diese zunächst außer Acht. Wie die zentralen Begrifflichkeiten durch die Normsetzer definiert werden, wird in den nächsten Abschnitten ausgeführt.

5.4 Der Begriff ›Qualität‹*

Abschnitt	Begriff	DIN-Definition Seite
5.4	Qualität	128
5.5	Qualitätssicherung	134
5.6.1	Management	138
5.6.2	Qualitätsmanagement	144
5.6.3	Managementsystem	150
5.6.4	Qualitätsmanagementsystem	152

---

* Anmerkung: Für eine genauere Analyse folgen die Normdefinitionen einiger verwendeter Begriffe. Durch drei Punkte ›…‹ werden im Folgenden Auslassungen von Verweisen auf Unterkapitel innerhalb der DIN-Normen gekennzeichnet. Diese Verweise werden nicht angegeben, da sie den Lesefluss stören, ohne ein tieferes Verständnis zu ermöglichen. Mit ›[…]‹ sind, wie allgemein üblich, Auslassungen gekennzeichnet, die mehrere Worte umfassen.

5.4.1 Qualität als Begriff der Technischen Normung

Für einen Erklärungsversuch des Begriffs ›Qualitätsmanagementsystem‹ aus dem Titel der Normen DIN EN ISO 9000:2015 und DIN EN ISO 9001:2015 wird dieser in seine Wortbestandteile zerlegt und am Kapitelende erneut zusammengefügt und als Ganzes betrachtet. Der Ausgangspunkt für diese Überlegungen ist der zentrale Begriff ›Qualität‹.

An der stark formalisierten Begriffsbestimmung des Wortes ›Qualität‹ lässt sich erkennen, dass die Normung ihren Ursprung in der Technik hat (vgl. Abschnitt 3.2). Im Sinne einer Technischen Normung formuliert die Norm DIN EN ISO 9000:2015 *Qualität* als „Grad, in dem ein Satz inhärenter Merkmale ... eines Objektes ... Anforderungen ... erfüllt" (ISO 9000:2015-11, S. 39 Punkt 3.6.2). Die einzelnen Definitionen zu den Bestandteilen dieser Definition lassen erkennen, dass beim Begriff ›Qualität‹ das Verhältnis zwischen realisierter Beschaffenheit und den Anforderungen einer sogenannten *interessierten Partei* betrachtet wird (vgl. Zollondz, Ketting & Pfundtner 2016, S. 857):

„*Inhärent* bedeutet im Gegensatz zu ›zugeordnet‹ ›einem Objekt ... innewohnend‹ " (Hervorhebung im Original – ISO 9000:2015-11, S. 39 Punkt 3.6.2).

„*Merkmal*: kennzeichnende Eigenschaft
Anmerkung 1 zum Begriff: Ein Merkmal kann inhärent oder zugeordnet sein.
Anmerkung 2 zum Begriff: Ein Merkmal kann qualitativer oder quantitativer Natur sein.
Anmerkung 3 zum Begriff: Es gibt verschiedene Klassen von Merkmalen, z. B.:
a) physikalische (z. B. mechanische, elektrische, chemische oder biologische Merkmale);
b) sensorische (z. B. bezüglich Geruch, Berührung, Geschmack, Sehvermögen, Gehör);
c) verhaltensbezogene (z. B. Höflichkeit, Ehrlichkeit, Aufrichtigkeit);
d) zeitbezogene (z. B. Pünktlichkeit, Zuverlässigkeit, Verfügbarkeit, Kontinuität);
e) ergonomische (z. B. physiologische oder auf Sicherheit für den Menschen bezogene Merkmale);
f) funktionale (z. B. Spitzengeschwindigkeit eines Flugzeuges)" (Hervorhebung im Original – ISO 9000:2015-11, S. 52–53 Punkt 3.10.1).

„*Objekt*: Einheit, Gegenstand, etwas Wahrnehmbares oder Vorstellbares.
[Beispiel] Produkt ... , Dienstleistung ... , Prozess ... , Person, Organisation ... , System ... , Ressource." Objekte können dabei sowohl materieller als auch immaterieller Natur sein oder imaginär im Sinne der Normdefinition (Hervorhebung im Original – ISO 9000:2015-11, S. 38–39 Punkt 3.6.1).

„*Anforderung*: Erfordernis oder Erwartung, das oder die festgelegt, üblicherweise vorausgesetzt oder verpflichtend ist.

Anmerkung 1 zum Begriff: ›Üblicherweise vorausgesetzt‹ bedeutet, dass es für die Organisation ... und andere interessierte Parteien ... üblich oder allgemeine Praxis ist, dass das entsprechende Erfordernis oder die entsprechende Erwartung vorausgesetzt ist. [...]

Anmerkung 4 zum Begriff: Anforderungen können von verschiedenen interessierten Parteien oder die Organisation selbst aufgestellt werden" (Hervorhebung im Original – ISO 9000:2015-11, S. 39–40 Punkt 3.6.4).

Unter einer *interessierten Partei* versteht die Norm eine Anspruchsgruppe, also eine „Person oder Organisation ... , die eine Entscheidung oder Tätigkeit beeinflussen kann, die davon beeinflusst sein kann, oder die sich davon beeinflusst fühlen kann.

[Beispiel] Kunden ... , Eigentümer, Personen in einer Organisation ... , Anbieter ... , Bankiers, Regulierungsbehörden, Gewerkschaften, Partner oder die Gesellschaft, die Wettbewerber oder opponierende Interessengruppen einschließen können" (Hervorhebungen im Original – ISO 9000:2015-11, S. 28 Punkt 3.2.3).

Im Sinne der Normdefinition müsste es damit möglich sein, die Merkmale eines Produktes so zusammenzufassen, dass deren Ausprägungen mithilfe geeigneter Messverfahren bestimmbar sind. Zudem müssen objektive Beurteilungskriterien festgelegt werden, da sich ansonsten der Grad der Anforderungserfüllung nicht eindeutig bestimmen ließe. Damit ist die ›Anmerkung 1‹ zum Begriff Qualität in der Norm schwer nachzuvollziehen. Dort wird ausgeführt, dass die Benennung ›Qualität‹ „... zusammen mit Adjektiven wie schlecht, gut oder ausgezeichnet verwendet werden" kann (ISO 9000:2015-11, S. 39 Punkt 3.6.2).

Auf der einen Seite wird ein Begriff wie ›Grad‹ verwendet, der den Eindruck erweckt, dass er sich objektiv bestimmen lasse. Auf der anderen Seite sind Adjektive möglich, die einen so großen Interpretationsspielraum zulassen, dass zwei Personen bei ein und demselben Sachverhalt sehr unterschiedlicher Meinung sein können, da weder für ›gut‹, noch für ›schlecht‹ oder ›ausgezeichnet‹ objektive Bewertungsmaßstäbe existieren oder angegeben werden. Die Anmerkung 1 erscheint eher ein Kompromiss der Normsetzer zu sein, um auch diejenigen zur Zustimmung zu bewegen, die sich einen weniger technischen Qualitätsbegriff wünschten (vgl. Geiger & Kotte 2008, S. 72).

Zudem stellt sich die Frage, welche Werte der ›Grad‹ im Verständnis der Norm annehmen könnte: Im Fall der Erfüllung der Anforderungen beträgt der Grad 100 %. Werden die Anforderungen nicht erfüllt, beträgt der Grad 0 %. Insofern handelt es sich beim Qualitätsbegriff entsprechend des Normtextes um eine binäre Eigenschaft. Wenn ein Kunde beispielsweise ein Produkt in der Farbe Blau bestellt und er erhält ein Produkt in der Farbe Violett, ist der Grad der Erfüllung nicht der Prozentsatz, in dem Blau in der Farbe Violett enthalten ist, sondern die einfache Tatsache, dass die Kundenanforderung nicht erfüllt wurde.

Steht tatsächlich der Grundsatz der Kundenorientierung im Sinne der Norm als Hauptschwerpunkt des Qualitätsmanagements im Fokus und damit die Erfüllung der Kundenanforderung (vgl. ISO 9000:2015-11, S. 13 Punkt 2.3.1.1), so wird eine nicht erfüllte Anforderung von der Norm als Nichtkonformität bzw. Fehler (vgl. ISO 9000:2015-11, S. 40 Punkt 3.6.9) bezeichnet und nicht als Qualität mit einem niedrigeren Grad. Inwieweit das Bestreben, die Kundenerwartung zu übertreffen notwendig/sinnvoll ist, wird weiter unten thematisiert.

Liegt Nichtkonformität vor, so handelt es sich bei Aktivitäten, die das Ziel verfolgen, die Mindestanforderung zu erreichen, formal nicht um den Prozess der Qualitätsverbesserung, sondern um die Beseitigung von Fehlern. Die Tabelle 5.1 stellt diese Aussagen komprimiert dar.

Tabelle 5.1: Grad der Anforderungserfüllung

Begriff	Definition	Grad
Qualität	Grad, in dem ein Satz inhärenter Merkmale eines Objekts Anforderungen erfüllt	100%
Nichtkonformität/Fehler	*Nichterfüllung* einer Anforderung	0%
Kundenorientierung	*Erfüllung* der Kundenanforderungen und das Bestreben, die Kundenerwartungen zu übertreffen	100% >100%

5.4.2 Qualität als Mindestanforderung

Da die Norm MIL-Q-9858A Ausgangspunkt für viele andere Normen und verschiedene Überlegungen im Zusammenhang mit Qualität war, wird noch einmal deren Grundaussage betrachtet, um zu erkennen, welches Qualitätsverständnis diese Norm hatte:

> „This specification requires the establishment of a quality program by the contractor to assure compliance with the requirements of the contract" (MIL-Q-9858A:1963-12, S. 1).

„(Adäquate) Qualität" (MIL-Q-9858A:1963-12, S. 1) im Sinne dieser Norm läge demzufolge vor, wenn der Auftragnehmer der öffentlichen Verwaltung (dem Auftraggeber) zusichern könnte, dass die Anforderungen des Vertrages erfüllt würden. Dies entspricht einem ›Grad‹ von 100%. Hieraus wird ersichtlich, dass es um die Erfüllung von *vorher* festgelegten Anforderungen geht. Eine Auslegung dahingehend, dass ein bestimmtes Anforderungsniveau überschritten werden muss oder soll, lässt sich aus dieser Definition nicht ableiten. Es handelt sich um die Definition einer *Mindestanforderung*.

Davon ausgehend, dass die in einem Vertrag beschriebenen Leistungen und Gegenleistungen einander entsprechen, verhält sich der Auftragnehmer vertragskonform, wenn er die Mindestanforderung erfüllt bzw. das Objekt alle erwarteten Merkmale besitzt. Werden die Anforderungen übertroffen, sodass der Grad über 100 % liegt, liefert der Vertragspartner mehr, als vereinbart wurde (zum Begriff Anforderungen vgl. Abschnitt 5.4.1 auf Seite 130). Das Objekt hat in dieser Situation mehr Eigenschaften, als erwartet wurde, oder diese sind in einer anderen Ausprägung vorhanden, die zumindest subjektiv vom Auftraggeber als besser wahrgenommen wird. Eine solche Mehrleistung erfolgt freiwillig. Der Auftragnehmer kann dafür keine höhere Gegenleistung erwarten. Zudem muss angemerkt werden, dass die Möglichkeit einer subjektiven Wahrnehmung aus dem Normtext grundsätzlich nicht hervorgeht.

Aus dieser Überlegung heraus besteht für den leistenden Vertragspartner kein monetärer Anreiz, eine Leistung über die vertragsmäßig bestimmte Leistung – die Mindestanforderung – hinaus zu erbringen. Mehrleistung über die Mindestanforderung hinaus entspricht einer Qualität mit einem Grad von mehr als 100 % (vgl. auch Tabelle 5.1).

5.4.3 Weitere Qualitätsbegriffe

Außerhalb der Technischen Normung ist die Klarheit und Eindeutigkeit, die in den Normenwerken suggeriert wird, vielfach nicht gegeben (vgl. dazu kritisch z. B. Bruhn 2013, S. 30–33). Eine Zusammenstellung verschiedener Definitionen enthält z. B. STEFFENS (vgl. Steffens 2009, S. 45–49).

Ursprünglich aus dem lateinischen Wort ›qualitas‹ abgeleitet, beschreibt ›Die deutsche Rechtschreibung‹ des Dudenverlags Qualität als „Beschaffenheit, Güte, Wert" (Duden 2013, S. 863). Bei GEIGER UND KOTTE findet sich: „Betrachtet wird also die realisierte Beschaffenheit in Bezug auf die Forderung" (Geiger & Kotte 2008, S. 4). Mit dem Terminus ›Qualität‹ werden jedoch im allgemeinen Sprachgebrauch auch andere Sachverhalte konnotiert, die nicht allein diese „neutrale Bedeutung" (vgl. Schmidt 2010, S. 8) widerspiegeln, die Qualität als eine Eigenschaft von Objekten sieht. Dennoch ist Qualität unabhängig von einer sinnlichen Wahrnehmung objektiv vorhanden (vgl. Dalluege & Franz 2015, S. 52–53).

Zu Missverständnissen führt der Umstand, dass Qualität „keine beobachtbare Eigenschaft oder Bezeichnung eines Objekts, sondern das Resultat einer

Bewertung der Beschaffenheit eines Objekts" (Heid 2000, S. 41) ist. Akzeptiert man die Tatsache, dass Qualität an und für sich nicht beobachtbar ist, müsste für eine gleichlautende Qualitätseinschätzung zumindest Einigkeit im Resultat der Bewertung der Beschaffenheit eines Objektes bestehen. In der Realität zeigen sich hier allerdings Abweichungen in den Aussagen verschiedener Personen. BÖTTCHER formuliert deshalb auch: „Qualität ›an sich‹ gibt es nicht" (Böttcher 2002, S. 92). Um mit dem Begriff Qualität weiter arbeiten zu können, formulieren POSCH UND ALTRICHTER ihre ›pragmatische Definition von Qualität‹: „Es wäre vergebliche Mühe, *ein einheitliches* Qualitätskonzept zu definieren, weil Qualität ein *relativer* Begriff ist und nur im Hinblick auf die Werte der verschiedenen Interessengruppen [...] näher bestimmt werden kann" (Hervorhebungen im Original – Posch & Altrichter 1997, S. 28).

In Zusammenfassung des bisher Gesagten wird der Begriff ›Qualität‹ als Fachbegriff im Kontext dieser Arbeit wie folgt verwendet: *Qualität* ist eine nicht beobachtbare Eigenschaft eines Objektes, die nur als Resultat einer Beurteilung zu Tage tritt. Die Beurteilung bezieht sich auf die Entsprechung der Eigenschaften eines Objekts mit den Anforderungen des Beurteilers. Qualität stellt damit die *Mindestanforderung* eines Beurteilers an ein Objekt dar. Da eine Beurteilung immer personenabhängig und damit an einen individuellen Beurteilungsmaßstab gebunden ist, werden zwei Personen die Qualität eines Objektes nur dann identisch einschätzen, wenn ihre Beurteilungsmaßstäbe übereinstimmen. Die Festlegung solcher ›gemeinsamer‹ Beurteilungsmaßstäbe als Grundlage vertraglicher Vereinbarungen erfolgt als Ergebnis von Aushandlungsprozessen zweier Vertragsparteien und stellt damit relative, parteienindividuelle Zuschreibungen an ein Objekt dar. Eine Festlegung erfolgte objektiv, wenn sie durch eine dritte Partei nachprüfbar ist, z. B. durch ein Gericht.

Abgesehen von den Betrachtungen des Qualitätsbegriffs als Fachbegriff ließen sich weitere Perspektiven bestimmen. Für weitergehende Ausführungen wird z. B. auf die Darstellungen im *Lexikon Qualitätsmanagement* verwiesen. Es kommen etwa Betrachtungen von Qualität als ethischen, philosophischen oder systemtheoretischen Begriff infrage (vgl. Zollondz, Ketting & Pfundtner 2016, S. 867–869, 875–883). Dem gleichen Werk entstammt nachfolgendes Zitat zur Perspektive ›Qualität als Beziehungsereignis‹ und stellt die Zertifizierung in einem kritischen Licht dar:

„Qualitätsbeziehungen, die sich nur als ›Übereinstimmung mit Entsprechungen‹ oder als ›zufriedenstellende Beschaffenheit von betrachteten Einheiten‹ verstehen, folgen der Vorstellung einer im Vorhinein bestimmbaren Standardisierungslogik eines repräsentationalen ›Richtigen‹. Wo Qualitätsbeziehungen nur als Richtigkeit des antizipierenden Vorstellens maßgebend wird, bleibt das phänomenale Qualitätsereignis und dessen Beziehungsdynamik nicht nur unzugänglich, sondern wird systematisch verkannt [...] Das Darlegen und Zertifizieren von QM-Systemen, wie es die gegenwärtige Praxis der ISO 9001 fordert, folgt somit einer Logik, die sich mit dem Ansatz einer ›Qualität als Beziehungsereignis‹ unvereinbar scheint. Da ein Zertifikat zur ISO 9001 die Qualitätsfähigkeit [...] eines bestimmten organisatorischen Zuschnitts bescheinigt, muss wohl festgestellt werden, dass vielen (Dienstleistungs-)Organisationen eine Fähigkeit und Potentialität bescheinigt wurde, die im Reich des Irrealen oder Pseudohaften zu sehen ist" (Hervorhebungen im Original – Zollondz, Ketting & Pfundtner 2016, S. 866).

5.5 Der Begriff ›Qualitätssicherung‹

Abschnitt	Begriff	DIN-Definition Seite
5.4	Qualität	128
5.5	Qualitätssicherung	134
5.6.1	Management	138
5.6.2	Qualitätsmanagement	144
5.6.3	Managementsystem	150
5.6.4	Qualitätsmanagementsystem	152

Wie sich historisch nachvollziehen lässt, wurde schon früh aus dem Begriff ›Qualitätsdarlegung‹ der Begriff ›Qualitätssicherung‹ und später ›Qualitätsmanagement‹. Probleme bei der Übersetzung könnten die Gründe für diese Entwicklung gewesen sein oder auch die Überlegung, ein breiteres Themengebiet zu normieren und damit zu beeinflussen.

Aus der Übersetzung der Norm MIL-Q-9858A ›Quality Program Requirements‹, d. h. der Anforderungen an die Darlegung von Qualität, und dem Begriff ›quality assurance‹, also Qualitäts(zu)sicherung, wurde in den 1970er-Jahren der Begriff Qualitätssicherung (vgl. Stichwort: Qualitätssicherung; Zollondz, Ketting & Pfundtner 2016, S. 982).

1972 wurde am DIN der ›Ausschuss Qualitätssicherung und angewandte Statistik des DIN (AQS)‹ gegründet, dessen Nachfolger seit 1992 ›DIN-Normenausschuss Qualitätsmanagement, Statistik und Zertifizierungsgrundlagen (NQSZ)‹ heißt. Bereits im Jahre 1976 gründete der AQS seinerseits einen Unterausschuss Qualitätssicherungssysteme. Dieser legte 1979 den DIN-Normentwurf 55 355:1979-11 ›Grundelemente für Qualitätssicherungssysteme‹ vor. Sowohl diese Norm als auch der Versuch mithilfe des DIN-Normentwurfs 55 350–16:1983-06 ›Begriffe der Qualitätssicherung und Statistik‹ zumindest terminologische Klarheit zu schaffen, wurden von der deutschen Wirtschaft nicht angenommen. Beide Entwürfe zog das DIN zurück – unter anderem auch aufgrund der beginnenden internationalen Normung in diesem Bereich (vgl. Stauss 1994, S. 32). (Die Versionen DIN 55350-11:1980-09 und 1987-05 sind die Ausgangspunkte der heutigen DIN EN ISO 9000:2015 (ISO 9000:2015-11, S. 4).)

Die erste deutschsprachige Version der internationalen Norm ISO 9001:2015 stammt aus dem Jahr 1987 und wurde mit dem Begriff ›Qualitätssicherungssysteme‹ betitelt. Im Jahr 1994 wurde sie umbenannt in ›Qualitätsmanagementsysteme‹. In der Version des Jahres 2015 ist der Begriff Qualitätssicherung nicht mehr enthalten, weder im Titel noch im Text. Die Tabelle 5.2 stellt die vollständigen Normbezeichnungen im Überblick dar.

Tabelle 5.2: Die Bezeichnungen der DIN 9001 im Zeitablauf

Norm-Nr. und Jahr	Titel
DIN ISO 9001:1987-05 (EN 29001-1987)	Qualitätssicherungssysteme Qualitätssicherungs-Nachweisstufe für Entwicklung und Konstruktion, Produktion, Montage und Kundendienst[a]
DIN EN ISO 9001:1994-08	Qualitätsmanagementsysteme Modell zur Qualitätssicherung/QM-Darlegung in Design/ Entwicklung, Produktion, Montage und Wartung[b]
DIN EN ISO 9001:2015-11	Qualitätsmanagementsysteme Anforderungen[c]

[a] Quelle: ISO 9001:1987-05. [b] Quelle: ISO 9001:1994-08. [c] Quelle: ISO 9001:2015-11.

Einige Autoren sind der Auffassung, dass der Begriff ›Qualitätssicherung‹ durch den Begriff ›Qualitätsmanagement‹ international ersetzt wurde und damit keine weitere Verwendung finden sollte (vgl. z. B. Zollondz 2016b, S. 960). Dieser Auffassung lässt sich nur bedingt folgen, wenn berücksichtigt wird, dass das technische Komitee ›Quality management and quality assurance (ISO/TC 176)‹ zu Beginn des Jahres 2017 beide Begrifflichkeiten im Namen trug (vgl. ISO 2017b). Beide Begriffe behalten – nach Auffassung des Verfassers – weiterhin ihre Berechtigung: Qualitätsmanagement als Bezeichnung für ein anzuwendendes Managementparadigma und Qualitäts(zu)sicherung in Bezug auf die zu erbringende Leistung.

Im Text der DIN EN ISO 9001:2015 lässt sich der Begriff ›Qualitätssicherung‹ nicht mehr finden. Dies heißt indes nicht, dass er inhaltlich keine Bedeutung hat. In der Beschreibung des Anwendungsbereiches der Norm wird ausgeführt, dass diese eingesetzt werden kann, wenn eine Organisation nach der „Zusicherung der Einhaltung von Anforderungen der Kunden und von zutreffenden gesetzlichen und behördlichen Anforderungen" strebt (vgl. ISO 9001:2015-11, S. 17). Die ›Einhaltung von Anforderungen‹ (vgl. Abschnitt 5.4.1.) stellt im Sinne der obigen Definition ›Qualität‹ dar. Erfolgt die *Zusicherung der Einhaltung*, beschreibt beides inhaltlich nichts anderes als die Definition zum Normbegriff ›Qualitätssicherung‹.

Bedeutungswechsel in der ISO 9000:2015
Der internationalen Norm DIN EN ISO 9000:2015 ›Qualitätsmanagementsysteme – Grundlagen und Begriffe‹ liegt teilweise eine andere Bedeutung zugrunde. Wahrscheinlich wurde dieser Bedeutungswechsel gewählt, um die Qualitätssicherung systematisch in das Qualitätsmanagement integrieren zu können. Nichtsdestotrotz ist dies lediglich eine Mutmaßung. Konkrete Aussagen lassen sich dazu nicht finden.

Die lexikalische Analyse der Definition weist auf einen anderen Schwerpunkt hin, bei dem nicht die Fokussierung auf die Qualität eines Objektes gegeben ist. Für die Untersuchung der Fachbegriffe werden das ›Entflechtungsprinzip‹ und das ›Substitutionsprinzip‹ herangezogen. GEIGER UND KOTTE schrieben darüber:

> „Eine Fachsprache kann man mit den wünschenswert knappen und dennoch eindeutigen Definitionen nur dann entwickeln und verstehen, wenn man in Definitionen und zugehörigen Anmerkungen anderwärtig in derselben Fachsprache definierte Begriffe anhand deren Benennungen heranzieht und auf sie verweist.
> Aus dem ›Entflechtungsprinzip‹ folgt im Hinblick auf die Verweisungen bei den Benennungen in den Definitionen unmittelbar das ›Substitutionsprinzip‹:
> In einer Begriffsdefinition mit Anmerkungen darf an die Stelle der Benennung eines anderwärtig in derselben Fachsprache definierten Begriffs dessen Definition gesetzt werden.
> Es liegt ein Fehler vor, wenn eine Definition oder Anmerkung nach diesen Substitutionen sprachlich nicht mehr korrekt ist oder einen anderen Inhalt hat" (Geiger & Kotte 2008, S. 50).

Analyse A 2: Qualitätssicherung
BESTANDTEIL 2-1: Teil des Qualitätsmanagements,
BESTANDTEIL 2-2: der auf *das Erzeugen von Vertrauen* darauf gerichtet ist,
BESTANDTEIL 2-3: dass Qualitätsanforderungen erfüllt werden.[a]

[a] Quelle: ISO 9000:2015-11, S. 31 Punkt 3.3.6. Zur besseren Lesbarkeit wurden die Verweise auf andere Begriffsdefinitionen entfernt.

Der BESTANDTEIL 2-1 (vgl. Analyse A 2) stellt klar, dass Qualitätssicherung als *Teil des Qualitätsmanagements* definiert wird und damit *nicht mit ihm gleichzusetzen* ist. Hiermit erfolgt eine systematische Setzung, die sich der Wortbedeutung größtenteils entzieht.

Betrachtet man im BESTANDTEIL 2-3 den Begriff ›Qualitätsanforderungen‹, beschreiben die Normsetzer damit „Anforderungen bezüglich Qualität" (ISO 9000:2015-11, S. 40 Punkt 3.6.5). Die Formulierung in der Definition von Qualität in der DIN EN ISO 9000:2015 (vgl. Abschnitt 5.4.1) bedeutet: Es werden Anforderungen an den Grad der Anforderungserfüllung von Objektmerkmalen gestellt. Im Sinne der eigenen Definition der Normsetzer liegt Qualität vor, wenn der Grad 100 % beträgt, sodass die Objektmerkmale den Anforderungen entsprechen. Dann ist aber fraglich, was mit ›Anforderungen an den Grad der Anforderungserfüllung‹ gemeint sein soll. Schließlich soll der Auftraggeber darauf vertrauen können, dass er Qualität erhält. Mit anderen Worten bestehen seine Anforderungen in der vollständigen Realisierung der gewünschten Objektmerkmale. Für sich genommen beschreibt damit BESTANDTEIL 2-3 nichts anderes als Qualitätssicherung im Sinne der obigen Definition.

Die Kombination mit BESTANDTEIL 2-2 gibt dem gesamten Satz einen deutlich anderen Sinn: **Das Erzeugen von Vertrauen wird zur Hauptaufgabe der Qualitätssicherung** (vgl. Geiger & Kotte 2008, S. 204). Es geht damit nicht um das Sicherstellen der Realisierung von Objektmerkmalen, sondern darum, dass der Auftraggeber darauf vertrauen kann, dass seine Erwartungen erfüllt werden. (Die Normsetzer definierten Anforderungen als Erfordernis oder Erwartung – vgl. dazu Abschnitt 5.4.1 auf Seite 130.)

Nicht das tatsächliche Ergebnis der Erstellung eines Produktes oder einer Dienstleistung ist gemeint, sondern *die subjektive Glaubwürdigkeit eines Auftragnehmers – seine Reputation* (vgl. Abschnitt 6.4.4).

Auch wenn Überlegungen zur Qualitätssicherung Ausgangspunkt der Normierungsbestrebungen waren, werden in der aktuellen Version diverse andere Themen integriert.

Möglich wird dies, durch die Formulierung im BESTANDTEIL 2-1, dass die Qualitätssicherung ein Teil des Qualitätsmanagements ist. Aus diesem Grunde wird im nächsten Abschnitt die Terminologie der ISO 9000/9001 im Zusammenhang mit dem Begriff Qualitätsmanagement(system) untersucht.

5.6 Der Begriff ›Qualitätsmanagementsystem‹

Abschnitt	Begriff	DIN-Definition Seite
5.4	Qualität	128
5.5	Qualitätssicherung	134
5.6.1	Management	138
5.6.2	Qualitätsmanagement	144
5.6.3	Managementsystem	150
5.6.4	Qualitätsmanagementsystem	152

5.6.1 Management

Da die im Fokus stehenden Normen DIN EN ISO 9000:2015 und DIN EN ISO 9001:2015 den Begriff ›Qualitätsmanagementsysteme‹ im Titel tragen, wird – nach der Definition des Begriffs ›Qualität‹ und der Darstellung des Bedeutungswandels beim Begriff ›Qualitätssicherung‹ – der Begriff ›Qualitätsmanagementsysteme‹ weiter analysiert.

Grammatikalisch ist der Begriff ›Qualitätsmanagementsysteme‹ eine Komposition verschiedener Basissubstantive: (1) Qualität, (2) Management und (3) System(e) oder (4) Managementsystem(e). Die Entscheidung, welches Wort das Bestimmungs- und welches das Grundwort ist, ist essentiell für die Interpretation des Begriffs. Wurde die Teilung nach ›Qualität‹ und ›Managementsysteme‹ oder ›Qualitätsmanagement‹ und ›Systeme‹ vorgenommen? Ein Blick in die Norm gibt zumindest diesbezüglich Klarheit: „*Qualitätsmanagementsystem*: Teil eines Managementsystems ... bezüglich der Qualität" (ISO 9000:2015-11, S. 36 Punkt 3.5.4). Die Normsetzer gehen auf die gleiche Art, wie bei anderen zu betrachtenden Begriffen vor: Sie verwenden eine Wortgruppe, die ohne weitere Erläuterung wenig Aufschluss über den Inhalt gibt.

Regelmäßig finden sich in den Normen ›Anmerkungen‹ zu den definierten Begriffen. Laut Selbstaussage sollen Anmerkungen Informationen darstellen, die „als Anleitung zum Verständnis oder zur Erläuterung der zugehörigen Anforderung" dienen sollen (vgl. ISO 9001:2015-11, S. 9). In einigen Fällen erscheint es unmöglich, ohne diese Anmerkungen einzelne Aussagen zu verstehen.

Inwieweit diese Vorgehensweise beabsichtigt, zufällig oder der Minimalkonsens während der Schriftsatzerstellung innerhalb des Technischen Komitees ist, ist nicht zu erkennen. (GEIGER UND KOTTE schildern solche Probleme bspw. bei der Erstellung der Vorgängernorm – vgl. Geiger & Kotte 2008, S. 50.)

Bevor der Begriff ›Qualitätsmanagementsystem‹ untersucht werden kann, wird der Begriff ›Qualitätsmanagement‹ lexikalisch analysiert. Das Wort ›Management‹ wird durch den Begriff ›Qualität‹ genauer bestimmt, daher werden zunächst einige Definitionen für ›Management‹ angeführt.

Außerhalb des Normenwerks lassen sich bspw. folgende Erläuterungen finden: Management als „Leitung eines Unternehmens" (Duden 2013, S. 695). Management wird bei BERTHEL UND BECKER ebenfalls „vor allem mit *Führung eines Betriebs* gleichgesetzt und damit als Summe von (Führungs-)*Tätigkeiten* verstanden, nicht also als Inbegriff derjenigen Personen (Manager), die Führungstätigkeiten ausüben (Management als Institution)" (Hervorhebungen im Original – Berthel & Becker 2013, S. 14). Eine weitere Definition zum Management stammt von THOMMEN UND ACHLEITNER: „Der Umsatzprozess eines Unternehmens bedarf einer Gestaltungs- und Steuerungsfunktion, damit er koordiniert und zielgerichtet ablaufen kann. Diese Funktion wird als *Management* bezeichnet" (Hervorhebungen im Original – Thommen & Achleitner 2006, S. 859). Mit gleichem Tenor lässt sich im ›Kompakt-Lexikon Management‹ des Springer Verlags beim Stichwort ›Management‹ folgendes nachlesen:

> „angloamerikanischer, im Rahmen des betriebswirtschaftlichen Sprachgebrauchs verwandter Begriff für die Leitung eines Unternehmens. *I. Management als Institution*: Management umfasst alle diejenigen, die in der Unternehmung leitende Aufgaben erfüllen. […] *II. Management als Funktion*: Tätigkeiten, die von Führungskräften in allen Bereichen der Unternehmung (Personalwirtschaft, Beschaffung, Absatz, Verwaltung, Finanzierung etc.) in Erfüllung ihrer Führungsaufgabe […] zu erbringen sind" (Hervorhebungen durch den Verfasser – Springer 2013a, S. 229).

Bei WILLKE findet sich: Management meint eine

> „systematische Steuerung von Ressourcen zur Erreichung der Ziele von Organisationen. Demnach umfasst Management drei Komponenten: die Führung von Personen und die Optimierung von weiteren relevanten Ressourcen, um die Ziele von Organisationen zu erreichen" (vgl. Willke 2004, S. 17).

Dieser ebenfalls funktionalen Auffassung von Management wird im vorliegenden Text gefolgt.

Der Managementbegriff der DIN EN ISO 9000:2015

Werden die Definitionen des letzten Abschnitts mit der in der DIN EN ISO 9000:2015 verglichen, lässt sich eindeutig ein handlungsorientiertes Verständnis im Sinne von *Management als Funktion*[2] erkennen: Die Norm definiert „aufeinander abgestimmte Tätigkeiten zum Führen und Steuern einer Organisation" (ISO 9000:2015-11, S. 31 Punkt 3.3.3).

Auch der Managementbegriff der DIN EN ISO 9000:2015 wird mithilfe zweier Anmerkungen untersetzt. In der ›Anmerkung 2 zum Begriff‹ wird nochmals deutlich, dass dieser funktional verstanden werden soll. Es wird unterstrichen, dass ein Zusatz wie z. B. bei ›top management‹ für ›oberste Leitung‹ hinzugesetzt werden „sollte", wenn die Personen gemeint sind, die die Managementtätigkeiten wahrnehmen (Management als Institution) (vgl. ISO 9000:2015-11, S. 31 Punkt 3.3.3).

Die „Anmerkung 1 zum Begriff" wird genauer analysiert (vgl. Analyse A 3).

Analyse A 3: Anmerkung 1 zum Begriff ›Management‹
BESTANDTEIL 3-1: *Management kann das Festlegen*
BESTANDTEIL 3-2: von Politiken,
BESTANDTEIL 3-3: Zielen und
BESTANDTEIL 3-4: Prozessen zum Erreichen dieser Ziele
BESTANDTEIL 3-5: *umfassen.*[a]

[a] Quelle: ISO 9000:2015-11, S. 31 Punkt 3.3.6. Zur besseren Lesbarkeit wurden die Verweise auf andere Begriffsdefinitionen entfernt.

Aus der Gesamtheit der möglichen Tätigkeiten zum Führen und Steuern einer Organisation greift die ›Anmerkung 1 zum Begriff‹ mithilfe der BESTANDTEILE 3-1 UND 3-5 das Erstellen von Vorgaben als *eine* Möglichkeit heraus. Gekennzeichnet wird dies durch das Verb „kann".

Die Verbformen zur Formulierung von Festlegungen werden im Anhang H der *CEN/ CENELEC-Geschäftsordnung – Teil 3:* ›Regeln für den Aufbau und die Abfassung von CEN/CENELEC-Publikationen‹ wie folgt definiert:

Tabelle H.1: ›muss‹ gibt eine Anforderung an;
Tabelle H.2: ›sollte‹ gibt eine Empfehlung an;
Tabelle H.3: ›darf‹ gibt eine Zulässigkeit an;
Tabelle H.4: ›kann‹ gibt eine Möglichkeit oder ein Vermögen an (vgl. CEN/CENELEC 2015, S. 80–82).

---

2 Funktion verstanden als „Tätigkeit; Aufgabe; Wirkungsweise" (Duden 2013, S. 442). Diese Klarstellung ist notwendig, da in der DIN EN ISO 9000:2015 der Begriff Funktion an anderen Stellen mit einer anderen Bedeutung verwendet wird, z. B. beim Begriff Organisation.

Diese Vorgaben, d.h. die Festlegungen des Managements, beziehen sich gemäß der BESTANDTEILE 3-2 BIS 3-4 exemplarisch auf drei Themenbereiche: Politiken, Ziele und Prozesse. Obwohl die Normen DIN EN ISO 9001:2015 und DIN EN ISO 9000:2015 in anderen Abschnitten auf die Bedeutung der Berücksichtigung von Ressourcen verweisen (vgl. z.B. Tabelle 5.6 auf Seite 149), wurde diese Limitierung hier nicht aufgeführt.

Bestandteil 3-2 - Politik
Der im BESTANDTEIL 3-2 verwendete Begriff ›Politik‹ wird durch die Normsetzer wie folgt verstanden: „Absichten und Ausrichtung einer Organisation ..., wie von der obersten Leitung ... formell ausgedrückt" (ISO 9000:2015-11, S. 38 Punkt 3.5.8). Werden die Definitionen ›Politik‹ und ›Vision‹ (ISO 9000:2015-11, S. 38 Punkt 3.5.10) des deutschsprachigen Normtextes einander gegenüber gestellt, ergibt sich die Frage, worin der Unterschied gesehen wird – vgl. Tabelle 5.3.

Tabelle 5.3: Gegenüberstellung der Definitionen zu ›Vision‹ und ›Politik‹; Bestandteile umsortiert

Normdefinition zu Vision[a]	Normdefinition zu Politik[b]
durch die oberste Leitung erklärter	von der obersten Leitung formell ausgedrückte
Anspruch zur angestrebten Entwicklung einer Organisation	Absichten und Ausrichtung einer Organisation

[a] Quelle: ISO 9000:2015-11, S. 38 Punkt 3.5.8. [b] Quelle: ISO 9000:2015-11, S. 38 Punkt 3.5.10.

Der fehlende Unterschied lässt sich teilweise auflösen, wenn die Perspektive des deutschsprachigen Normanwenders verlassen und im englischsprachigen Original (vgl. Tabelle 5.4) nachgelesen wird (vgl. ISO 9000:2015-11, S. 38 Punkt 3.5.8 und Punkt 3.5.10). Dort wird der Begriff ›policy‹ verwandt, der besser mit ›Strategie‹ oder ›Richtlinie‹ übersetzt werden sollte (vgl. dazu auch Funck 2016). Vor diesem Hintergrund erscheint die Verwendung beider Begriffe wiederum sinnvoller.

Um ein weiteres Beispiel anzuführen, sei auf die Anmerkung 3 zum Begriff ›Merkmal‹ verwiesen (vgl. Abschnitt 5.4.1 auf Seite 129). Dort werden unter dem Begriff ›Klasse physikalischer Merkmale‹ „mechanische, elektrische, *chemische* oder *biologische* Merkmale" (Hervorhebungen durch den Verfasser – ISO 9000:2015-11, S. 53 Punkt 3.10.1) subsumiert. Eine Übersetzung des englischen Wortes ›physical‹ mit dem Begriff ›technisch‹ wäre weniger missverständlich.

Möchte sich ein deutschsprachiger Normanwender auf die deutschsprachige Version der Norm verlassen, führt dies zu einer zumindest ungenauen Auslegung, sodass nicht einmal der Erwerb der DIN EN ISO 9000:2015 zum besseren Verständnis beiträgt.

Tabelle 5.4: Gegenüberstellung der Definitionen zu ›vision‹ und ›policy‹ im englischsprachigen Originaltext

Normdefinition zu ›vision‹[a]	Normdefinition zu ›policy‹[b]
aspiration	intentions and direction
of what an organization	of an organization
would like to become	as formally
as expressed by	expressed by its
top management	top management

[a] Quelle: ISO 9000:2015-11, S. 38 Punkt 3.5.8. [b] Quelle: ISO 9000:2015-11, S. 38 Punkt 3.5.10.

Bestandteile 3-3 und 3-4 – Ziele und Prozesse

Den Begriff des BESTANDTEILS 3-3: ›Ziel‹ definieren die Normsetzer als „zu erreichendes Ergebnis" (ISO 9000:2015-11, S. 42). Werden beide Normdefinitionen aus Tabelle 5.3 im Zusammenhang betrachtet, wird deutlich, dass die Festlegung von Zielen der Operationalisierung der Vision, Strategie bzw. Politik (der Absichten, der Ausrichtung und des Anspruchs an die angestrebte Entwicklung) dient. Damit sollte der BESTANDTEIL 3-3 so formuliert werden, dass erkennbar ist, dass es sich um Ziele zur Umsetzung bzw. Erreichung einer Strategie respektive Politik handelt.

Der BESTANDTEIL 3-4 zielt auf Prozesse zum Erreichen der Ziele bzw. der Strategie/ Politik. Die Normdefinition zum Begriff ›Prozess‹ und deren ›Anmerkung 1 zum Begriff‹ verstehen unter einem *Prozess* einen:

> „Satz zusammenhängender oder sich gegenseitig beeinflussender Tätigkeiten, der Eingaben zum Erzielen eines *vorgesehenen Ergebnisses* verwendet.
>
> Anmerkung 1 zum Begriff: Ob das ›vorgesehene Ergebnis‹ eines Prozesses Ergebnis ..., Produkt ... oder Dienstleistung ... genannt wird, ist abhängig vom Bezugskontext" (Hervorhebung durch den Verfasser – ISO 9000:2015-11, S. 33 Punkt 3.4.1).

Durch die Aufteilung in Begriffsdefinition und Anmerkung besteht die Gefahr, dass es zu Missverständnissen kommt, da die Formulierung ›vorgesehenes Ergebnis‹ der Definition des Begriffes ›Ziel‹ („zu erreichendes Ergebnis" (ISO 9000:2015-11, S. 42 Punkt 3.7.1)) zumindest inhaltlich entspricht. Die

Integration der Anmerkung 1 in die Definition des Begriffes ›Prozess‹ könnte diese Überschneidung verhindern.

Obwohl der Begriff ›Management‹ handlungsorientiert aufgefasst wird und „Tätigkeiten zum Führen und Steuern einer Organisation" umfassen soll, stellt die ›Anmerkung 2 zum Begriff Management‹ ausschließlich auf das Festlegen von Vorgaben ab. Das Thema Führung im Sinne einer Beeinflussung des Verhaltens von Organisationsmitgliedern zur gemeinsamen Zielerreichung (vgl. Franken 2010, S. 250) wird nicht thematisiert. Es kann bezweifelt werden, dass bereits die Festlegung von Strategien/Politiken, von Zielen zu deren Umsetzung und von Prozessen zum Erreichen dieser Ziele ein bestimmtes Verhalten garantieren.

Inwieweit andererseits Management ohne das Festlegen z. B. von Zielen auskommt, ist ebenso ungewiss. Die Norm weist die BESTANDTEILE 3-2 BIS 3-4 als *Kann-Bestandteile* aus. Es stellt sich die Frage, welche Tätigkeiten zum Führen und Steuern einer Organisation im Sinne der Norm durch die Führungskräfte ausgeführt werden sollten, wenn weder die Festlegung von Strategien/Politiken bzw. Zielen zu ihrer Erreichung noch das Planen von Prozessen durchgeführt werden. Damit ist unklar, warum im BESTANDTEIL 3-1 das Modalverb „kann" gewählt wurde und nicht zumindest eine Empfehlung mithilfe des Modalverbs ›sollte‹ ausgesprochen wurde.

Ähnliche Überlegungen ergeben sich im Zusammenhang mit den Aussagen zum Begriff ›Prozess‹. Die ›Anmerkung 4 zum Begriff Prozess‹ stellt es der Organisation frei, ob das Planen von Prozessen zu den Tätigkeiten im Rahmen des Managements gehört oder nicht. Dort wird ausgeführt: „Prozesse in einer Organisation ... werden *üblicherweise* geplant und unter beherrschten Bedingungen durchgeführt, um Mehrwert zu schaffen" (Hervorhebung durch den Verfasser – ISO 9000:2015-11, S. 33 Punkt 3.4.1). ›Üblicherweise‹ bedeutet, dass eine Organisation auch ohne Planung und Kontrolle über seine Prozesse agieren kann. *Mit dieser Überlegung könnte allerdings die Sinnhaftigkeit der gesamten Norm infrage gestellt werden.*

Begriff: Organisation
Da sich die Definitionen des Begriffs ›Management‹ jeweils auch auf den Begriff ›Organisation‹ beziehen, wird er an dieser Stelle genauer beleuchtet. Der ›Organisationsbegriff‹ wird in der Literatur aus unterschiedlichen Perspektiven betrachtet, z. B. aus der strukturellen, der funktionalen oder der institutionellen (vgl. z. B. Güldenberg 1997, S. 65).

Aus strukturellem Blickwinkel beschreibt die *Organisation als Zustand* das Bestehen einer Ordnung, während aus funktionaler Perspektive mit *Organisation als Tätigkeit* die „zielorientierte Schaffung von Regelungen zur dauerhaften Ordnung künftiger betrieblicher Tätigkeit" (Wöhe 2008, S. 115) beschrieben wird. Aus institutioneller Perspektive wird die *Organisation als ein „zielgerichtetes soziales Gebilde* mit bestimmten Merkmalen" (Hervorhebung durch den Verfasser – Güldenberg 1997, S. 65) gesehen.

Exemplarisch wird in der Tabelle 5.5 die eher strukturelle Definition von VAHS der Normdefinition der DIN EN ISO 9000:2015 gegenübergestellt. Die Normsetzer folgen anscheinend einem institutionellen Begriffsverständnis und definieren Organisation als eine „Person oder Personengruppe, die eigene Funktionen mit Verantwortlichkeiten, Befugnissen und Beziehungen hat, um ihre Ziele ... zu erreichen" (ISO 9000:2015-11, S. 27 Punkt 3.2.1).

Tabelle 5.5: Gegenüberstellung zweier Definitionen zum Begriff ›Organisation‹

Definition von Organisation nach Vahs[a]	Definition von Organisation gemäß DIN EN ISO 9000:2015[b]
Unter einer Organisation werden verschiedenartige arbeitsteilige Institutionen verstanden, die das *Ergebnis des zielorientierten ganzheitlichen Gestaltens von Beziehungen in offenen sozialen Systemen* sind.	*Person oder Personengruppe*, die eigene Funktionen mit Verantwortlichkeiten, Befugnissen und Beziehungen hat, um ihre Ziele zu erreichen.

[a] Quelle: Hervorhebung durch den Verfasser – vgl. Vahs 2005, S. 13.
[b] Quelle: Hervorhebung durch den Verfasser – ISO 9000:2015-11, S. 27 Punkt 3.2.1.

VAHS beschreibt Organisationen als offene soziale Systeme. Ein *soziales System* „besteht aus Kommunikationen" (Willke 2004, S. 11) der handelnden Personen, die in Interaktion zueinander stehen (vgl. Vahs 2005, S. 12). „Systeme verfügen über Grenzen, die Kopplungen zur Umwelt nur in selektiver Form zulassen" (vgl. Kuper & Kaufmann 2010, S. 153). Insofern sind sie *offene Systeme*, da sie Interaktionen über ihre Grenzen mit der Umwelt ermöglichen (vgl. dazu z. B. Vahs 2005, S. 12 oder Güldenberg 1997, S. 56).

Der Definition von VAHS wird in der vorliegenden Arbeit gefolgt.

5.6.2 Qualitätsmanagement

Management als Funktion bezieht sich auf alle Tätigkeiten zum Führen und Steuern einer Organisation als Ganzes. Durch das Hinzusetzen eines Bestimmungswortes wird der jeweilige Teilbereich herausgegriffen. Die Norm formuliert für Qualitätsmanagement ein „Management ... bezüglich Qualität" (ISO 9000:2015-11, S. 33 Punkt 3.3.4). Damit wird zwar der Umfang der

Tätigkeiten eingeschränkt, gleichwohl ohne den Begriff genauer zu erklären. Die ›Deutsche Rechtschreibung‹ des Dudenverlags beschreibt Qualitätsmanagement konkreter als „Gesamtheit der Maßnahmen zur Absicherung einer Mindestqualität von Produkten u. Dienstleistungen" (Duden 2013, S. 863).

ZOLLONDZ versteht unter Qualitätsmanagement

> „die Lehre von der Führung von Organisationen bezüglich Qualität [...]. Sie umfasst als Schwerpunktaufgabe die Gestaltung, Leitung, Lenkung und Entwicklung zweckorientierte sozialer und technischer Systeme durch qualitätsbezogene Tätigkeiten der Planung, Organisation, Durchsetzung und Kontrolle der Prozesse" (Zollondz 2016a, S. 931).

Zu den konstituierenden Tätigkeiten der Führungskräfte einer Organisation zählt es, ein Managementparadigma auszuwählen, nach welchem gehandelt werden soll. Auch wenn es aufgrund der marktbeherrschenden Stellung im Rahmen des Normungswesens so scheint, als gäbe es keine andere Möglichkeit als die ISO 9000er-Normenfamilie als Paradigma zu wählen, ist sie nur eine unter vielen Varianten. Deshalb erscheint es umso verwunderlicher, dass die europäischen Gesetzgeber diesen Ansatz so stark präferieren. In manchen Branchen und Sachverhalten, in denen beispielsweise die ISO EN 9000:2015 quasi-verbindlich ist, gibt es keinen Wettbewerb um das beste Managementkonzept. Trotzdem lassen sich neben den ISO 9000er-Normen andere Ansätze nennen, wie das Total Quality Management (TQM), das Lean Management bzw. branchenspezifische Ansätze. Auch das EFQM-Modell oder Qualitätsprogramme wie Six-Sigma gehören zu den Managementphilosophien, nach denen eine Organisation geführt werden kann (vgl. Zollondz 2016a, S. 929–933).

Analyse der Anmerkung zum Begriff ›Qualitätsmanagement‹
Betrachtet man die Vorgehensweise, die die Normsetzer des ›ISO/TC 176 – Quality management and quality assurance‹ wählten, stellt man fest: Anstelle einer klaren Definition nutzten diese wiederum das Konstrukt der Anmerkung zur Erläuterung des Begriffs ›Qualitätsmanagement‹. Die Anmerkung zur Normdefinition wird lexikalisch analysiert (vgl. Analyse A 4).

Die BESTANDTEILE 4–1 UND 4–7 greifen aus der Vielzahl der möglichen Tätigkeiten zur Erfüllung der Mindestanforderungen – mithilfe des Modalverbs „kann" – die Tätigkeit des Erstellens von Vorgaben heraus. Wiederum fehlt eine Begründung für dieses Vorgehen. Es ergeben sich diesbezüglich ähnliche Fragen wie bereits zu der ›Anmerkung 2 zum Begriff Management‹ (vgl. Abschnitt 5.6.1).

Analyse A 4: Anmerkung 1 zum Begriff ›Qualitätsmanagement‹
BESTANDTEIL 4-1: *Qualitätsmanagement kann das Festlegen*
BESTANDTEIL 4-2: der Qualitätspolitiken und der Qualitätsziele, sowie Prozesse für das Erreichen dieser Qualitätsziele durch
BESTANDTEIL 4-3: Qualitätsplanung,
BESTANDTEIL 4-4: Qualitätssicherung,
BESTANDTEIL 4-5: Qualitätssteuerung und
BESTANDTEIL 4-6: Qualitätsverbesserung
BESTANDTEIL 4-7: umfassen.[a]

[a] Quelle: ISO 9000:2015-11, S. 31 Punkt 3.3.4. Zur besseren Lesbarkeit wurden die Verweise auf andere Begriffsdefinitionen entfernt.

Bestandteil 4-2 – Qualitätspolitiken, Qualitätsziele und Prozesse

Gemäß BESTANDTEIL 4-2 beziehen sich die Festlegungen auf Politiken, Ziele und Prozesse. Die Politiken/Strategien und Ziele werden durch den Begriff Qualität näher bestimmt, d. h. es handelt sich um „Politik[en] … bezüglich Qualität" (ISO 9000:2015-11, S. 38 Punkt 3.5.9) und „Ziel[e] … bezüglich Qualität" (ISO 9000:2015-11, S. 43 Punkt 3.7.2).

Diese Definition entspricht zwar der Normsystematik, dennoch stellt sich die Frage, inwieweit diese Formulierung sinnvoll ist. Soll es beim Qualitätsmanagement – wie oben ausgeführt – um die Absicherung einer Mindestqualität gehen, so muss das Erreichen dieser Mindestqualität das zu erreichende Ergebnis bzw. Ziel sein. (Zur Normdefinition für den Begriff ›Ziel‹ vgl. Abschnitt 5.6.1)

Die gleiche Einschätzung wird erreicht, wenn entsprechend der Norm DIN EN ISO 9000:2015 über den dort verankerten Grundsatz des Qualitätsmanagements – die Kundenorientierung – argumentiert wird. Als Hauptschwerpunkt der ›Kundenorientierung‹ wird die Erfüllung der Kundenanforderungen definiert (vgl. ISO 9000:2015-11, S. 13 Punkt 2.3.1.1). Damit kann der Grad der Erfüllung der Anforderungen aus der Definition von Qualität nicht unter den vertraglich festgelegten 100 % liegen. *Qualitätsziel* (Singular) ist somit das Erreichen der Mindestanforderungen, d. h. die Erfüllung der Kundenanforderungen bei einem Grad der Qualität von 100 %. (Vgl. dazu die Ausführungen zu ›Qualität‹ im Abschnitt 5.4.) Insofern hätten die Normsetzer das Qualitätsziel direkt formulieren können.

In Fortführung dieser Argumentation handelt es sich bei ›Qualitätspolitik‹ unter Berücksichtigung der Normdefinition um die „Absichten und Ausrichtung einer Organisation" (ISO 9000:2015-11, S. 38 Punkt 3.5.8) bezogen auf Qualität.

Damit kann es *nur eine* Qualitätspolitik bzw. -strategie geben: die Ausrichtung der Organisation auf die Erfüllung der Mindestanforderungen der Kunden.

Bei den Prozessen des BESTANDTEILS 4-2 erfolgt keine Einschränkung auf den Qualitätsaspekt. Hier sollen die Vorgaben offensichtlich für sämtliche Prozesse des Unternehmens gültig sein. Damit gelten für Prozesse die gleichen Aussagen wie im Abschnitt 5.6.1 auf Seite 138 zum BESTANDTEIL 2-4.

Bestandteil 4-3 - Qualitätsplanung
Tätigkeiten, die zum Erreichen des Qualitätsziels/der Qualitätspolitik beitragen, sollen durch die BESTANDTEILE 4-3 BIS 4-6 benannt werden. Entsprechend der Formulierung ist dies eine abschließende Aufzählung, da sich das Modalverb „kann" des BESTANDTEILS 4-1 ausschließlich auf den BESTANDTEIL 4-2 bezieht.

Obwohl die DIN EN ISO 9000:2015 Grundlage für die DIN EN ISO 9001:2015 sein soll (vgl. ISO 9000:2015-11, S. 7), finden sich im PDCA-Zyklusmodell der DIN EN ISO 9001:2015 Beschreibungen, die eindeutig Ausgangspunkt einiger Definitionen bzw. des gesamten Konzeptes sind. Dies kann an den Begriffen Qualitätsmanagement, Qualitätsplanung und ›Planen‹ aus dem PDCA-Zyklus gezeigt werden (Plan - Do - Check - Act (PDCA)). Das PDCA-Zyklusmodell soll den prozessorientierten Ansatz abbilden, der sowohl der DIN EN ISO 9000:2015 (vgl. ISO 9000:2015-11, S. 17) als auch der DIN EN ISO 9001:2015 (vgl. ISO 9001:2015-11, S. 9) zugrunde liegt (vgl. dazu kritisch Abschnitt 8.4).

Der Einführungssatz zu diesem Modell besagt, dass es auf das gesamte Qualitätsmanagementsystem angewendet werden kann (vgl. ISO 9001:2015-11, S. 12). Unter dieser Prämisse müsste es möglich sein, den Begriff ›Qualitätsplanung‹ anhand dieser Definition auszugestalten (vgl. ISO 9001:2015-11, S. 14). Für eine Betrachtung des BESTANDTEILS 4-3 ›Qualitätsplanung‹ werden die Definitionen zu den Begriffen ›Qualitätsmanagement‹, ›Qualitätsplanung‹ und ›Planen‹ einander in Tabelle 5.6 auf der nächsten Seite gegenübergestellt.

Das Planen soll das Festlegen von Zielen, Prozessen und entsprechenden Ressourcen enthalten. Ergänzt durch das Bestimmungswort ›Qualität-‹ finden sich diese Punkte auch in der Definition der Qualitätsplanung wieder. Das Weglassen der Punkte *Ermitteln und Behandeln von Risiken und Chancen* wird nicht begründet.

Abgesehen von den Anmerkungen, die oben zum Begriff ›Qualitätsziel‹ getroffen wurden, ist nicht zu erkennen, warum das Qualitätsmanagement noch einmal Qualitätsziele und Prozesse festlegt, obwohl dies bereits in der Qualitätsplanung durchgeführt wurde und die Qualitätsplanung als Teil des Qualitätsmanagements definiert wird.

Ein Unterschied besteht zudem im Grad der Verbindlichkeit: Während das Qualitätsmanagement „das Festlegen [...] der Qualitätsziele sowie der Prozesse [...] umfassen" (ISO 9000:2015-11, S. 31 Punkt 3.3.4) *kann*, müssen sie zwingend im Rahmen der Qualitätsplanung festgelegt werden. Deutlich erkennbar an der Formulierung: „Teil des Qualitätsmanagements, der auf das Festlegen der Qualitätsziele und der notwendigen Ausführungsprozesse [...] gerichtet *ist*" und nicht „gerichtet sein *kann*". Somit ist die Tätigkeit ›Ziele definieren‹ ein Muss-Bestandteil in der Qualitätsplanung und ein Kann-Bestandteil in der übergeordneten Tätigkeit Qualitätsmanagement.

Die ›Anmerkung 1 zum Begriff‹ Qualitätsplanung führt aus, dass das Erstellen von Qualitätsmanagementplänen Teil der Qualitätsplanung sein „kann" (vgl. ISO 9000:2015- 11, S. 31 Punkt 3.3.5). Bei einem Qualitätsmanagementplan handelt es sich gemäß der Normdefinition um die *Dokumentation* der Festlegungen von Verfahren, zugehörigen Ressourcen und deren Einsatz. Zwingend vorgeschrieben wird sie nicht: sie ist „*üblicherweise* eines der Ergebnisse der Qualitätsplanung" (Hervorhebung durch den Verfasser – vgl. ISO 9000:2015-11, S. 48 Punkt 3.8.9). Inwieweit die Überschneidungen der einzelnen Definitionen gewollt sind, wird weder erläutert noch sind diese nachvollziehbar. Es stellt sich vielmehr die Frage, ob eine exklusive Definition des Begriffs ›Qualitätsplanung‹ notwendig ist. Die gleiche Frage stellt sich auch bei den folgenden Bestandteilen: ›Qualitätssteuerung‹ und ›Qualitätsverbesserung‹.

Bestandteile 4-5 und 4-6 – Qualitätssteuerung und Qualitätsverbesserung
Laut Normdefinition handelt es sich beim BESTANDTEIL 4–5: der ›Qualitätssteuerung‹, um den Teil des Qualitätsmanagements, „der auf die Erfüllung von Qualitätsanforderungen gerichtet ist" (ISO 9000:2015-11, S. 31 Punkt 3.3.7). Wie bereits ausgeführt wurde (vgl. z. B. Abschnitt 5.4), handelt es sich bei der Erfüllung von Qualitätsanforderungen um nichts anderes als die Lieferung von Qualität; mit anderen Worten: die Erfüllung der Mindestanforderungen des Auftraggebers/Kunden an die Eigenschaften/Merkmale eines Objekts. Damit handelt es sich bei der ›Qualitätssteuerung‹ um keinen eigenständigen Vorgang, sondern um die Umsetzung des Qualitätsmanagements (vgl. die Definition im Abschnitt 5.6.2), der keiner eigenständigen Definition bedarf, insbesondere bei der Betrachtung des zweiten Begriffs: ›Qualitätsverbesserung‹ (BESTANDTEIL 4–6).

Tabelle 5.6: Gegenüberstellung der Texte zu Qualitätsmanagement, Qualitätsplanung und Planen

Anmerkung 1 zum Begriff Qualitätsmanagement[a]	Qualitätsplanung[b]	Begriff ›Planen‹ im PDCA-Zyklus[c]
Qualitätsmanagement *kann* das Festlegen	Teil des Qualitätsmanagements der auf das Festlegen	Planen: Festlegen von
der Qualitätspolitiken und		
der Qualitätsziele, sowie	der Qualitätsziele und	Zielen des Systems und
Prozesse für das Erreichen dieser Qualitätsziele	der notwendigen *Ausführungsprozesse*	der Teilprozesse und
durch Qualitätsplanung, Qualitätssicherung, Qualitätssteuerung und Qualitätsverbesserung		
	der zugehörigen Ressourcen zum Erreichen der Qualitätsziele	Festlegen von Ressourcen, die zum Erzielen von Ergebnissen in Übereinstimmung mit den Kundenforderungen und den Politiken der Organisation notwendig sind, sowie Ermitteln und Behandeln von Risiken und Chancen.
umfassen.	gerichtet *ist*.	

[a] Quelle: ISO 9000:2015-11, S. 31 Punkt 3.3.4.
[b] Quelle: ISO 9000:2015-11, S. 31 Punkt 3.3.5.
[c] Quelle: ISO 9001:2015-11, S. 14.

Für diesen definiert die Norm, er sei Teil des Qualitätsmanagements, der „auf die Erhöhung der Eignung zur Erfüllung der Qualitätsanforderungen gerichtet ist" (ISO 9000:2015-11, S. 32 Punkt 3.3.8). Beschrieben wird eine Tätigkeit, die ihren Ausgangspunkt in dem Zustand hat, in dem ein Objekt nicht die Mindestanforderungen des Auftraggebers/Kunden erfüllt. Wie bereits ausgeführt wurde, liegt in dieser Situation ein ›Fehler‹ respektive eine ›Nichtkonformität‹ im Sinne der Norm vor (vgl. dazu Tabelle 5.1 und ISO 9000:2015-11, S. 40 Punkt 3.6.9). Die beiden Begriffe Qualitätssteuerung und Qualitätsverbesserung sind damit Teiltätigkeiten ein und derselben Managementaktivität: der *Qualitätssicherung*. Mit diesem Verständnis wäre weder eine Definition des Begriffs ›Qualitätssteuerung‹

noch des Begriffs ›Qualitätsverbesserung‹ notwendig. Beide Begriffe könnten unter dem Begriff der Qualitätssicherung subsumiert werden.

Wie bereits in Abschnitt 5.5 ausgeführt, geht es hingegen beim Thema ›Qualitätssicherung‹ des BESTANDTEILS 4-4 - im Sinne der Norm - um das Erzeugen von Vertrauen in die Leistungsfähigkeit des Auftragnehmers. Damit steht die Qualitätssicherung (nur im Sinne der Normen ISO 9000/9001) neben den Tätigkeiten zur Erfüllung der Mindestanforderungen an die Qualität. Die BESTANDTEILE 4-5 UND 4-6 müssten damit im Begriff ›Qualitätsmanagement‹ und nicht im Begriff ›Qualitätssicherung‹ subsumiert werden (was durchaus möglich wäre).

5.6.3 Managementsystem

Für die Analyse des Begriffs ›Managementsystem‹ wird zunächst das Grundwort *System* definiert. VAHS beschreibt ein ›System‹ als eine „gegenüber der Umwelt abgegrenzte Gesamtheit von Subsystemen und Elementen [...], die miteinander in Beziehung stehen [...] und sich gegenseitig beeinflussen" (vgl. Vahs 2005, S. 12). Ähnlich formuliert die DIN EN ISO 9000:2015 und versteht unter einem ›System‹ einen „Satz zusammenhängender und sich gegenseitig beeinflussende Elemente" (ISO 9000:2015-11, S. 36 Punkt 3.5.1). Das Vorhandensein einer Grenze zwischen dem System und seiner Umwelt vernachlässigt diese Beschreibung. Allerdings kann ein System nicht ohne Abgrenzung gegenüber der Umwelt bzw. anderen Systemen existieren. WILLKE formuliert dazu, dass sich soziale Systeme aus der Differenz zu anderen Systemen definieren (vgl. Willke 2004, S. 11). Der Normdefinition fehlt es in diesem Zusammenhang an Genauigkeit.

Da es sich, wie bei dem Begriff Qualitätsmanagement, auch bei dem Wort *Managementsystem* um ein zusammengesetztes Substantiv handelt, wäre eine konsequente Vorgehensweise der Normsetzer die Definition als ›System bezüglich Management‹ (vgl. mittlere Spalte der Tabelle 5.7). Damit müssten die Normsetzer ein Managementsystem definieren als ›einen Satz zusammenhängender, sich gegenseitig beeinflussender Elemente von aufeinander abgestimmten Tätigkeiten zum Führen und Steuern einer Organisation‹ (vgl. rechte Spalte der Tabelle 5.7). An dieser Stelle sei nochmals auf die Anmerkungen von GEIGER UND KOTTE auf Seite 136 verwiesen.

Tabelle 5.7: Definition des Begriffs ›Managementsystems‹ gemäß DIN EN ISO 9000:2015 im Vergleich zu einer Definition entsprechend der Normsystematik

Begriff ›Managementsystem‹ entsprechend der Norm[a]	Definition entsprechend der Normsystematik	
Satz zusammenhängender oder sich gegenseitig beeinflussender Elemente einer Organisation,	System	Satz zusammenhängender und sich gegenseitig beeinflussender Elemente von aufeinander abgestimmten Tätigkeiten zum Führen und Steuern einer Organisation
	bezüglich Management	
um Politiken, Ziele und Prozesse zum Erreichen dieser Ziele festzulegen.		

[a] Quelle: ISO 9000:2015-11, S. 36 Punkt 3.5.3.

Ihrer eigenen Systematik nicht folgend (vgl. linke Spalte der Tabelle 5.7) formulieren die Normsetzer der ›International Organization for Standardization (ISO)‹ für ein *Managementsystem* entsprechend der Übersicht in Analyse A 5. In dieser Definition zum Begriff ›Managementsystem‹ lässt sich der Begriff ›Organisation‹ durch die Normdefinition (vgl. Abschnitt 5.6.1) ersetzen.

Zudem ist der BESTANDTEIL 5–1 wortwörtlich die Normdefinition von ›System‹ (siehe oben). In Kombination mit dem BESTANDTEIL 5–2 ergibt sich damit das ›System einer Organisation‹. In dieser Lesart *ist* die Organisation *kein System*, sondern *hat ein System*. Diese Interpretation wird unbelegt eingeführt; ihr wird an dieser Stelle nicht gefolgt. Eingeleitet mit dem Wort „um", beschreibt der BESTANDTEIL 5–3 den mit diesem *System einer Organisation* verfolgten Zweck.

Analyse A 5: Definition des Begriffs ›Managementsystem‹
BESTANDTEIL 5–1: Satz zusammenhängender und sich gegenseitig beeinflussender Elemente einer
BESTANDTEIL 5–2: Organisation,
BESTANDTEIL 5–3: um Politiken, Ziele und Prozesse zum Erreichen dieser Ziele festzulegen.[a]

[a] Quelle: ISO 9000:2015-11, S. 36 Punkt 3.5.3. Zur besseren Lesbarkeit wurden die Verweise auf andere Begriffsdefinitionen entfernt.

Fraglich ist, wie aus dieser Kombination der Begriff ›Managementsystem‹ entsteht. Eine Gleichsetzung ist aufgrund der verschiedenen Definitionen der Einzelbegriffe unmöglich. Insgesamt fehlt es vor allem an einer Begründung, warum dem Begriff ›Management‹ der Begriff ›System‹ hinzugesetzt wurde. Dass Tätigkeiten systematisch ineinander greifen sollten, kann nachvollzogen werden. Wobei man in diesem Fall unter systematisch „planmäßig" (Duden 2013, S. 1041) bzw. konsequent verstehen sollte. Betrachtet man den Begriff Management und versteht darunter – normkonform (!) – „aufeinander abgestimmte Tätigkeiten zum Führen und Steuern einer Organisation" (ISO 9000:2015-11, S. 31 Punkt 3.3.3), ist nicht ersichtlich, inwieweit die Kombination mit dem Begriff System sinnvoll oder notwendig ist (vgl. normkonforme Ersetzung in N 5).

N 5: Normgetreue Ersetzungen innerhalb des Begriffs ›Managementsystem‹
BESTANDTEIL 5A-1: System einer
BESTANDTEIL 5A-2: Person oder Personengruppe, die eigene Funktionen mit Verantwortlichkeiten, Befugnissen und Beziehungen hat, um ihre Ziele zu erreichen
BESTANDTEIL 5A-3: um Politiken, Ziele und Prozesse zum Erreichen dieser Ziele festzulegen.

5.6.4 Qualitätsmanagementsystem

Möchte man nach der Definition der Einzelbestandteile des Begriffs ›Qualitätsmanagementsystem‹, diesen definieren, trifft man folgerichtig auf dieselben Probleme, wie bei den einzelnen Begriffen. Da der Begriff ›Qualitätsmanagementsystem‹ definiert ist als „Teil eines Managementsystems ... bezüglich Qualität" (siehe ISO 9000:2015-11, S. 36 Punkt 3.5.4) und den Begriff ›Managementsystem‹ enthält, ist dieser auch zu verwerfen.

Fraglich ist insgesamt, ob es wirklich notwendig war, den Begriffen ›Management‹ bzw. ›Qualitätsmanagement‹ das Wort ›System‹ hinzuzusetzen. Es erscheint eher aus dem Wunsch heraus entstanden zu sein, etwas Großes und Komplexes zu schaffen. Und da die Technischen Normung den Ruf hatte, systematisch aufgebaut zu sein, sollten auch die sozialen Konstrukte systematisiert erscheinen. Eine andere Erklärung ist nicht belegt.

5.7 Zwischenfazit

In den vorangegangenen Abschnitten wurde gezeigt, dass die Anwendung der DIN EN ISO 9001:2015 ursprünglich mit dem Begriff ›Qualitätssicherung‹ verbunden war. Zudem wurde gezeigt, dass die ausschließliche Anwendung der DIN EN ISO 9001:2015 aufgrund der fehlenden Begriffsdefinitionen nicht sinnvoll möglich ist. Der zusätzliche Erwerb der DIN EN ISO 9000:2015 ist für ein vollständiges Normverständnis zwingend. Ob der Entschluss zur Auslagerung der Begriffsdefinitionen eine bewusste Entscheidung zur Umsatzsteigerung war oder das Resultat dessen, dass sich die beteiligten Normsetzer des Technischen Komitees ISO/TC 176 nicht über den Verbleib in der DIN EN ISO 9001:2015 einigen konnten, ist nicht belegt.

Abgesehen vom nicht nachvollziehbaren Titel der Norm, hat diese auf zwei Wegen eine größere Bedeutung erlangt: Zum einen durch die Gesetzgeber, die sich immer häufiger auch auf die ISO 9001:2015 beziehen, und zum anderen durch die Zunahme der Bereitschaft sich freiwillig zertifizieren zu lassen. Damit entsteht ein sich selbst verstärkender Mechanismus der Zertifizierung: Weil immer mehr Unternehmen zertifiziert sind, lassen sich immer mehr Unternehmen zertifizieren. Einerseits weil die zertifizierten Unternehmen in einer Auftragnehmer-Auftraggeber-Beziehung dies fordern und andererseits, weil man den Eindruck gewinnt, es gehöre zu einem erfolgreichen Unternehmen dazu.

Brüchige Begriffswelt
Die Normen DIN EN ISO 9000:2015 und DIN EN ISO 9001:2015 vermitteln den Eindruck einer systematischen und durchdachten Begriffswelt. Viele Begriffe haben einzelne Definitionen, die zum Teil strukturell gleich aufgebaut sind, z. B. bei zusammengesetzten Substantiven nach dem Prinzip: ›*Grundwort*‹ *bezüglich* ›*Bestimmungswort*‹. Nichtsdestoweniger sind – analytisch betrachtet – verschiedentlich Brüche zu erkennen: Viele Begriffe bedürfen zusätzlicher Anmerkungen, ohne die ein Verständnis dessen, was die Normsetzer ›vermutlich‹ zum Ausdruck bringen wollten, schwierig ist. Für den deutschsprachigen Norminteressierten ergeben sich zusätzliche Probleme aus ungenauen bzw. widersprüchlichen Übersetzungen, z. B. wurde ›policy‹ mit ›Politik‹ statt mit ›Strategie‹ oder ›Richtlinie‹ übersetzt.

Allein die diversen begrifflichen Unklarheiten lassen Zweifel aufkommen, inwieweit Zertifikate entsprechend dieser Norm als Nachweis dienen können, den die AZAV für ein ›System zur Sicherung der Qualität‹ vorsieht.

Besonders problematisch wirkt für Normanwender die Tatsache, dass es sich bei den Arbeitsergebnissen anscheinend teilweise um Minimalkonsense handelt. Dies hat zur Folge, dass der Norm die gewünschte Klarheit fehlt, um in allen Situationen als Arbeitsgrundlage dienen zu können. Diese Unklarheit öffnet Tür und Tor für Spekulationen und dient eher als Arbeitsbeschaffungsmaßnahme für Qualitätsmanagementberater.

Der durch die DIN EN ISO 9001:2015 definierte Anwendungsbereich (vgl. ISO 9001:2015-11, S. 17) bezieht sich vorwiegend auf das Thema Nachweis der *Qualitätssicherung*. Mit anderen Worten gibt es für die Nutzung der Norm u. a.

folgende Gründe: Legt eine Organisation gegenüber einem Auftraggeber seine Fähigkeit dar, dessen Anforderungen zu erfüllen, geschieht dies entweder (1) als *vertrauensbildende Maßnahme* oder weil (2) der Auftraggeber gerade *kein Vertrauen* in den Auftragnehmer hat und deshalb einen Nachweis für dessen Leistungsfähigkeit fordert. Seit der Inkorporation dieser Norm in die Europäische Rechtsprechung als ›Harmonisierte Norm‹ (vgl. dazu Abl. EU C 412 v. 11.12.2015 i. V. m. Abl. EU L 218 v. 13.8.2008) kommen als Gründe (3) *staatliche Vorgaben* hinzu.

Somit käme diese Norm zum Einsatz, wenn zwischen zwei Vertragspartnern Misstrauen in die Leistung(sfähigkeit) des Auftragnehmers bestünde. Würde der Auftraggeber dem Auftragnehmer glauben (also: vertrauen), bestünde keine Notwendigkeit zur Darlegung der Maßnahmen zur Qualitätssicherung. Damit soll die Umsetzung der DIN EN ISO 9001:2015 zwischen zwei Vertragspartnern hauptsächlich ein größeres Vertrauen in die Erfüllung der vereinbarten Leistung ermöglichen.

Diese Zielsetzung deckt sich zwar einerseits mit den Zielen der Verfasser der AZAV, bildet aber andererseits nicht den gesamten Inhalt ab. Seit dem Jahr 1994 reichte den Normsetzern der Fokus auf diese Kernaussage nicht mehr. Bereits im Titel der Normen (DIN EN ISO 9000:2015 und DIN EN ISO 9001:2015) ging es seit diesem Zeitpunkt offiziell um ›Qualitätsmanagementsysteme‹. Insbesondere die Hinzusetzung des Begriffs ›*-systeme*‹ lässt sich nicht nachvollziehen, da dieser Begriff in seiner Definition bereits der Systematik der betrachteten Normen widerspricht.

Nicht erst die Autoren der letzten Version haben die Norm zudem um zusätzliche Inhalte ergänzt. Z. B. wurden in der novellierten Fassung aus dem Jahr 2015 die folgenden Normabschnitte aufgenommen (vgl. ISO 9001:2015-11, S. 28–30):

7.1.6 Wissen der Organisation,
7.2 Kompetenz,
7.3 Bewusstsein und
7.4 Kommunikation.

Werden die Änderungen betrachtet, die im ›Nationalen Vorwort‹ aufgelistet sind, hat besonders die Aussage „das ›Wissen der Organisation‹ wird als Ressource explizit aufgenommen" (vgl. ISO 9001:2015-11, S. 4), Aufmerksamkeit in der Fachliteratur erhalten (vgl. z. B. wissensmanagement 2015, S. 20–23).

Im Anhang A der Norm begründen die Normersteller die Aufnahme dieses Themas damit, dass die Notwendigkeit besteht, „den Wissensstand zu bestimmen und zu steuern, der von der Organisation aufrechterhalten wird, um die Durchführung ihrer Prozesse sicherzustellen und dass sie die Konformität der

Produkte und Dienstleistungen erreichen kann" (vgl. ISO 9001:2015-11, S. 55). Anscheinend soll sich die Erfassung des Wissens sowohl auf explizites als auch auf implizites Wissen beziehen. Inwieweit bspw. die Erfassung von impliziten Wissen überhaupt gelingen kann oder soll, bleibt offen.

Genauso unklar ist es, wie die Unterpunkte des Normabschnittes ›7.3 Bewusstsein‹ sichergestellt (!) werden sollen:

„Die Organisation *muss sicherstellen,* dass *die Personen,* die unter Aufsicht der Organisation Tätigkeiten verrichten, *sich Folgendem bewusst sind*:
a) der Qualitätspolitik;
b) der relevanten Qualitätsziele;
c) ihres Beitrags zur Wirksamkeit des Qualitätsmanagementsystems, einschließlich der Vorteile einer verbesserten Leistung;
d) der Folgen einer Nichterfüllung der Anforderungen des Qualitätsmanagementsystems" (Hervorhebungen durch den Verfasser – vgl. ISO 9001:2015-11, S. 29).

Auch bei diesem Thema ist ungeklärt, wie die Organisation Bewusstseinsänderungen bei ihren Organisationsmitgliedern garantieren soll und was geschieht, wenn diese Bewusstseinsänderung weder eintritt noch nachgewiesen werden kann. Sind dann bereits die Vorgaben der Norm nicht erfüllt, und ein ›System zur Sicherung der Qualität‹ liegt nicht vor? Neben der Frage, wie die Organisation diese Vorgaben umsetzen soll, stellt sich die Frage, wie ein Zertifizierer die Bewusstseinsänderungen überprüfen möchte.

In Anbetracht der verschiedenen Anmerkungen, die sich zu dem Normtext ergeben, ist fraglich, warum sich Defizite in der Systematik aufzeigen lassen, obwohl Experten aus verschiedensten Ländern an der Erstellung der Norm mitgewirkt haben.

Insbesondere ergeben sich jedoch zwei Fragen: Inwieweit sind Zertifikate, die aufgrund der ISO 9001:2015 ausgestellt wurden, *verlässliche Indikatoren* für die Tatsache, dass bspw. ein Bildungsträger ein wirksames ›System zur Sicherung der Qualität‹ eingerichtet hat und anwendet? Und: Warum wird diesen Zertifikaten ein dermaßen *unerschütterliches Vertrauen entgegengebracht,* obwohl ihre wissenschaftliche Belastbarkeit nicht unbedingt gegeben ist? Mit der Beantwortung dieser Fragen beschäftigen sich die anschließenden Kapitel.

Kapitel 6.
Herausbildung von Institutionen- und Systemvertrauen

6.1 Überblick

Während im Kapitel 3 die Entstehung der Technischen Normung aufgezeigt wurde, befasste sich das Kapitel 4 mit der Pfadabhängigkeit historischer Ereignisse, die dazu führten, dass die Technische Normung nicht nur eine quasi ›zwangsläufige Relevanz‹ besitzt, sondern dass ihre Bedeutung in den letzten Jahrzehnten weiter zugenommen hat.

Im Kapitel 5 wurde die Norm ISO 9001:2015 in den Kontext der Qualitätssicherung eingeordnet und der Anwendungsbereich bestimmt. Klar erkennbar wurde dieser als Grundlage für das Schaffen von Vertrauen zwischen Transaktionspartnern formuliert. Beziehungen zwischen Transaktionspartnern werden durch verschiedenartige Verträge in unterschiedlichem Umfang geregelt. In Vorbereitung der Übertragung der bisherigen Überlegungen auf das konkrete Beispiel im Kapitel 7 lässt sich ein sinnvoller Zusammenhang im Rahmen der Vertragsbeziehungen zwischen einem Maßnahmeträger und dessen öffentlichem Auftraggeber, wie der Bundesagentur für Arbeit (BA), finden. Entsprechend den Bestimmungen der ›Akkreditierungs- und Zulassungsverordnung – Arbeitsförderung (AZAV)‹ findet die DIN EN ISO 9001:2015 in der Begründung zu jener Verordnung Erwähnung (vgl. BMAS 2012, S. 5 bzw. Anhang A).

Bevor ein Vertrag zustande kommt, stehen die Vertreter der Bundesagentur für Arbeit vor dem Problem, einen Bildungsträger auszuwählen, der die vorgesehenen Bildungsmaßnahmen unter effizienter Verwendung von öffentlichen Geldern erfolgreich umsetzt. Da beide Seiten den ›Erfolg‹ gegebenenfalls anders definieren, bedarf es Institutionen, die zum einen die Auswahl der ›richtigen‹ Maßnahmeträger gewährleisten und zum anderen die Ergebnisse im Sinne des jeweiligen Transaktionspartners absichern.

In diesem Kapitel wird zunächst die ›Neue Institutionenökonomik‹ als wirtschaftstheoretischer Bezugsrahmen eingeführt und es werden die Begriffe ›Institution‹ und ›Transaktion‹ umrissen (vgl. Abschnitt 6.3).

Die Gedanken von LUHMANN (2014), NORTH (1992) und RIPPERGER (1998) sowie verschiedene Ansätze der ›Neuen Institutionenökonomik‹ werden danach aufgegriffen und ein vom Verfasser entwickeltes Modell zur Darstellung der Wirkungsweise von Vertrauenssubstituten als Grundlage für die Ausbildung von Institutionen- bzw. Systemvertrauen präsentiert (vgl. Abschnitt 6.4).

Im folgenden Kapitel 7 werden diese Überlegungen auf die Entscheidungssituation bei der Auswahl eines Bildungsträgers übertragen und es wird gezeigt, wie sich das stabile Institutionenvertrauen in die Institution ISO 9001:2015 und das stabile Systemvertrauen in das Normungswesen als Ganzes herausbilden konnte.

6.2 Komplexität von Entscheidungen unter Unsicherheit

Die Entscheidungen, die zur Auswahl eines geeigneten Bildungsträgers führen sollen, erfolgen in einem Umfeld, in dem die Akteure in „Organisationen in ihrem Entscheidungshandeln an die Grenzen ihrer Verarbeitungskapazität stoßen" (Herger 2006, S. 25). Als Gründe beschreibt HERGER bspw. die funktionale Ausdifferenzierung (Wissenschaft, Politik, Religion etc.) und die Fiktionalisierung moderner Gesellschaften durch den Einfluss der (Online-)Massenmedien. Darüber hinaus haben technische Innovationen zu einem höheren Risikobewusstsein in Organisationen geführt. Dabei identifiziert er als Ursprung für die Risiken die häufig nur „begrenzt steuerbaren Folgen von Handlungen" der beteiligten Akteure, die ein gemeinsames Bezugsproblem zu verarbeiten haben: „die gesteigerte Komplexität" (vgl. Herger 2006, S. 25–26).

Unsicherheit
Um nachzuvollziehen, welchen Beitrag ein Dokument wie die ISO 9001:2015 zur Komplexitätsreduktion leisten soll, wird als nächstes der Begriff ›Komplexität‹ kurz umrissen. Hierfür wird die Situation vor Vertragsabschluss betrachtet, die durch verschiedene Formen von Unsicherheiten gekennzeichnet ist.

Es lassen sich bspw. objektive und subjektive Unsicherheit differenzieren. Die *objektive Unsicherheit* wird bedingt durch den Zufall, der individuell nicht beeinflussbar ist. Im Unterschied dazu entsteht *subjektive Unsicherheit* durch einen Mangel an Informationen und/oder aufgrund der unzureichenden Fähigkeiten des menschlichen Gehirns, sämtliche vorliegenden Informationen vollständig und folgerichtig zu verarbeiten. Die Unsicherheit über die Wahrscheinlichkeitsverteilung selbst und damit nicht der Zufall, sondern die Möglichkeit des Irrtums, bedingt die subjektive Unsicherheit (vgl. Ripperger 1998, S. 16).

Ereignisse, die außerhalb des direkten Einflusses der Akteure liegen, werden unter dem Begriff *exogene Unsicherheit* (Umweltunsicherheit) zusammengefasst.

Interagieren Akteure miteinander und betreffen die Ergebnisse von Entscheidungen eines Akteurs andere Akteure, tritt endogene Unsicherheit auf. Die *endogene Unsicherheit* nahm – historisch gesehen – zu, als die Menschen begannen, durch Spezialisierung und Arbeitsteilung die Arbeit neu zu organisieren. Die veränderte Arbeitsorganisation ist mit einem Koordinations- und einem Motivationsproblem verbunden (vgl. Ripperger 1998, S. 17).

Hierbei bezieht sich das *Koordinationsproblem* auf die Fähigkeiten (›das Können‹) der Vertragspartner im Rahmen einer technisch effizienten Abwicklung des Leistungserstellungsprozesses. Es geht um die Beantwortung der Frage: Wer erbringt wann welche Leistung? Das *Motivationsproblem* bezieht sich auf die tatsächliche Bereitschaft der Akteure, ihren vorgesehenen Beitrag zur Erfüllung der Aufgabe zu leisten. Insofern besteht eine Verhaltensunsicherheit in Bezug auf ›das Wollen‹ der Akteure.

Komplexität und Risiko

„Die Unsicherheit von Ereignissen bedingt die Komplexität menschlichen Handelns und Entscheidens. Inwieweit Akteure in der Lage sind, diese zu bewältigen, ist abhängig vom unterstellten Grad an Rationalität" (Ripperger 1998, S. 18). *Komplexität* entsteht durch die Vielzahl der Kontingenzen[1] der für die Zukunft möglichen Ereignisse sowie der Unsicherheit darüber, welches Ereignis eintreten wird. Mit zunehmender Interdependenz der Ereignisse steigt die Komplexität (vgl. Luhmann 2009, S. 8).

Rational basierte Entscheidungen unter Unsicherheit zu treffen, bedeutet in erster Linie, die mit verschiedenen Handlungsfolgen verbundenen Risiken zu identifizieren und abzuschätzen, d. h. Komplexität zu bewältigen. Dazu sind (a) Handlungsfolgen zu prognostizieren, (b) die Kontingenzen möglicher Ereignisse zu erfassen, (c) deren Eintrittswahrscheinlichkeit zu berechnen oder abzuschätzen sowie (d) die Wahrscheinlichkeit zu berücksichtigen, inwiefern ein Ereignis A zu einer Konsequenz B führt.

Die begrenzte Informationsverarbeitungskapazität des menschlichen Gehirns führt dazu, dass selbst wenn sämtliche Informationen vorlägen, der Mensch nicht in der Lage wäre, diese zu verarbeiten. Daher bedeutet Komplexität für den Menschen gleichzeitig auch subjektive Unsicherheit.

Der Begriff *Soziale Komplexität* wird von RIPPERGER beschrieben als „Komplexität, die vor allem durch das Verhalten anderer Akteure begründet wird und damit überwiegend aus endogener Unsicherheit resultiert" (Ripperger 1998, S. 19).

---

1 ›Kontingenz‹: *Logik* Möglichkeit u. gleichzeitige nicht Notwendigkeit; ›kontingent‹ […] *Philos.* zufällig; wirklich od. möglich, aber nicht [wesens]notwendig (vgl. Duden 2013, S. 626).

Unsichere Ereignisse werden für Akteure relevant, wenn eine Entscheidung verschiedene Konsequenzen in Bezug auf ihr individuelles Nutzenniveau bewirken könnte. Ergibt sich aus der Wahl einer konkreten Handlungsalternative die Möglichkeit eines Schadens, wird dies als *Risiko* bezeichnet. Als Schaden werden ein Nutzenverlust, aber auch die Opportunitätskosten aus der Nichtrealisierung einer alternativen Entscheidung bezeichnet.

6.3 Die ›Neue Institutionenökonomik‹ als theoretischer Bezugsrahmen

6.3.1 Der ›Homo oeconomicus‹ als Akteur in der Neoklassik

Verschiedene wirtschaftstheoretische Ansätze stehen für die Erklärung der Existenz von Normen als Institutionen zur Verfügung. Ein in verschiedenen mikroökonomischen Zusammenhängen häufig genutztes Theoriengerüst ist das der *Neoklassik*. Vermutlich war es VEBLEN, der als erster den Begriff ›Neoklassik‹ für eine Forschungsrichtung verwandte (vgl. VEBLEN 1900, S. 261), deren Ideen ab den siebziger Jahren des 19. Jahrhunderts Verbreitung fanden. Als Vertreter neoklassischer Ideen lassen sich bspw. MENGER (1871) *Grundsätze der Volkswirtschaftslehre*, JEVONS (1888) *Theory of Political Economy* oder WALRAS (1874) *Elements d'économie politique pure* nennen.

Ohne eine Gewichtung vornehmen zu wollen, seien nachfolgend einige Prämissen des neoklassischen Theoriekonzeptes genannt (vgl. dazu z. B. Feess-Dörr 1995, S. 97; Springer 2013b, S. 273–274): (a) Abkehr von der Theorie sozialer Klassen in der klassischen politischen Ökonomie und Hinwendung zu den rational handelnden Individuen, den sogenannten ›homines oeconomici‹. (b) Die Annahme vollständiger Konkurrenz auf vollkommenen Märkten, auf denen alle ökonomischen Fragen nach dem Prinzip von Angebot und Nachfrage simultan behandelt werden. (c) Eine besondere neoklassische Verteilungstheorie ist nicht notwendig, da die Verteilungsfrage innerhalb der Preistheorie über die Bestimmung der Gleichgewichtspreise und der Gleichgewichtsmengen simultan behandelt wird. Preise und Löhne werden als vollständig flexibel angesehen. (d) Die Marktteilnehmer handeln unter vollständiger Voraussicht und kennen sämtliche Zeit-Zustands-Kombinationen im Sinne von ARROW UND HAHN sowie DEBREU (vgl. z. B. Arrow & Hahn 1991, S. 107–128 und Debreu 1976, S. 91–96). (e) Es wird angenommen, dass alle Individuen ihre eigenen Interessen verfolgen und versuchen, ihren Nutzen zu maximieren. (f) Die Ermittlung des Marktgleichgewichtes aus Angebot und Nachfrage erfolgt über die Vereinbarkeit der Dispositionsgleichgewichte aller Marktteilnehmer. (g) Es wird die sogenannte ›Pareto-Effizienz‹ definiert, die DEBREU wie folgt beschreibt:

„Gegeben seien zwei erreichbare Zustände einer Ökonomie; der zweite wird als mindestens so erwünscht wie der erste angesehen, wenn jeder Konsument seinen Konsumplan im zweiten Zustand mindestens so hoch einschätzt wie seinen Konsumplan im ersten. Ein Optimum ist also als ein erreichbarer Zustand definiert derart, daß unter den Beschränkungen, die durch die Konsummengen, die Produktionsmengen und die Gesamtressourcen der Ökonomie gegeben sind, kein Konsument besser gestellt werden kann, ohne einen anderen Konsumenten schlechter zu stellen" (Debreu 1976, S. 110).

In der neoklassischen Gedankenwelt bedarf es keiner Institution wie der ISO 9001:2015. Bei vollkommener Voraussicht, ausschließlich rational handelnder Akteure, vollkommenen Märkten und vollständiger Information, besteht hierfür keine Notwendigkeit. Der ›Homo oeconomicus‹ kann aufgrund seiner Präferenzstrukturen diejenige Handlungsalternative wählen, die seinen Nutzen maximiert – er handelt rational. Opportunitätskosten werden als entgangene Nutzengewinne einkalkuliert.

6.3.2 Abkehr von den neoklassischen Annahmen

Seit Beginn des 20. Jahrhunderts wurde vermehrt die Annahme infrage gestellt, dass die Handelnden ausschließlich rational kalkulierende Individuen seien. Hauptsächlich wurde angezweifelt, dass sie auf Basis feststehender Präferenzen und vor allem unter Kenntnis aller Handlungsalternativen ihre Entscheidung treffen, sämtliche Preise und die Eigenschaften aller existierenden Güter kennen, zudem genau wissen, welches Gut welchen Nutzen stiftet sowie die Tatsache, dass die Beschaffung dieser Informationen weder Zeit benötigt noch Kosten verursacht (vgl. Feess-Dörr 1995, S. 71). Zudem bedeutet die Akzeptanz begrenzter Informationsverarbeitungskapazität ebenfalls die Aufgabe der Prämisse von vollständig rational handelnden Akteuren.

Kritik erfolgte bspw. durch Vertreter der ›Jüngeren Deutschen Historischen Schule‹, wie VON SCHMOLLER in ›Grundriß der Allgemeinen Volkswirtschaftslehre‹ (von Schmoller 1923/1978), durch Vertreter des ›Amerikanischen Institutionalismus‹ wie COMMONS (1931) in ›Institutional Economics‹ und VEBLEN (1900) in ›The Preconceptions Of Economic Science‹ (vgl. Bardmann 2014, S. 367–368). Im weiteren Verlauf des 20. Jahrhunderts kamen weitere Autoren hinzu, deren Arbeiten sich unter dem von WILLIAMSON (1975) geprägten Begriff ›Neue Institutionenökonomik‹ subsummieren lassen, z. B. COASE (1937), ALCHIAN (1965), OSTROM (1986) oder auch NORTH (1991).

Bereits COMMONS forderte die Verschiebung des Fokus der ökonomischen Untersuchungen weg von den produzierten bzw. konsumierten Gütern als „kleinste Einheit des Handelns" (vgl. Commons 1931, S. 652) hin zur *Transaktion* und ihren Beteiligten. Transaktionen sah er nicht nur als den reinen Austausch von Wirtschaftsgütern, sondern vielmehr als die Veräußerung und den Erwerb von *Verfügungsrechten*, die zwischen den beteiligten Parteien ausgehandelt werden müssen. „[T]ransactions are, not the ›exchange of commodities‹, but the alienation and acquisition, between individuals, of the rights of property and liberty created by society, which must therefore be negotiated between the parties concerned" (Commons 1931, S. 652).

Auch wenn die ›Neue Institutionenökonomik‹ nicht als einheitliches Theoriengebilde gelten kann, da verschiedene Autoren verschiedene Themen unter verschiedenen Gesichtspunkten analysieren, ist ihnen die grundsätzliche Herangehensweise gleich. Die ›Neue Institutionenökonomik‹ befasst sich mit der Analyse institutioneller Arrangements der Wirtschaft in einem institutionellen Umfeld, welches durch andere als die neoklassischen Annahmen geprägt ist. Die Forscher dieser Fachrichtung versuchen, realitätsnähere Annahmen in ihre Untersuchungen einzubeziehen, um nicht eine Welt zu erklären, die in der zu erklärenden Form nicht existiert.

Vertreter der ›Neuen Institutionenökonomik‹ akzeptieren zum einen die Tatsache, dass Akteure mit eingeschränkter Rationalität und unvollständiger Voraussicht handeln, und zum anderen, dass Transaktionen Zeit benötigen und die Schaffung und Nutzung von Institutionen – insbesondere von Organisationen – Ressourcen verbrauchen. Dieser Ressourcenverbrauch wird mit dem Begriff ›Transaktionskosten‹ bezeichnet (vgl. Richter & Furubotn 2010, S. 3–14).

6.3.3 Der Begriff ›Institution‹

Die Definitionen, die im Laufe des 20. Jahrhunderts für den Begriff ›Institution‹ niedergeschrieben wurden, weisen trotz ihrer Unterschiede Gemeinsamkeiten auf: Institutionen werden als vom Menschen erdacht beschrieben, mit deren Hilfe das Handeln von Individuen bestimmt, beschränkt und in seinem Ablauf vorhersehbar werden soll. Institutionen stellen die Anreizstruktur einer Gesellschaft dar und lassen sich sowohl auf politischer, wirtschaftlicher als auch auf sozialer/gesellschaftlicher Ebene finden (vgl. North 1992, S. 3–4). Mit ihrer Hilfe soll es möglich sein, die Komplexität der Umwelt – speziell in Entscheidungssituationen – zu reduzieren.

Bereits VON SCHMOLLER verstand im Jahr 1923 unter einer Institution „eine partielle, bestimmten Zwecken dienende, zu einer selbstständigen Entwicklung gelangte Ordnung des Gemeinschaftslebens" (von Schmoller 1923/1978, S. 61). Er zählte Beispiele aus verschiedensten Bereichen auf, wie das Marktwesen, das Münzwesen, das Eigentum oder die Ehe. Für ihn waren die gesellschaftlichen Institutionen das wichtigste Ergebnis des sittlichen Lebens (vgl. von Schmoller 1923/1978, S. 61).

COMMONS definierte eine Institution als „*collective action* in control, liberation and expansion of individual action" (Hervorhebung durch den Verfasser – Commons 1931, S. 649). Handeln (engl. action) ist nicht gleich Verhalten. ›Verhalten‹ ist der allgemeinere Begriff, der sich auf sämtliche mögliche menschliche Aktionen bezieht, unabhängig davon, ob diese bewusst oder unbewusst ablaufen. Verhalten schließt Reflexe und geplante Handlungen ein. Der Handelnde (im Folgenden auch ›Akteur‹ genannt) verbindet mit seinem Verhalten einen bestimmten Sinn. Unter Sinn kann zum einen der angestrebte Zweck des Handelns verstanden werden als auch die Bedeutung der Handlung für den Akteur. ›Handeln‹ ist damit auf sinnhaftes Verhalten beschränkt (vgl. Miebach 2006, S. 20).

WEBER formulierte im Jahr 1921 in diesem Zusammenhang: „Soziales Handeln aber soll ein solches Handeln heißen, welches seinem von dem oder den Handelnden gemeinten Sinn nach auf das Verhalten anderer bezogen wird und daran in seinem Ablauf orientiert ist" (Weber 1921/2014, S. 1).

Unter dem ›kollektiven Handeln‹ von COMMONS kann auch das ›soziale Handeln‹ im WEBER'schen Sinne subsumiert werden. Mit der Betonung des *kollektiven Handelns* zwischen unorganisierter Gewohnheit bis zu organisierten Unternehmungen verdeutlicht COMMONS, dass die individuelle Transaktion und ihre Kontrolle durch kollektives Handeln im Mittelpunkt einer institutionellen Ökonomik stehen müsse.

Er begründete dies mit dem gemeinsamen Prinzip, welches solchen Überlegungen zugrunde liegt: Durch das kollektive Handeln werden mehr oder weniger die *individuellen Möglichkeiten kontrolliert, hervorgebracht oder ausgeweitet*. Ökonomische Prozesse sind damit nicht durch Harmonie gekennzeichnet, sondern eher durch *Interessenkonflikte*.

„Collective action ranges all the way from unorganized custom to the many organized going concerns, such as the family, the corporation, the trade association, the trade union, the reserve system, the state. The principle common to all of them is greater or less control, liberation and expansion of individual action by collective action" (Commons 1931, S. 649).

OSTROM nutzte eine umfangreichere Definition des Institutionenbegriffs, bleibt nichtsdestoweniger ebenso handlungsorientiert. Sie formulierte:

„›Institutionen‹ lassen sich definieren als die Menge von Funktionsregeln, die man braucht, um festzulegen, wer für Entscheidungen in einem bestimmten Bereich infrage kommt, welche Handlungen statthaft oder eingeschränkt sind, welche Aggregationsregeln verwendet werden, welche Verfahren eingehalten werden müssen, welche Informationen geliefert oder nicht geliefert werden müssen, und welche Entgelte den einzelnen entsprechend ihren Handlungen zugebilligt werden [...] Alle Regeln enthalten Vorschriften, die eine Handlung oder ein Ergebnis verbieten, gestatten oder verlangen. Funktionsregeln sind diejenigen Regeln, die tatsächlich angewendet, kontrolliert und durchgesetzt werden, wenn Einzelpersonen Entscheidungen über ihre zukünftigen Handlungen treffen" (Hervorhebungen im Original – aus dem Englischen übersetzt – Ostrom 1994, S. 51).

Phänomene dieser Art lassen sich auch innerhalb anderer Theoriengebilde, wie bspw. der Neoklassik, finden. Der neoklassische Preismechanismus kann als Institution interpretiert werden. Die Regeln, die zu einem Ausgleich von Angebot und Nachfrage führen, dienen der Verhaltensbeeinflussung der Marktteilnehmer. Auch ein neoklassisches Monopol lässt sich als Institution deuten, da durch seine Etablierung die Handlungsmöglichkeiten einzelner Teilnehmer am Markt eingeschränkt werden. Insofern ist der Begriff ›Institution‹ keine Neuerfindung der ›Neuen Institutionenökonomik‹, gleichwohl ermöglicht erst die konsequente Anwendung der realitätsnäheren Annahmen die Erklärung der Existenz von Normen wie der ISO 9001:2015.

Funktionell lassen sich Institutionen verstehen als ein System miteinander verknüpfter formgebundener bzw. formaler oder formungebundener bzw. informeller Regeln. Informelle Beschränkungen können in Verhaltenskodizes, Traditionen oder Sanktionen bestehen. Formale Regeln sind bspw. Verfassungen, Gesetze oder Verfügungsrechte (vgl. North 1991, S. 97).

RICHTER UND FURUBOTN führen diese funktionelle Sichtweise fort und sehen *Institutionen als Einrichtungen, die Ungewissheiten des menschlichen Lebens verringern, das Treffen von Entscheidungen erleichtern und die Zusammenarbeit zwischen den Individuen fördern* sollen. Als Zielsetzung der Schaffung von Institutionen sehen sie, dass „im Ergebnis die Kosten der Koordination wirtschaftlicher und anderer Aktivitäten abnehmen" (Richter & Furubotn 2010, S. 8).

6.3.4 Der Begriff ›Transaktion‹

NORTH formuliert als Hauptzweck der Institutionen die Schaffung einer stabilen Ordnung für eine Gesellschaft, um die Unsicherheit in Bezug auf menschliche

Interaktionen zu vermindern. Er ergänzt zudem, dass dies nicht bedeute, dass sich Institutionen nicht verändern und weiterentwickeln; formale Institutionen entstünden bspw. zumeist aus zuvor informell geregelten Verhaltensnormen (vgl. North 1992, S. 6).

Um die Bedeutung der Institution ISO 9001:2015 zu verstehen, muss die zugrunde liegende Transaktion analysiert werden: in diesem Fall handelt es sich um den *Tausch von Gütern*. Für den Begriff ›Transaktion‹ wird die häufig verwendete Definition von WILLIAMSON zitiert: „Eine Transaktion findet statt, wenn ein Gut oder eine Leistung über eine technisch trennbare Schnittstelle hinweg übertragen wird. Eine Tätigkeitsphase wird beendet; eine andere beginnt" (Williamson 1990, S. 1). Für diese Arbeit sei ergänzend hinzugefügt, dass neben dieser technischen Betrachtung auch die Übertragung von Verfügungsrechten als Transaktion betrachtet wird (Richter & Furubotn 2010, S. 600). Unter dem Begriff ›Güter‹ seien hier sowohl materielle Produkte als auch immaterielle Dienstleistungen wie bspw. Bildungsmaßnahmen verstanden.

Institutionen schaffen für Transaktionen einen Handlungsrahmen, der zudem die damit verbundenen Transaktionskosten bestimmt. Inwieweit diese Institutionen in der Lage sind, die Probleme der Koordination des Tausches zu lösen, hängt von verschiedenen Aspekten ab: z. B. von der Komplexität der Umwelt, den individuellen Fähigkeiten der beteiligten Akteure diese Komplexität zu erfassen und zu verarbeiten sowie den Nutzenfunktionen und der Motivation der Akteure.

Vom formlosen Tausch zum formalen Vertrag
Den Überlegungen von NORTH (1992) wird zunächst weiter gefolgt: Zu Beginn der Menschheitsentwicklung, als das Zusammenleben vor allem durch Stammes- und Dorfgemeinschaften geprägt war, waren Tauschakte eingebettet in ein *dichtes Netz sozialer Beziehungen*, welches dafür verantwortlich war, dass Transaktionen erfolgreich abgewickelt wurden. Dieses Netz basierte auf Vertrauen und der hinreichend genauen Kenntnis des Transaktionspartners. Die Tauschpartner mussten jederzeit ihre ehrbaren Absichten nachweisen und unter Beweis stellen. Innerhalb der relativ kleinen Gemeinschaften, in denen jeder jeden kannte, wurde Unehrlichkeit sofort bestraft – im Extremfall mit Verbannung aus der Gemeinschaft.

Mit der Zunahme der Anzahl der Tauschakte stieg deren Komplexität. Daher mussten sich komplexere Formen der zugehörigen Institutionen entwickeln, um wiederum die Komplexität auf ein für die beteiligten Akteure zu verarbeitendes Maß zu reduzieren. Die zuvor bestehenden ausschließlich formungebundenen Regeln einer geringen Anzahl von Personen (z. B. innerhalb eines Stammes) waren nicht ausreichend geeignet, um die Transaktionskosten derart zu senken, dass neue Varianten des Handels entstehen konnten (vgl. North 1992, S. 142–143).

Der einfache Tausch Gut gegen Gut fand sein Ende, als die Akteure erkannten, dass sie mithilfe von Spezialisierung und Arbeitsteilung Tauschvorteile realisieren konnten. Die Spezialisierung ermöglichte eine Vergrößerung der Absatzmärkte und mit der fortschreitenden Arbeitsteilung konnte auch die Zahl der Tauschakte erhöht werden. Die zunehmende Anzahl an Tauschakten bedeutete gleichzeitig eine zunehmende Anonymisierung der Tauschpartner. Neue Institutionen waren notwendig, um weiterhin eine erfolgreiche Abwicklung von Transaktionen zu ermöglichen (vgl. North 1991, S. 100).

Während die neoklassische Mikroökonomie Vertragsfragen fast vollständig ignoriert (vgl. Bardmann 2014, S. 380), stellt die Analyse von Vertragsbestimmungen im Rahmen der ›Neuen Institutionenökonomik‹ ein wichtiges Forschungsgebiet dar (vgl. Müller & Schmitz 2016, S. 657–660). Es wird versucht zu erklären, inwieweit unterschiedliche Vertragsstrukturen und andere Institutionen ein bestimmtes Verhalten bei den Vertragspartnern/Transaktionspartnern bewirken. Die Spannbreite reicht hierbei von Einzelverträgen (z. B. Arbeits- oder Kreditverträgen) bis hin zu politischen Entscheidungsregeln oder informellen Vereinbarungen in wiederholten Beziehungen.

Die Vertragstheorie als Teil der ›Neuen Institutionenökonomik‹
Mit der Ausgestaltung von Vertragsbeziehungen haben sich sehr intensiv BENGT HOLMSTRÖM und OLIVER HART seit Mitte der 1970er-Jahre beschäftigt (vgl. z. B. Hart & Holmström 1986). Beide gelten als Begründer der ökonomischen *Vertragstheorie* und wurden dafür im Jahr 2016 mit dem Preis der schwedischen Reichsbank für Wirtschaftswissenschaften zum Gedenken an Alfred Nobel ausgezeichnet (vgl. Müller & Schmitz 2016, S. 657–658).

Im Allgemeinen wird die Vertragstheorie in zwei Teilgebiete gegliedert. Dies ist auf der einen Seite die ›Theorie vollständiger Verträge‹, die sich mit zum Teil sehr komplexen Vertragsgestaltungen beschäftigt. Auf der anderen Seite besteht die ›Theorie unvollständiger Verträge‹, die davon ausgeht, dass es unmöglich sei, sämtliche zukünftige Umweltzustände vorherzusehen. BENGT HOLMSTRÖMS bedeutsamste Arbeiten beziehen sich in erster Linie auf die ›Theorie vollständiger Verträge‹ (vgl. z. B. Holmström 1989), während OLIVER HART die Grundlagen für die ›Theorie unvollständiger Verträge‹ legte (vgl. z. B. Hart & Moore 1999).

Den theoretischen Annahmen dieser Ansätze wird im Weiteren gefolgt, daher wird an dieser Stelle die neoklassische Herangehensweise zum Vergleich dargestellt: *In einer Arrow-Debreu-Welt ohne Transaktionskosten existieren nur vollständig kontingente, explizit vereinbarte Verträge mit symmetrischen*

Informationen, deren *Vertragsabschluss keine Zeit benötigt.* Aufgrund dessen ist es irrelevant, ob Verträge formal oder informell vereinbart wurden. Das vollständige Vorhandensein sämtlicher Informationen impliziert, dass es möglich sei, mithilfe Dritter (z. B. mithilfe von Gerichten), Ansprüche zu überprüfen und durchzusetzen. Da im neoklassischen Denkansatz sämtlichen Marktteilnehmern alle Informationen bekannt sind, ist es irrelevant, ob es sich um Individual- oder Kollektivverträge handelt und ob diese im eigenen Namen oder durch einen Intermediär abgeschlossen werden. Es bedarf auch keiner spezifischen Vertragsbestimmungen, um opportunistische Handlungen der Vertragspartner nach Vertragsabschluss zu unterbinden. Sollten spezifische Risiken im Zusammenhang mit dem Vertrag auftreten, können diese vollständig über den Markt verteilt werden (vgl. Richter & Furubotn 2010, S. 171).

In der real existierenden Wirtschaftswelt lassen sich die soeben beschriebenen Annahmen nicht halten. Vielmehr muss man von sogenannten *unvollständigen und relationalen Verträgen* ausgehen, die gekennzeichnet sind durch: (a) das Auftreten asymmetrischer Informationen, aufgrund von relativer Unwissenheit, (b) unvollständiger Voraussicht und (c) eingeschränkter Rationalität, die zu Schwierigkeiten bei der Etablierung von Überwachungs- und Durchsetzungssystemen führen.

6.3.5 Informationsasymmetrien[*]

Im Gegensatz zu den neoklassischen Annahmen, dass jeder Akteur vollständig informiert sei und sämtliche Zeit-Zustand-Präferenzen der anderen Seite kenne, bestehen bei der Beauftragung von immateriellen Leistungen, wie sie Bildungsmaßnahmen darstellen, an verschiedenen Stellen Unsicherheiten. Diese resultieren hauptsächlich aus der realistischeren Annahme, dass lediglich unvollständige Informationen sowohl über das zu handelnde immaterielle Gut als auch über die Vertragspartner vorliegen.

Die Sach- und Dienstleistungen, die im Mittelpunkt vertraglicher Beziehungen stehen, sind genauso wie die Vertragspartner selbst durch eine Vielzahl von Eigenschaften/Attributen gekennzeichnet. Wäre es vereinfachend möglich, davon auszugehen, dass alle beteiligten Akteure dieselbe objektive Zielfunktion hätten, verbliebe nichtsdestotrotz das Problem der umfassenden und vollständigen

---

[*] Anmerkung: Im Kapitel 7 wird ein Beispiel des Bildungssektors für weitere Erläuterungen genutzt. Daher werden an dieser Stelle vorwiegend Transaktionen zum Tausch immaterieller Güter betrachtet. Viele Aussagen treffen allerdings auch für materielle Güter zu.

Ermittlung der relevanten Attribute und ihrer Ausprägungsniveaus, um vollständige Verträge zu gestalten.

Die Realität ist vielmehr von *Informationsasymmetrien* geprägt sowohl im Hinblick auf die Attribute, deren Ausprägungsgrade als auch auf die Präferenzen der beteiligten Akteure und deren Verhaltensfunktion (vgl. Voigt 2009, S. 84–86). Asymmetrische Informationen entstehen bspw. dadurch, dass jede Partei zunächst einmal die eigene Position und die eigenen Präferenzen zu einem bestimmten Zeitpunkt kennt. Einige der damit verbundenen Informationen sind vertragsrelevant. Vor Vertragsabschluss kann bspw. ein Verkäufer die Qualität des zu handelnden Gutes besser einschätzen als der Erwerber (vgl. Akerlof 1970, S. 488–500). Genauso weiß der Erwerber mehr über sein voraussichtliches Handeln in Bezug auf seine Vertragserfüllung. Er weiß, ob er die Absicht hat, sich vertragskonform zu verhalten oder ob er nachverhandeln wird.

6.3.6 Opportunistisches Verhalten

WILLIAMSON versteht unter Opportunismus bzw. opportunistischem Handeln „die Verfolgung des Eigeninteresses unter Zuhilfenahme von List" (Williamson 1990, S. 54). Informiert eine Vertragspartei die andere vor Vertragsabschluss bewusst unvollständig oder fehlerhaft, wird dies *ex ante Opportunismus* genannt, der aufgrund asymmetrischer Informationslage möglich wird.

Für alle Transaktionspartner gilt, dass sich weder etwas über die moralischen Qualitäten noch über die innere Verfassheit der anderen Seite abschließend in Erfahrung bringen lässt. Die innere Verfassheit eines menschlichen Individuums kann aus den verschiedensten Gründen schwanken: Dies kann bspw. physische, psychische oder emotionale Gründe haben, hervorgerufen z. B. durch eine Veränderung aufgrund von Medikamenten, Krankheiten oder Gefühlen. Oder es handelt sich um die Veränderung von Umweltzuständen bzw. deren Reaktion darauf, z. B. Bildungsverläufe, Jobangebote oder eine veränderte Familienplanung. Daher gibt es keine Institution, die in der Lage ist, die *Gefahr opportunistischen Verhaltens* vollständig zu eliminieren.

Handelt es sich nicht um einen simultanen Tausch zwischen den Transaktionspartnern, nehmen Unsicherheiten weiter zu. Die Verunsicherung resultiert aus der Gefahr, dass sich die Vertragspartner nicht an das ursprünglich Versprochene halten.

Eine weniger negative Auslegung menschlichen Verhaltens begründet den Einsatz von Maßnahmen, die Opportunismus vorbeugen mit dem Vorhandensein beschränkter Rationalität. In diesem Fall wird dem Transaktionspartner kein täuschendes bzw. arglistiges Verhalten unterstellt, sondern davon ausgegangen, dass es zum einen unmöglich ist, sämtliche Informationen in einem Vertrag zu erfassen. Und zum anderen ist es aufgrund mangelnder Voraussicht ebenso unmöglich, sämtliche zukünftige vertragsrelevante Zustände ex ante zu erfassen.

Opportunistisches Handeln zum Nachteil anderer lässt sich bei technischer Produktion materieller Güter einfacher erkennen als bei der Erstellung immaterieller Güter (vgl. das Beispiel zur Volkswagen-Diesel-Affäre im Abschnitt 8.5). Eine Überprüfung z. B. von Maßen, eingesetztem Material, Abgaswerten o. ä. lässt eine objektive Evaluation des Arbeitsergebnisses zu. Im Rahmen sozialer Konstrukte nehmen die Möglichkeiten für schädigendes opportunistisches Verhalten weiter zu, da die objektive Bewertung zum Großteil unmöglich wird. So lässt sich bspw. nach der Durchführung einer beauftragten Bildungsdienstleistung weder exakt nachvollziehen, in welchem Maße diese erfolgte, noch lässt sich die direkte Wirkung und Effizienz beim Lernenden nachweisen oder sicherstellen. Als Konsequenz müssen im Vorfeld ex ante Vorkehrungen gegen *ex post opportunistisches Verhalten* nach Vertragsabschluss getroffen werden, um Allokationseffizienz zu erreichen (vgl. Richter & Furubotn 2010, S. 100).

Mithilfe des folgenden Beispiels wird die Problematik der Möglichkeit von opportunistischem Verhalten und Informationsasymmetrien umrissen:

> Eine Lehrkraft meldet sich bei einem privaten Bildungsdienstleister aufgrund einer Ausschreibung für einen Lehrgang, der Unterrichteinheiten zum Thema Logistik enthalten soll. Im Vorstellungsgespräch versichert die Lehrkraft, über die benötigten Logistikkenntnisse und pädagogischen Fähigkeiten zu verfügen. Die Lehrkraft wirkt in den Augen der einstellenden Person kompetent und motiviert.
>
> *Ex ante Opportunismus* kann sich z. B. folgendermaßen zeigen: Die Lehrkraft hat zwar angegeben, sie würde über bestimmte Kompetenzen verfügen, dies stimmte allerdings nur in Bezug auf die fachlichen Kompetenzen und nicht in Bezug auf die Lehrerfahrung. Tatsächlich ist sie nicht vorhanden. Aufgrund dieser Täuschung auf Basis der asymmetrischen Informationsverteilung hat die Lehrkraft den Vertragsabschluss erlangt. In der Folge kann damit jedoch die Erreichung des Lehrgangsziels infrage gestellt sein.
>
> Als Schutzmaßnahme gegen diesen ex ante Opportunismus greifen Auftraggeber häufig zur Absicherung mithilfe der Institution ›Vertrag‹. Dieser enthält dann bspw. Verpflichtungen zur Vorlage von Zertifikaten, um angegebene Kompetenzen nachzuweisen. Auch wenn die Vorlage von Zertifikaten nur zu einer – im Wortsinne – ›Schein-Sicherheit‹ führt wird dieses Vorgehen vielfach genutzt. Die Unsicherheit resultiert daraus, dass niemand weiß, ob die bescheinigte Kompetenz tatsächlich abgerufen wird oder abgerufen werden kann.
>
> Zur Verdeutlichung sei in diesem Beispiel zudem angenommen, dass die hohe Motivation der Lehrkraft durch das fehlende Engagement der Teilnehmer und aufgrund

pädagogischer Fehler stark zurückgeht. *Ex post Opportunismus* tritt insofern auf, als dass die versprochene Leistung nicht im erwarteten Maße erbracht wird. Dieser ex post Abfall des Motivationsniveaus bei der Lehrkraft lässt sich durch institutionelle ex ante Maßnahmen nicht verhindern. Zudem werden die Auswirkungen i. d. R. erst nach Maßnahmeabschluss erkannt. Dem kann auch nicht mit anonymen Zufriedenheitsbefragungen während der Maßnahme ausreichend entgegen gewirkt werden, da diese nicht geeignet sind, die innere Verfasstheit der Lehrkraft zu erfassen.

6.3.7 Positive Transaktionskosten

Fallen Vertragsabschluss (z. B. Beauftragung der Bildungsmaßnahme) und Vertragserfüllung (z. B. Durchführung der Bildungsmaßnahme) zeitlich auseinander, besteht für die Transaktionspartner die Notwendigkeit, entweder glaubwürdige (Selbst-)Verpflichtungen, d.h. Signale dahingehend abzugeben, dass sie sich vertragskonform verhalten werden. Oder die Vertragspartner müssen zusätzliche Maßnahmen zur Überwachung und Durchsetzung installieren, um sich vor opportunistischem Verhalten der anderen Seite zu schützen. Hierfür kommen vielfach nur Formen außergerichtlicher Absicherungen in Betracht, da die Beweisführung für vertragswidriges Verhalten gegenüber einem Dritten zum Teil unmöglich ist. Die genauere Betrachtung der zuletzt genannten Punkte stellt die neoklassische Annahme des Fehlens von Transaktionskosten infrage (vgl. Erlei, Leschke & Sauerland 2007, S. 46–50).

Die Überlegung, dass Institutionen Koordinationsprobleme lösen sollen, lässt sich gleichsetzen mit der Annahme, dass Institutionen Transaktionskosten reduzieren. RICHTER UND FURUBOTN beschreiben den Umfang der Transaktionskosten für die hier im Mittelpunkt stehenden Verfügungs- und Vertragsrechte. Diese bestehen

> „aus den Kosten der Definition und Messung wirtschaftlicher Ressourcen oder Rechtstitel sowie den Kosten der Ausübung und Durchsetzung der spezifizierten Rechte. Was die Übertragung bestehender Verfügungsrechte sowie die Begründung oder Übertragung von Vertragsrechten zwischen natürlichen oder juristischen Personen betrifft, umfassen Transaktionskosten die Kosten der Information, Verhandlung und Rechtsdurchsetzung" (Richter & Furubotn 2010, S. 8).

Zusammensetzung der Messungs- und Erfüllungskosten

In Bezug auf Vertragsabschlüsse setzen sich die Transaktionskosten als Messungs- und Erfüllungskosten u. a. aus folgenden Positionen zusammen: (a) vor, während und nach Vertragsabschluss: Investitionen in Sozialkapital und politische Transaktionskosten, (b) vor Vertragsabschluss: Such- und Informationskosten, (c) bei Vertragsabschluss: Verhandlungs- und Entscheidungskosten sowie (d) nach

Vertragsabschluss: Überwachungs- und Durchsetzungskosten (vgl. Richter & Furubotn 2010, S. 59–60).

Eine der ersten Definitionen zum Begriff ›Sozialkapital‹ stammt von PIERRE BOURDIEU, der formulierte: „the aggregate of the actual or potential resources which are linked to possession of a durable network of more or less institutionalized relationships of mutual acquaintance or recognition" (Bourdieu 1986, S. 248). Durch *Investitionen in Sozialkapital* – im Sinne von fortwährenden Maßnahmen für die Anknüpfung und Pflege von sozialen Beziehungen – lassen sich z. B. die Such- und Informationskosten reduzieren. Die durch diese Beziehungen entstehenden sozialen Strukturen können Akteuren die Möglichkeit geben, (endogene) Unsicherheiten zu reduzieren und die komplexen Informationen im Zusammenhang mit einer Transaktion zu verarbeiten (vgl. Podolny 1993, S. 829–872).

Such- und Informationskosten treten bspw. auf, da die Interessenten sich zunächst einmal finden müssen. Sodann müssen sie auf sozialer Ebene Informationen sammeln, die ihnen Aufschluss darüber geben, ob der andere willens und fähig ist, den vertraglichen Verpflichtungen nachzukommen.

Die zusammengetragenen Informationen müssen anschließend für eine Entscheidung aufbereitet werden. Je nach Komplexität der Transaktion müssen zusätzliche Berater einbezogen und Verträge aufgestellt werden. Auch können mehrere Verhandlungsrunden bzw. umfangreiche Ausschreibungsverfahren zu weiteren *Verhandlungs- und Entscheidungskosten* führen.

Bei der hier betrachteten Transaktion führt der Auftraggeber die Bildungsmaßnahme nicht selbst durch, sondern beauftragt einen Auftragnehmer. Hintergrund ist die Unmöglichkeit eines Akteurs (*Prinzipal*), sämtliche Vertragsabschlüsse persönlich abzuwickeln. Ein Prinzipal beauftragt andere Akteure (*Agenten*), Handlungen für den Vertretenen vorzunehmen. JENSEN UND MECKLING sowie HOLMSTRÖM gelten als Begründer der *Prinzipal-Agent-Theorie*, die sich mit diesen Überlegungen befasst (vgl. Holmström 1989; Jensen & Meckling 1976).

In der neoklassischen Welt ergeben sich aus der Vertretung keine Probleme, da sämtliche zukünftige Verhaltensweisen des Agenten im Vorhinein bekannt sind. Die ›Neue Institutionenökonomik‹ akzeptiert hingegen die Tatsache unvollständiger Vertretungsverträge und geht realistischerweise davon aus, dass nicht sämtliche zukünftige Umweltzustände inklusive der Präferenzen des Agenten und des zu erwartenden Verhaltens vorherzusehen sind. Der Prinzipal kann den Versuch unternehmen, Maßnahmen zur Überwachung und Durchsetzung zu installieren, um ein bestimmtes Verhalten zu bewirken. Er bewegt sich in einem Wechselspiel zwischen der konkreten Vorgabe von Regeln und der Einräumung von Ermessensspielräumen mit dem letztendlichen Ziel, sich vor opportunistischem Verhalten zu schützen. Unabhängig davon, ob dies gelingt oder nicht, entstehen zusätzliche Transaktionskosten im Sinne von *Überwachungs- und Durchsetzungskosten*. Ergänzend sei angemerkt, dass *transaktionsspezifische Investitionen* die Transaktionskosten weiter erhöhen.

In der Konsequenz bedarf es geeigneter Institutionen, um die Messungs- und Erfüllungskosten einer Transaktion derart zu reduzieren, dass die Transaktion und nicht die Unterlassungsalternative realisiert wird.

6.4 Vertrauen und Reputation zur Sicherung der Vertragserfüllung*

Formelzeichen	Gültigkeitsbedingungen	Bedeutung
ΔU_i	$\Delta U_i \geq 0$	von einem Akteur i erwartete Nutzenzunahme bei Durchführung der Transaktion
C_i	$C_i > 0$	von einem Akteur i erwartete Nutzenabnahme aufgrund der mit der Transaktion verbundenen Transaktionskosten
c_j	$c_j > 0$	die mit einer Transaktionskostenart j verbundene Nutzenabnahme
c_{res}	$c_{res} \geq 0$	Transaktionskostenart, die zu nicht zu vermeidenden, residualen Nutzeneinbußen führt
V_i	$V_i \geq 0$	Vertrauen eines Akteurs i
S_z	$S_z \geq 0$	Vertrauenssubstitute
R_z	$R_z \in \mathbb{R}$	Reputation in Bezug auf S_z
$R_{Dm.n}$	$R_{Dm.n} \in \mathbb{R}$	Teilreputation von $D_{m.n}$ in Bezug auf S_z
S_{Signal}	$S_{Signal} \in \mathbb{R}$	Vertrauenswirkung eines durch den Vertrauensnehmer ausgesendeten Signals

* Anmerkung: In diesem und den folgenden Abschnitten werden die Gedanken von NORTH (1992), LUHMANN (2014) und RIPPERGER (1998) und verschiedene Ansätze der ›Neuen Institutionenökonomik‹ aufgegriffen und ein vom Verfasser entwickeltes Modell zur Darstellung der Wirkungsweise von Vertrauenssubstituten als Grundlage für die Ausbildung von Institutionen- bzw. Systemvertrauen präsentiert.

Formelzeichen	Gültigkeitsbedingungen	Bedeutung
V_{krit}		minimales, kritisches Vertrauensniveau für das Zustandekommen einer Transaktion
$D_{m.n}$		n-te Drittinstanz der Ebene m
VK_z		Vertrauenskette in Bezug auf S_z
A, B, i		Akteure
$n_1...n_m$		Länge der Vertrauensketten der Ebenen 1 bis m

6.4.1 Risiken in unsicheren Situationen

Die Vereinbarung von Transaktionspartnern, eine bestimmte Transaktion durchzuführen, begründet zwischen den Akteuren relative Verfügungsrechte, die im Konfliktfall durchgesetzt werden müssen. Das Bündel aller vereinbarten relativen Verfügungsrechte wird als ›Vertrag‹ bezeichnet und gibt – unabhängig von seinem formalen oder informellen Charakter – eine bestimmte Anreizstruktur vor.

Wie bereits ausgeführt wurde, sind mit jeder Entscheidung zur Durchführung einer Transaktion Risiken verbunden. Dabei wurde Risiko als Möglichkeit (Eintrittswahrscheinlichkeit) eines Schadens beschrieben, der durch die Minderung des Nutzenniveaus – auch durch Opportunitätskosten – entstehen kann. Die Vielzahl der Möglichkeiten schädigender Ereignisse bestimmt in ihrer Gesamtheit die *Handlungskomplexität einer Entscheidung* zugunsten oder zuungunsten der Durchführung einer Transaktion.

Beim Vergleich der neoklassischen Ansätze und der Denkansätze der ›Neuen Institutionenökonomik‹ fällt vor allem die Vernachlässigung der Transaktionskosten in der Neoklassik auf. Im Folgenden wird jedoch der Sachverhalt berücksichtigt, dass Transaktionskosten die Erträge einer Transaktion mindern und im Extremfall wertmäßig überschreiten könnten, sodass die Unterlassungsalternative gegenüber der Durchführung der Transaktion vorzuziehen wäre.

Vorteilhaftigkeit einer Transaktion
Für den weiteren Verlauf der vorliegenden Arbeit wird unterstellt, dass Akteure bestrebt sind, aus einer Anzahl möglicher Transaktionen, *nur die vorteilhaften Transaktionen* auszuwählen, d. h., sie erwarten, dass ihr Nutzenniveau aufgrund der durchgeführten Transaktion zumindest nicht verringert wird. Die Überprüfung, inwieweit die Durchführung der Transaktion tatsächlich zu einer

Nutzenzunahme geführt hat, kann dennoch erst nach Beendigung der Transaktion abschließend durchgeführt werden (vgl. Luhmann 2014, S. 30).

Die Akteure versuchen mithilfe verschiedener Maßnahmen, die Handlungskomplexität der Entscheidungssituation zu verringern, wobei sämtliche dieser Maßnahmen Transaktionskosten verursachen, die das Nutzenniveau negativ beeinflussen.

Für einen *Akteur i* soll eine Transaktion als vorteilhaft gelten, wenn die Differenz aus der *erwarteten Nutzenzunahme* ΔU_i aufgrund der Durchführung der Transaktion und der *erwarteten Nutzenabnahme aufgrund der damit verbundenen gesamten Transaktionskosten* C_i positiv ist. Erfolgt keine Änderung des Nutzenniveaus $\Delta U_i = 0$ dann steht der Akteur der Transaktion indifferent gegenüber. Zudem wird den Transaktionspartnern ein Interesse dahingehend unterstellt, dass sie bestrebt sind, die Nutzenabnahme zu minimieren.

Die ›Transaktionsbedingung‹ in ihrer Ausgangsvariante lautet:

$$\Delta U_i - C_i \geq 0 \qquad \text{mit: } \Delta U_i \geq 0, C_i > 0.$$

Erstrebenswert erscheint damit eine Situation, in der es gelingt, Verträge so zu gestalten, dass diese quasi ›automatisch‹ erfüllt werden, ohne dass es umfangreicher Verhandlungen bzw. Überwachung und damit verbundener Transaktionskostenarten bedarf. Jede dieser Transaktionskostenarten j führt zu einer Nutzenabnahme c_j. Damit gilt: $C_i = \sum_{j=1}^{p} c_j$.

Eine Situation automatischer Vertragserfüllung entsteht, wenn die Transaktionspartner viel übereinander wissen und wiederholt Verträge miteinander abschließen. Erst unter dieser Bedingung sind i. d. R. Investitionen in ›Sozialkapital‹ (vgl. Abschnitt 6.3.7) lohnenswert, um dadurch bspw. die Such- und Informationskosten zu minimieren. Ein Sachverhalt, wie er z. B. in der weiter oben beschriebenen Welt kleiner Gemeinschaften (Sippen/Stämme) bestand. Dort waren die Transaktionskosten im Rahmen der Erfüllung von Verträgen gering. Opportunismus wurde durch das dichte soziale Interaktionsnetz sofort bestraft. Informelle Verhaltensnormen bestimmten diese Tauschzustände und machten formale Verträge unnötig (vgl. North 1992, S. 66).

Könnten Verträge vollständig abgefasst werden, ließen sich auch in der modernen westlichen Wirtschaftswelt die Überwachungs- und Durchsetzungskosten dahingehend minimieren, dass im Zweifelsfall Dritte – i. d. R. Gerichte – in der Lage wären, die Ansprüche der jeweiligen Vertragspartei eindeutig zu ermitteln und durchzusetzen. Aufgrund der mangelnden Voraussicht und beschränkten Rationalität der Vertragsparteien, gelingt dies jedoch nicht in jedem Fall.

Demzufolge lassen sich Transaktionskosten nicht gänzlich vermeiden, da trotz wiederholter Durchführung einer Transaktion mit demselben Transaktionspartner z. B. der Vertragsschluss selbst aufgrund des – wenn auch noch so geringen – Abstimmungsbedarfs Ressourcen bindet. Daraus resultieren residuale Transaktionskosten und damit verbundene Nutzeneinbußen i. H. v. c_{res}. Es gilt:

$$C_i = \sum_{j=1}^{p-1} c_j + c_{res} \qquad \text{mit: } c_j \geq 0, c_{res} > 0$$

$$\min C_i = c_{res} \qquad \text{wenn: } c_j = 0.$$

6.4.2 Vertrauen als Mechanismus zur Minderung der Handlungskomplexität

In der ›Neuen Institutionenökonomik‹ besteht die Annahme, dass Institutionen in der Lage seien, Transaktionskosten zu reduzieren. Vertrauen als soziale Konstruktion, die i. d. R. bei Interaktionen zwischen zwei oder mehreren Akteuren auftritt, wird als eine Institution im obigen Sinne verstanden.

Der zunehmende wissenschaftliche Diskurs zur Vertrauensforschung kann nicht allein als ›Modeerscheinung‹ interpretiert werden (vgl. z. B. Universität Vechta 2017, Zentrum für Vertrauensforschung). Die Notwendigkeit, sich mit dem Thema ›Vertrauen‹ im Rahmen wissenschaftlicher Auseinandersetzung zu befassen, resultiert aus der Tatsache, dass sich Gesellschaft und Wirtschaftswelt verändern. Es sind die bereits beschriebenen Phänomene, deren wachsende Bedeutung eines neueren Ansatzes bedarf. Dazu gehört im Besonderen der Umstand, dass Transaktionen zunehmend individueller, vielfältiger, aber auch anonymer werden. Infolgedessen steigt die Handlungskomplexität aufgrund z. B. der abnehmenden Vorhersagbarkeit, der abnehmenden Kontrollmöglichkeiten oder auch der abnehmenden Durchsetzungsmöglichkeiten eigener Ansprüche.

Für den Terminus ›Vertrauen‹ liegen verschiedene Definitionen vor. Drei seien an dieser Stelle angeführt:
Vertrauen wird bspw. bei KÖCK wie folgt beschrieben:

„Vertrauen bestimmt als grundsätzlich positive Erwartungshaltung die Qualität menschlicher Beziehungen. Kennzeichen des Vertrauens sind im Einzelnen:
- Akzeptanz und Wertschätzung des Partners mit all seinen Eigenarten, Bedürfnissen, Fähigkeiten, auch Grenzen und Schwächen
- Rücknahme eigener Selbstdarstellung und Dominanz, insofern sie Einschränkung und Bevormundung des Partners bewirken […]
- berechenbare Verlässlichkeit in Denken und Handeln

- Zutrauen in die Kompetenz des Partners und angemessene Erfolgsbestätigungen, wodurch Selbstvertrauen aufgebaut und gesichert werden kann
- ein gemeinsamer verbindlicher Ordnungsrahmen von Regeln, Ritualen und Revieren, vereinbart und gemeinsam auch veränderbar" (vgl. Köck 2008, S. 542).

HUBIG formuliert:

„Vertrauen beruht auf riskanten Vorentscheidungen, zugunsten eines erwarteten Nutzens (Kooperationsgewinn) im Enttäuschungsfall einen Schaden in Kauf zu nehmen, ohne dass diese Entscheidungen selbst kalkulierbar sind. Sie sollen bei fehlender Kalkulationsbasis eine Risikokalkulation erübrigen. Vertrauenswürdigkeit ist die im Rahmen von Informations-, Konsultations- und Kooperationsprozessen die den Vertrauensnehmern durch die Vertrauensgeber zugeschriebene Haltung, einseitige Vorteile, die aus mangelnder Informationslage, Kompetenz und Macht der Vertrauensgeber resultieren, nicht zu nutzen" (Hubig 2014, S. 355).

RIPPERGER beschreibt ›Vertrauen‹ wie folgt:

„Vertrauen ist die freiwillige Erbringung einer riskanten Vorleistung unter Verzicht auf explizite vertragliche Sicherungs- und Kontrollmaßnahmen gegen opportunistisches Verhalten in der Erwartung, da[ss] sich der andere, trotz Fehlen solcher Schutzmaßnahmen, nicht opportunistisch verhalten wird" (Ripperger 1998, S. 45).

Im Folgenden wird unter Vertrauen die Erwartung an ein Transaktionsergebnis verstanden, dass in einer unsicheren und damit risikobehafteten Situation die Durchführung einer Transaktion das eigene Nutzenniveau nicht absenkt. Wird Vertrauen ein Wert beigemessen, entspricht dieser Wert einer erwarteten positiven Veränderung des Nutzenniveaus.

Vertrauenskontinuum Vertrauen kann auf einem Kontinuum Ausprägungsgrade von $V_i = 0$ bis zur maximalen Ausprägung $V_i = V_{max}$ annehmen:

- **Extremum – V_{max}** : An diesem Punkt vertrauen beide Transaktionspartner einander vollständig – sowohl im Hinblick auf die Durchführung der Transaktion als auch im Hinblick auf das erwartete Ergebnis. Es bedarf z. B. keines Dritten, der mit der Durchsetzung von Verfügungsrechten beauftragt werden muss. Das bestehende Vertrauen kann die Handlungskomplexität hinreichend mindern. Die Transaktion wird möglich. Das Vertrauen V_i hat die maximale Ausprägung V_{max}.
- **Extremum – V_0** : Ein Wert von $V_i = V_0 = 0$ entspricht hierbei der Tatsache, dass kein Vertrauen vorhanden ist, und ein Akteur i davon ausgeht, dass sein

Nutzenniveau auch gesenkt werden könnte. Damit kommt keine Transaktion zustande.

Die Transaktionsbedingung unter Einbeziehung des Parameters ›Vertrauen‹ lautet damit:

$\Delta U_i - (C_i - V_i) \geq 0$ mit: $\Delta U_i \geq 0, C_i > 0, V_i \geq 0$.

Eine Transaktion kommt zustande, wenn die Summe aus der subjektiv erwarteten Nutzenzunahme bzw. -abnahme aufgrund der mit der Durchführung der Transaktion verbundenen Transaktionskosten positiv ist. Wobei *Vertrauen* V_i die Höhe der erwarteten Nutzenabnahme reduzieren kann.

Berechnung des Mindestvertrauens
Für die Zielsetzung, dass sich das Nutzenniveau nach Durchführung der Transaktion zumindest nicht verringern soll, lässt sich die Höhe des für das Zustandekommen notwendigen Vertrauens ermitteln. Mit $\Delta U_i = 0$ gilt:

$$V_i - C_i \geq 0 \text{ bzw.}$$
$$V_i \geq C_i.$$

Der kritische Schwellwert – V_{krit} : Mit V_{krit} wird der Punkt des Kontinuums beschrieben, an dem das Vertrauen $V_i = V_{krit}$ gerade so groß ist, dass Akteur i bereit ist, auf „explizite vertragliche Sicherungs- und Kontrollmaßnahmen gegen opportunistisches Verhalten" zu verzichten und „im Enttäuschungsfall einen Schaden in Kauf zu nehmen" (vgl. Zitate auf Seite 176). Als *minimales, kritisches Vertrauensniveau* V_{krit} für das Zustandekommen einer Transaktion ergibt sich damit ein Mindestvertrauen in Höhe der erwarteten Nutzeneinbuße durch bestehende Transaktionskosten i. H. v.:

$$V_{krit} = C_i.$$

Unter Berücksichtigung der Annahme, dass alle anderen Transaktionskosten mit Ausnahme der Residualtransaktionskosten entfallen, ergibt sich als niedrigster möglicher Wert für Vertrauen:

$$V_{min} = c_{res}.$$

Mit anderen Worten: Es wird unterstellt, dass Transaktionen ohne ein Mindestmaß an Vertrauen nicht stattfinden.

6.4.3 Vertrauenssubstitute

Vertrauen gilt als eine der ältesten Institutionen menschlichen Zusammenlebens und soll auch in der modernen Wirtschaftswelt Beziehungen zwischen Transaktionspartnern stabilisieren. Bei ausreichendem Vertrauen zwischen den Transaktionspartnern, d. h. wenn der Wert einer erwarteten Nutzenänderung hoch genug ist, wird die Entscheidung getroffen, die Transaktion durchzuführen.

Vertrauen als Luhmann'sche Täuschung
LUHMANN folgend beruhen Entscheidungen gewissermaßen auf Täuschungen, wenn sie aufgrund von Vertrauen gefällt werden, da für erfolgssichere Entscheide nicht genügend Informationen vorhanden sind (vgl. Luhmann 2014, S. 38). Damit ist die subjektive Einschätzung der Vertrauenswürdigkeit der Vertrauensnehmer (Auftragnehmer) durch die Vertrauensgeber (Auftraggeber) maßgeblich für deren Vertrauenserwartung. Kann die Handlungskomplexität durch andere Institutionen nur unvollständig vermindert werden, müssen die Akteure einander vertrauen. Wollen oder können sie dies nicht, bedarf es *anderer erwartungsstabilisierender Mechanismen.*

Explizite Verträge und weitere soziale Konstrukte
In Fällen, in denen das Vertrauen nicht ausreicht, die Handlungskomplexität zu mindern, soll vielfach die Institution ›formaler oder expliziter Vertrag‹ als Ersatz für Vertrauen dienen. Explizit vereinbarte Verträge „bilden eine funktional äquivalente Strategie zum Vertrauen, indem sie Verhaltensrisiken in relativ sicheres Erwarten transformieren" (Herger 2006, S. 33). Das bestehende Rechtssystem soll die Einhaltung expliziter Verträge durchsetzen und absichern. Aufgrund der Unmöglichkeit, sämtliche Zustände der Zukunft innerhalb eines Vertrages abzubilden und mit einer Konsequenz zu versehen, handelt es sich um unvollständige Verträge, die Unsicherheiten lediglich reduzieren können. Ein Umstand, der für bestimmte Sachverhalte besonderes Gewicht hat. Ein Beispiel verdeutlicht die Problematik:

> Entschließt sich ein Kunde zum Kauf einer Sache, z. B. eines aufzubauenden Schrankes und stellt beim Aufbau fest, dass eine Tür beschädigt ist und mehrere Schrauben fehlen, verfügt der Kunde gemäß § 439 BGB i. V. m. § 437 BGB über das Recht die Nacherfüllung vom Verkäufer zu fordern. Gemäß § 439 Abs. 1 BGB kann: „[d]er Käufer [...] als Nacherfüllung nach seiner Wahl die Beseitigung des Mangels oder die Lieferung einer mangelfreien Sache verlangen." Die Mängel sind objektiv feststellbar und die Beseitigung derselben kann gegebenenfalls mithilfe von Gerichten durchgesetzt werden.
> Entschließt sich hingegen ein Kunde zur Teilnahme z. B. an einem Prüfungsvorbereitungskurs auf eine bundeseinheitliche Prüfung zur Erlangung des Abschlusses

›Geprüfte Betriebswirtin (IHK)/Geprüfter Betriebswirt (IHK)‹ kommt ein Dienstvertrag gemäß § 611 BGB zustande, mit dem keine Gewährleistungsrechte verbunden sind. Der Abs. 1 bestimmt: „Durch den Dienstvertrag wird derjenige, welcher Dienste zusagt, zur Leistung der versprochenen Dienste, der andere Teil zur Gewährung der vereinbarten Vergütung verpflichtet." Dies bedeutet, dass ein expliziter Vertrag in diesem Zusammenhang vorrangig einerseits die Zahlungspflichten des Kunden beschreibt und andererseits die Termine, an denen Unterricht stattfinden wird. Ein Versprechen, dass ein Kunde die Prüfung aufgrund der ausschließlichen Teilnahme am Unterricht bestehen wird, wird weder gegeben, noch ist es einklagbar.

Deutlich erkennbar muss an dieser Stelle der Kunde dem Anbieter vertrauen, dass dieser ein hilfreiches Angebot bietet. Der explizite Vertrag gibt hierbei ex ante wenig Informationen oder Entscheidungssicherheit, und das vom Kunden erhoffte Ergebnis – das Bestehen der Prüfung – ist weder Inhalt des Vertrages noch justiziabel.*

Traditionell bestehende Institutionen wie bspw. die Institution ›Ehre‹, die als Vertrauenssubstitute wirken könnten, werden vielfach anders gelebt, als dies in früheren Jahrhunderten üblich war. Ehrbares Verhalten ermöglichte eine gewisse Vorhersagbarkeit des Verhaltens der anderen Seite (vgl. Simmel 1900/1992, S. 330–332). Auch andere beziehungsstabilisierende Institutionen – bspw. Hierarchie- und Abhängigkeitsverhältnisse wie etwa zwischen Lehnsherren und Vasallen – bestehen nicht mehr oder nur in veränderter Form.

Aus diesen Überlegungen ergibt sich andererseits, dass alternative soziale Konstrukte existieren, denen die Fähigkeit zugeschrieben wird, Vertrauen zu substituieren und damit die Erwartung von Nutzeneinbußen bzw. das damit verbundene Risiko zu minimieren. Mithilfe von *Vertrauenssubstituten* wird es möglich, das kritische Vertrauensniveau zu erreichen, welches benötigt wird, damit eine Transaktion zustande kommt. Vertrauen Akteure der impliziten Aussage, die mit einem Vertrauenssubstitut verbunden ist, gehen sie davon aus, dass sich ihr Nutzenniveau um den Betrag S_z erhöhen ließe. Die Transaktionsbedingung unter Einbeziehung von Vertrauenssubstituten lautet:

$$\Delta U_i - (C_i - V_i - S_z) \geq 0$$
mit: $\Delta U_i \geq 0, C_i > 0, V_i \geq 0, S_z \geq 0$.

---

* Anmerkung: In der vorliegenden Arbeit werden explizite Verträge als Vertrauenssubstitute nicht weiter betrachtet.

6.4.4 Reputation als Instrument zur Absicherung der Risikokalkulation mit Vertrauenssubstituten

Es schließt sich die Frage an, warum einem Vertrauenssubstitut vertraut werden sollte bzw. kann. Vertrauenssubstitute können vielfältiger Natur sein: z. B. eigene Aussagen des Transaktionspartners, bspw. über die Einhaltung eines bestimmten Verhaltenskodexes, oder Aussagen Dritter, die in mündlicher oder schriftlicher Form vorliegen. Um Vertrauenssubstitute in die eigene Risikokalkulation einzubeziehen, bedarf es der Bereitschaft anzuerkennen, dass diese in der Lage sind, das mit einer Transaktion verbundene Risiko einer Schädigung zu mindern.

Liegen keine sicheren Informationen vor, versuchen Akteure durch die Extrapolation von vorhandenen Informationen aus der Vergangenheit in die Zukunft, die bestehende Unsicherheit über die Wirksamkeit der Vertrauenssubstitute abzusichern. Dabei kann sich der Vertrauensgeber (Auftraggeber) auf eigene Erfahrungen oder die Erfahrungen Dritter stützen.

Durch die Generalisierung von Erfahrungen entstehen Erwartungsstrukturen und Motivationsmuster, die eine Übertragbarkeit von Selektionsleistungen Dritter auf das Selektionsverhalten der Akteure ermöglichen (vgl. Luhmann 2014, S. 61).

Die öffentlich vorhandenen Informationen zu einem Vertrauenssubstitut werden mit dem Begriff ›Reputation‹ bezeichnet. Obwohl diese Informationen keinen ausreichenden Ersatz für eigene Erfahrungen darstellen, beeinflussen sie die Vertrauenserwartung des Vertrauensgebers maßgeblich (vgl. Ripperger 1998, S. 99–100).

Reputation als das Bündel öffentlich vorhandener Informationen entsteht zumeist aus einer Vielzahl an Meinungen Dritter oder wird durch diese zumindest beeinflusst und mitgeprägt. Problematisch dabei ist, dass Teile der öffentlichen Informationen durch den Vertrauensnehmer selbst erzeugt werden können, ohne dass dies von außen zu erkennen ist.

Die Reputation bestimmt die *Vertrauenswürdigkeit* der verfügbaren Informationen eines Vertrauenssubstituts. Je höher die Vertrauenswürdigkeit eingestuft wird, desto geringer wird die Gefahr der Fehlinformation und damit die subjektive Unsicherheit in Bezug auf die Vertrauenswürdigkeit des Vertrauensnehmers (Auftragnehmers) eingeschätzt.

Einige Autoren, die sich mit dem Thema Reputation beschäftigen, verstehen unter Reputation die Überzeugung der Marktteilnehmer, dass ein Transaktionspartner hohe Qualität liefere. Vgl. dazu z. B. SHAPIRO (1983) oder BOARD UND MEYER-TER-VEHN (2013), die ausführen: „Consumers' expected utility is determined by the firm's quality, so their willingness to pay equals the market belief that quality is high; we call this belief the reputation of the firm" (Board & Meyer-Ter-Vehn 2013, S. 2382).

Im Gegensatz zu diesen Auffassungen wird in der vorliegenden Arbeit davon ausgegangen, dass die *Reputation* R_z auch negative Werte annehmen kann, d. h. Reputation kann – vom Blickwinkel des potenziellen Transaktionspartners aus – durchaus negative Informationen enthalten, die einen ›schlechten Ruf‹ begründen. Während demnach positive Werte für Reputation einen ›guten Ruf‹ begründen und damit dem Vertrauenssubstitut insgesamt einen positiven Wert beimessen, kann ein ›schlechter Ruf‹ durchaus das Zustandekommen von Transaktionen verhindern. Ein Beispiel verdeutlicht die Zusammenhänge:

> Zwei Berufsanfänger möchten bei der Bewerbung um einen Arbeitsplatz den Nachweis ihres Leistungspotenzials mithilfe ihrer Hochschulabschlussnoten erbringen. Beide verfügen über die gleiche Abschlussnote. Damit ist für beide Bewerber der Wert des Vertrauenssubstituts identisch. Allerdings hat die eine Hochschule einen ›guten Ruf‹, damit eine positive Reputation, während die andere Hochschule einen ›schlechten Ruf‹ und damit eine negative Reputation hat. Hierdurch verändert sich die Gesamteinschätzung des vorgelegten Vertrauenssubstituts. Im Extremfall kann dies dazu führen, dass der Bewerber der Hochschule mit negativer Reputation vollständig aus dem potenziellen Bewerberkreis ausgeschlossen wird, da der negative Wert, der aus dem Vertrauenssubstitut resultiert sowohl die Nutzenerwartung als auch das originäre Vertrauen überkompensiert.

Unter Einbeziehung von Reputation zur Absicherung eines Vertrauenssubstituts lautet die ›erweiterte Transaktionsbedingung‹:

$$\Delta U_i - (C_i - V_i - S_z \cdot R_z) \geq 0$$
mit: $\Delta U_i \geq 0, C_i > 0, V_i \geq 0, S_z \geq 0, R_z \in \mathbb{R}$.

Aus dieser Überlegung lassen sich zwei Sachverhalte ableiten: Zum einen ist es möglich, dass bei einem hinreichend großen Vertrauen eine Transaktion zustande kommt, obwohl die Reputation des Transaktionspartners negativ ist. Zum anderen kann – umgekehrt – der Fall eintreten, dass trotz vorhandenem Vertrauen, infolge einer negativen Reputation eine höhere Nutzeneinbuße erwartet wird, wodurch das für die Durchführung der Transaktion kritische Vertrauensniveau nicht erreicht wird.

Kann der Vertrauensgeber keine zusätzlichen Informationen (Reputation $R_z = 0$) über das Vertrauenssubstitut beschaffen, etwa in Bezug auf eine unbekannte, ausländische Hochschule, entfaltet dieser Vertrauensersatz keine Wirkung.

6.4.5 Reduktion subjektiver Unsicherheit durch Drittinstanzen

Wird Vertrauen durch ein Vertrauenssubstitut ersetzt, wird nicht mehr dem eigentlichen Transaktionspartner vertraut, sondern den Aussagen einer Drittinstanz. Reputation bzw. Informationen und/oder Meinungen werden zu einem

> „Substitut einer fehlenden Vertrauensbeziehung [...] zwischen einem Vertrauensgeber und einem Vertrauensnehmer, in dem sie technische Kompetenz, Bonität, Seriosität etc. attestieren oder absprechen. Diese *Drittinstanzen* reichen vom TÜV, der Stiftung Warentest bzw. der Zertifizierung und Vergabe von Qualitäts-, Prüf- und Gütesiegel über die Schufa, Ratingagenturen wie Standard & Poor's bis zur freien Berichterstattung in den Medien und internetbasierten Bewertungssystemen von Produkten wie bei Amazon" (Hervorhebung durch den Verfasser – Hubig 2014, S. 355).

Werden Drittinstanzen in die Entscheidung einbezogen, wird davon ausgegangen, dass die Aussagen der Drittinstanz die subjektive Unsicherheit in Bezug auf den Vertrauensnehmer reduzieren und die Entscheidung in Bezug auf die Transaktion verbessern können.

Vertrauen die Transaktionspartner bei der Abwicklung von Transaktionen einander, sind sie sich der vorhandenen Unsicherheiten und damit verbundenen Risiken i. d. R. bewusst (vgl. Luhmann 2014, S. 29). *Durch einander entgegengebrachtes Vertrauen soll eine Risikokalkulation obsolet werden.*

Ist hingegen (1) Vertrauenswürdigkeit des Transaktionspartners nicht gegeben oder kann (2) das mit der bestehenden Handelskomplexität einhergehende Risiko nicht näher bestimmt werden bzw. ist (3) die zu ermöglichende Handlung alternativlos, soll *Reputation die erforderliche Risikokalkulation absichern und die bestehende Unsicherheit kompensieren* (vgl. Hubig 2014, S. 355). Vertrauen existiert damit losgelöst von Reputation. Besteht Vertrauen zwischen den Transaktionspartnern, muss dieses nicht durch Reputation abgesichert werden.

Funktionsweise von Reputationsmechanismen
Während für Vertrauen bereits ein gewisses Maß an Verbundenheit zwischen den Akteuren vorhanden sein muss, beruht Reputation als eine Art ›Vertrauensvorschuss‹ auf einem Rationalkalkül. Da durch die Reputation eines Akteurs ökonomische Vorteile entstehen können, muss dieser ein Interesse daran haben, seine Reputation nicht zu verlieren. Ein ökonomischer Vorteil entsteht bspw., wenn durch die Aussagen einer Drittinstanz – als Teil der Reputation – eine Transaktion und damit eine Nutzenzunahme möglich wird.

Ein Akteur wird sich so lange entsprechend der – aus seiner Reputation resultierenden – erwarteten Weisen verhalten, wie die damit verbundenen Gewinne höher sind als die opportunistische Ausbeutung des Transaktionspartners. Ist dieser Reputationsmechanismus sämtlichen Beteiligten bekannt, wird eine rationale Antizipation zukünftiger Verhaltensweisen möglich (vgl. Erlei, Leschke & Sauerland 2007, S. 252). (Zur Theorie der Reputationsmechanismen vgl. z. B. KLEIN UND LEFFLER (1981), SHAPIRO (1983).)

6.4.6 Entstehen einer Vertrauenskette

Für die weiteren Betrachtungen sei angenommen, dass eine Vertrauensmatrix aus mehreren verwobenen ›Vertrauensketten‹ (vgl. Ripperger 1998, S. 188) besteht, die Teilreputationen bündeln. Mithilfe von Vertrauensketten gelingt es, differenzierte „Selektionsleistungen über mehr oder weniger lange Ketten hinweg zu sichern" (Luhmann 2014, S. 61).

Vertrauenskette – VK_z Eine Vertrauenskette VK_z bestätigt die Aussage eines Vertrauenssubstituts S_z und besteht dabei aus Reputationen mehrerer *Drittinstanzen* $D_{1.1} \ldots D_{m.n}$ verschiedener Vertrauensebenen (vgl. Abschnitt 6.4.5).

Vertrauensebene – m Eine Vertrauensebene entsteht, wenn Aussagen einer Drittinstanz durch eine andere Drittinstanz bestätigt oder ergänzt werden. Die Variable *m* kennzeichnet verschiedene Ebenen. Eine Drittinstanz $D_{m+1.n}$ *bestätigt Aussagen* der jeweils vorhergehenden Ebene *m*. Der betrachtete Vertrauensnehmer befindet sich auf der Ebene $m = 0$, dessen Aussagen auf der Ebene $m = 1$ bestätigt werden.

Die Variable *n* kennzeichnet die Anzahl der Drittinstanzen auf einer Ebene. Eine Drittinstanz $D_{m.n+1}$ *ergänzt Aussagen* z. B. einer Drittinstanz $D_{m.n}$ der gleichen Ebene (vgl. Abb. 6.1).

Abbildung 6.1: Vertrauensebenen einer Vertrauensmatrix

Ebene m	$D_{m.1}$	$D_{m.2}$	...	$D_{m.n}$
	:	:		:
Ebene 2	$D_{2.1}$	$D_{2.2}$	...	$D_{2.n}$
	|	|		|
Ebene 1	$D_{1.1}$	$D_{1.2}$	...	$D_{1.n}$
	|	|		|
Ebene 0	B			

Vertrauenswürdigkeit einer Drittinstanz $D_{m.n}$ – $R_{Dm.n}$ Die Aussage einer Drittinstanz zur Absicherung eines Vertrauenssubstituts hat nur dann einen

Wert, wenn der Drittinstanz vertraut wird. Diese Reputation wird mit dem Parameter $R_{Dm.n}$ abgebildet. Dabei werden folgende Zusammenhänge unterstellt: (1) Wird eine Drittinstanz als nicht vertrauenswürdig eingestuft, ist $R_{Dm.n} = 0$. (2) Die Vertrauenswürdigkeit steigt mit der Häufigkeit, mit der eine Drittinstanz zu Reputationszwecken herangezogen wird. (3) Die Vertrauenswürdigkeit ist grundsätzlich umso größer, je höher die Ebene ist, auf der die Aussage getroffen wird. (4) Die Vertrauenswürdigkeit ist umso größer, je länger der Zeitraum ist, seitdem auf die Aussagen der Drittinstanz zurückgegriffen wird. (5) Je weniger potenzielle Drittinstanzen auf einer Ebene Aussagen zu einem Vertrauenssubstitut tätigen können und je höher die Ebene, je größer ist die zugesprochene Vertrauenswürdigkeit. (6) Eine negative Reputation wird mit einem negativen Wert $R_{Dm.n} < 0$ abgebildet.

Reputation einer Vertrauenskette – R_z Der Wert der Teilreputationen der einzelnen Drittinstanzen $D_{m.n}$ beträgt $R_{Dm.n}$. In der Gesamtheit stellen die Aussagen der Vertrauenskette VK_z die Reputation R_z des Vertrauensnehmers in Bezug auf das Vertrauenssubstitut S_z dar:

$$R_z = \sum_{y=1}^{n_1} R_{D1.y} + \sum_{y=1}^{n_2} R_{D2.y} + \ldots + \sum_{v=1}^{n_m} R_{Dm.v}.$$

6.4.7 Verlagerung der Bewertungsproblematik auf Drittinstanzen[*]

In postmodernen Gesellschaften nimmt die Anzahl direkter Interaktionen zwischen den Akteuren weiter ab. Damit sinkt die Möglichkeit – häufig allerdings auch die Notwendigkeit – stabile langfristige Interaktionsbeziehungen aufgrund persönlicher Erfahrungen zu entwickeln. Gleichzeitig nimmt die Bedeutung zu, eine Reputation aufzubauen.

Ein Beispiel aus dem Bereich der Vermittlung von Dienstleistungen möge dies skizzieren. Beim Vergleich der Möglichkeit der vollständig eigenständigen Buchung einer Urlaubsreise, wie sie im Jahr 2017 möglich war, mit einer Reisebuchung wie sie z. B. in den 1980er-Jahren erfolgte, lässt sich das Problem

---

[*] Anmerkung: Zur Verdeutlichung wird in diesem Abschnitt ein Beispiel gewählt, welches den Übergang langfristiger individueller Interaktionsbeziehungen hin zu anonymisierten Transaktionen zeigt. Im Bildungsbereich lassen sich weniger Beispiele finden, bei denen es zu häufigen Transaktionen kommt/kam, z. B. die Auswahl einer Hochschule, die Arbeitgebersuche oder die Suche nach einer Bildungsmaßnahme. Zudem ist der Vorgang einer Reisebuchung vertraut und es ist nachvollziehbar, dass die persönliche Beziehung nicht zwingend ist.

der Verlagerung der Bewertungsproblematik auf Drittinstanzen verdeutlichen: In diesem Beispiel hat in den 1980er-Jahren die Buchung einer Urlaubsreise bei einem Mitarbeiter des einzigen im Ort vorhandenen Reisebüros stattgefunden.

Im Jahr 2017 konnte eine Reisebuchung durch den Buchenden am heimischen internetfähigen Gerät erfolgen. Dadurch erschloss sich eine Vielzahl an möglichen Reiseveranstaltern, die Vertragspartner werden konnten. Je nach angebotener Urlaubsreise mussten die potenziellen Vertragspartner nicht konstant bleiben. Infolgedessen kam es zu einer dynamischen *Steigerung der Komplexität der Entscheidungssituation*.

Wurde in den 1980er-Jahren immer im gleichen Reisebüro gebucht, kam es aufgrund persönlicher Erfahrungen zum Aufbau von Vertrauen. Dieses entfällt durch die vermehrt technisch vermittelte Kommunikation bei einer anonymen Reisebuchung über die Internetseite eines Reiseanbieters. Im Ergebnis führt dies zu einer *Deinstitutionalisierung* und *Entpersonalisierung* der Reisebuchung.

Reputation durch die Aussagen einer Drittinstanz
Die Auswahl eines Reiseangebotes muss nicht unbedingt aufgrund von Eigenschaften des Anbieters erfolgen, sondern kann ausschließlich durch das Angebot selbst ausgelöst werden. Ist dieses Reiseangebot bei verschiedenen Anbietern verfügbar, benötigt der Buchende Instrumente, um die Komplexität der Entscheidungssituation zu reduzieren. Eine häufig genutzte Vorgehensweise zur Komplexitätsreduktion ist die Nutzung der vielfältigen Bewertungsportale für Reiseangebote, die im Internet verfügbar sind. Die dort abgegebenen Bewertungen stellen für die Reiseanbieter – als potenzielle Vertragspartner – einen Ausschnitt ihrer Reputation dar.

Damit diese Bewertungen zur Absicherung der Risikokalkulation des Buchenden führen können, muss ihnen vertraut werden. Aufgrund der Unmöglichkeit der Herausbildung von personalem Vertrauen muss dieses durch ein „Institutionen- und Systemvertrauen und höherstufiges personales (parallel- und metakommunikatives) Vertrauen ergänzt und partiell ersetzt werden" (Hubig 2014, S. 360).

Die ›Sternebewertung‹ des Bewertungsportals R_z soll die Aussagen S_z auf der Internetseite des Reiseanbieters absichern und damit die Komplexität der Entscheidungssituation des Buchenden reduzieren. Dies geschieht jedoch nur, wenn die ›Sternebewertung‹ einen – subjektiv unterschiedlichen – Wert überschreitet. Erst mit Überschreitung dieses Schwellwertes gilt: $R_z > 0$.

Mit positiver Reputation und grundsätzlichem Vertrauen des Buchenden in die Aussagen des Reiseanbieters ($V_i > 0$), kann das kritische Vertrauensniveau für die Durchführung der Transaktion/Buchung erreicht werden, in dem Vertrauen substituiert wird.

Eine positive Ersetzung des Vertrauens findet hingegen nicht statt, wenn die Sternebewertung bzw. die damit verbundenen Einzelbewertungen, keine eindeutigen Aussagen liefern oder keine Bewertungen zu dem Reiseanbieter vorliegen. Dann gilt mit: $R_z = 0 \Rightarrow S_z \cdot R_z = 0$.

Vertrauen in die Drittinstanz
Das Vertrauen in die Institution ›Bewertungsportal‹ lässt weitere Fragen über das Zustandekommen der Bewertung in den Hintergrund treten. Es entsteht eine Art „Gewissheitsäquivalent" (Luhmann 2014, S. 64). In vielen Fällen ist der Buchende mit der Tatsache zufrieden, dass die Komplexität seiner Entscheidungssituation reduziert wurde. Eine genauere Betrachtung des Vorgangs erfolgt selten, um einen erneuten Anstieg der Komplexität zu vermeiden.

Diese erneute Komplexitätssteigerung würde aus der Tatsache resultieren, dass nicht dem Bewertungsportal selbst vertraut wird, sondern letztendlich der Summe der Meinungen, die durch die einzelnen Bewertungseinträge zum Ausdruck gebracht werden. Es wird also den anonymen Bewertern vertraut. Die daraus abgeleiteten Entscheidungen werden wiederum aufgrund von Täuschungen im LUHMANN'schen Sinne getroffen, da „für erfolgssichere Entscheide nicht genügend Informationen vorhanden" sind (vgl. das Zitat von Luhmann im Abschnitt 6.4.3). Drei Fragen sollen die Problematik aufreißen, ohne diese abschließend zu beantworten:

- *Wer sind die Bewerter?* Sind es tatsächlich ehemalige Reisende oder Mitarbeiter des Reiseanbieters oder sogar automatisierte Computerprogramme, sogenannte SocialBots?
- *Wer bewertet?* Sind es zufriedene Reisende oder überwiegend unzufriedene Reisende, notorische Nörgler oder böswillige Menschen?
- *Warum wird bewertet?* Wird bewertet, weil jemand hilfreich sein möchte oder aus Gefälligkeit oder aus Boshaftigkeit, um jemandem – ohne erkannt zu werden – zu schaden?

6.5 Entstehen einer Vertrauensmatrix

Um das Entstehen von Institutionen- und Systemvertrauen zu veranschaulichen, wird das Bild einer *Vertrauensmatrix* genutzt. Die Benennung erfolgt in Anlehnung an die ›Institutionenmatrix‹ von NORTH, der diese Darstellung für die Ausbildung von Verlaufsabhängigkeit bei der Entstehung von Institutionen entwarf. Er verwob formgebundene Regeln und formlose Beschränkungen (vgl. North 1992, S. 137). In der vorliegenden Arbeit werden die Institutionen um die mit diesen verknüpften Zuschreibungen für Vertrauen bzw. Reputation ergänzt.

Zur Modellierung einer Vertrauensmatrix wird angenommen, dass eine Vertrauensmatrix aus mehreren verwobenen ›Vertrauensketten‹ besteht.

Ausgangssituationen

Zwei potenzielle Transaktionspartner A (Auftraggeber) und B (Auftragnehmer) sind grundsätzlich daran interessiert, eine Transaktion durchzuführen. Das bestehende Interesse von A an der Durchführung der Transaktion soll mit einem positiven Vertrauenswert $V_A > 0$ zum Ausdruck gebracht werden. Bei der Betrachtung werden verschiedene Umweltzustände näher beleuchtet, zunächst ohne Einbeziehung von Vertrauenssubstituten:

Zustand Z_1: Dieser Zustand ist durch folgenden Zusammenhang gekennzeichnet:

$$V_{krit} \leq V_A \leq V_{max}.$$

Die Transaktion kann zustande kommen.

Zustand Z_2: Im Zustand Z_2 vertraut Transaktionspartner A der anderen Seite nicht vollständig. Ohne weitere Maßnahmen ist A nicht bereit, die Transaktion mit B durchzuführen. Es gilt:

$$V_A < V_{krit}.$$

6.5.1 Vertrauenssubstitution

B hat jetzt verschiedene Möglichkeiten, A von seiner Vertrauenswürdigkeit zu überzeugen. Von diesen Möglichkeiten werden die Varianten der (1) Vertrauenssubstitution durch Signalisierung und (2) Absicherung eines Vertrauenssubstituts durch Reputation näher beleuchtet. Die Effekte werden zunächst singulär betrachtet, um ihre Wirkungsweise zu verdeutlichen. Auf die Einbeziehung weiterer Vertrauenssubstitute, wie z. B. formeller Verträge, wird verzichtet.

Möglichkeit 1 – Vertrauenssubstitution durch Signalisierung (S_{Signal}): B kann als Vertrauenssubstitut ein Signal aussenden, mit dem er seinen Transaktionspartner A überzeugt. Darüber hinaus werden keine weiteren Maßnahmen betrachtet. Dies kann im einfachsten Fall eine überzeugende Selbstaussage sein – ein Versprechen oder eine Begründung. Das von B ausgesendete *Signal* *substituiert* das nicht vorhandene Vertrauen i. H. v. $S_{Signal} > 0$ (zum Thema Signalling vgl. Spence 1976 und Abschnitt 7.3.3).

Da das Signal anerkannt wird, besitzt es eine gewisse Vertrauenswürdigkeit. Die Aussendung des Signals ist ungesichert und verstärkt insofern das originäre Vertrauen.

Die Transaktion kommt zustande, wenn ceteris paribus gilt:

$$V_A + S_{Signal} \geq V_{krit}$$

Beispiel: Ein Dozent B bringt zum Ausdruck, dass er eine Dienstleistung – Durchführung einer Logistiklehrveranstaltung – zufriedenstellend erbringen könne, da er über umfangreiche Erfahrungen aus einer verantwortungsvollen Tätigkeit bei einem Logistikdienstleister verfügt. Gibt es weitere potenzielle Transaktionspartner (Dozenten), die das gleiche Signal senden, nimmt die Wirkung desselben ab.

Ein ungünstig ausgesendetes Signal kann auch eine negative Wirkung erzeugen und das Vertrauensniveau weiter absenken. Unprofessionelles Auftreten bei der Vertragsunterzeichnung sei hier als Beispiel genannt.

Möglichkeit 2 – Mithilfe von Reputation abgesicherte Vertrauenssubstitute ($S_z \cdot R_z$): Beide potenziellen Transaktionspartner beziehen eine dritte Partei in ihre Beziehung ein. Diese Drittinstanz $D_{1.1}$ soll die Leistungsfähigkeit von B bestätigen. Erfolgt diese Bestätigung nicht persönlich, sondern mithilfe eines Mediums (z. B. eines Zertifikats oder eines Bewertungseintrages), wird dieses Medium als Reputationsinstrument bezeichnet. Die Bestätigung der Leistungsfähigkeit durch $D_{1.1}$ substituiert Vertrauen i. H. v. $R_{D1.1}$. Hieraus resultieren verschiedene Varianten, von denen drei näher betrachtet werden:

Variante (2a): Das Vertrauen von A in B soll mithilfe des Vertrauenssubstituts S_z durch die Bestätigung der Drittinstanz $D_{1.1}$ abgesichert werden, dass die Transaktion durchgeführt werden kann (vgl. Abb. 6.2).

Abbildung 6.2: Variante (2a) – Bestätigung durch eine Drittinstanz

Ebene 1	$D_{1.1}$
	|
Ebene 0	B

Es muss ceteris paribus gelten:

$$S_1 \cdot R_{D1.1} \geq V_{krit} - V_A.$$

Beispiel: Als Beleg der Leistungsfähigkeit fordert A von B einen Nachweis. B legt eine Referenz S_z – ausgestellt von der Drittinstanz $D_{1.1}$ – vor und erzielt damit eine Vertrauenswirkung i. H. v. $S_z > 0$, da die Referenz als Nachweis geeignet erscheint. A kennt die Drittinstanz und hält diese für vertrauenswürdig i. H. v. $R_{D1.1} > 0$.

Ist das dem Vertrauenssubstitut zugemessene Vertrauen damit größer als das fehlende Vertrauen, welches notwendig ist, um die Transaktion durchzuführen, wird der Schwellwert überschritten und die Transaktion erscheint vorteilhaft.

Variante (2b): Ist nach dieser Substitution das Vertrauen von A in B aufgrund der Bestätigung der Drittinstanz $D_{1.1}$ noch nicht hinreichend, muss fehlendes Vertrauen weiterhin substituiert werden. Dazu könnte eine weitere *Drittinstanz* $D_{1.2}$ *auf gleicher Ebene* $m = 1$ hinzugezogen werden, um die Leistungsfähigkeit von B zu bestätigen (vgl. Abb. 6.3).

Beispiel: Ähnlich in der Variante (2a) legt B verschiedene Referenzen verschiedener Drittinstanzen vor. A hält die Referenzen für vertrauenswürdig.

Die Reputationswirkung von $D_{1.2}$ beträgt $R_{D1.2}$. Die Transaktion wird durchgeführt, wenn ceteris paribus gilt:

$$S_1 \cdot (R_{D1.1} + R_{D1.2}) \geq V_{krit} - V_A.$$

Abbildung 6.3: Variante (2b) – Zwei Drittinstanzen einer Ebene

Ebene 1	$D_{1.1}$	$D_{1.2}$
	│	│
Ebene 0	B	

Gilt dies nicht, könnten weitere Drittinstanzen $D_{1.3} \ldots D_{1.n}$ der gleichen Ebene $m = 1$ hinzugezogen werden (vgl. Abb. 6.4), sodass gilt:

$$S_1 \cdot \sum_{v=1}^{n} R_{D1.v} \geq V_{krit} - V_A.$$

Variante (2c): Ist nach der Vertrauenssubstitution in der Variante (2a) das Vertrauen von A in B aufgrund der Bestätigung der Drittinstanz $D_{1.1}$ noch nicht hinreichend groß, muss weiterhin substituiert werden. Statt eine weitere Drittinstanz $D_{1.2}$ auf gleicher

Abbildung 6.4: Variante (2b) – n Drittinstanzen einer Ebene

Ebene 1	$D_{1.1}$	$D_{1.2}$	...	$D_{1.n}$
Ebene 0		B		

Ebene m hinzuzuziehen, könnte z. B. eine *Drittinstanz $D_{2.1}$ einer höheren Ebene* $m = 2$, die Aussagen von $D_{1.1}$ (vorhergehende Ebene) bestätigen (vgl. Abb. 6.5).

Abbildung 6.5: Variante (2c) – Drittinstanzen verschiedener Ebenen

Ebene m	$D_{m.1}$	$D_{m.2}$	...	$D_{m.n}$
	:	:		:
Ebene 2	$D_{2.1}$	$D_{2.2}$	...	$D_{2.n}$
Ebene 1	$D_{1.1}$	$D_{1.2}$	...	$D_{1.n}$
Ebene 0		B		

Es muss ceteris paribus gelten:

$$S_Z \cdot \sum_{y=1}^{m} R_{Dy.1} \geq V_{krit} - V_A.$$

Beispiel: Zum Nachweis der Leistungsfähigkeit fordert A von B einen Nachweis. B legt ein Zertifikat – ausgestellt von einem Zertifizierer $D_{1.1}$ – vor und erzielt damit eine Vertrauenswirkung i. H. v. $S_z > 0$, da A das Zertifikat als Nachweis geeignet erscheint. A kennt die Drittinstanz nicht genau, hält diese jedoch für grundsätzlich vertrauenswürdig ($R_{D1.1} > 0$). Um letzte Zweifel auszuräumen, lässt sich A von der akkreditierenden Stelle $D_{2.1}$ bestätigen, dass der Zertifizierer der ersten Ebene vertrauenswürdig ist ($R_{D2.1} > 0$).

6.5.2 Systemvertrauen zur Reduktion des Fehlentscheidungsrisikos

Eine Kombination der verschiedenen Möglichkeiten führt zu verschiedenen Vertrauensketten unterschiedlicher Länge $n_1 \ldots n_m$ und damit zu einer unterschiedlich komplexen Vertrauensmatrix. Zu jedem Vertrauenssubstitut gehört eine eigene Vertrauensmatrix.

Mit jedem hinzukommenden Vertrauenssubstitut vervollständigt sich der Eindruck, dass das Risiko einer Fehlentscheidung – d. h. einer Nutzeneinbuße aufgrund der Durchführung der Transaktion – weiter minimiert werden kann. Alle Stufen als Ganzes können den Eindruck der Unfehlbarkeit erwecken.

Die *Vertrauenswürdigkeit* einzelner Drittinstanzen steigt mit der Häufigkeit ihrer Nutzung als Vertrauensgeber. Allein wiederholte Nutzung als ritualisierter Vorgang erhöht die Vertrauenswirkung einer Drittinstanz. Zudem steigt die Vertrauenswürdigkeit in dem Maße, in dem diese Drittinstanz in unterschiedlichen Kontexten hinzugezogen wird. Tritt ein Vertrauensgeber in mehreren Vertrauensmatrizen auf, steigt seine Vertrauenswürdigkeit zudem. Ist eine Drittinstanz an verschiedenen Vertrauensmatrizen beteiligt, erhält sie einen eigenen – höheren – Reputationswert, wenn sie jeweils selbst durch andere Drittinstanzen bestätigt wird. Dieser wird im Extremfall so groß ($R_D \to \infty$), dass andere Drittinstanzen unnötig werden und das Vertrauenssubstitut eine besonders starke, kaum anzuzweifelnde Wirkung erzielen kann.

Das gesamte System des Vertrauens wird stabil, wenn wiederkehrende soziale Praktiken den Akteuren Erwartungssicherheit geben (vgl. Baberowski 2014b, S. 10). Eine solche soziale Praktik liegt beispielsweise vor, wenn in den gleichen Situationen immer dieselbe Drittinstanz ein Vertrauenssubstitut bestätigt. Dies kann wiederum selbst eine Drittinstanz sein. Auf diese Weise entstehen Vertrauensketten, die mit zunehmender Nutzung von den Nutzenden unabhängig werden. Im Wechselspiel aus Zertifizierung und Akkreditierung kann eine solche soziale Praktik erkannt werden.

Es wurde bereits so häufig wiederholt, dass es einem Ritual gleicht.

„Menschen nehmen an Ritualen teil, obgleich sie wissen, dass sie vor der Vernunft nicht bestehen können, aber sie tun es nicht, weil sie von ihrem überlegenen Sinn überzeugt sind, sondern weil sie ihrem Leben einen Halt geben und es berechenbar machen. […] Ordnungssicherheit entsteht erst dort, wo Menschen wissen, was sie und was andere tun dürfen und tun müssen; wenn sie zu wissen glauben, dass die anderen sich auch wirklich so verhalten, wie es von ihnen erwartet wird" (Baberowski 2014b, S. 10).

Das Vertrauen in die einzelnen Institutionen auf den verschiedenen Ebenen der Vertrauenskette kumuliert in einem Systemvertrauen im obigen Sinne. Dieses Vertrauen bleibt so lange stabil, wie wiederkehrende Erfahrungen keine widersprüchlichen Schlussfolgerungen zulassen. Mit jeder tatsächlichen oder empfundenen positiven Erfahrung wächst der Grad anscheinender Unangreifbarkeit des gesamten Systems. Es immunisiert geradezu gegen Anfeindungen.

Solange das Systemvertrauen in der Lage ist, endogene Unsicherheit und damit die Komplexität einer Entscheidungssituation zu reduzieren, vertrauen die Akteure auch, wenn sie die Beteiligten nicht persönlich kennen (vgl. Luhmann 2014, S. 78).

Unabhängig von konkreten Personen wird Vertrauen selbst zu einer abstrakten Institution mit einer außerordentlichen Stabilität, weil sie in der Lage ist, die Personen zu überdauern, die sie geschaffen haben und denen sie dient. Das Vertrauen wird anonymisiert. Damit ersetzen Regel- und Expertenvertrauen in komplexen Gesellschaften die persönlichen Bindungen (vgl. Baberowski 2014b, S. 24).

6.6 Zwischenfazit

Wird der Versuch unternommen, wirtschaftliche Zusammenhänge mit neoklassischen Annahmen zu erklären, tritt regelmäßig das Problem auf, dass sich bestimmte Sachverhalte, die in der Realität auftreten, nicht abbilden lassen. Bei vollständiger Informiertheit sämtlicher Transaktionspartner am Markt, sowohl über aktuelle als auch zukünftige Entscheidungen und Verhaltensweisen sowie der Beschränkung auf einmalige Transaktionen, wären soziale Konstrukte wie Vertrauen und Reputation weder nötig noch darstellbar.

Die ›Neue Institutionenökonomik‹ ermöglicht es, ›soziale Komplexität‹ und Unsicherheit von Situationen zu erfassen und entsprechende Verhaltensweisen realitätsnah zu erklären. Da bereits der Versuch, explizite Verträge zu schaffen, um z. B. opportunistisches Verhalten aufgrund von Informationsasymmetrien zu verhindern, zu Transaktionskosten führt, wurden für die vorliegende Arbeit verschiedene Ansätze des Theoriengebäudes der ›Neue Institutionenökonomik‹ genutzt.

Explizite Verträge allein sind jedoch nicht hinreichend geeignet, um das Vertragsverhältnis zweier Transaktionspartner in Bezug auf eine Dienstleistung vollständig abzubilden. Die Verträge bleiben insoweit unvollständig und bedürfen weiterer Instrumente, um die Handlungskomplexität derart zu minimieren, dass die Transaktion zustande kommt. Vertrauen und Vertrauenssubstitute, die durch Reputation abgesichert sind, sollen diesem Zweck dienen. Hierbei soll Vertrauen eine Risikokalkulation obsolet machen, währenddessen die Reputation die Risikokalkulation absichern und die bestehende Unsicherheit kompensieren soll.

Institutionen- bzw. Systemvertrauen entsteht, wenn sich Vertrauen von persönlichen Beziehungen löst und auf materielle bzw. immaterielle Güter oder Sachverhalte übertragen wird. Wie im vorhergehenden Abschnitt gezeigt wurde, kann diese Vertrauenssubstitution auf verschiedene Arten erfolgen: z. B. mithilfe von Signalisierung oder mithilfe von Vertrauenssubstituten, die durch Reputation abgesichert sind. Im folgenden Kapitel 7 wird gezeigt, wie das Institutionen- bzw. Systemvertrauen in die Zertifikate entsprechend der DIN EN ISO 9001:2015 im Zusammenhang mit der Zulassung von Bildungsträgern für die Durchführung von Maßnahmen der Arbeitsförderung entstanden ist.

Kapitel 7.
Zertifizierung im Bildungsbereich als Teil des Institutionen- und Systemvertrauens

7.1 Bildungsmarkt als teilgeschlossenes Marktsegment

Die Erstellung einer Dienstleistung, wie es die Durchführung von Bildungsmaßnahmen ist, ist ein Vorgang, der als Transaktion im Sinne der eingeführten Definition betrachtet werden kann (vgl. Abschnitt 6.3.4 auf Seite 164). Der Regelung von Transaktionen können bspw. Verträge als Institutionen dienen. Aufgrund ihrer Zielsetzung – der Verhaltensregulierung – lassen sich die Normen, als Dokumente der europäischen Normungsorganisationen, ebenfalls als Institutionen einstufen.

Die Bestimmungen, die unter anderem durch die ›Akkreditierungs- und Zulassungsverordnung – Arbeitsförderung (AZAV)‹ kodifiziert werden, haben verschiedene volkswirtschaftliche Auswirkungen. Insbesondere entstehen durch die Anforderungen der Zertifizierung und Akkreditierung Transaktionskosten für die Volkswirtschaft der Bundesrepublik Deutschland, ohne dass deren Wirksamkeit hinreichend empirisch belegt ist (vgl. dazu die Ausführungen in Kapitel 4).

Die Existenz und Nutzung von Institutionen wird u. a. damit begründet, dass Institutionen in der Lage seien, die mit einer Transaktion verbunden Kosten zu reduzieren (vgl. North 1991, S. 98). Die Europäische Kommission behauptet Ähnliches. Aus dem Jahr 2011 stammt folgende Aussage bei der Formulierung ihrer strategischen Vision für die europäische Normung bis 2020:

> „Der Nutzen der Normung ist für [die] europäische Industrie enorm. Normen bewirken Kostensenkungen oder Einsparungen, hauptsächlich wegen größenbedingter Vorteile, und sie bieten die Möglichkeit der Vorwegnahme technischer Anforderungen, *die Reduzierung von Transaktionskosten* und die Möglichkeit des Zugangs zu genormten Bauteilen" (Hervorhebung durch den Verfasser – Europäische Kommission 2011, S. 7).

Allerdings fehlt auch hier der Verweis auf wissenschaftliche Ausführungen, die mithilfe empirischer Nachweise diese Aussagen belegen. Zudem sei angemerkt, dass die europäischen Gesetzgeber trotz des Fokus dieser Aussage auf technische Sachverhalte eine Ausweitung der Normung auf soziale Konstrukte bereits vornahmen. Als Beispiele lassen sich die EN ISO 9001:2008 oder EN ISO 9000:2005 anführen, die schon im Jahr 2009 zu harmonisierten Normen erklärt wurden (vgl. Abl. EU C 348 v. 28.11.2013, S. 348) und sich eindeutig nicht auf ausschließlich technische Sachverhalte beziehen.

Transaktionskosten als Markteintrittsbarriere
Ein Bildungsanbieter, der Bildungsmaßnahmen für die Bundesagentur für Arbeit übernehmen möchte, benötigt als Organisation die Zulassung als geeigneter Träger sowie eine Zulassung der geplanten Bildungsmaßnahmen. Die Erfüllung dieser Bestimmungen verursacht langfristig Transaktionskosten, da regelmäßig eine Re-Zertifizierung nachzuweisen ist. Diese Transaktionskosten können als Markteintrittsbarriere interpretiert werden, durch die dieser Teil des Bildungsmarktes zu einem teilgeschlossenen Markt wird. Er ist insofern teilgeschlossen, als dass es grundsätzlich möglich ist – bei Erfüllung der Voraussetzungen – in diesen Markt einzutreten.

Es scheint weniger die Frage zu sein, ob sich ein Bildungsträger zertifizieren lässt, sondern nur noch wann und wie. Das ›Wie‹ kann sich dabei auf die Frage beziehen, mithilfe welches Zertifikatssystems z. B. der Nachweis der Einrichtung eines ›Systems zur Sicherung der Qualität‹ erfolgen soll.

Das Vertrauen in ein Zertifikat als Vertrauenssubstitut ist dabei größer, wenn ein Zertifikat gewählt wird, welches über mehrere Vertrauensebenen – z. B. durch nationale Akkreditierungsstellen – abgesichert wird. Ein unbekanntes Zertifikat hat dabei eine geringere Vertrauenswirkung als eines, welches in ein vielfach genutztes System aus Zertifizierung und Akkreditierung eingebunden ist – so wie dies bspw. bei Zertifikaten der ›DIN-CEN-ISO-Welt‹ der Fall ist. Neben Deutschland wurden in weiteren 186 Ländern in den Jahren 2013–2015 jeweils über eine Million Zertifikate gemäß der ISO 9001 ausgestellt (vgl. für 2013, ISO 2015, S. 8; und für 2014–2015, ISO 2017f, S. 1). Die hohe Zahl ausgegebener Zertifikate deutet auf eine Bereitschaft der Organisationen hin, sich zertifizieren zu lassen, weil sie vermutlich diese Anforderung gewöhnt sind.

Ressourcenbindung
Marktzugang erhält ein Unternehmen jedoch nur, wenn es zum einen bereit ist, die Anforderungen des SGB III i. V. m. denen der AZAV zu erfüllen. Und zum anderen, wenn es wirtschaftlich in der Lage sowie bereit ist, die damit verbundenen Investitionen zu erbringen, ohne Information darüber zu besitzen, ob hieraus ein späterer Zahlungsmittelrückfluss nach Durchführung der Maßnahme eintritt.

Wie bereits im Abschnitt 2.2 ausgeführt wurde, berechnen sich die Kosten für eine Zertifizierung – unabhängig vom Vorhaben – entsprechend der Vorgaben des IAF-Dokumentes MD 5:2015 der ›International Accreditation Forum

Inc. (IAF)‹ in Abhängigkeit von der Anzahl der Mitarbeiter des zu zertifizierenden Bildungsträgers (vgl. IAF 2015, S. 18). Die Deutsche Akkreditierungsstelle (DAkkS) als Mitglied der internationalen Dachorganisation IAF hat dieses Dokument übernommen und als verbindlich eingestuft (vgl. DAkkS 2016a, S. 18).

Neben der Ermöglichung des *Zugangs zu diesem Bildungsmarktsegment* ist eine Zertifizierung auch für den *Verbleib im Markt* notwendig. Die zeitliche Befristung von Zertifikaten bewirkt, dass es sich bei Zertifizierungskosten nicht ausschließlich um eine einmalige Ressourcenbindung handelt, sondern um eine regelmäßig wiederkehrende.

7.2 Unsicherheiten und Risiken bei der Beauftragung von Bildungsmaßnahmen

7.2.1 Soziale Komplexität als Risikotreiber

Die Beauftragung einer Bildungsmaßnahme ist durch verschiedene Arten von Unsicherheiten gekennzeichnet (vgl. Abschnitt 6.2): Es liegt *objektive Unsicherheit* vor, bspw. in Bezug auf den zufälligen Wegfall des Bildungsanbieters. Die mögliche Vernichtung des Schulungsgebäudes durch Hochwasser oder Brandschäden wären hierfür Beispiele.

Wie bereits ausgeführt wurde, tritt aufgrund der Unfähigkeit, sämtliche Informationen zu erheben und zu verarbeiten, zudem *subjektive Unsicherheit* auf. So könnte trotz der Versprechen des Auftragnehmers dieser möglicherweise nicht in der Lage sein, eine Bildungsmaßnahme erfolgreich durchzuführen.

Für *exogene Unsicherheit* ist die Vernichtung des Schulungsgebäudes durch Hochwasser ebenso ein Beispiel.

Wird ein Bildungsanbieter mit der Durchführung einer Bildungsmaßnahme beauftragt, besteht *endogene Unsicherheit* dahingehend, dass im Rahmen des *Koordinationsproblems* die Leistung nicht effizient erbracht wird. Und im Rahmen des *Motivationsproblems* besteht Verhaltensunsicherheit darüber, ob der Auftragnehmer beabsichtigt, die Maßnahme effizient durchzuführen.

Vor allem aus dem letzten Punkt – der endogenen Unsicherheit aufgrund von Verhaltensunsicherheit – resultiert eine *soziale Komplexität*, sodass die Entscheidung für einen Bildungsträger risikobehaftet ist. Je mehr potenzielle Bildungsanbieter zur Auswahl stehen, je größer ist die Komplexität der zu treffenden Entscheidung (vgl. Luhmann 2009, S. 30). Dies ist darin begründet, dass die Auswahl nicht in der Entscheidung für einen Bildungsträger besteht, sondern in der Entscheidung gegen alle anderen. Zudem geht ein Auftraggeber durch die Wahl eines Bildungsanbieters insofern ein *Risiko* ein, als dass er sich durch seine Entscheidung der Möglichkeit nachteiliger ökonomischer Konsequenzen aussetzt. Die Transaktionspartner werden versuchen, Maßnahmen zu ergreifen, die die Komplexität der Entscheidungssituation und die Wahrscheinlichkeit eines Fehlverhaltens der anderen Seite reduzieren. Das heißt nichts anderes, als dass Institutionen gesucht werden, die das Risiko begrenzen können.

Risikobegrenzung kann erfolgen zum einen durch *Maßnahmen zur Verringerung der Eintrittswahrscheinlichkeit des schädigenden Ereignisses* selbst oder zum anderen durch *Maßnahmen zur Verringerung der Höhe der schädigenden Konsequenzen* für einen Akteur (vgl. Ripperger 1998, S. 30).

7.2.2 Eingeschränkte Risikobegrenzung durch explizite Verträge bei Bildungsdienstleistungen

Die im Fokus stehenden Maßnahmen der Arbeitsförderung haben gemäß § 1 Abs. 2 Nr. 2 SGB III zum Ziel „die individuelle Beschäftigungsfähigkeit durch Erhalt und Ausbau von Fertigkeiten, Kenntnissen und Fähigkeiten [zu] fördern". Die Gesetzgeber haben damit die Wirkungen beschrieben, die sie sich von einer Bildungsmaßnahme erwarten.

Der Lernerfolg – als Wirkung bzw. Ertrag von Bildungsmaßnahmen – ist zunächst einmal das Ergebnis verschiedener Bündel von Merkmalen, die komplex untereinander verknüpft sind. Dies wird unmittelbar einsichtig, wenn bspw. im Angebots-Nutzungs-Modell zur Wirkungsweise von Unterricht nach HELMKE die Faktoren betrachtet werden, die den Lernerfolg beeinflussen (vgl. Abb. 7.1 auf Seite 199).

Inwieweit sich eine Wirkung einstellt, hängt von zwei verschiedenen Mediationsprozessen (vermittelnden Prozessen) auf Seiten der Teilnehmer an der Bildungsmaßnahme ab. Zum einen davon, „ob und wie Erwartungen der Lehrkraft und unterrichtlichen Maßnahmen von den [Teilnehmern] überhaupt *wahrgenommen* und wie sie *interpretiert* werden". Und zum anderen davon, „ob und zu welchen motivationalen, emotionalen und volitionalen Prozessen sie auf [Teilnehmer]seite führen" (Hervorhebungen im Original – Helmke 2015, S. 71).

Abbildung 7.1: Angebots-Nutzungs-Modell zur Wirkungsweise von Unterricht.

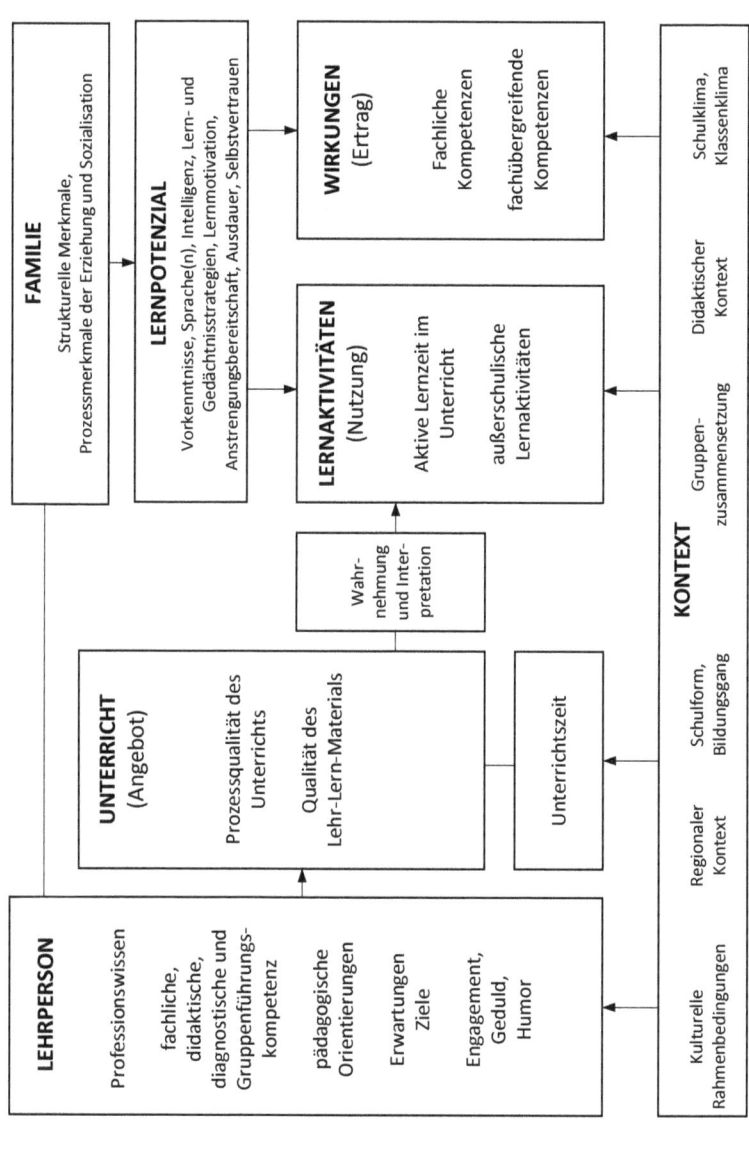

Quelle: Abbildung in Anlehnung an Helmke 2015, S. 71.

Mithin stellt eine Bildungsmaßnahme ausschließlich ein Angebot dar, welches von den Lernenden aktiv genutzt werden muss. Aktive Lernprozesse wiederum unterscheiden sich entsprechend der individuellen Eingangsbedingungen der Teilnehmer und vom Kontext, in dem die Bildungsmaßnahme stattfindet. Die individuellen Eingangsbedingungen können sich z. B. auf das Niveau der Vorkenntnisse, die Lernstrategien aber auch auf die Lernmotivation beziehen.

Die verschiedenen Parameter, die in ihrer Kombination eine Wirkung – den Lernerfolg – bringen sollen, hat beispielsweise HATTIE in seinen Meta-Metaanalysen untersucht. Er stellt unmissverständlich heraus, dass vor allem die Lehrpersonen zu den wirkungsvollsten Einflüssen beim Lernen gehören (vgl. Hattie 2015, S. 280–281). Wird der Fokus auf die Lernenden gelegt, zählt z. B. die aktive Lernzeit, die für den zu lernenden Stoff aufgewandt wird, zu den Erfolgsprädiktoren (vgl. Hattie 2015, S. 218–219). Noch wichtiger jedoch sind Lerntechniken und die Beeinflussung des Verhaltens in der Gruppe (vgl. Hattie 2015, S. 225, 125). Als weniger wichtig werden z. B. Schuleffekte und die finanzielle Ausstattung eingestuft (vgl. Hattie 2015, S. 86–87).

Nur auf die wenigsten, der im Modell ersichtlichen Faktoren, kann die Leitung eines Bildungsträgers definitiven Einfluss nehmen. Bezogen auf HELMKES Angebots-Nutzungs-Modell beschränken sich die Einflussmöglichkeiten auf die Auswahl der Lehrperson, die Qualität des Lehr-Lern-Materials und einige Aspekte den Kontext betreffend, wie z. B. den didaktischen Kontext, die Ausstattung der Räumlichkeiten sowie die Gruppengröße und deren Zusammensetzung.

Originäre Zielsetzung bei der Beauftragung von Bildungsmaßnahmen
Die Bundesagentur für Arbeit (Auftraggeberin) sieht sich damit einem schwerwiegenden Problem gegenüber: Das originäre Ziel einer Bildungsmaßnahme – der Kompetenzzuwachs bei den Teilnehmern – ist weder sichtbar, noch kann dieser vertraglich eingefordert werden (vgl. Abschnitt 6.4.3).

Wenn hingegen nicht davon ausgegangen werden kann, dass bei der Auftraggeberin unendliches Vertrauen dahingehend vorliegt, dass jeder beliebige Bildungsträger den gewünschten Lernerfolg bei den Teilnehmenden ermöglicht, kann der *Lernerfolg nicht Kriterium für die Vergabe einer Bildungsmaßnahme* sein.

Zudem besteht bei (Bildungs-)Dienstleistungen die Schwierigkeit, dass es unmöglich ist, sowohl jegliche Schädigungsmöglichkeiten im Vorhinein zu bedenken, als auch im Nachhinein die exakte Höhe eines Schadens zu ermitteln bzw. die Schädigung zu revidieren. Explizite Verträge, die diese formalen Regeln enthalten, stellen damit nur einen unzureichenden Schutzmechanismus gegen opportunistisches Verhalten dar (vgl. Abschnitt 6.3.6).

Infolgedessen lässt sich das – aus endogener Unsicherheit – resultierende Risiko (vgl. Abschnitt 6.2) nicht durch explizite Verträge als Vertrauenssubstitute eliminieren. Die endogene Unsicherheit kann sich hierbei sowohl auf das Koordinationsproblem als auch auf das Motivationsproblem beziehen: Zum einen besteht Unsicherheit darüber, inwieweit die ausgewählten Bildungsträger (Auftragnehmer) in der Lage sind, im Rahmen der Bildungsmaßnahme einen Lernerfolg bei den Teilnehmenden zu erzielen (Koordinationsproblem). Und zum anderen besteht endogene Unsicherheit in Bezug auf die Frage, inwieweit die Verantwortlichen der Bildungsträger tatsächlich planen, die Bildungsmaßnahme so durchzuführen, dass sich ein Lernerfolg einstellen könnte (Motivationsproblem).

In Anbetracht dieses Motivationsproblems existiert ein großer Spielraum für opportunistisches Verhalten: Wird ein Bildungsträger mit der Durchführung einer Bildungsmaßnahme beauftragt, besteht die Gefahr, dass die Teilnehmenden ausschließlich ›in der Maßnahme gehalten werden‹, und ineffiziente – aber im Sinne des Auftragnehmers kostengünstige – Konstruktionen von Lehr-Lern-Kontexten angewendet werden, um eine Beschäftigung nachzuweisen.

Ausschließlich ex ante Messung des Ertrags möglich
Es wird unterstellt, dass mit der Durchführung der Transaktion ein Nutzenzuwachs $\Delta U_i > 0$ erwartet wird, der sich darin ausdrückt, dass sich durch die Teilnahme an dieser Bildungsmaßnahme bei den Teilnehmenden ein Lernerfolg im Sinne eines Kompetenzzuwachses einstellt. Hierbei treten u.a. zwei Probleme auf:
(1) Wird davon ausgegangen, dass die Überprüfung der erwarteten Qualität für jede einzelne Maßnahme mithilfe einer Outputmessung durchgeführt wird, wie dies beispielsweise large-scale-assessments wie TIMSS, PISA oder IGLU versprechen, besteht immer noch das Problem, dass die erhobenen Kompetenzen zwar als Indikatoren einen Teil der Lernergebnisse erfassen, jedoch nicht die Qualität der Lehr-Lern-Prozesse vollständig abbilden (vgl. Schmidt-Hertha 2011, S.153). Beispielsweise bleibt als Voraussetzung das Lernpotenzial, z.B. das domainspezifisches Vorwissen außer Betracht, welches durch Erhebungen *nach* der Bildungsmaßnahmen nicht mehr erfasst werden kann. (2) Wird der Lehrprozess genauer betrachtet, stellt sich dieser als ein ›ill-defined-problem‹ (vgl. Rourke & Sweller 2009, S.185) dar, da a priori nur unvollständige Informationen vorliegen. Professionelles erwachsenenpädagogisches Handeln fordert fallbezogenes, i.d.R. nicht standardisiertes Anwenden von theoretischem Wissen. Es wird von den Lehrenden einerseits eine hohe Flexibilität erwartet und andererseits werden Kompetenzen gefordert, mit einem hohen Maß an Unsicherheiten umzugehen. Die Lehr-Lern-Interaktion entsprechend der Logik des pädagogischen Handelns lässt sich damit nicht in standardisierte Verfahren

pressen (vgl. Meisel 2008, S. 117). Das widerspricht auch nicht der Überlegung, dass grundsätzlich sinnvoll aufgearbeitete Unterrichtsvorbereitungen als ›Standard-Blaupause‹ für den Unterricht empfohlen werden (vgl. Meyer 2014, S. 35), wenn die Lehrenden in der Lage sind, auf die Lernenden in angemessenem Maße zu reagieren. Es bedeutet jedoch, dass zum Zeitpunkt der Beauftragung einer Bildungsmaßnahme die Wirksamkeit nicht eingeschätzt werden kann, sondern dies nur retrospektiv möglich ist (vgl. van Buer 2015, S. 153).

Aufgrund der Schwierigkeiten, die mit der Festlegung der Maßstäbe für die Qualität eines Bildungsangebotes und der Messung des Lernerfolges einhergehen, steigen dessen Transaktionskosten bspw. für die Überwachung und Messung. Die Tatsache, dass die Bestimmung von Qualität und Lernerfolg erst im Nachhinein zuverlässig möglich ist, lässt die Transaktionskosten gegen unendlich streben. Für die damit verbundene erwartete Nutzeneinbuße gilt das Gleiche: $C_i \rightarrow \infty$.

Damit unter diesen Bedingungen die Transaktion zustande kommt, müsste der Wert der Summe aus Vertrauen V_i und den Vertrauenssubstituten S_z sowie deren Absicherung durch die Reputation R_z einen größeren Wert annehmen. Eine theoretisch denkbare Konstellation wäre: Die Bundesagentur für Arbeit hat unendliches Vertrauen, d. h. $V_i \rightarrow \infty$, und auch die Werte der Vertrauenssubstitute sind größer Null.

Bezogen auf die Durchführung von Bildungsmaßnahmen im Rahmen der Arbeitsförderung erscheinen die Gesetzgeber hingegen nicht bereit, die notwendigen „riskanten Vorentscheidungen" bzw. „riskanten Vorleistungen" zu erbringen (vgl. Abschnitt 6.4.2).

Unendliches Vertrauen würde ebenfalls bedeuten, dass jeder Bildungsträger, der Interesse zeigt, eine Bildungsmaßnahme auch adäquat durchführen kann. Dies würde implizieren, dass kein opportunistisches Verhalten erwartet wird.

Derivative Zielsetzung bei der Beauftragung von Bildungsmaßnahmen
Neben der Unmöglichkeit, die Maßstäbe für die Qualität der Durchführung der Lehr-Lern-Interaktion sowie deren Erfolg a priori zuverlässig zu bestimmen, war vermutlich die endogene Unsicherheit in Bezug auf die vielfältigen Möglichkeiten opportunistischen Verhaltens der Grund, der zu einer detaillierteren Ausgestaltung der Vorgaben für die Auswahl geeigneter Träger im Rahmen der §§ 176 ff. SGB III i. V. m. der AZAV führte. Die festgelegten Vorschriften dienen der Absicherung einer *derivativen Zielsetzung: Statt des Fokus auf die Fähigkeiten der Lehrenden und die zu erwerbenden Kompetenzen der Lernenden zu legen, werden die organisatorischen Rahmenbedingungen zum Maßstab der Zulassung einer Bildungsmaßnahme.* Eventuelle Regresspflichten resultieren daher aus

dem Nichteinhalten von Rahmenbedingungen und nicht aus fehlendem Lernerfolg der Teilnehmenden.

7.2.3 Transaktionsbedingung zur Beauftragung von Bildungsmaßnahmen

Die Betrachtung der ›erweiterten Transaktionsbedingung‹ entsprechend der Gleichung im Abschnitt 6.4.4 auf Seite 179

$$\Delta U_i - (C_i - V_i - S_z \cdot R_z) \geq 0$$
$$\text{mit: } \Delta U_i \geq 0,\, C_i > 0,\, V_i \geq 0,\, S_z \geq 0,\, R_z \in \mathbb{R}$$

ergibt in Bezug auf die derivative Zielstellung der Bundesagentur für Arbeit und unter ausschließlicher Berücksichtigung des SGB III Folgendes: Der Nutzenzuwachs ΔU_i wird entsprechend § 179 Abs. 1 SGB III und § 3 Abs. 1 und 2 AZAV bereits in der Bereitstellung der Rahmenbedingungen für Lernen (Kontext) gesehen.

§ 179 SGB III Maßnahmezulassung
(1) Eine Maßnahme ist von der fachkundigen Stelle zuzulassen, wenn sie
1. nach *Gestaltung* der Inhalte, der Methoden und Materialien ihrer Vermittlung sowie der *Lehrorganisation* eine erfolgreiche Teilnahme erwarten lässt und nach Lage und Entwicklung des Arbeitsmarktes zweckmäßig ist,
2. angemessene Teilnahmebedingungen bietet und die *räumliche, personelle und technische Ausstattung* die Durchführung der Maßnahme gewährleisten und
3. nach den *Grundsätzen der Wirtschaftlichkeit und Sparsamkeit* geplant und durchgeführt wird, insbesondere die Kosten und die Dauer angemessen sind; die Dauer ist angemessen, wenn sie sich auf den Umfang beschränkt, der notwendig ist, um das Maßnahmeziel zu erreichen (Hervorhebungen durch den Verfasser – vgl. § 179 SGB III 2017).

§ 3 AZAV Maßnahmezulassung
(1) Eine Maßnahme lässt nach § 179 Absatz 1 Satz 1 Nummer 1 des Dritten Buches Sozialgesetzbuch eine erfolgreiche Teilnahme erwarten, wenn
1. *Ziele, Dauer und Inhalte der Maßnahme* jeweils auf die Voraussetzungen der Zielgruppe und das Maßnahmeziel hin konzipiert sind und
2. sie *aktuelle Entwicklungen des Ausbildungs- und Arbeitsmarktes berücksichtigt* (Hervorhebungen durch den Verfasser – vgl. § 3 AZAV 2012).

Als eventuell zu erwartete Nutzeneinbuße C_{BA} werden wiederum die durch die Transaktion erwarteten Transaktionskosten angesehen. Im Rahmen der Beauftragung von Maßnahmen zur Arbeitsförderung entstehen Transaktionskosten z. B. für die Auswahl, Überprüfung und Zulassung der Bildungsträger und der

Bildungsmaßnahmen ebenso wie für die Überwachung der erwarteten Qualität im Sinne des § 183 SGB III.

Würde das Vertrauen der Bundesagentur für Arbeit in einen Bildungsträger hinreichend groß sein, dass dieser eine zu beauftragende Bildungsmaßnahme im Sinne der Agentur umsetzen kann, könnte diese Beauftragung sofort erfolgen, wenn gilt: $V_{BA} \geq C_{BA}$. Dies ist i. d. R. nicht der Fall, sodass die Auftraggeberin bei der Berücksichtigung verschiedener potentieller Bildungsträger eine Abschätzung von Erfolgswahrscheinlichkeiten vornehmen muss, um zu einer Entscheidung für die Vergabe einer Bildungsmaßnahme zu gelangen.

7.2.4 Absicherung der Bildungsträgerauswahl durch eine Vertrauensmatrix*

Die umfangreichen Bestimmungen der §§ 176–184 SGB III verdeutlichen, dass das Vertrauen V_{BA} in die Bildungsträger allein anscheinend nicht ausreicht, um eine Bildungsmaßnahme zu beauftragen. Um die Durchführung einer Bildungsmaßnahme zu ermöglichen, muss das Vertrauen positiv sein, es bedarf jedoch weitere geeigneter Vertrauenssubstitute, um das kritische Vertrauensniveau zu erreichen.

Dazu gehören bspw. die Vorschriften zur Trägerzulassung gemäß § 178 SGB III und zur Maßnahmezulassung gemäß § 179 SGB III. Als geeignete Vertrauenssubstitute werden Zertifikate entsprechend der Bestimmungen des § 181 Abs. 6 Nr. 1 und Nr. 2 SGB III angesehen. Beide Zertifikate – das *Zertifikat ›Zugelassener Träger‹* (S_{ZT}) als auch das *Zertifikat ›Zugelassene Maßnahme‹* (S_{ZM}) entfalten eine grundsätzlich positive Vertrauenswirkung, die ein höheres Nutzenniveau erwarten lässt.

Die Bundesagentur für Arbeit – als Auftraggeberin – beauftragt ausschließlich Träger im Sinne des § 176 SGB III als Auftragnehmer mit der Durchführung von zugelassenen Bildungsmaßnahmen der Arbeitsförderung, da die Auftraggeberin darauf vertrauen möchte, dass die Bildungsmaßnahmen den gewünschten Erfolg ermöglichen, und darauf, dass die Bildungsträger in der Lage sind, die Bildungsmaßnahme erfolgreich durchzuführen.

Die Auftraggeberin führt die Prüfungen bezüglich der Eignung und Zulassung nicht selbst durch, sondern verlässt sich auf die Aussagen einer Drittinstanz, in

---

* Anmerkung: Der Aufbau einer solchen Matrix wird anhand des für diese Arbeit ausgewählten Beispiels aufgezeigt. Die Zertifikate nach ISO 9001:2015 dienen hierbei beispielhaft als Vertrauenssubstitut für den Nachweis der Einrichtung eines ›Systems zur Sicherung von Qualität‹ gemäß § 4 AZAV.

diesem Fall auf die sogenannten ›fachkundigen Stellen‹ entsprechend des § 177 SGB III.

Werden zur Erreichung des kritischen Vertrauensniveaus Vertrauenssubstitute eingesetzt, werden diese in der Regel durch die Reputation von *Vertrauensketten* verschiedener Drittinstanzen abgesichert.

Durch die Verknüpfung verschiedener Vertrauensketten von unterschiedlichen Vertrauenssubstituten entsteht eine *Vertrauensmatrix*, welche ein ausgeprägtes *Institutionen- und Systemvertrauen* begünstigt.

Aufgrund der Forderung des SGB III zur Vorlage zweier Zertifikate (Zertifikat ›Zugelassener Träger‹, Zertifikat ›Zugelassene Maßnahme‹) entstehen zwei ›Vertrauensketten (VK)‹ (vgl. VK 1 und 2).

Vertrauenskette 1
VK 1-1: Da die Auftraggeberin die Prüfung für die **Zulassung der Träger** nicht selbst vornimmt, vertraut sie einer fachkundigen Stelle, dass diese ordnungsgemäß prüft. *Vertrauenssubstitut*: Zertifikat ›Zugelassener Träger‹ (S_{ZT}) – Zulassung als Träger gemäß § 2 AZAV i. V. m. § 178 SGB III *Drittinstanz* – D_{FS}: Fachkundige Stelle gemäß § 1 AZAV i. V. m. § 177 SGB III
VK 1-2: Der Aussage der fachkundigen Stelle wird vertraut, da diese Zertifizierungsstelle durch die DAkkS im Sinne § 1 AZAV i. V. m. § 177 SGB III akkreditiert wurde. *Reputationswirkung durch*: Nachweis über die Akkreditierung als fachkundige Stelle *Drittinstanz* – D_{DAkkS}: Deutsche Akkreditierungsstelle (DAkkS)
VK 1-3: Der DAkkS wird wiederum vertraut, da diese als alleiniger Dienstleister für Akkreditierung in Deutschland an das Akkreditierungsstellengesetz (AkkStelleG 2015) sowie die EG-Verordnung Nr. 765/2008 gebunden ist und unter staatlicher Aufsicht steht. *Reputationswirkung durch*: Verordnung über die Beleihung der Akkreditierungsstelle nach dem Akkreditierungsstellengesetz (AkkStelleGBV 2015) *Drittinstanz* – D_{BM}: Staatliche Aufsicht durch diverse Bundesministerien gemäß § 2 AkkStelleG – Beleihungsverordnung (AkkStelleGBV)

Vertrauenskette 2	
VK 2-1:	Da die Auftraggeberin die Prüfung für die **Zulassung der Maßnahmen der Arbeitsförderung** nicht selbst vornimmt, vertraut sie einer fachkundigen Stelle, dass diese ordnungsgemäß prüft. *Vertrauenssubstitut*: Zertifikat ›Zugelassene Maßnahme‹ (S_{ZM}) – Maßnahmezulassung gemäß § 3 AZAV i. V. m. § 179 Abs. 1 Satz 1 Nr. 1 SGB III *Drittinstanz – D_{FS}*: Fachkundige Stelle gemäß § 1 AZAV i. V. m. § 177 SGB III
VK 2-2:	Der Aussage der fachkundigen Stelle wird vertraut, da diese Zertifizierungsstelle durch die DAkkS im Sinne § 1 AZAV i. V. m. § 177 SGB III akkreditiert wurde. *Reputationswirkung durch*: Nachweis über die Akkreditierung als fachkundige Stelle *Drittinstanz – D_{DAkkS}*: Deutsche Akkreditierungsstelle (DAkkS)
VK 2-3:	Der DAkkS wird wiederum vertraut, da diese als alleiniger Dienstleister für Akkreditierung in Deutschland an das Akkreditierungsstellengesetz (AkkStelleG 2015) sowie die EG-Verordnung Nr. 765/2008 gebunden ist und unter staatlicher Aufsicht steht. *Reputationswirkung durch*: Verordnung über die Beleihung der Akkreditierungsstelle nach dem Akkreditierungsstellengesetz (AkkStelleG – Beleihungsverordnung – AkkStelleGBV) *Drittinstanz – D_{BM}*: Staatliche Aufsicht durch diverse Bundesministerien gemäß § 2 AkkStelleGBV

Beide Vertrauensketten ergeben folgende Matrix an Drittinstanzen gemäß Abb. 7.2. Die Vertrauenswirkung der Zertifikate soll von einer fachkundigen Stelle entsprechend § 177 Abs. 1 SGB III abgesichert werden. Mit dieser fachkundigen Stelle wird eine Reputation i. H. v. $R_{FS} \geq 0$ verbunden, die wiederum

Abbildung 7.2: Vertrauensmatrix der Vertrauensketten 1 und 2

Vertrauens- kette	VK 1 Zulassung als Bildungsträger	VK 2 Zulassung der Maßnahme
Ebene 3	D_{BM}	D_{BM}
Ebene 2	D_{DAkkS}	D_{DAkkS}
Ebene 1	D_{FS}	D_{FS}
Ebene 0		Potenzielle Bildungsträger

durch die Reputation einer Akkreditierungsstelle gemäß des ›Gesetzes über die Akkreditierungsstellen‹ abgesichert wird ($R_{DAkkS} \geq 0$). Seit Beginn des Jahres 2010 ist die ›Deutsche Akkreditierungsstelle (DAkkS)‹ – gemäß Umsetzung der Verordnung (EG) Nr. 765/2008 (vgl. Abl. EU L 218 v. 13.8.2008, S. 36) – die einzige nationale Akkreditierungsstelle (vgl. DAkkS 2017b).

Der staatlichen Aufsicht durch Bundesministerien über die DAkkS wird ein Reputationsbeitrag i. H. v. $R_{BM} > 0$ beigemessen.

Damit wird eine Beauftragung zur Durchführung einer Bildungsmaßnahme möglich, wenn durch die Hinzunahme der Vertrauenssubstitute und deren Absicherung durch Reputation gilt:

$$V_{BA} + S_{ZT} \cdot (R_{FS} + R_{DAkkS} + R_{BM})$$
$$+ S_{ZM} \cdot (R_{FS} + R_{DAkkS} + R_{BM}) \geq C_{BA}.$$

7.3 Implikationen durch den Einsatz des ISO 9001:2015-Zertifikats als Vertrauenssubstitut

Anmerkung: Die folgenden Überlegungen stellen ausschließlich auf das hier infrage stehende Kriterium der Zertifizierung ab. Weitere Differenzierungsmerkmale bleiben unberücksichtigt.

7.3.1 Einfluss auf die Transaktionskosten

Die Durchführung einer Bildungsmaßnahme im Rahmen der Arbeitsförderung verursacht sowohl auf Seiten der Auftragnehmer wie auf Seiten der Auftraggeber Transaktionskosten. Diese sollen mithilfe der Forderung eines Nachweises über ein ›System zur Sicherung der Qualität‹ reduziert werden. Die DIN EN ISO 9001:2015 als Institution soll in diesem Zusammenhang geeignet sein, Transaktionskosten zu mindern (vgl. Abschnitt 6.3.3).

Verminderte Transaktionskosten bedeuten eine geringere Nutzeneinbuße und damit einen geringen Negativbeitrag bei der Überlegung, ob eine Transaktion zustande kommt. Auf einige Transaktionskostenarten wird in diesem Abschnitt eingegangen.

Such- und Informationskosten

In der Annahme, dass für die Durchführung einer Bildungsmaßnahme mehrere potenzielle Transaktionspartner existieren, tritt das Problem der ›richtigen‹ Vertragspartnerwahl auf. Es ist nachvollziehbar, dass das Risiko einer Fehlentscheidung minimiert werden soll. Allerdings herrscht hohe subjektive Unsicherheit aufgrund der hohen Komplexität. Diese resultiert daraus, dass die Entscheidung weniger zugunsten eines Bildungsträgers als gegen alle anderen erfolgt.

In diesem Zusammenhang könnte ein vorliegendes Zertifikat gemäß der ISO 9001:2015 dazu beitragen, die Nutzeneinbuße, die durch die Suchkosten entsteht, zu senken und die Unsicherheit darüber zu reduzieren, ob die Entscheidung ›richtig‹ war. Die dahinter stehende Überlegung wäre, dass die Nutzeneinbuße minimal wird, wenn derjenige Transaktionspartner gewählt wird, der über eine entsprechende Zertifizierung verfügt.

Wurde das Vorhandensein einer Zertifizierung als alleiniges Auswahlkriterium festgelegt und hat genau ein potenzieller Transaktionspartner von n-möglichen das Zertifikat, sind die Suchkosten genauso hoch, wie der Aufwand, nur diese eine Information zu finden. Die Suchkosten steigen in dem Moment, in dem feststeht, dass mehr als ein Unternehmen über eine Zertifizierung verfügen könnte, da daraufhin jedes potenzielle Unternehmen geprüft werden muss.

Gilt die ISO 9001:2015-Zertifizierung als alleiniges Auswahlkriterium, wären nichtsdestotrotz die Suchkosten nach jeweils einer Information je Bildungsanbieter niedriger als die Berücksichtigung verschiedener Parameter.

In dem Fall, in dem sämtliche Unternehmen eine Zertifizierung vorweisen können, entfällt dieses Auswahlkriterium vollständig, da es keine differenzierenden Informationen liefert.

Überwachungs- und Durchsetzungskosten
Bei den soeben vorgenommenen Überlegungen zu den Suchkosten wurde keine Aussage darüber getroffen, warum eine Zertifizierung als Auswahlkriterium herangezogen werden sollte. Eine Begründung könnte die Hoffnung sein, dass die ›laufenden Überwachungskosten‹ nach Vertragsabschluss reduziert werden.

Überwachungskosten resultieren beispielsweise aus der Notwendigkeit, Lernerfolge bei den Teilnehmern zu erheben bzw. die Einhaltung der Rahmenbedingungen zu überprüfen. Mit anderen Worten: Das Einhalten der vereinbarten Qualität soll kontrolliert werden.

Kontrollen durchzuführen, verbraucht sowohl Ressourcen als auch Zeit. Dieses ist – so der Wunsch – unnötig, wenn ein nach ISO 9001:2015 zertifizierter Bildungsträger die Bildungsmaßnahme durchführt. In dieser Situation wird davon ausgegangen, dass ein Bildungsträger die Vorgaben seines ›System zur Sicherung von Qualität‹ entsprechend der Norm einhält und eine Überwachung obsolet wird.

Agiert der Bildungsträger entgegen der Vorgaben, wird der Vertrauensvorschuss – der durch das vorgelegte Zertifikat aufgebaut wurde – verbraucht. Diese Erfahrung findet i. d. R. bei einer erneuten Auftragsvergabe Berücksichtigung.

Die Vorlage des Zertifikats konnte in dieser Situation den entstandenen Schaden nicht verhindern.

7.3.2 Zertifizierungskosten als untypische transaktionsspezifische Investitionen

Auf den ersten Blick lassen sich die Kosten, die für die Zertifizierung von Organisationen entsprechend der ISO 9001:2015 aufgewandt werden, als transaktionsspezifische Investitionen interpretieren. In anderen Kontexten ist bspw. die Sonderanfertigung einer Maschine im Rahmen der Vertragserfüllung gegenüber einem dedizierten Auftraggeber eine transaktionsspezifische Investition.

Bei der Betrachtung der Wirkungsweise diesbezüglicher Investitionen fällt auf, dass sich dadurch die Verhandlungssituation grundlegend ändert. Befinden sich mehrere potenzielle Transaktionspartner im Wettbewerb mit anderen, wird die Abwanderungsoption zu einem Disziplinierungsinstrument. Mit anderen Worten: die in diesem Fall vorhandene Möglichkeit, einen Transaktionspartner zu wechseln, verteuert sich in dem Moment, in dem eine spezifische Investition getätigt wird. Im Extremfall kann dies eine prohibitive Wirkung entfalten (vgl. Pies & Leschke 2001, S. 10). Unter der Annahme, dass die aufgewendeten Zertifizierungskosten eine transaktionsspezifische Investition darstellen, würde dies zu einer Bindung an den Transaktionspartner führen. Dies wäre gleichzusetzen mit der Erkenntnis, dass die Forderung nach einer ›ISO 9001- Zertifizierung‹ eine Verringerung opportunistischen Verhaltens ermöglichen könnte und damit in diesem Sinne bereits ein Vertrauenssubstitut darstellt.

Diese Schlussfolgerung ist jedoch nicht möglich. Obwohl die Zertifizierungskosten – ähnlich den Kosten für die Sonderanfertigung einer Maschine – den versunkenen Kosten (sunk costs) im Sinne von KLEIN UND LEFFLER (vgl. Klein & Leffler 1981, S. 617) zugerechnet werden, ist ihre Wirkung verschieden. Für die Dauer der Gültigkeit des Zertifikats kann dieses für eine Vielzahl von Transaktionen genutzt werden. In diesem Fall sind die Zertifizierungskosten jedoch kostentechnisch zu verteilen. Eine ›ISO 9001- Zertifizierung‹ stellt somit weder ein Alleinstellungsmerkmal dar, noch lassen sich die Kosten einem dedizierten Auftrag zuordnen. Im Gegenteil: Aufgrund der Vielzahl der zertifizierten Unternehmen lässt sich aus einer Zertifizierung kein gesonderter Vorteil ziehen. Ein komparativer Vorteil läge nur so lange vor, wie im direkten Wettbewerbsumfeld nur wenige – optimaler Weise kein vergleichbares – Unternehmen zertifiziert wären.

Umgekehrt kann die Tatsache, dass nur wenige Bildungsträger keine Zertifizierung nachweisen können, für diese zu einem Wettbewerbsnachteil führen.

Bereits die Annahme eines Bildungsträgers, das Unternehmen würde zu diesen letzten, nicht zertifizierten Unternehmen gehören, baut einen Handlungsdruck dahingehend auf, eine Zertifizierung durchzuführen, um einem Wettbewerbsnachteil zu entgehen.
Die Situation kann mit den Überlegungen zum Gefangenen-Dilemma (vgl. z. B. Tullock 1967, S. 229–230) erfasst werden: Aufgrund der Tatsache, dass keine Informationen darüber bestehen, inwiefern die anderen Wettbewerber um die Durchführung von Bildungsmaßnahmen der Arbeitsförderung über eine ›ISO 9001-Zertifizierung‹ verfügen, führen die Bildungsträger freiwillig eine Zertifizierung durch. Wäre eine Abstimmung der Bildungsträger möglich, könnte auf die Zertifizierung insgesamt verzichtet werden. Unter der Bedingung, dass eine Zertifizierung als alleiniges Differenzierungsmerkmal gilt, würde kein Bildungsträger einen komparativen Nachteil erfahren. Da eine vollständige, ehrliche Abstimmung unrealistisch erscheint, werden Zertifizierungen aufgrund der gesetzlichen Vorgaben weiter zunehmen. Die Folge wird eine intensivere Ressourcenbindung sein und sich letztlich in einer Erhöhung der Preise widerspiegeln.

Lock-In-Effekt durch Zertifizierung
Werden Transaktionspartner ausschließlich deshalb gewählt, weil sie eine Zertifizierung aufweisen, kann der sogenannte ›Einsperrungseffekt‹ oder ›Lock-In-Effekt‹ auftreten (vgl. Hart & Holmström 1986, S. 2). Empirisch lässt sich dies zumeist bei dem Transaktionspartner beobachten, der in der ›schwächeren‹ Verhandlungsposition ist, z. B. ein Bildungsunternehmen, welches an einer staatlichen Ausschreibung teilnimmt.

Der *Lock-In-Effekt* bedeutet in diesem Zusammenhang, dass Bildungsträger – als potenzielle Auftragnehmer – davon ausgehen, dass sie bei der Auswahl nicht berücksichtigt werden, sollten sie die Zertifizierung in Zukunft unterlassen. Dann stellen die Zertifizierungskosten tatsächliche oder ›gefühlte‹ transaktions bzw. partnerspezifische Investitionen dar. In Erwartung negativer Auswirkungen führen sie eine erneute Zertifizierung nach der gleichen Norm mehr oder weniger ›freiwillig‹ durch.

Von einem entwicklungspfadtheoretischen Standpunkt aus betrachtet, kann der Lock-In-Effekt genauso auf der Seite des vermeintlich stärkeren Verhandlungspartners auftreten. Wenn dieser argumentiert, dass die Zertifizierung des Auftragnehmers gefordert wird, weil dies ›beim letzten Vertragsabschluss auch so war‹. In der Folge kann sich (unhinterfragt) ein Entwicklungspfad manifestieren (vgl. Kapitel 4).

7.3.3 Vertrauenssubstitution durch Signalisierung

Mit Maßnahmen der Signalisierung sollen die Informationsasymmetrien zwischen den Partnern verringert werden und zu einer Selbstselektion führen. Die Zertifizierung ist damit als Vertrauenssubstitut im Sinne des Abschnitt 6.5.1 einzustufen. Die Wirksamkeit des Signals „Wir haben ein ISO 9001-Zertifikat. Auf unser Unternehmen ist in Qualitätsfragen Verlass." hängt von der Anzahl potenzieller Transaktionspartner ab, die zertifiziert sind. Das Signal verliert mit der zunehmenden Anzahl zertifizierter Unternehmen seine Wirkung.

Die Zertifizierung lässt sich als Signal einstufen, welches dem Vertragspartner Aufschluss über seine Absichten und Fähigkeiten geben soll. Als ›exogen kostspieliges Signal‹ bezeichnet SPENCE die Situation, in der die Auswahl aufgrund einer negativen Korrelation zwischen Signalisierungskosten und ausgesendetem Signal erfolgt (vgl. Spence 1976, S. 595). In diesem Fall soll der Vertragspartner davon ausgehen, dass ein Unternehmen, welches Kosten für die Zertifizierung hatte, auch entsprechend der durch die Zertifizierung bestätigten Punkte handelt.

Mit zunehmender Verbreitung und steigender Anzahl der zertifizierten Unternehmen fällt es den Transaktionspartnern leichter, auf andere zertifizierte Unternehmen auszuweichen. Sind im Extremfall sämtliche potenzielle Transaktionspartner auf die gleiche Art und Weise zertifiziert, kann dieses Zertifikat nicht mehr als Signal wirken.

Von daher käme ein Ausweichen auf andere Zertifikate wie z. B. eines der ›European Foundation for Quality Management (EFQM)‹ oder entsprechend des Qualitätssystems ›Qualität durch Evaluation und Entwicklung (Q2E)‹ in Betracht (vgl. EFQM 2017; Q2E 2017).

Wird in der Folge die Erfolgswahrscheinlichkeit der Erlangung eines Auftrages besonders niedrig eingeschätzt, ist die Unterlassungsalternative vorzuziehen, d. h. der Verzicht auf die Transaktion *und* die Zertifizierung.

Gefahr von ex post opportunistischem Verhalten

Die Zertifizierung kann von einem Partner auch dahingehend genutzt werden, dass dieser damit zwar das Signal sendet, er würde sich an bestimmte Regeln halten, dass er sich nach Vertragsabschluss dessen ungeachtet nicht vertragskonform verhält. In dieser ex post opportunistischen Situation würde durch arglistige Täuschung das Zertifikat benutzt, um den Transaktionspartner ex ante zu überzeugen, den Vertrag einzugehen.

Durch die Aussendung des Signals „Wir haben ein ISO 9001-Zertifikat. Auf unser Unternehmen ist in Qualitätsfragen Verlass." wird zwar Vertrauen substituiert und damit eine Transaktion möglich. Es kann trotzdem nicht sichergestellt werden, dass sich der – durch einen Auftraggeber – erwartete Nutzenzuwachs mit der Durchführung der Transaktion einstellt.

Der Versuch, diese Situation durch akkreditierte Zertifizierer zu verhindern, unterliegt den gleichen opportunistischen Problemen – nur auf einer anderen Ebene. Auch der Zertifizierer als Drittinstanz verfügt nur über asymmetrische Informationen, die vom zu Zertifizierenden bewusst eingesetzt werden können. Probleme, die durch ein bewusstes Fehlverhalten sowohl der Zertifizierer als auch der Mitarbeiter in den Akkreditierungsstellen auftreten können (z.B. Inkompetenz, Bestechlichkeit), seien an dieser Stelle lediglich angedeutet, jedoch nicht vertieft.

Letztendlich kann ein Auftragnehmer durch Reputation abgesicherte Signale gesendet haben und sich doch anders verhalten. Allerdings gehen sowohl die Normsetzer als auch die europäischen Gesetzgeber anscheinend davon aus, dass die ISO 9001:2015 eine geeignete institutionelle Vorkehrung gegen opportunistisches Verhalten ist. In dem Maße, in dem die Norm ISO 9001:2015 als Handlungsrichtlinie für Organisationsmitglieder eingesetzt wird, sollen deren Verhaltensweisen vorhersehbar werden und die Entscheidungsfindung in verschiedenen Situationen vereinfacht werden.

Es wird einerseits angenommen, dass ein Unternehmen, welches zertifiziert ist, auch die entsprechenden Regeln einhält. Andererseits kann durch den Einsatz dieser Institution der Anreiz zu opportunistischen Verhalten dahingehend reduziert werden, dass die genauen Vorgaben eine eindeutige Nachvollziehbarkeit durch Gerichte suggerieren und damit die Wahrscheinlichkeit der Vertragserfüllung erhöhen.

7.3.4 Vorlage eines Zertifikats ersetzt Detailprüfung

Laut der Begründung zur AZAV soll u.a. der durch die Träger zu erbringende Nachweis über den Einsatz eines „Systems zur Sicherung der Qualität [...] **das notwendige Vertrauen schaff[en]**, dass die von dem Träger erbrachten Angebote den strengen Anforderungen an Qualität und Effizienz von Maßnahmen der Arbeitsförderung entsprechen" (Hervorhebung durch den Verfasser – BMAS 2012, S.5). Mit anderen Worten: Das fehlende Vertrauen soll u.a. durch den Nachweis eines ›Systems zur Sicherung der Qualität‹ substituiert werden.

An dieser Stelle wird nochmals auf die Ausführungen im Abschnitt 1.3 hingewiesen. Dort war bereits zu erkennen, dass die Vorschriften, die zur Prüfung eines solchen ›Systems zur Sicherung der Qualität‹ vorgesehen sind, am umfangreichsten in den Empfehlungen des ›Beirates nach § 182 SGB III‹ nachzulesen sind (vgl. dazu Anhang A). Die Durchführung der Prüfung der in diesem Dokument eingeforderten Nachweise verursacht bei der fachkundigen Stelle

Transaktionskosten. Die Höhe dieser Transaktionskosten lässt sich als Maß für das fehlende Vertrauen der Bundesagentur für Arbeit interpretieren. Werden die eingeforderten Nachweise vorgelegt und von der fachkundigen Stelle bestätigt, wird einem Bildungsträger insofern vertraut, als dass dieser als ›Zugelassener Träger‹ und damit als Auftragnehmer im Rahmen von Maßnahmen der Arbeitsförderung auftreten darf.

Gleichwertige Vertrauenssubstitute
Die Vertrauenssubstitution kann demgegenüber auch auf andere Weise erfolgen: „Dabei kann die fachkundige Stelle vorliegende Zertifizierungen, zum Beispiel nach DIN EN ISO 9001, berücksichtigen" (BMAS 2012, S. 5). Damit entspricht die Höhe der Vertrauenssubstitution wiederum den nicht entstehenden Transaktionskosten, die bei einer Detailprüfung auftreten würden. Diese Kosten sind gleichzusetzen mit einer Nutzeneinbuße.

Der konkrete Inhalt der Norm ist offenbar weniger wichtig, da bei dieser Formulierung nicht auf ein dediziertes Ausgabedatum einer ISO 9001er-Norm referenziert wird, sondern scheinbar die Auswahl dem Anwender überlassen bleibt. In diesem Zusammenhang sei auf die im Punkt b besprochenen Probleme im Abschnitt 4.4.2 verwiesen.

Problematisch ist diese Formulierung, da im Jahr 2012 die Normversion aus dem Jahr 2008 galt, und im Jahr 2017 galt die Normversion aus dem Jahr 2015. Aus der Begründung geht nicht hervor, inwieweit die Veränderungen, die mit der Novellierung der Norm einhergingen, im Sinne der Gesetzgeber waren. Zum Zeitpunkt der Ausfertigung der Verordnung waren diese Veränderungen noch nicht publiziert.

Das zuvor Gesagte lässt sich dahingehend zusammenfassen, dass die Verfasser der AZAV anscheinend davon ausgingen, dass durch den Nachweis eines solchen Zertifikates vorhandene endogene Unsicherheiten im Rahmen des Koordinations- und Motivationsproblems reduziert werden könnten. Die Detailprüfung durch die fachkundige Stelle über die Anwendung eines ›Systems zur Sicherung der Qualität‹ *oder* die Vorlage eines diesbezüglichen – jedoch nur unzureichend definierten – Zertifikats werden damit zu gleichwertigen Vertrauenssubstituten.

7.3.5 Absicherung des DIN 9001er-Zertifikats als Vertrauenssubstitut

Im Rahmen der Prüfung der Eignung für die Zulassung als Bildungsträger gemäß § 178 Nr. 4 SGB III i. V. m. § 2 Abs. 4 AZAV muss die Anwendung eines ›Systems zur Sicherung der Qualität‹ nachgewiesen werden. Die Prüfung wird durch eine fachkundige Stelle gemäß § 177 SGB III vorgenommen. Im Folgenden wird davon ausgegangen, dass ein potenzieller Bildungsträger den Nachweis durch die Vorlage eines Zertifikats nach ISO 9001:2015 erbringen möchte. Wird dieses Zertifikat anerkannt, ersetzt es in diesem Zusammenhang die Vorlage und Prüfung einer Vielzahl an Dokumenten durch die fachkundige Stelle. Somit stellt das Vorhandensein des Zertifikates einerseits einen Ausschnitt der Reputation des potenziellen Bildungsträgers dar, und ist andererseits ein Ausdruck für das Institutionenvertrauen in *eine weitere Drittinstanz: die zertifizierende Konformitätsbewertungsstelle (KBS).*

Anfang des Jahres 2017 waren in der Bundesrepublik Deutschland 4 145 Konformitätsbewertungsstellen von der DAkkS akkreditiert, von denen 76 über eine Erlaubnis zum Ausstellen von Zertifikaten für Managementsysteme nach DIN EN ISO 9000:2015 und für den Wirtschaftsbereich ›Erziehung und Unterricht‹ verfügten (Zert-Deskriptoren T00 und M37 – vgl. DAkkS 2017a).

Es lässt sich folgende Vertrauenskette VK 3 an Drittinstanzen aufbauen (vgl. VK 3).

Vertrauenskette 3
VK 3-1: Gemäß der Empfehlungen des ›Beirats nach § 182 SGB III‹ darf der Bildungsträger **Zertifikate zum Nachweis der Einrichtung eines ›Systems zur Sicherung der Qualität‹** vorlegen (vgl. Beirat nach § 182 SGB III 2016, S. 2). Dies darf gemäß der Begründung zur Bundesverordnung AZAV z. B. ein Zertifikat gemäß ISO 9001 (!) sein (vgl. BMAS 2012, S. 5). *Vertrauenssubstitut*: Zertifikat ausgestellt von einer KBS, die die Umsetzung der Richtlinien der ISO 9001:2015 bestätigt. *Drittinstanz* – D_{KBS}: Konformitätsbewertungsstelle (KBS)
VK 3-2: Der Aussage einer Konformitätsbewertungsstelle wird vertraut, da diese Zertifizierungsstelle durch die DAkkS gemäß Artikel 5 der EG-Verordnung Nr. 765/2008 akkreditiert wurde. *Reputationswirkung durch*: Nachweis über die Akkreditierung als Konformitätsbewertungsstelle (KBS) *Drittinstanz* – D_{DAkkS}: Deutsche Akkreditierungsstelle (DAkkS)
VK 3-3: Der DAkkS wird wiederum vertraut, da diese als alleiniger Dienstleister für Akkreditierung in Deutschland an das Akkreditierungsstellengesetz (AkkStelleG) sowie die EG-Verordnung Nr. 765/2008 gebunden ist und unter staatlicher Aufsicht steht. *Reputationswirkung durch*: Verordnung über die Beleihung der Akkreditierungsstelle nach dem Akkreditierungsstellengesetz (AkkStelleG – Beleihungsverordnung – AkkStelleGBV) *Drittinstanz* – D_{BM}: Staatliche Aufsicht durch diverse Bundesministerien gemäß § 2 AkkStelleGBV

Der Abb. 7.3 lässt sich entnehmen, dass wiederum die DAkkS und ihre bestätigenden Drittinstanzen zur Reputationsabsicherung dienen (vgl. Vertrauensketten VK 1 und VK 2). Dadurch wachsen annahmegemäß ihre Bedeutung und die vermutete Vertrauenswürdigkeit (vgl. Abschnitt 6.5.2). Es darf dennoch nicht übersehen werden, dass damit auch eine systembedingte Abhängigkeit entsteht: Verhalten sich Mitarbeiter der DAkkS nicht entsprechend ihres Auftrages oder verstoßen absichtlich gegen diesen, ist der potenzielle Schaden erheblich. Eine Entdeckung des Fehlverhaltens kann sich aufgrund des bestehenden Vertrauensvorschusses und der exponierten Stellung in der Vertrauensmatrix verzögern.

Abbildung 7.3: Vertrauensmatrix der Vertrauensketten 1 bis 3

Vertrauens-kette	VK 1 Zulassung als Bildungsträger	VK 2 Zulassung der Maßnahme	VK 3 Bestätigung DIN 9001-Zertifikat
Ebene 3	D_{BM}	D_{BM}	D_{BM}
Ebene 2	D_{DAkkS}	D_{DAkkS}	D_{DAkkS}
Ebene 1	D_{FS}	D_{FS}	D_{KBS}
Ebene 0		*Potenzielle Bildungsträger*	

Vertrauen in ein nicht demokratisch legitimiertes Dokument
Bei Betrachtung der weitreichenden Auswirkungen, die durch den Einsatz eines DIN 9001-Zertifikats entstehen, stellt sich die Frage, warum ausgerechnet ein Dokument einer privaten Normungsorganisation als Vertrauenssubstitut dient. Ein Dokument, welches nicht in einem demokratisch legitimierten Verfahren erstellt und genehmigt wurde, ermöglicht den Inhabern aufgrund der Maßnahmezulassung bspw. Steuergelder oder andere öffentliche Fördermittel verwenden zu dürfen. Dies wird genehmigt aufgrund eines Zertifikates, dessen Ersteller ein eingeschränkter Personenkreis war, und von denen nur ein Mitglied aus Deutschland stammte (vgl. ISO 2017c).

Zur Begründung lassen sich zum einen mehrere Vertrauensketten verschiedener Drittinstanzen aufbauen. Und zum anderen lassen sich weitere Merkmale des Vertrauens in die normerstellenden Instanzen benennen.

Vertrauenskette 4: DIN EN ISO 9001:2015 als Deutsche Norm

VK 4–1: Gemäß der Empfehlungen des Beirats nach § 182 SGB III darf der Bildungsträger **Zertifikate zum Nachweis der Einrichtung eines ›Systems zur Sicherung der Qualität‹** vorlegen. Dies darf z. B. ein Zertifikat gemäß DIN EN ISO 9001 sein. Im Folgenden wird von der Version aus dem Jahr 2015 ausgegangen.

Vertrauenssubstitut: Zertifikat ausgestellt von einer KBS, die die Umsetzung der Richtlinien der DIN EN ISO 9001:2015 bestätigt.

Drittinstanz: Konformitätsbewertungsstelle

VK 4–2: Den Inhalten der DIN EN ISO 9001:2015 wird vertraut, weil dieses Dokument eine Deutsche Norm ist, die die vertraute Marke des ›Deutschen Instituts für Normung (DIN)‹ trägt und damit für ein unter Beteiligung aller interessierten Kreise im Konsens entstandenes Dokument bürgt.

Reputationswirkung durch: DIN EN ISO 9001:2015

Drittinstanz: Deutsches Institut für Normung (DIN)

VK 4–3: Dem DIN wird vertraut, weil das Bundesministerium für Wirtschaft mit diesem einen Vertrag geschlossen hat, der das DIN als alleinige deutsche Normungsorganisation benannt hat, die die Bundesrepublik Deutschland international in Normungsfragen bei CEN und ISO vertreten darf.

Reputationswirkung durch: Normenvertrag aus dem Jahre 1975 – Benennung als alleinige deutsche Normungsorganisation

Drittinstanz: Bundesministerium für Wirtschaft

Anmerkung zu VK 4–2: Bezogen auf die zweite Vertrauensebene lässt sich die Funktionsweise bzw. Problematik der Wirkung von Vertrauensketten erkennen. Die Aussage, die dort getätigt wurde, muss nichts mit der Realität zu tun haben, sondern kann sich ausschließlich auf *gefühltes Vertrauen* beziehen und so eine Vertrauenswirkung entfalten. Wie bereits ausgeführt wurde, lässt sich an dem Zusatz ›DIN‹ zwar erkennen, dass es sich um eine Deutsche Norm aus dem Normungssystem der anerkannten nationalen deutschen Normungsorganisation handelt, bei genauerer Betrachtung wird offenbar, dass diese Norm von der ISO erstellt und später auf die europäische und nationale Ebene übernommen wurde.

Damit besteht zwar eventuell die Vermutung, dass die Norm in einem geordneten Verfahren nach dem Schema des DIN erstellt wurde, nichtsdestoweniger ist dies nicht korrekt: weder erfolgte die Erstellung zwingend im Konsens noch ging deutscher Sach- und Fachverstand (unabhängig von dessen Bewertung) in größerem Umfang in die Norm ein (vgl. Abschnitt 3.4).

Vertrauenskette 5: DIN EN ISO 9001:2015 als Europäische Norm

VK 5-1: Gemäß der Empfehlungen des Beirats nach § 182 SGB III darf der Bildungsträger **Zertifikate zum Nachweis der Einrichtung eines ›Systems zur Sicherung der Qualität‹** vorlegen. Dies darf z. B. ein Zertifikat gemäß DIN EN ISO 9001:2015 sein.

Vertrauenssubstitut: Zertifikat ausgestellt von einer KBS, die die Umsetzung der Richtlinien der DIN EN ISO 9001:2015 bestätigt.

Drittinstanz: Konformitätsbewertungsstelle (KBS)

VK 5-2: Den Inhalten der DIN EN ISO 9001:2015 wird vertraut, weil dieses Dokument eine europäische Norm ist und damit Teil des europäischen Normungswesens.

Reputationswirkung durch: EN ISO 9001:2015

Drittinstanz: Europäisches Komitee für Normung (CEN)

VK 5-3: Dem CEN wird vertraut, da es in der abschließenden Aufzählung der EU-Verordnung Nr. 1025/2012 zur ›Europäischen Normung‹ vom Europäischen Parlament und dem Rat als eine der drei – abschließend aufgezählten – europäischen Normungsorganisationen benannt wurde (vgl. Abl. EU L 316 v. 14.11.2012, S. 20 Art. 2 Nr. 9 i. V. m. Anhang I).

Reputationswirkung durch: Benennung als europäische Normungsorganisation gemäß EU-Verordnung Nr. 1025/2012

Drittinstanz: Europäisches Parlament und der Rat

7.4 Zwischenfazit

Mit jedem hinzukommenden Vertrauenssubstitut vervollständigt sich der Eindruck, dass das Risiko einer Fehlentscheidung weiter minimiert werden kann. Jegliche Stufen, die der Zulassung als Maßnahmeträger vorangehen, erwecken genauso den Eindruck der ›Unfehlbarkeit‹, wie die Stufen, die der Zertifizierung eines ›Systems zur Sicherung der Qualität‹ vorangehen.

Wenn wiederkehrende soziale Praktiken den Akteuren Erwartungssicherheit geben, wird das gesamte System des Vertrauens stabil (vgl. Baberowski 2014b, S. 10). Im Wechselspiel aus Zertifizierung und Akkreditierung kann eine solche soziale Praktik erkannt werden. Es wurde bereits so häufig wiederholt, dass es einem Ritual gleicht. Vor Einrichtung der DAkkS bezog sich das Institutionen- bzw. Systemvertrauen auf die Legitimierung durch Zertifikate, seitdem wird es durch eine weitere Vertrauensebene – die Akkreditierung – zusätzlich stabilisiert.

Das sich ergebende Institutionen- bzw. Systemvertrauen hat „gewisse Funktionen und Züge der Vertrautheit aufgenommen, ... [die] jenseits von persönlich geleistetem Vertrauen und Misstrauen liegt" (Luhmann 2014, S. 78) und kann damit zur Reduktion von Komplexität beitragen. Gerade darin liegt auch der Grund für die Akzeptanz des Systems: Erst mit der Möglichkeit, Komplexität zu reduzieren, gelingt es neue Möglichkeiten zur Problemlösung zu nutzen. Daher ist der Mensch bereit zu vertrauen und gibt diesen Vertrauensvorschuss sogar an völlig anonymisierte Systeme.

Kapitel 8.
Die DIN EN ISO 9001:2015 ein Garant für Qualität?

8.1 Normung technischer Objekte und Normung sozialer Konstrukte

Die vorliegende Arbeit geht der Frage nach, inwieweit es möglich ist, für bestimmte Sachverhalte fehlendes Vertrauen zwischen Transaktionspartnern dahingehend zu substituieren, dass dedizierte Transaktionen zustande kommen. Untersucht wurden diese Möglichkeiten und die damit verbundenen Schwierigkeiten anhand eines Dokuments privater Normungsorganisationen – der DIN EN ISO 9001:2015. Es wurde gezeigt, wie es mithilfe dieser Institution gelingt, ein stabiles Institutionen- bzw. Systemvertrauen derart aufzubauen, dass es personenunabhängig in der Lage ist, fehlende persönliche Vertrauensbeziehungen zu ersetzen.

Die Probleme, die mit dessen Anwendung einhergehen können, wurden exemplarisch für den Bildungssektor bei der Zulassung von Organisationen als Bildungsträger für Maßnahmen der Bundesagentur für Arbeit im Zusammenhang mit der Arbeitsförderung dargestellt.

Es wurde ein thematisch breiter Einstieg gewählt, um die Effekte greifbar zu machen und um möglichst der Komplexität des betrachteten Phänomens zu entsprechen. Hintergrund ist: Es ist nicht ohne Weiteres ersichtlich, dass es sich bei einem Zertifikat, welches die Einhaltung der Richtlinien der DIN EN ISO 9001:2015 zertifiziert, letztlich um ein Vertrauenssubstitut handelt. Werden zudem die Inhalte der Norm betrachtet, lässt sich erkennen, dass sich die Normsetzer zunehmend von dieser ursprünglichen Aufgabe entfernten und versuchten, die Bedeutung der Norm mit zusätzlichen Themen ›aufzuladen‹.

Die Technische Normung bezog sich ursprünglich auf technische Sachverhalte. Die ersten deutschen Normen des (Vorläufers des) DIN bezogen sich bspw. auf Kegelstifte. Wurde die Länge eines Kegelstifts überprüft, konnte das Ergebnis lauten: ›normkonform‹ oder ›nicht normkonform‹. In diesem Sinne konnte Qualität auch die binäre Eigenschaft erhalten, die die Normsetzer in der ISO 9001:2015 beschrieben (vgl. Abschnitt 5.4.1).

Technische Normen hatten ihren Ausgangspunkt in dem Wunsch, die Massenfertigung materieller Güter zu optimieren. Eines der ersten Ziele war es, die

Austauschbarkeit von Einsatzstoffen zu ermöglichen. Dadurch gelang es, Ressourcen einzusparen, um damit Kosten zu senken und Marktvorteile zu erhalten.

Im weiteren Verlauf der Entwicklung der Technischen Normung lässt sich erkennen, dass darüber hinaus versucht wurde, diese positiven Effekte ebenfalls bei der Normierung von Arbeitsprozessen zu realisieren. Mit anderen Worten: Es wurde versucht, Arbeit zu normieren, um einen höchstmöglichen Output zu generieren. Solange sich diese Normungsvorhaben auf technische Prozesse bezogen, bei denen nicht versucht wurde, menschliches Verhalten zu ›normieren‹, ließen sich verschiedene Vorteile erschließen. Wird bspw. die Reihenfolge eines Arbeitsablaufes dahingehend verändert, dass sich die Durchlaufzeit verkürzt, können ökonomische Vorteile z. B. durch die Erhöhung der Ausbringungsmenge erzielt werden.

Versucht man, diese Herangehensweise nun auf soziale Konstrukte – wie z. B. Vertrauen – zu übertragen, gerät Normung an ihre Grenzen, weil eine Aussage wie „Durch die Vorlage eines DIN EN ISO 9001:2015-Zertifikats wird garantiert, dass ..." der Komplexität eines sozialen Konstrukts in einer Auftraggeber-Auftragnehmer-Beziehung nicht gerecht wird.

Anders bei technischen Sachverhalten: Wird in einer ›klassischen‹ technischen Norm eine bestimmte Länge eines Gegenstandes gefordert, kann das Ergebnis zum einen objektiv überprüft werden und zum anderen wird bei Einhaltung der Norm das erwünschte Resultat mit einer hohen Wahrscheinlichkeit erreicht.

Beim näher betrachteten sozialen Konstrukt ›Vertrauen‹ oder auch bei ›Kundenzufriedenheit‹ erscheint die Feststellung objektiver Realitäten ungleich schwieriger. Dies resultiert aus der Tatsache, dass zum einen eine gewisse Uninformiertheit bestehen bleibt, sowohl z. B. in Bezug auf das tatsächliche Handeln der Auftragnehmer als auch auf die Ergebnisse, die daraus entstehen. Zum anderen besteht vor allem bei sozialen Konstrukten die Schwierigkeit der Operationalisierung, resultierend aus den Anforderungen an intersubjektive Vergleichbarkeit, an Reliabilität und an Validität. Limitierte Möglichkeiten einer – teilweise interessengeleiteten – wenig transparenten Bewertung können die Kosten der Messbarkeit erhöhen.

Die im Fokus stehende Norm behandelte ursprünglich das Verhältnis zwischen Vertragspartnern (vgl. Abschnitt 5.1). Wie ausgeführt wurde, sollte die Darlegung der Fähigkeit zur Erzeugung einer bestimmten Qualität (Mindestanforderung) das Vertrauen in die Auftragnehmer stärken. Dieses soziale Konstrukt lässt sich aufgrund seiner Komplexität hingegen nicht einfach mit

›normkonform‹ oder ›nicht normkonform‹ erfassen. Es basiert eher auf einer Attribution, inwiefern bestimmte Maßnahmen das Vertrauen stärken oder nicht.

Die Gewöhnung an die Einbeziehung technischer Normen in vertragliche Vereinbarungen ließ die Einbeziehung formalisierter Anforderungen an soziale Konstruktionen wie Vertrauen in Verlässlichkeit und Qualität folgerichtig und logisch erscheinen.

Keine breite gesellschaftliche Auseinandersetzung mit dem Thema ›Normung‹
Mit dem Wunsch nach zunehmender Ausweitung des Normungswesens auf möglichst viele Lebensbereiche unternahmen die Normsetzer dennoch den Versuch, soziale Konstrukte zu normieren. Dabei erfolgte eine implizite Übernahme des technischen Normverständnisses auf deren Normierung. Die Grundstruktur und die interpretativen Strukturen blieben dabei erhalten. Wie bspw. im Abschnitt 5.5 gezeigt wurde, blieben insbesondere die Definitionen technisch orientiert. Der Fokus lag anscheinend weniger auf der inhaltlichen Spezifizierung als auf der Realisierung einheitlicher Strukturen nach dem Vorbild der Technischen Normung (z. B. Umsetzung der sogenannten ›High Level Structure‹, vgl. ISO 9001:2015-11, S. 2).

Während bei der Betrachtung vieler technischer Normen das Einsparpotenzial von Ressourcen nachvollzogen werden kann, gelingt dies bei Normen, die auf soziale Konstrukte abzielen, nicht ohne Weiteres. Vielmehr wird deutlich, dass sich der Charakter solcher Dokumente ändert. War bereits die Technische Normung teilweise ein machtpolitisches Instrument, wird dies bei der Übertragung auf soziale Konstrukte noch deutlicher. Wer die Norm setzt und von einem Vertragspartner die Einhaltung verlangt, beherrscht i. d. R. die Geschäftsbeziehung und eventuell sogar den Markt.

Besonders prekär erscheint, dass in der Gesellschaft keine breite wissenschaftliche wie auch öffentliche Diskussion zum Thema ›Normung‹ stattfindet. Werden die bisherigen Ergebnisse betrachtet, die im Bereich der Normung sozialer Konstrukte erzielt wurden, erscheint es zudem problematisch, dass die gleichen Institutionen beteiligt sind, die bereits die Technische Normung vorangetrieben haben. Deutlich erkennbar, bspw. an der Art und Weise der Umsetzung der ISO 9001:2015, besteht die Gefahr einer ungehinderten Übernahme des technischen Verständnisses auf soziale Konstrukte – und damit einer Schematisierung menschlichen Zusammenlebens abseits von Kreativität und Vielfalt als Grundlage von Innovationen.

8.2 ISO 9000 als Reputationsinstrument im Bildungssektor

Der Wunsch, eine bestimmte Qualität zu sichern, indem man die Einhaltung einer Norm wie der ISO 9001:2015 fordert, bleibt jedoch bspw. im Bildungssektor zumindest teilweise unerfüllt oder muss es bleiben. Trotz Normierung verbleibt ein bestimmter Mangel an Information, der sich nicht auflösen lässt. Und der Nachweis eines Zertifikats, welches die Einhaltung der Vorgaben der Norm bestätigt, kann Vertrauen nur begrenzt substituieren.

Aufgrund der im Abschnitt 7.2.2 beschriebenen ›ill-defined problems‹ bei der Qualitätsmessung von Lernerfolgen, weichen die beteiligten Akteure auf die Betrachtung von Rahmenbedingungen aus. Die Erfüllung der Rahmenbedingungen wird gleichgesetzt mit der Realisierung von Lerneffekten, um Vertrauen in den Auftragnehmer zu ermöglichen.

Grundsätzlich sollten bei der Beauftragung von Bildungsmaßnahmen jedoch die Lernerfolge im Mittelpunkt der Betrachtung stehen. Angesichts jener verallgemeinernden Vorgaben innerhalb der Norm bleibt ungeprüft, ob die Befolgung für den einzelnen Bildungsträger tatsächlich optimale Ergebnisse liefert. Beim Einsatz der Norm bspw. im Bildungssektor geht es nicht um den Erfolg einer konkreten Bildungsmaßnahme, „sondern um ein Management derjenigen vor- und nachbereitenden Prozesse, die die konkrete Lehr-Lern-Situation organisatorisch umschließen" (Hartz 2010, S. 9).

Die Einbindung der DIN EN ISO 9001:2015 in die Vertragsgestaltung birgt die Gefahr, dass es weniger um die Qualität der durchgeführten Bildungsmaßnahmen, als um die Realisierung eines organisatorischen Rahmens geht. Obwohl dieses Verhalten in gewissen Maße als rational eingestuft werden kann, werden Probleme wie z. B. die Evaluation einer Bildungsmaßnahme nicht gelöst. Da das Eintreten bzw. das Ausbleiben von Lernerfolgen erst im Nachhinein analysiert werden kann, wird auch hier weniger der Lernerfolg evaluiert, als mithilfe formativer Evaluation die Zufriedenheit der Teilnehmer abgefragt.

Damit wird die Wirksamkeit des Einsatzes der ISO 9001:2015 im Rahmen von Vertragsbeziehungen auf ihre Eigenschaft als Reputationsinstrument beschränkt. Sie wirkt somit nicht wie eine technische Norm, da selbst die Einhaltung der Norm keine Lernerfolge garantieren kann.

Eignung als Vertrauenssubstitut?

Als Vertrauenssubstitut soll die vertragliche Einbeziehung der Norm die Hoffnung nähren, dass sich Auftragnehmer entsprechend dieser verhalten. Es bleibt die Frage, ob die Einbeziehung einer ›anerkannten‹ Norm wie der DIN EN ISO 9001:2015 zumindest den Wunsch nach der Realisierung eines höheren Vertrauensniveaus erfüllt. Für die Zulassung als Träger der Arbeitsförderung bzw. von Maßnahmen zu deren Durchführung schreibt das ›Sozialgesetzbuch – Drittes Buch – Arbeitsförderung‹ keinen speziellen Nachweis vor. Grundsätzlich wird von einer Detailprüfung durch die Mitarbeiter der Bundesagentur für Arbeit ausgegangen.

Ergänzend bzw. ersetzend wird die Möglichkeit eingeräumt, ein Zertifikat – zum Beispiel für den Nachweis der Einrichtung eines ›Systems für die Sicherung von Qualität‹ – anzuerkennen. Ein Zertifikat, welches dann als Vertrauenssubstitut wirken soll, kann diese Funktion umso besser erfüllen, je stabiler die Vertrauensmatrix ist, in die es eingebettet ist. Für Zertifikate gemäß der DIN EN ISO 9001:2015 konnte ein stabiles Institutionen- bzw. Systemvertrauen aufgezeigt werden. Wird dieser Gedankengang weiterverfolgt, würde sich eine effektive Funktion als Vertrauenssubstitut feststellen lassen.

Das zuvor Gesagte gilt jedoch lediglich unter der Voraussetzung, dass sich der Auftragnehmer auch an die Vorgaben hält, die in der Norm spezifiziert werden. Die Überlegungen gehen zudem davon aus, dass die Inhalte der Norm geeignet sind, um das Verhalten der Auftragnehmer dahingehend zu strukturieren, dass tatsächlich die gewünschte Mindestqualität realisiert wird.

Dies impliziert zwei Aspekte: Zum einen wird davon ausgegangen, dass es problemlos möglich sei, die Mindestqualität einer Bildungsmaßnahme zu spezifizieren. Zum anderen wird davon ausgegangen, dass die beschriebenen Inhalte innerhalb der Norm sinnvoll und stimmig seien, um die angestrebten Ziele zu erreichen. Dass Letzteres nicht unbedingt der Fall ist, wurde beispielsweise im Abschnitt 5.6 in Bezug auf einige Begriffsdefinitionen aufgezeigt – die ohnehin nur verstanden werden können, wenn gleichzeitig die ISO 9000:2015 Berücksichtigung findet.

Ähnliche Probleme zeigten sich im Abschnitt 5.7, der sich mit neu aufgenommenen Themenbereichen befasste und bspw. auf die limitierten Möglichkeiten der objektiven Erfassung eines Parameters wie ›Bewusstsein der Organisationsmitglieder‹ hinwies.

Implikationen für den Auftragnehmer/Bildungsträger
Trotz all der angesprochenen Probleme stellt sich für einen Bildungsträger – der Bildungsmaßnahmen im Rahmen der Arbeitsförderung durchführen möchte – die Frage, inwieweit er sich dem existierenden System entziehen kann. Es bleibt die Möglichkeit, mithilfe einer Detailprüfung die Zulassung zu erlangen. Hierbei ist es wiederum fraglich, ob sich die Mitarbeiter der Bundesagentur für Arbeit diesem Aufwand stellen, wenn es die Möglichkeit gibt, auf andere Anbieter auszuweichen, die ein Zertifikat vorlegen können.

In einer nächsten Überlegung bliebe die Frage, welches Zertifikat genutzt werden sollte. Auch wenn die vorliegende Arbeit sich schwerpunktmäßig mit der DIN EN ISO 9001:2015 befasst, ist dies nicht die einzig mögliche Norm, nach der zertifiziert werden könnte (vgl. Abschnitt 7.3.3). Es lässt sich erkennen, dass sowohl Zertifikate als auch Zertifizierer unter marktvermittelten Bedingungen in Konkurrenz zueinander stehen und Image sowie Verbreitung den jeweiligen Marktwert bestimmen (vgl. Schmidt-Hertha 2011, S. 164).

Nach der Auswahl eines Zertifikates schließt sich sofort die Frage an, wer für die Qualität der Akkreditierungs- und Zertifizierungsprozesse sowie deren Evaluation zuständig ist. Darüber hinaus wird deutlich, dass die Problematik der Vertrauenswürdigkeit des Auftragnehmers auf die Vertrauenswürdigkeit des Bewertungssystems und der eingebundenen Drittinstanzen verlagert wird. Mit anderen Worten: Es stellt sich nicht die Frage, inwieweit dem Auftragnehmer/Vertrauensnehmer vertraut wird, sondern inwieweit dies für die Zertifizierenden bzw. Akkreditierenden gilt.

Wie im Abschnitt 7.3.5 erwähnt, hängt die Vertrauenswürdigkeit eines Zertifikates größtenteils von der Anzahl der Vertrauensebenen und damit der Länge der Vertrauenskette ab. Ein Zertifikat von einem unbekannten Zertifizierer entfaltet somit nicht die gleiche Wirkung wie ein gesellschaftlich eingeführtes und weit verbreitetes Zertifikat entsprechend einer internationalen, europäischen oder deutschen Norm (ISO, EN oder DIN-Norm).

In diesem Zusammenhang müssen sich die Gesetzgeber fragen lassen, warum sie staatliche Gelder für subventionierte Bildung ausreichen, wenn ein Zertifikat vorgelegt wird, welches von einer nicht-staatlichen Kontrollinstanz ausgestellt wurde und damit außerhalb demokratischer Legitimation liegt.

8.3 Akkreditierung als neue Ebene im Normungswesen

Um nachzuvollziehen, wie z. B. das ›Deutsche Institut für Normung (DIN)‹ eine vertrauenswürdige Drittinstanz wurde, werden an dieser Stelle die wichtigsten Punkte noch einmal zusammenfasst: Das DIN ist – historisch gesehen – eine der ältesten Institutionen im Rahmen des Normungswesens in Deutschland. Die anfängliche Zielsetzung war die Verbesserung der Massenproduktion, überwiegend im Zusammenhang mit der Kriegswirtschaft. Bereits ab Anfang der 1930er-Jahre erhielt diese Einrichtung Unterstützung von staatlichen Institutionen, die die intensivere Anwendung der privat erstellten Dokumente z. B. auch in der öffentlichen Verwaltung forderten. Im weiteren Verlauf setzte sich das DIN gegen viele Wettbewerber durch, sodass die Bedeutung im deutschsprachigen

Raum wuchs. Im Unterschied zu anderen Normungsorganisationen weitete das DIN seine Arbeitsschwerpunkte immer weiter aus (vgl. Abschnitt 3.3). Mit der Erstellung von DIN-Normen wurde (respektive wird) in der öffentlichen Wahrnehmung ein strukturiertes Verfahren verbunden, welches alle interessierten Kreise einbezieht und dessen Ziel es ist, im Konsens Dokumente zum Nutzen der Allgemeinheit zu erstellen. Die absichernde Drittinstanz ist – seit 1975 als Vertragspartner – die Bundesrepublik Deutschland (vgl. Vertrauenskette VK 4), die das DIN mit der Benennung als alleinigen deutschen Vertreter für den größten Teil des europäischen und internationalen Normungswesens nahezu konkurrenzlos machte.

Führt man die Gedanken aus dem Kapitel 4 in Bezug auf die Pfadabhängigkeit des Normungswesens fort, stellt man fest, dass das Entstehen der zusätzlichen Märkte für Zertifizierungen und Akkreditierungen die Umkehrbarkeit dieser Entwicklung zusätzlich erschwert. Diese neu entstandenen Märkte wurden insofern manifestiert, als dass – gemäß der EU-Verordnung Nr. 765/2008 – die zuvor bestehende Vielzahl von ca. 20 Akkreditierungsstellen durch die Einrichtung einer einzigen nationalen Akkreditierungsstelle für Deutschland (DAkkS) reglementiert wurde (vgl. DAkkS 2017b). Da sämtliche der 4 145 in Deutschland aktiven Konformitätsbewertungsstellen (Stand: 6.5.2017) durch die nationale Akkreditierungsstelle akkreditiert wurden, wuchs die Bedeutung der DAkkS als Institution im Rahmen des vertrauenswürdigen Systems Normungswesen.

Dieses System stabilisiert sich zudem selbst, da die Vorschriften für die Anforderung an Konformitätsbewertungsstellen wiederum auf internationalen Normen beruhen und damit letztlich zu einer Selbstbestätigung führen. Dies sind unter anderem die Normen DIN EN ISO/IEC 17021-1:2015-11 ›Konformitätsbewertung – Anforderungen an Stellen, die Managementsysteme auditieren und zertifizieren‹ und DIN EN ISO/IEC 17065:2013-01 ›Konformitätsbewertung – Anforderungen an Stellen, die Produkte, Prozesse und Dienstleistungen zertifizieren‹ (vgl. ISO 17021-1:2015-11; ISO 17065:2013-01).

Die Akkreditierung und Zertifizierung sind damit integrale Bestandteile des Normungswesens geworden. Zudem entstand ein dynamisches Marktsegment, wie sich an der Entwicklung des Bestandes an Konformitätsbewertungsstellen im Verlauf der Jahre 2013–2017 zeigen lässt (vgl. Tabelle 8.1, der Jahresabschluss für das Jahr 2016 lag zum Zeitpunkt der Veröffentlichung dieser Arbeit noch nicht vor).

Bei Betrachtung der Umsatzerlöse der DAkkS lässt sich ein Teil der durch die Akkreditierung entstandenen Transaktionskosten beziffern: In den Jahren 2014 bzw. 2015 betrugen die Umsatzerlöse 22,5 Mill. EUR bzw. 25,9 Mill. EUR (vgl. DAkkS 2016b, S. 7). Unabhängig von der Höhe kann festgestellt werden, dass diese Ressourcen der Volkswirtschaft entzogen wurden und an anderer Stelle für eine produktive Verwendung nicht zur Verfügung standen.

Tabelle 8.1: *Akkreditierungen der DAkkS in den Jahren 2013 bis 2015 und 2017*

	2013[a]	2014[b]	2015[b]	2017[c]
Anträge auf Erstakkreditierung	410	342	253	k. A.
Anträge auf Reakkreditierung	661	807	596	k. A.
Anträge auf Änderung/Erweiterung	790	715	885	k. A.
gültige Akkreditierungen insgesamt	4133	4010	3877	4145

[a] Quelle: DAkkS 2014, S. 12.
[b] Quelle: DAkkS 2016b, S. 5.
[c] Quelle: DAkkS 2017a, Stand: 6.5.2017.

8.4 Der PDCA-Zyklus – Erzwingen eines Managementparadigmas

Vor allem mit der Novellierung aus dem Jahr 2015 versuchten die Normsetzer der ISO, ihre Herangehensweise an die Optimierung und Führung von Unternehmen weltweit durchzusetzen. Auch wenn immer wieder betont wird, dass die ISO 9001:2015 kein bestimmtes Qualitätsmanagementsystem vorschreibt, stellen die Normsetzer dennoch unmissverständlich fest: „Diese Internationale Norm wendet den prozessorientierten Ansatz an, der das Planen-Durchführen-Prüfen-Handeln-Modell (PDCA, englisch: Plan-Do-Check-Act) sowie risikobasiertes Denken umfasst" (vgl. ISO 9001:2015-11, S. 9).

Die begriffliche Einführung des PDCA-Modells innerhalb der Norm geschieht ohne Literaturnachweis und Begründung. Vermutlich – doch das ist Spekulation – soll es sich auf den PDCA-Zyklus beziehen, der WILLIAM E. DEMING (bzw. eher seinem Lehrer WALTER SHEWART) zugeschrieben wird (vgl. Zollondz, Ketting & Pfundtner 2016, S. 209–211). Angemerkt sei hierzu, dass bereits im Jahr 1986 der Japaner MASAAKI IMAI – im Rahmen seiner Überlegungen zum ›Kaizen‹ – Anpassungen dieses Modells gefordert hat (vgl. Imai 1993).

Insofern ist selbiges auch nicht unumstritten. Damit hat die Forderung der Anwendung etwas Wertendes. Diejenigen Unternehmen, die die Norm umsetzen wollen, müssen auch den prozessorientierten Ansatz und das risikobasierte Denken der Normsetzer übernehmen, ansonsten werden sie nicht zertifiziert. Den Nichtanwendern wird deutlich gemacht, dass sie sich ›falsch‹ verhalten, wenn sie dieser Managementphilosophie nicht folgen.

An dieser Stelle erscheint die Vorgabe eher als Abbildung einer Modeerscheinung der 1990er-Jahre. Seit dem Jahr 1993 veröffentlicht ›Bain & Company‹ regelmäßig eine umfangreiche Studie über die Nutzung der wichtigsten Managementinstrumente. Mehr als 13 000 Führungskräfte aus über 70 Ländern nahmen bisher an diesen Befragungen teil. Die Auswertungen sollen Erkenntnisse dahingehend liefern, welche Prioritäten sie setzen und welche Themen sie vor allem beschäftigen (vgl. Sinn 2017, S. 21). Interessant im Zusammenhang mit der vorliegenden Arbeit ist die Tatsache, dass sich das Thema ›Qualitätsmanagement‹ im Jahr 1993 auf Platz 3 befand. Im Jahr 2015 hingegen ließ sich das Thema weltweit nicht mehr unter den Top 10-Themen finden (vgl. Sinn 2017, S. 22).

Keine Begründungen – kein Hinterfragen
Die Normsetzer gehen anscheinend davon aus, dass mit ihrem Ansatz der Prozessorientierung entlang des PDCA-Zyklus der Erfolg eines jeden Unternehmens sichergestellt werden kann. Bereits die Betrachtung des Anwendungsbereiches der ISO 9001:2015 i. V. m. der ISO 9000:2015 zeigt Unstimmigkeiten und Brüche in den Begrifflichkeiten auf und weist in ihrem Ergebnis eher auf Minimalkonsense der Normsetzer hin denn auf ein schlüssiges Ganzes (vgl. Abschnitt 5.7).

Bei der Novellierung der ISO 9001:2015 wurden weitere Details durch die Normsetzer ausgearbeitet, z. B. das Thema „Wissen der Organisation" (vgl. ISO 9001:2015-11, S. 55). Damit wurden nicht ausschließlich Prozesse im Sinne technischer Abläufe erfasst, sondern Vorgaben für das Verhalten und die Führung von Organisationsmitgliedern gesetzt. Dieser Eingriff in soziale Konstrukte war für die Normsetzer anscheinend notwendig, um Qualität zu sichern – die Wirksamkeit bleibt gleichwohl unbelegt.

Für Unternehmen der IT-Branche lässt sich die Sicherung des unternehmerischen Erfolgs durch Befolgung der DIN EN ISO 9001:2015 z. T. bestreiten (vgl. Ringbauer 2017). Andere bestehende Konzepte, bspw. agile Methoden in der Softwareentwicklung wie z. B. Crystal, eXtreme Programming, Scrum oder Feature Driven Development (vgl. Siepermann 2017), werden dabei vernachlässigt.

RINGBAUER (2017) weist in ihrer Untersuchung auf ein Spannungsverhältnis zwischen Qualitätsmanagement gemäß ISO 9001:2015 und dem Bedarf an flexiblen Strukturen in IT-Unternehmen hin. Wie wenig Bereitschaft im Jahr 2017 bestand, die ISO 900X:2015-Normenfamilie in ihrem Einsatz komplett zu hinterfragen oder zu verwerfen, sieht man auch an den Ausführungen von

RINGBAUER. Letztlich weist sie nach, dass es möglich ist, agile Konzepte so anzupassen, dass sie eine Zertifizierung z. B. gemäß ISO 9001:2015 ermöglichen. Die Frage nach der Notwendigkeit einer Zertifizierung gemäß dieser Norm vertagt sie jedoch in die weitere Forschung, da auch ihre diesbezüglichen Untersuchungen ausschließlich Hinweise auf den Marketingbereich erbrachten:

> „Die Ergebnisse [...] stellen somit klar, dass agile IT-Unternehmen, mithilfe einiger Anpassungen, die das agile Konzept unterstützen, Qualitätsmanagement einführen können und darüber hinaus auch eine Zertifizierung der ISO 9001 erlangen können, sofern dies gewünscht wird.
>
> In diesem Bereich empfiehlt sich als Fragestellung für zukünftige Forschungsarbeiten zu erarbeiten, welche Vorteile, abgesehen von den in Interviews häufig genannten Vorteilen im Bereich Marketing, eine ISO 9001 Zertifizierung für agile IT-Unternehmen bringt" (Ringbauer 2017, S. 185).

In ähnlicher Weise beschreibt es SCHMIDT-HERTHA, der von einem ISO-9001-Zertifikat als einem „marketingtauglichen Label" spricht (Schmidt-Hertha 2011, S. 155).

8.5 Vertrauenstransfer und Vertrauensmissbrauch

Wie stabil das Institutionenvertrauen in das DIN ist, lässt sich beispielhaft am Phänomen des Vertrauenstransfers von ›DIN-Normen‹ auf die ›DIN SPEC Spezifikationen‹ illustrieren. Die ›DIN SPEC Spezifikationen‹ finden zunehmend Verbreitung (vgl. Tabelle 1.1), obwohl sie kaum Gemeinsamkeiten mit den DIN-Normen aufweisen: (1) Die Erstellung erfolgt entsprechend des PAS-Verfahrens (vgl. Abschnitt 3.4.2.2). (2) ›DIN SPEC Spezifikationen‹ dienen den Einzelinteressen der Ersteller. (3) Sie werden nicht zwingend im Konsens aufgestellt und auch die Beteiligung aller interessierten Kreise ist nicht Bedingung. Darüber hinaus sind sie (4) nicht Bestandteil der Dokumente, die durch den Normenvertrag erfasst werden sollten (vgl. Abschnitt 3.3.2). Genauso wenig sind sie (5) direkte Grundlage für Dokumente europäischer oder internationaler Normungsorganisationen.

Die einzige Drittinstanz, die hier eine Reputationswirkung entfalten kann, ist das DIN selbst. Diese *Selbstbestätigung* ist möglich, da die ausstellende Organisation für ›DIN-Normen‹ und für ›DIN SPEC Spezifikationen‹ die gleiche ist und zudem dieselbe Kurzbezeichnung ›DIN‹ als Marke wirkt.

Es lässt sich an dieser Stelle sicherlich nicht von arglistiger (Verbraucher-)Täuschung sprechen, da sämtliche Informationen, wie bereits in früheren Kapiteln ausgeführt wurde, verfügbar sind. Es bedarf jedoch einiger Sachkenntnis, diese korrekt einzustufen. Zudem muss – um sich mit dem Thema zu beschäftigen –

zunächst vermutet werden, dass dies überhaupt notwendig ist. Wenn davon ausgegangen wird, dass die ›DIN SPEC Spezifikationen‹ nach dem gleichen Prinzip wie die DIN-Normen erstellt werden, gibt es keinen Anhaltspunkt für eine weitergehende Analyse. Wird u. a. aufgrund des Wunsches nach Komplexitätsreduktion auf eine umfangreiche Analyse verzichtet und dem Handeln des DIN vertraut, besteht ein gewisses *Missbrauchspotenzial*.

Da es 25-mal mehr DIN-Normen (über 33 000) als ›DIN SPEC Spezifikationen‹ gibt, die im Rahmen stabiler Vertrauensketten zu einem Institutionen- bzw. Systemvertrauen in die Institutionen ›DIN‹ und deren Normen geführt haben, gelingt die Übertragung der zugesprochenen Vertrauenswürdigkeit. In der absatzwirtschaftlichen Literatur wird der Vorgang der Übertragung eines etablierten Markennamens auf eine andere Produktlinie als Markentransfer bzw. ›Brand Extension‹ bezeichnet (vgl. Kreutzer 2008, S. 156). In Anlehnung daran kann die Übertragung in diesem Kontext als ›*Vertrauenstransfer*‹ bzw. ›Trust Extension‹ bezeichnet werden.

Jedes Mal, wenn ein Zertifikat die Einhaltung der Richtlinien einer DIN-Norm bestätigt, wird auf eine Vertrauenskette zurückgegriffen, die eine ähnliche Struktur wie die Vertrauenskette VK 4 aufweist (vgl. Abschnitt 7.3.5).

Mit jeder Anwendung verstärkt sich die Vertrauenswirkung und damit die angenommene Vertrauenswürdigkeit. Werden die ›DIN SPEC Spezifikationen‹ nicht weiter hinterfragt, führt auch ihre Anwendung zu einer Verstärkung des Institutionen- bzw. Systemvertrauens in diese Dokumente und in das Normungswesen als Ganzes.

Die Reputation der Volkswagen AG in der ›Diesel-Gate-Affäre‹
Entsprechend der Definition der Normsetzer soll unter Qualitätssicherung der Teil des Qualitätsmanagements verstanden werden, „der auf das Erzeugen von Vertrauen darauf gerichtet ist, dass Qualitätsanforderungen ... erfüllt werden" (ISO 9000:2015-11, S. 31 Punkt 3.3.6).

Das Bewirken einer subjektiven Einstellung ist jedoch nicht mit dem Bewirken einer bestimmten Qualität gleichzusetzen. Es lässt sich die Frage aufwerfen, wozu in diesem Zusammenhang bspw. der ›PDCA-Zyklus‹ benötigt wird, da sich dieses Vertrauen auch auf anderen Wegen erzeugen lässt, z. B. durch Fürsprecher, Empfehlungen oder durch Täuschung.

Losgelöst vom Leistungserstellungsprozess kommen hierfür eher absatzpolitische Instrumente zum Einsatz. Eine ›erfolgreiche‹ Zertifizierung wird dabei für die unterschiedlichsten Zwecke verwandt, u. a. als Instrument der Öffentlichkeitsarbeit.

Ein besonders offensichtliches Beispiel zum Versagen der versprochenen Vertrauenswirkung von ISO 9001-Zertifikaten soll das Problem verdeutlichen. So versuchte bspw. die VOLKSWAGEN AG mit ihrer Zertifizierung in der Kundenkommunikation, die „hervorragende Qualität" ihrer Produkte zu unterstreichen:

> Pressemitteilung vom 24.4.2015 der Volkswagen AG:
> „20 JAHRE ISO-ZERTIFIZIERUNG BEI VOLKSWAGEN
> TÜV Nord vergibt erneut Zertifikat für bewährtes Volkswagen Qualitätsmanagement-System. Ob Entwicklung, Produktion oder Vertrieb – sämtliche Prozesse der Marke Volkswagen werden fortlaufend und systematisch überprüft. Für die erfolgreiche Anwendung des Qualitätsmanagement-Systems im gesamten Unternehmen erhielt Volkswagen vom TÜV Nord nun erneut die ›ISO-Zertifizierung 2015‹ – und dies bereits zum 20. Mal in Folge. Prof. Dr. Martin Winterkorn, Vorstandsvorsitzender der Volkswagen Aktiengesellschaft, nahm die *Auszeichnung* in Wolfsburg vom Vorstandsvorsitzenden der TÜV Nord AG, Dr. Guido Rettig, entgegen.
> ‚Wir sind stolz, das ›ISO 9001 Zertifikat 2015‹ in den Händen zu halten, denn es ist erneut eine großartige Anerkennung für die Leistung der gesamten Mannschaft', erklärte Winterkorn. ‚Das ist die verdiente Bestätigung unserer Anstrengungen für eine hervorragende Qualität bei unseren Produkten, Dienstleistungen und den Prozessen im gesamten Unternehmen', so der Vorstandsvorsitzende weiter. Das Zertifikat ist das Ergebnis eines komplexen Bestandsaufnahmeprozesses, der vom TÜV Nord, einem unabhängigen Zertifizierungsunternehmen, im Februar und März 2015 durchgeführt wurde. Das ISO-Zertifikat belegt, dass Volkswagen seine Qualität in allen Bereichen laufend optimiert: Als eines der ersten Automobilunternehmen in Deutschland führte Volkswagen das Qualitätsmanagement-System im Jahr 1995 ein. Seitdem wurde jährlich nach der Norm 9001 vom TÜV Nord auditiert" (Hervorhebung durch den Verfasser – Volkswagen AG 2015).

Nichtsdestotrotz garantierten weder das Vorhandensein einer Zertifizierung nach ISO 9001 noch eine positive Reputation ›Qualität‹. Die hier zu erkennende Euphorie lässt sich im Rückblick auf die ab Herbst 2015 bekannt gewordenen Ereignisse kaum teilen. Im Sinne der ISO 9001:2015 wurden über Jahre hinweg fehlerhafte (nicht normkonforme) Kraftfahrzeuge des Konzerns ausgeliefert, wie die sogenannte ›Diesel-Gate-Affäre‹ in den Jahren 2015–2017 aufdeckte (vgl. Postinett 2015). Wie später bekannt wurde, betrafen die Vorgänge auch andere Fahrzeugbauer, so z. B. Audi und Porsche (vgl. Handelsblatt 2017). Diesen Konzernen gelang es, unter Ausnutzung von Spielräumen, gestützt von der politischen Willensbildung, Fahrzeuge am Markt anzubieten, die gerade nicht vom Kunden erwarteten Qualität entsprachen.

Das Beispiel zeigt die Brüchigkeit der durch die Normungsorganisationen versprochenen Aussagen zum Thema ›Qualitäts(zu)sicherung‹: Das Vorhandensein des Zertifikats, selbst der ›ordnungsgemäße Zertifizierungsprozess‹, konnten die begangenen teils massiven Verstöße nicht verhindern. Die Volkswagen AG lieferte gerade nicht die versprochene Qualität und auch der in der Pressemitteilung herausgestellte „komplexe Bestandsaufnahmeprozess" durch ein „unabhängiges Zertifizierungsunternehmen" konnte die Falschaussagen in Bezug auf die zugesicherte Qualität nicht aufdecken. Aus diesem Grunde ist auch die Rolle der akkreditierten Zertifizierer, die jährlich auditierten – in diesem Fall der TÜV NORD – kritisch zu hinterfragen. Dies geschah in der Aufklärung der Vorgänge bis Ende 2017 zu wenig.

Für die Volkswagen AG ließ sich eine stabile Reputation erkennen: Trotz der Anfeindungen, die dem Konzern von Teilen der Gesellschaft, z. B. von Umweltschutzverbänden, Parteien oder Behörden, entgegengebracht wurden, hatte dies – zumindest kurzfristig – nicht zu einem Umsatzeinbruch geführt. Im Gegenteil: Der Geschäftsbericht wies für das Jahr 2016 einen Absatz von ca. 10,4 Mill. Fahrzeugen weltweit und damit eine Zunahme von 3,8 % aus. Auf dem europäischen Markt stiegen die Absätze um 2,5 %. In die gleiche Richtung bewegten sich die Umsatzerlöse, die sich um 1,9 % auf 217,3 Mrd. EUR erhöhten. In Europa waren es 4,2 % auf 138,1 Mrd. EUR (vgl. Volkswagen AG 2017, S. 23).

In Anbetracht der Tatsache, dass es sich um eine der größten Krisen in der Firmengeschichte handelte, stellten sowohl die Absatzzahlen als auch die Umsatzzahlen Rekordwerte dar. Die in den Vorjahren aufgebaute Reputation der Marke ›Volkswagen‹ konnte dies ermöglichen. Der Nachweis einer DIN EN ISO 9000:2015 Zertifizierung trug wahrscheinlich seinen Teil zur Absicherung dieser Reputation bei.

Wie stabil das Institutionen- bzw. Systemvertrauen in das Normungswesen ist, lässt sich besonders gut an diesem Beispiel erkennen. Es trug zum Schutz der Marke sowie des damit verbundenen Qualitätsversprechens bei. Und das, obwohl die Inhalte der Norm unzureichend spezifiziert sind, die Konformitätsbewertungsstelle die Probleme nicht aufdecken konnte und auch die Akkreditierungsstelle keine Unregelmäßigkeiten feststellte, um dem Zertifizierer seine Akkreditierung zu entziehen.

Letztlich wirft dies Fragen dahingehend auf, worin der Wert der Norm ISO 9001:2015 besteht. Wenn diese zum einen vor allem der Schaffung von Vertrauen dienen soll und zum anderen nicht einmal diese Aufgabe erfüllt, besteht ein berechtigter Zweifel an der gesamtwirtschaftlichen Bedeutung. Im Besonderen, da das gesamte Normungswesen eine zusätzliche ›Aufwertung‹ durch die Etablierung einer weiteren Ebene – die der Akkreditierung erhielt.

Die Transaktionskosten, die an die Akkreditierenden, die Zertifizierer und die Normverkäufer zu zahlen sind, erscheinen wirtschaftlich zweifelhaft. Insbesondere die Überlegung, wie groß der Schaden für Wirtschaftsorganisationen tatsächlich wäre, wenn dem gesamten System des Normungswesens – zumindest in Bezug auf die ISO 9001:2015 – die weitere Unterstützung entzogen würde, d. h. wenn es nicht weiter genutzt werden würde.

Vertrauensbildende Maßnahmen ließen sich sicherlich auch auf andere Art und Weise realisieren. Jedenfalls können diese Alternativen nicht schlechter sein, allerdings eventuell kostengünstiger sein, als das teilweise wirkungslose bestehende System.

Wirtschaftliche Nachteile hätten die Organisationen, die aufgrund der Normung existieren. Für andere Organisationen müsste der Nachweis noch erbracht werden, dass die Zahlungen ohne direkte Gegenleistung tatsächlich wirtschaftliche Vorteile generieren (im Fokus dieser Überlegungen immer die ISO 9001:2015).

8.6 Private Normungsorganisationen im Verhältnis zu den europäischen Gesetzgebern

Es bleibt die Frage, warum das Aufstellen der Regeln zur Qualitätssicherung privaten Normungsorganisationen überlassen und deren Ergebnisse in Gesetze und Verordnungen übernommen wurde.

Wie dargestellt wurde, lassen sich hierfür die Überlegungen von NORTH u. a. zur pfadabhängigen Entwicklung von Institutionen aufgreifen (vgl. Kapitel 4). Wie im Kapitel 3 ausgeführt, stieg im Laufe der Zeit die Bedeutung des Normungswesens insgesamt, sodass es für die europäischen Gesetzgeber scheinbar nahe lag, die privaten Normungsorganisationen nicht nur mit der Ausarbeitung technischer Normen, sondern auch mit der Entwicklung von Standards für andere Lebensbereiche zu beauftragen (vgl. Abschnitt 4.5.6). Mit diesem Vorgehen wurde der Entwicklungspfad hin zur Übertragung von ursprünglich der Legislative zustehenden Aufgaben an private Einrichtungen ›asphaltiert‹, um im Bild zu bleiben.

Kein Wettbewerb der Institutionen
Wie im Abschnitt 5.1 gezeigt wurde, war ein Ausgangspunkt dieses Entwicklungspfades im Jahr 1963 die Ausarbeitung einer Norm zur Darlegung von Maßnahmen zur Sicherung von Qualität. Was nichts anderes hieß, als dass der Versuch unternommen wurde, die Ungewissheit über die Verhaltensweise des Vertragspartners zu reduzieren. Dabei wurde davon ausgegangen, dass ein

entsprechend zertifiziertes Unternehmen weniger zu opportunistischem Verhalten neigen würde als ein nicht zertifiziertes Unternehmen.

Ließe sich diese Annahme nicht treffen, hätte kein Grund für die Erstellung einer Qualitätssicherungsnorm bestanden. Mit der Bezugnahme der europäischen Gesetzgeber auf die Fortentwicklung dieser Norm wurde dieser Pfad weiter beschritten.

Unbelegt ist, warum keine intensivere Prüfung durch die europäischen Gesetzgeber vorgenommen wurde (respektive wird), um einen Wettbewerb um die effizienteste Institution zuzulassen. Immerhin gibt es neben dem durch die ISO präferierten System weitere Systeme, die behaupten, dass sie zur Qualitätssicherung beitragen. Diese Systeme enthalten ebenfalls eigene Ideen zu Managementsystemen (vgl. z. B. EFQM 2017; Q2E 2017).

Die ausschließliche Konzentration auf die durch die EU-Verordnung Nr. 1025/2012 abschließend benannten Normungsorganisationen, ist durch die Pfadbezogenheit zu erklären und bewirkt nichtsdestoweniger einen ›Lock-In Effekt‹ (vgl. Abschnitt 3.4.4). Der ›Lock-In Effekt‹ lässt sich zum einen aufgrund der langjährigen Zusammenarbeit (also: pfadbezogen) erklären und ist zum anderen der Tatsache geschuldet, dass seit jener Verordnung die (teilweise) Finanzierung der privaten Normungsorganisationen erfolgt (vgl. Abl. EU L 316 v. 14.11.2012). Daher ist nachvollziehbar, dass diese Investitionen – im Sinne von sunk costs – nicht ›verloren‹ sein sollen.

Unter diesen Voraussetzungen wird der Wettbewerb um effiziente Institutionen im Rahmen der Normung ausgesetzt. Auch wenn die europäischen Gesetzgeber argumentieren, dass der Sachverstand der gesamten Wirtschaft in die Erarbeitung von Normen einfließt und damit die Effizienz der geschaffenen Institution sichergestellt sein soll, ist diese Argumentation zu bezweifeln.

Nachteilig für die Weiterentwicklung ist des Weiteren, dass es kaum wissenschaftliche Auseinandersetzungen auf Ebene der Einzelnormen gibt, sodass die privaten Normungsorganisationen nach Belieben weitere Inhalte in die Dokumente einfließen lassen könn(t)en. Deutlich zu sehen ist dies bei der Entwicklung der DIN EN ISO 9001:2015, in der neben Bestimmungen zur Qualitätssicherung Inhalte einflossen, die aufzeigen, wie nach Meinung der Normsetzer ein Unternehmen zu führen sei.

Einzelereignisse können Entwicklungspfade manifestieren
Wie bedeutend Einzelereignisse bei der Ausrichtung von Entwicklungspfaden sein können, wurde bereits bei der Betrachtung der DIN-Studie aus dem Jahr 2000 und ihrer Folgestudien gezeigt (vgl. Abschnitt 4.6). Welche Bedeutung einem Einzelereignis zugemessen werden muss, kann erst im historischen Rückblick

festgestellt werden. Solche Ereignisse können eine Entwicklung weiter vorantreiben, ohne dass ihre Relevanz bekannt ist: So verwiesen bis zum Jahr 2008 die europäischen Gesetzgeber im Rahmen ihrer Vorgaben für Konformitätsbewertungen von Produkten noch nicht auf die DIN EN ISO 9001:2015 als Ganzes, sondern lediglich auf die Teile, die sich auf die Qualitätssicherung bezogen. Dies war noch recht deutlich im Beschluss 93/465/EWG des Rates zu sehen. Im Text wurde auf Qualitätssicherungssysteme verwiesen. Erst in der Fußnote wurde auf eine der europäischen Normen EN 29 001-29 003[1] Bezug genommen (vgl. Abl. EG L 220 v. 30.08.1993, S. 37), die noch den Titel ›Qualitätssicherungssysteme‹ trug (vgl. Tabelle 5.2 auf Seite 135).

Wird die Entwicklung des institutionellen Wandels dieses Dokumentes pfadbezogen betrachtet, ist zu befürchten, dass der Teilverweis demnächst entfällt. In der im Jahr 2017 gültigen Version jener Richtlinie (vgl. Abl. EU L 218 v. 13.8.2008) fehlte bspw. der Verweis auf eine konkrete Norm. Ausschließlich den genau Lesenden fällt auf, dass nicht die Einhaltung der gesamten Norm notwendig ist, sondern nur modulbezogen die Einhaltung einiger Teile: Im Beschluss 768/2008/EG des Europäischen Parlaments und des Europäischen Rates wird in einer Fußnote einschränkend auf die entsprechenden Teile der EN ISO 9001:2000 zum Thema Qualitätssicherung verwiesen (vgl. FN (2): „Ausgenommen Unterabschnitt 7.3 sowie die Anforderungen bezüglich Kundenzufriedenheit und ständiger Verbesserung," Abl. EU L 218 v. 13.8.2008, S. 219). Auf eine Aktualisierung und den Einbezug der 2015er-Version haben die europäischen Gesetzgeber bis zum Jahr 2017 verzichtet. Damit galt unverändert die Einbeziehung der Version aus dem Jahr 2000 (!).

Geschehen zukünftig jedoch ähnliche ›Versehen‹, wie im Rahmen des ›Blue Guides 2014‹, indem mit Bezug auf den Beschluss 768/2008/EG statt von ›Qualitätssicherungssystem‹ von ›Qualitätsmanagementsystem‹ gesprochen wurde, kann sich der Gedanke verfestigen, dass dies tatsächlich so gemeint sei.

> „Damit die Module modernen Herstellungsverfahren entsprechen, schreiben sie Verfahren für die Produktkonformitätsbewertung sowie eine Bewertung des *Qualitätsmanagements* vor, wobei dem Gesetzgeber die Entscheidung über die für den jeweiligen Wirtschaftszweig geeignetsten Verfahren freigestellt ist, da es beispielsweise nicht sonderlich effektiv ist, für jedes Massenprodukt eine eigene Zertifizierung vorzuschreiben. Im Sinne der Transparenz und Effektivität der Module wurde auf Ersuchen der Kommission die Normenreihe ISO 9001 über ›Qualitätssicherung‹ auf europäischer Ebene harmonisiert und in die Module integriert" (Hervorhebung durch den Verfasser – Europäische Kommission 2015b, S. 10).

---

1 Vorgängernormen der EN ISO 900X.

Der zwei Jahre später erschienene ›Blue Guide 2016‹ enthielt wiederum einen Verweis auf ein „quality management" (nur englischsprachig erschienen – vgl. Europäische Kommission 2016b, S. 9).

Stärkere Aufsicht durch die Europäischen Gesetzgeber?
Vorkehrungen gegen opportunistisches Verhalten wären auch in der postmodernen Wirtschaftswelt in dem Maße überflüssig, in dem die Vertragspartner zum einen zueinander ehrlich wären und zum anderen einander vertrauen würden. Je weniger eine Vertragsbeziehung von Vertrauen geprägt ist, desto umfangreicher muss in den Augen eines Auftraggebers das Überwachungssystem sein. Ein niedriges Vertrauensniveau gegenüber dem Auftragnehmer wird versucht, mit besonders umfangreichen und starren formalen Regeln auszugleichen. Diese Starrheit findet dort ihre Grenze, wo die Überwachung nicht mehr effektiv möglich ist.

Es fällt auf, dass anscheinend ein ›blindes‹ Vertrauen in die Normungsorganisationen nicht mehr in dem Maße vorhanden ist. Der ›Leitfaden zur europäischen Normung als Unterstützung für legislative und politische Maßnahmen der Union‹, den die Europäische Kommission im Jahr 2015 veröffentlichte, verdeutlichte die politische Haltung der europäischen Gesetzgeber zur europäischen Normung: Die EU-Verordnung Nr. 1025/2012

„etabliert die Verwendung harmonisierter Normen über Rechtsvorschriften des ›neuen Konzepts‹ bzw. des neuen Rechtsrahmens für Produkte hinaus. Harmonisierte Normen können auch herangezogen werden, um die Anwendung von Rechtsvorschriften zu Dienstleistungen zu unterstützen. Darüber hinaus besteht mit der Verordnung erstmals eine übergreifende Rechtsgrundlage für die Nutzung der europäischen Normung und die Erteilung von Normungsaufträgen zur Unterstützung von politischen Maßnahmen der Union, für die keine speziellen Rechtsvorschriften vorhanden sind" (Europäische Kommission 2015d, S. 37).

Allerdings betonte dieser Leitfaden auch, dass die ›Verweisung‹ auf europäische Normen weder ein Freibrief noch ein Selbstläufer sei.

„Die Kommission *überträgt* also, wenn sie einen Normungsauftrag erteilt, *keine politischen Befugnisse* an die europäischen Normungsorganisationen und deren Mitglieder, sondern erkennt ihre besondere fachspezifische Rolle in dem Verfahren an. […] Diese Zuweisung (eines Normungsauftrages – d. Verf.) ist rein technischer Art und an private Organisationen gerichtet. Folglich darf bei den von den ESO (europäischen Normungsorganisationen – d. Verf.) zur Unterstützung von Rechtsvorschriften der Union erarbeiteten Spezifikationen niemals automatisch davon ausgegangen werden, dass sie dem ursprünglichen Auftrag entsprechen, *da hierfür die Politik verantwortlich ist*. Als beauftragende Behörde muss die Kommission stets gemeinsam mit den europäischen Normungsorganisationen die Einhaltung ihres ursprünglichen Auftrags überprüfen

[…], bevor sie über die Veröffentlichung der Fundstellen einer erarbeiteten Norm im Amtsblatt entscheidet" (Hervorhebungen durch den Verfasser – Europäische Kommission 2015d, S. 10-11).

An diesen Aussagen beachtlich ist die eindeutige Aufforderung an die Verwaltung, die Ergebnisse der privaten Normungsorganisationen intensiv zu überprüfen. Dies kommt nochmals deutlich in folgender Aussage zum Ausdruck:

„Wenn ein Normungsauftrag zur Unterstützung von Rechtsvorschriften der Union und die Anwendung einer von ihr angeforderten Norm eine bestimmte Rechtswirkung haben sollen, dann muss die Kommission frühzeitig überprüfen, ob das endgültige Normungsdokument den Anforderungen genügt, die abgedeckt werden sollen und die im Auftrag und den einschlägigen Rechtsvorschriften der Union formuliert sind" (Europäische Kommission 2015d, S. 15).

Während in den drei Jahrzehnten, die vor diesem Leitfaden lagen und in denen die mit der europäischen Normung verbundenen Aussagen fast euphorischer Natur waren, veränderte sich damit der Grundtenor. Der europäischen Normung wurde immer noch eine große Bedeutung zugesprochen. Die Kontrollfunktion der Europäischen Kommission rückte demgegenüber (wieder) in den Mittelpunkt.

Das Gleiche lässt sich an der Verbindlichkeitserklärung für technische Vorschriften und Technische De-Facto-Vorschriften gemäß der Richtlinie 2015/1535 erkennen (vgl. Abl. EU L 241 v. 17.9.2015). Trotz ihres Ursprungs in der Technischen Normung änderte sich die damit verbundene Art der Regulation. Diese Vorschriften fallen unter den Regulationstyp 2, die staatlich imperative Regulation (vgl. Abschnitt 4.3.4 Punkt c). Entweder kann dies als ein Rückfall in alte Formen der Rechtsetzung interpretiert werden oder als ein neues Bewusstsein der europäischen Gesetzgeber, ihre politische Verantwortung bewusst wahrzunehmen. Inwieweit dies auch politische Realität wird, bleibt abzuwarten.

8.7 Ausblick

Soll in Zusammenfassung der Ergebnisse dieser Arbeit eine Zukunftsprognose gewagt werden, lässt sich mit hoher Sicherheit davon ausgehen, dass der eingeschlagene Weg der intensiven Nutzung der Ergebnisse privater Normungsorganisationen für verschiedenste Bereiche des Wirtschaftslebens und die europäische Rechtsprechung unumkehrbar erscheint.

Zudem lässt sich vor allem feststellen, dass innerhalb der Gesellschaft keine Diskussion über diesen Teilbereich der Regulierung des täglichen Lebens stattfindet. Das ist sicherlich der Tatsache geschuldet, dass das Normungswesen aufgrund seiner Allgegenwärtigkeit eine hohe Transparenz vermuten lässt. Werden hingegen die Entstehungsprozesse von Normen betrachtet, ist eher das Gegenteil der Fall. Für die nationale deutsche Normungsorganisation gibt es keine staatliche Aufsicht – lediglich eine Selbstverpflichtung des DIN aus dem Jahr 1975, im öffentlichen Interesse zu handeln (Normenvertrag § 1 Abs. 2; vgl. DIN 2001, S. 37). Es herrscht vielmehr der feste Glaube vor, dass die Normierung zum Allgemeinwohl erfolgt. Dieses ›Glauben‹ und ›Nicht-Wissen‹ bzw. ›Nicht-Wissen-Wollen‹ könnte aus der Tatsache resultieren, dass der Einsatz von Normen zu einer scheinbaren Reduzierung von Unsicherheit und Komplexität beiträgt. Ein Nachfragen oder die Einforderung von Beweisen in Bezug auf die Wirksamkeit von Normen ließe sowohl die Unsicherheit als auch die Komplexität erneut ansteigen.

Dabei wird vielfach übersehen, dass zwar einerseits eine Komplexitätsreduktion durch Normung erfolgt, andererseits jedoch sowohl Flexibilität in den Arbeitsprozessen als auch Kreativitätsprozesse teilweise erstickt werden. Der Versuch der Normung bzw. der Wunsch nach Antizipation sämtlicher Arbeitsschritte bedarf keiner Ausführung durch mitdenkende, kreative Menschen.

Bei Betrachtung der nächsten Normungsvorhaben durch das DIN in Bezug auf die Normung des Innovationsprozesses sollte eine intensive Auseinandersetzung mit den Vor- und Nachteilen dieses Vorganges erfolgen. Inwieweit hier eine starre Normung hilfreich sein kann, sollte im Vorfeld wissenschaftlich und *unabhängig* untersucht werden.

Insofern möchte diese Arbeit auch den Blick öffnen für verschiedene Aspekte, die durch die Normierung des gesellschaftlichen Lebens betroffen sind. Exemplarisch wurde dies für den Bildungsbereich beschrieben. Die Ergebnisse lassen sich gleichwohl auch auf andere Dienstleistungsbereiche übertragen.

Nach der Technischen Normung ist mit der Normung sozialer Prozesse ein Marktsegment entstanden, welches Transaktionskosten verursacht, ohne nachgewiesen zu haben, dass auf der anderen Seite Transaktionskosten minimiert werden. An dieser Stelle gibt es die Notwendigkeit für weitere Forschungsarbeiten.

Forschungsdefizite und deren Auswirkungen
Mit den bisherigen Ausführungen wurden vorwiegend Forschungsdefizite im Zusammenhang mit dem Normungswesen aufgezeigt. Wie ausgeführt wurde, betrachteten verschiedene Studien das gesamte Normungswesen und schrieben diesem eine gewisse positive Wirkung zu. Von dieser Tatsache wurde sodann anscheinend auf die einzelnen Normen geschlossen und zwar unabhängig davon,

ob es sich um technische Sachverhalte handelte oder nicht. Zudem ist insbesondere die Wirkung einzelner Normen nur unzureichend erforscht.

Welche Wirkung diese Dokumente jedoch haben, inwieweit sie berechtigt sind oder ob der Wegfall eine Entlastung für die Unternehmen darstellen würde, wurde bisher kaum erforscht.

In Anbetracht der Probleme, die mit den bisherigen Studien zum Normungswesen als Ganzes einhergingen (vgl. Abschnitt 2.3), sollten erneute Versuche unternommen werden, die Wirkung von Normung auf die Volkswirtschaften zu erfassen. Entgegen der bisherigen Vorgehensweisen wird jedoch empfohlen, die Wirkungen nicht in einer Studie zum Normungswesen als Ganzes zu untersuchen, die demnach Elemente vereint, die sich nicht gleichsetzen lassen: So ist sicherlich nachvollziehbar, dass der Effekt einer Norm zur Standardisierung von Bestattungskraftwagen andere Wirkungen erzeugt als eine Norm zum Umgang mit Atomkraft oder einer Normung sozialer Konstrukte wie dem Vertrauen zwischen Geschäftspartnern.

Zudem sollte zukünftig nicht mehr von der vermuteten positiven Wirkung des Normungswesens als Ganzes auf die Wirkung einer Einzelnorm geschlossen werden. Vielmehr sollten sich Forschungsarbeiten mit der Wirkung von Einzelnormen beschäftigen. Dem Argument, es handele sich um zu viele Normen, die dann untersucht werden müssten, ließe sich mit der Fragestellung begegnen, ob wirklich jedwede Norm einen Mehrwert für die Bevölkerung und das Wirtschaftsleben darstellt.

Vom Gesetzgeber zum Erfüllungsgehilfen
Da die europäischen Gesetzgeber weiterhin auf die Dokumente der privaten Normungsorganisationen im Rahmen der Rechtsprechung zurückgreifen wollen (vgl. Abl. EU L 316 v. 14.11.2012, S. 14), gehen diese anscheinend davon aus, mit deren Unterstützung das Verhalten der Bürger sinnvoll steuern zu können. Hierzu sollte eine Untersuchung dahingehend erfolgen, inwieweit eine Verhaltensregulierung tatsächlich eintritt. Verschiedentliche Beispiele lassen einen Zweifel dahingehend zu, ob und inwieweit dies möglich ist (vgl. z. B. die Kartellverfahren im Abschnitt 4.3.5 auf Seite 79). Zudem sei angemerkt, dass die Verbindlichkeit der aufgestellten Regeln nur in dem Maße vorhanden ist, wie dies politisch gewollt ist und die Einhaltung der Regeln auch tatsächlich durchgesetzt wird (vgl. z. B. das Verhalten staatlicher Institutionen im ›Dieselabgasskandal‹ im Abschnitt 8.5 auf Seite 228).

Wie bereits am Eingangsbeispiel der vorliegenden Arbeit gezeigt wurde (Anfrage zu TTIP vgl. Abschnitt 2.1 auf Seite 11), nimmt das öffentliche Interesse an einer Überprüfung von nicht demokratisch legitimierten Dokumenten mit

Auswirkung auf die Bevölkerung und das Wirtschaftsleben zu. Die scheinbare Transparenz des allgegenwärtigen Normungswesens überdeckt vielfach die Tatsache, dass die meisten Entscheidungen durch Lobbyorganisationen oder Verwaltungen außerhalb geordneter demokratischer Verfahren entstehen.

Werden diese Ergebnisse dann in die europäische oder nationale Rechtsprechung übernommen, reduziert sich – überspitzt formuliert – die Aufgabe der Gesetzgeber auf die von Erfüllungsgehilfen.

Literaturverzeichnis

Akerlof, George A. (1970). „The market for "lemons". Quality uncertainty and the market mechanism". In: *The Quarterly Journal of Economics* 84 (3), S. 488–500 (siehe S. 168).

Alchian, Armen A. (1950). „Uncertainty, Evolution, and Economic Theory". In: *Journal of Political Economy* 58 (3), S. 211–221 (siehe S. 68).

Alchian, Armen A. (1965). „The Basis of Some Recent Advances in the Theory of Management of the Firm". In: *The Journal of Industrial Economics* 14 (1), S. 30–41 (siehe S. 161).

allusb.com (2016). *USB History*. URL: http://www.allusb.com/usb-history (besucht am 11.08.2016) (siehe S. 29).

ANSI (2008). *ANSI – A Historical Overview. 1918-2008*. Hrsg. von American National Standards Institute (siehe S. 34 f., 40).

Appl, Clemens (2012). *Technische Standardisierung und Geistiges Eigentum*. Springer (siehe S. 25 f.).

Arrow, Kenneth J. und Frank H. Hahn (1991). *General competitive analysis*. Bd. 12. Advanced textbooks in economics. Amsterdam: Elsevier Science Publishers B.V. (siehe S. 23, 160).

Arthur, Brian W. (1989). „Competing Technologies, Increasing Returns, and Lock-In by Historical Events". In: *The Economic Journal* 99 (394), S. 116–131 (siehe S. 68 f.).

Arthur, Brian W. (1994). „Self-Reinforcing Mechanisms in Economics". In: *The economy as an evolving complex system. The proceedings of the evolutionary paths of the global economy workshop, held september, 1987 in Santa Fe, New Mexico*. Hrsg. von Philip W. Anderson, Kenneth J. Arrow und David Pines. 5. Aufl. Santa Fe Institute studies in the sciences of complexity 5. Bd. Redwood City, California: Addison-Wesley, S. 9–31 (siehe S. 70, 97).

Arthur, Brian W., Yuri M. Ermoliev und Yuri M. Kaniovski (1987). „Path-dependent processes and the emergence of macro-structure". In: *European Journal of Operational Research* 30 (3), S. 294–303 (siehe S. 68 f.).

Baberowski, Jörg (2014). „Erwartungssicherheit und Vertrauen. Warum manche Ordnungen stabil sind, und andere nicht". In: *Was ist Vertrauen? Ein interdisziplinäres Gespräch*. Hrsg. von Jörg Baberowski. Eigene und fremde Welten Bd. 30. Frankfurt am Main: Campus Verlag, S. 7–29 (siehe S. 191 f., 217).

BAFA (2016). *Wirtschafts- und Mittelstandsförderung. Förderprogramm „Förderung unternehmerischen Know-hows"*. Hrsg. von Bundesamt für Wirtschaft und Ausfuhrkontrolle. URL: http://www.bafa.de/DE/Wirtschafts_Mittelstandsfoerderung/Beratung_Finanzierung/Unternehmensberatung/unternehmensberatung_node.html (besucht am 23.12.2016) (siehe S. 291).

Bahke, Torsten (2002). „Normen und ihre Wirkungen in Wirtschaft und Gesellschaft". In: *Normen und Wettbewerb*. Hrsg. von Torsten Bahke, Ulrich Blum und Gisela Eickhoff. 1. Aufl. Berlin, Wien und Zürich: Beuth Verlag, S. 51–66 (siehe S. 46).

Bahke, Torsten, Ulrich Blum und Gisela Eickhoff, Hrsg. (2002). *Normen und Wettbewerb*. 1. Aufl. Berlin, Wien und Zürich: Beuth Verlag.

Bardmann, Manfred (2014). *Grundlagen der Allgemeinen Betriebswirtschaftslehre.* 2., vollständig überarbeitete und erweiterte Auflage. Wiesbaden: Springer Gabler (siehe S. 20, 161, 166).

Beirat nach § 182 SGB III, Zentrale der BA, I F 3 1 (2016). *Empfehlungen des Beirats nach § 182 SGB III. Bekanntmachung am: 21.12.2016.* Hrsg. von Bundesagentur für Arbeit. Berlin (siehe S. 8, 214).

BERL (2011). *The Economic Benefits of Standards to New Zealand. The Standards Council of New Zealand and The Building Research Association of New Zealand.* Hrsg. von BERL Business and Economic Research. Wellington (siehe S. 110).

Berthel, Jürgen und Fred G. Becker (2013). *Personal-Management. Grundzüge für Konzeptionen betrieblicher Personalarbeit.* 10. Auflage. Stuttgart: Schäffer-Poeschel Verlag (siehe S. 76, 139).

Beuth Verlag, Hrsg. (2014). *Regelwerke bei Beuth im Überblick. www.beuth.de – Alle nationalen und internationalen Regelwerke recherchieren – bestellen – downloaden.* Berlin u. a. (siehe S. 60, 306 f.).

Beuth Verlag, Hrsg. (2017a). *Beuth Verlag – Über uns.* URL: http://www.beuth.de/de/beuth-verlag/ueber-uns (besucht am 15.01.2017) (siehe S. 39).

Beuth Verlag, Hrsg. (2017b). *Preise der DIN EN ISO 9000:2015 und DIN EN ISO 9001:2015 (Stand 02.01.2017).* http://www.beuth.de/de/norm/din-en-iso-9000-2015/235671064 und. URL: http://www.beuth.de/de/norm/din-en-iso-9001-2015-11/235671251 (besucht am 02.01.2017) (siehe S. 125).

BG BAU (2006). *Benutzung von Kopfschutz. DGUV-Regel 112-193.* Hrsg. von BG BAU – Berufsgenossenschaft der Bauwirtschaft. Version aktualisierte Nachdruckfassung Januar 2006. Berlin (siehe S. 72).

BGBl (2016). „Abschlusshinweis für Bundesgesetzblatt Teil I und Teil II. Jahrgang 2016". In: *Bundesgesetzblatt BGBl. 2016*, S. 2600 (siehe S. 2).

BIPE (2016). *The Economic Impact of Standardization. Summary.* Hrsg. von AFNOR – Association française de normalisation. Paris (siehe S. 111).

Blind, Knut (2006). *Deutsche Normen im internationalen Kontext. Studien zum deutschen Innovationssystem Nr. 14-2006.* Hrsg. von Bundesministerium für Bildung und Forschung. Berlin, Karlsruhe (siehe S. 16).

Blind, Knut, André Jungmittag und Axel Mangelsdorf (2011). *Der gesamtwirtschaftliche Nutzen der Normung. Eine Aktualisierung der DIN-Studie aus dem Jahr 2000.* Hrsg. von DIN Deutsches Institut für Normung e. V. Berlin (siehe S. 17, 64, 100, 108, 111, 117).

Blum, Ulrich und Isabelle Jänchen (2002). „Normen als Wettbewerbsstrategien". In: *Normen und Wettbewerb.* Hrsg. von Torsten Bahke, Ulrich Blum und Gisela Eickhoff. 1. Aufl. Berlin, Wien und Zürich: Beuth Verlag, S. 27–50 (siehe S. 27).

BMAS (2012). *Begründung der Verordnung über die Voraussetzungen und das Verfahren zur Akkreditierung von fachkundigen Stellen und zur Zulassung von Trägern und Maßnahmen der Arbeitsförderung nach dem Dritten Buch Sozialgesetzbuch. (Akkreditierungs- und Zulassungsverordnung Arbeitsförderung -AZAV).* Hrsg. von Bundesministerium für Arbeit und Soziales (siehe S. 7 f., 157, 213, 214).

BMWi (1975). *Vertrag zwischen der Bundesrepublik Deutschland, vertreten durch den Bundesminister für Wirtschaft, und dem DIN Deutsches Institut für Normung e. V., vertreten durch dessen Präsidenten. Unterzeichnet am 5. Juni 1975.* Hrsg. von Bundesministerium für Wirtschaft. Bonn (siehe S. 43).

BMWi (2014). *Eckpunkte zur weiteren Entlastung der mittelständischen Wirtschaft von Bürokratie.* Hrsg. von Bundesministerium für Wirtschaft und Energie. Berlin (siehe S. 1, 3).

Board, Simon und Moritz Meyer-Ter-Vehn (2013). „Reputation for Quality". In: *Econometrica* 81 (6), S. 2381–2462 (siehe S. 180).

Böttcher, Wolfgang (2002). *Kann eine ökonomische Schule auch eine pädagogische sein? Schulentwicklung zwischen neuer Steuerung, Organisation, Leistungsevaluation und Bildung.* Weinheim und München: Juventa-Verl. (siehe S. 133).

Bourdieu, Pierre (1986). „The forms of capital". In: *Handbook of theory and research for the sociology of education.* Hrsg. von John G. Richardson. 1. publ. New York u.a.: Greenwood Press, S. 241–258 (siehe S. 171).

Brox, Hans und Wolf-Dietrich Walker (2007). *Allgemeiner Teil des BGB.* 31., neu bearb. Aufl. Köln und München: Carl Heymanns Verlag (siehe S. 25, 50).

Bruhn, Manfred (2013). *Qualitätsmanagement für Dienstleistungen. Grundlagen – Konzepte – Methoden.* 9., vollständig überarbeitete und erweiterte Auflage. Berlin, Heidelberg: Springer (siehe S. 132).

BSI (2016). *Our history*. Hrsg. von The British Standards Institution. URL: http://www.bsigroup.com/en-GB/about-bsi/our-history/ (besucht am 14.02.2016) (siehe S. 34).

Bundeskartellamt (2016). *Vom Bundeskartellamt verhängte Bußgelder – 2001 bis 2014*. URL: http://www.bundeskartellamt.de/DE/Kartellverbot/kartellverbot_node.html (besucht am 13.08.2016) (siehe S. 81).

Bundesregierung, Hrsg. (2016). *Entwurf eines Gesetzes zur Entlastung insbesondere der mittelständischen Wirtschaft von Bürokratie (Bürokratieentlastungsgesetz). Kabinettsvorlage*. Berlin (siehe S. 2).

Cebr (2015). *The Economic Contribution of Standards to the UK Economy. commissioned by the British Standards Institution (BSI)*. Hrsg. von Centre for Economics and Business Research Ltd. (siehe S. 34, 111).

Cecchini, Paolo (1988). *The European challenge 1992. The benefits of a single market*. Research on the 'Cost of Non-Europe' Steering Committee. England: Wildwood House (siehe S. 31, 101).

CEN (2015). *Jahresbericht 2014*. Hrsg. von CEN – European Committee for Standardization. Brüssel (siehe S. 56).

CEN (2016). *Annual Report 2015*. Hrsg. von CEN – European Committee for Standardization. Brüssel (siehe S. 58).

CEN (2017). *Mitglieder des CEN*. Hrsg. von CEN – European Committee for Standardization. URL: http://standards.cen.eu/dyn/www/f?p=CENWEB:5 (besucht am 04.01.2017) (siehe S. 55, 294).

CEN/CENELEC (2015). *Geschäftsordnung – Teil 3. Regeln für den Aufbau und die Abfassung von CEN/CENELEC-Publikationen (ISO/IEC-Direktiven – Teil 2:2011, modifiziert)*. Hrsg. von Europäisches Komitee für Normung (CEN) und Europäisches Komitee für Elektrotechnische Normung. Brüssel (siehe S. 57, 140).

CENELEC (2015). *Annual Report 2014*. Hrsg. von CENELEC – European Committee for Electrotechnical Standardization. Brüssel (siehe S. 57).

CENELEC (2016). *Annual Report 2015*. Hrsg. von CENELEC – European Committee for Electrotechnical Standardization. Brüssel (siehe S. 58).

CIE (2006). *Standards and the economy*. Hrsg. von CIE – Centre for International Economics. Canberra, Sydney (siehe S. 110).

Clemens, Reinhard und Hans-Eduard Hauser (1993). *Die Harmonisierung technischer Normen in der EG und ihre Auswirkungen auf den industriellen Mittelstand*. Bd. 52. Schriften zur Mittelstandsforschung / Neue Folge. Stuttgart: Schäffer-Poeschel Verlag (siehe S. 15 f.).

Coase, Ronald H. (1937). „The Nature of the Firm". In: *Economica* 4 (16), S. 386–405 (siehe S. 161).

Commons, John R. (1931). „Institutional Economics". In: *The American Economic Review* 21 (4), S. 648–657 (siehe S. 161 ff.).

Corrie, Charles (2017). *E-Mail vom 24.07.2017 als Antwort auf die Frage, wer Mitglied des ISO/TC 176/SC 2 war*. Hrsg. von BSI Secretariat of ISO/TC 176/SC 2 (siehe S. 18).

DAkkS (2014). *DAkks news – Newsletter der Deutschen Akkreditierungsstelle GmbH. (Ausgabe 1.2014 im Juni 2014)*. Hrsg. von Deutsche Akkreditierungsstelle GmbH. Berlin (siehe S. 226).

DAkkS (2016a). *IAF MD 5 – Verbindliches Dokument Ermittlung von Auditzeiten für die Auditierung von Qualitätsmanagement- (QMS) und Umweltmanagementsystemen (UMS). (Dok.Nr. 71 SD 6 021 – Revision: 1.4 – 31. März 2016)*. Hrsg. von Deutsche Akkreditierungsstelle GmbH. Berlin (siehe S. 14, 197, 291).

DAkkS (2016b). *Jahresabschluss 2015 der Deutschen Akkreditierungsstelle GmbH*. Hrsg. von Deutsche Akkreditierungsstelle GmbH. Berlin (siehe S. 226).

DAkkS (2017a). *Datenbank akkreditierter Stellen. Stand: 06.05.2017*. Hrsg. von Deutsche Akkreditierungsstelle GmbH. URL: http://www.dakks.de/content/akkreditierte-stellen-dakks (besucht am 06.05.2017) (siehe S. 214, 226).

DAkkS (2017b). *Geschichte und Entstehung der DAkkS*. Hrsg. von Deutsche Akkreditierungsstelle GmbH. URL: http://www.dakks.de/content/geschichte-und-entstehung-der-dakks (besucht am 06.05.2017) (siehe S. 207, 225).

Dalluege, Carl-Andreas und Hans-Werner Franz (2015). *IQM – Integriertes Qualitätsmanagement in der Aus- und Weiterbildung. Selbstbewertung für EFQM, CAF, Q2E, DIN EN ISO 9001, DIN ISO 29990 und andere QM-Systeme*. Bielefeld: Bertelsmann (siehe S. 123, 132).

David, Paul A. (1985). „Clio and the Economics of QWERTY. Papers and Proceedings of the Ninety-Seventh Annual Meeting of the American Economic Association". In: *The American Economic Review* 75 (2), S. 332–337 (siehe S. 68 f., 76).

Debreu, Gerard (1976). *Werttheorie. Eine axiomatische Analyse des ökonomischen Gleichgewichtes*. Hochschultext. Berlin: Springer (siehe S. 23, 160).

Denkeler, Friedhelm (2016). *Aufwand und Kosten einer Zertifizierung*. URL: www.denkelerqm.de/Service/Zertkost/zertkost.htm (besucht am 23.12.2016) (siehe S. 14, 291).

DIN, Hrsg. (2000a). *Band 1: Gesamtwirtschaftlicher Nutzen der Normung – Zusammenfassung der Ergebnisse. Wissenschaftlicher Endbericht mit praktischen Beispielen.* "Executive Summary". Unter Mitarb. von Knut Blind und Hariolf Grupp. 1. Aufl. Bd. 1. 5 Bde. Gesamtwirtschaftlicher Nutzen der Normung. Berlin, Wien und Zürich: Beuth Verlag (siehe S. 100 f., 116 f.).

DIN, Hrsg. (2000b). *Band 2: Gesamtwirtschaftlicher Nutzen der Normung – Volkswirtschaftlicher Nutzen. Der Zusammenhang zwischen Normung und technischem Wandel, ihr Einfluss auf den Aussenhandel und die Gesamtwirtschaft.* Unter Mitarb. von Knut Blind und Hariolf Grupp. 1. Aufl. Bd. 2. 5 Bde. Gesamtwirtschaftlicher Nutzen der Normung. Berlin, Wien und Zürich: Beuth Verlag (siehe S. 72 f., 82, 100 ff., 101 ff., 106, 117).

DIN, Hrsg. (2000c). *Band 3: Gesamtwirtschaftlicher Nutzen der Normung – Unternehmerischer Nutzen 1. Wirkungen von Normen.* Unter Mitarb. von Armin Töpfer, Ulrich Blum, Gisela Eickhoff und Isabelle Junginger. 1. Aufl. Bd. 3. 5 Bde. Gesamtwirtschaftlicher Nutzen der Normung. Berlin, Wien und Zürich: Beuth Verlag (siehe S. 27).

DIN, Hrsg. (2000d). *Band 4: Gesamtwirtschaftlicher Nutzen der Normung – Unternehmerischer Nutzen 2. Unternehmensbefragung und Auswertung.* Unter Mitarb. von Knut Blind und Hariolf Grupp. 1. Aufl. Bd. 4. 5 Bde. Gesamtwirtschaftlicher Nutzen der Normung. Berlin, Wien und Zürich: Beuth Verlag (siehe S. 102, 116).

DIN, Hrsg. (2000e). *Band 5: Gesamtwirtschaftlicher Nutzen der Normung – Auswertung der Experteninterviews. Arbeits-, Verbraucher-, Umweltschutz, Wirtschaftsverbände, Öffentliches Interesse.* Unter Mitarb. von Knut Blind und Hariolf Grupp. 1. Aufl. Bd. 5. 5 Bde. Gesamtwirtschaftlicher Nutzen der Normung. Berlin, Wien und Zürich: Beuth Verlag.

DIN (2001). *Grundlagen der Normungsarbeit des DIN.* 7., geänd. Aufl. Bd. 10. DIN-Normenheft. Berlin, Wien und Zürich: Beuth Verlag (siehe S. 43, 44, 48, 52, 55, 84, 93, 237).

DIN (2013a). *Richtlinie für Normenausschüsse im DIN Deutsches Institut für Normung e. V. Berlin.* Hrsg. von DIN Deutsches Institut für Normung e. V. (siehe S. 48).

DIN (2013b). *Satzung – Deutsches Institut für Normung e. V. Stand: 11. April 2013.* Hrsg. von DIN Deutsches Institut für Normung e. V. Berlin (siehe S. 46).

DIN (2015a). *DIN – Geschäftsbericht 2014.* Hrsg. von DIN Deutsches Institut für Normung e. V. Berlin (siehe S. 3, 49, 52, 60, 61 f., 65, 69).

DIN (2015b). *DIN SPEC 772222. Transparenz bei der Finanzberatung – Praxisbeispiel.* Hrsg. von DIN Deutsches Institut für Normung e. V. (siehe S. 55).

DIN (2015c). *Internetseite des DIN. Entstehung einer Norm.* Hrsg. von DIN Deutsches Institut für Normung e. V. URL: http://www.din.de/de/ueber-normen-und-standards/din-norm (besucht am 08.12.2015) (siehe S. 59).

DIN (2015d). *Satzung des Deutschen Institut für Normung e. V. Stand: 5. November 2015.* Hrsg. von DIN Deutsches Institut für Normung e. V. Berlin (siehe S. 47 ff.).

DIN (2016a). *DIN SPEC – Entstehung.* Hrsg. von DIN Deutsches Institut für Normung e. V. URL: http://www.din.de/de/ueber-normen-und-standards/din-spec (besucht am 05.03.2016) (siehe S. 54).

DIN (2016b). *Geschäftsbericht 2015.* Hrsg. von DIN Deutsches Institut für Normung e. V. Berlin (siehe S. 3, 58, 60, 69, 125).

DIN (2016c). *Grundsätze der Normungsarbeit.* Hrsg. von DIN Deutsches Institut für Normung e. V. URL: http://www.din.de/de/ueber-normen-und-standards/din-norm/grundsaetze (besucht am 28.02.2016) (siehe S. 49, 98, 299).

DIN (2017a). *Anschub für ihr Start-up. DIN SPEC 4885 Faserverstärke Kunststoffe.* Hrsg. von DIN Deutsches Institut für Normung e. V. URL: https://youtu.be/WJcQMT6ZNyw (besucht am 30.01.2017) (siehe S. 53).

DIN (2017b). *DIN Verbraucherrat. Mitglieder des Verbraucherrates.* Hrsg. von DIN Deutsches Institut für Normung e. V. URL: http://www.din.de/de/ueber-normen-und-standards/nutzen-fuer-den-verbraucher/verbraucherrat/mitglieder-des-verbraucherrates-65148 (besucht am 31.01.2017) (siehe S. 49).

DIN (2017c). *DIN-TERMinologieportal. Kostenlose Anmeldung erforderlich.* Hrsg. von DIN Deutsches Institut für Normung e. V. URL: https://www.din.de/de/service-fuer-anwender/din-term/suche-nach-benennung/ (besucht am 29.01.2017) (siehe S. 26, 50).

DIN (2017d). *Norm-Entwurfs-Portal. Normen kommentieren im Norm-Entwurfs-Portal.* Hrsg. von DIN Deutsches Institut für Normung e. V. URL: http://www.entwuerfe.din.de (besucht am 04.01.2017) (siehe S. 48, 59).

DIN (2017e). *Online-Normungsantrag.* Hrsg. von DIN Deutsches Institut für Normung e. V. URL: http://www.din.de/de/mitwirken/normungsantrag (besucht am 04.01.2017) (siehe S. 47).

DNV GL (2016). *Angebot. Zertifizierung nach ISO 9001:2008.* Hrsg. von DNV GL Business Assurance Zertifizierung und Umweltgutachter GmbH. Essen (siehe S. 14 f., 291).

Dowideit, Martin (2013). *Keine Helmpflicht. – und ein Helmhersteller freut sich.* Hrsg. von Handelsblatt. URL: http://www.handelsblatt.com/unternehmen/mittelstand/mittelstaendler-uvex-keine-helmpflicht-und-ein-helmhersteller-freut-sich/9040898.html (besucht am 13.06.2016) (siehe S. 79).

DTI (2005). *The Empirical Economics of Standards.* Hrsg. von Department of Trade and Industry. London (siehe S. 109).

Duden (2013). *Die deutsche Rechtschreibung.* Unter Mitarb. von Werner Scholze-Stubenrecht. 26. Aufl. Bd. 1. Der Duden in zwölf Bänden. Berlin, Mannheim und Zürich: Dudenverlag (siehe S. 132, 139 f., 145, 152, 159).

Efler, Michael (2014). *Your request for registration of a proposed citizens' initiative entitled "STOP TTIP".* C(2014) 6501 Antwortschreiben im Namen der Europäischen Kommission. Brüssel (siehe S. 12).

EFQM (2017). *The EFQM Excellence Model.* URL: http://www.efqm.org/the-efqm-excellence-model (besucht am 29.04.2017) (siehe S. 211, 233).

Eickhoff, Gisela und Bernd Hartlieb (2002). „Einfluss auf Normen-Inhalte: europäischer und internationaler Focus". In: *Normen und Wettbewerb.* Hrsg. von Torsten Bahke, Ulrich Blum und Gisela Eickhoff. 1. Aufl. Berlin, Wien und Zürich: Beuth Verlag, S. 172–188 (siehe S. 57, 60).

Ensthaler, Jürgen (1995). *Zertifizierung, Akkreditierung und Normung für den europäischen Binnenmarkt.* Berlin: Erich Schmidt Verlag (siehe S. 16, 122).

Erlei, Mathias, Martin Leschke und Dirk Sauerland (2007). *Neue Institutionenökonomik.* 2., überarbeitete und erweiterte Auflage. Stuttgart: Schäffer-Poeschel Verlag (siehe S. 170, 183).

ETSI (2015). *New Approach Standardisation in the Internal Market.* Hrsg. von ETSI – the European Telecommunications Standards Institute. URL: http://www.newapproach.org/ (besucht am 17.11.2015) (siehe S. 84).

Europäische Kommission, Hrsg. (2007). *Mitteilung KOM (2007) 23 der Kommission an den Rat, das Europäische Parlament, den Europäischen Wirtschafts- und Sozialausschuss und den Ausschuss der Regionen. Aktionsprogramm zur Verringerung der Verwaltungslasten in der Europäischen Union.* Brüssel (siehe S. 2).

Europäische Kommission, Hrsg. (2010). *Mitteilung KOM(2010) 543 der Kommission an den Rat, das Europäische Parlament, den Europäischen Wirtschafts- und Sozialausschuss und den Ausschuss der Regionen. Intelligente Regulierung in der Europäischen Union.* Brüssel (siehe S. 2).

Europäische Kommission, Hrsg. (2011). *Mitteilung KOM(2011) 311 der Kommission an das Europäische Parlament, den Rat und den Europäischen Wirtschafts- und Sozialausschuss vom 1.6.2011. Eine strategische Vision der europäischen Normung: Weitere Schritte zur Stärkung und Beschleunigung des nachhaltigen Wachstums der europäischen Wirtschaft bis zum Jahr 2020.* Brüssel (siehe S. 195).

Europäische Kommission, Hrsg. (2012). *Mitteilung COM(2012) 746 der Kommission an den Rat, das Europäische Parlament, den Europäischen Wirtschafts- und Sozialausschuss und den Ausschuss der Regionen. Regulatorische Eignung der EU-Vorschriften.* Straßburg (siehe S. 3).

Europäische Kommission, Hrsg. (2014). *Bürokratieabbau in Europa – Hochrangige Gruppe (HRG) im Bereich Verwaltungslasten. Abschlussbericht.* Brüssel (siehe S. 3).

Europäische Kommission, Hrsg. (2015a). *Benutzerleitfaden zur Definition von KMU. Ref. Ares (2016) 956541 – 24/02/2016.* Luxemburg (siehe S. 1).

Europäische Kommission, Hrsg. (2015b). *„Blue Guide" 2014. Leitfaden für die Umsetzung der Produktvorschriften der EU.* Brüssel (siehe S. 234).

Europäische Kommission, Hrsg. (2015c). *Independent Review of the European Standardisation System – Final Report. Written by: EY, Ref. Ares (2015) 2179280 – 26/05/2015.* Luxemburg (siehe S. 119).

Europäische Kommission, Hrsg. (2015d). *Leitfaden zur europäischen Normung als Unterstützung für legislative und politische Maßnahmen der Union. TEIL I – Rolle der Normungsaufträge, die die Kommission an die europäischen Normungsorganisationen richtet. Arbeitsunterlage der Kommissionsdienststellen Dokument; SWD(2015) 205 final.* Brüssel (siehe S. 97, 235 f.).

Europäische Kommission, Hrsg. (2016a). *Bericht COM(2016) 212 der Kommission an das europäische Parlament und den Rat über die Durchführung der Verordnung (EU) Nr. 1025/2012 in den Jahren 2013 bis 2015. (SWD(2016) 126 final).* Brüssel (siehe S. 17, 99).

Europäische Kommission, Hrsg. (2016b). *The 'Blue Guide' on the implementation of EU product rules 2016. Commission notice of 5.4.2016.* Brüssel (siehe S. 235).

Europäische Union, Hrsg. (2017). *Statistiken. Statistiken zum Inhalt von EUR-Lex – Statistiken zu Rechtsakten – Nutzungsstatistik.* URL: http://eur-lex.europa.eu/statistics/statistics.html (besucht am 19.01.2017) (siehe S. 2).

Eurostat (2016). *Europa in Zahlen — Eurostat-Jahrbuch. Überblick über die strukturelle Unternehmensstatistik (Stand Juni 2016).* Hrsg. von Statistisches Amt der Europäischen Union. URL: http://ec.europa.eu/eurostat/statistics-explained/index.php/Structural_business_statistics_overview/ (besucht am 15.01.2017) (siehe S. 1).

Feess-Dörr, Eberhard (1995). *Mikroökonomie. Eine Einführung in die neoklassische und klassisch-neoricardianische Preis- und Verteilungstheorie.* 3. Aufl. Bd. 4. Grundlagen der Wirtschaftswissenschaft. Marburg: Metropolis-Verl. (siehe S. 160 f.).

finanzen.net, Hrsg. (2017). *Schweizer Franken – Euro (CHF-EUR) – Historische Kurse.* URL: http://www.finanzen.net/devisen/schweizer_franken-euro-kurs/historisch (besucht am 13.07.2017) (siehe S. 125).

Franken, Swetlana (2010). *Verhaltensorientierte Führung. Handeln, Lernen und Diversity in Unternehmen.* 3. Auflage. Wiesbaden: Gabler (siehe S. 143).

Friedrich, Uwe (2017). *TGL-Archiv. Ingenieurbüros Friedrich Bau & Reko (Stand: 10/2003).* URL: http://www.tgl-archiv.de/ (besucht am 04.01.2017) (siehe S. 44).

Funck, Thomas (2016). *QZ Newsletter vom 4.3.2016 – Verstehen Sie die ISO 9001?* Hrsg. von QZ Qualität und Zuverlässigkeit. Carl Hanser Verlag GmbH & Co. KG (siehe S. 141).

Geiger, Walter und Willi Kotte (2008). *Handbuch Qualität. Grundlagen und Elemente des Qualitätsmanagements: Systeme – Perspektiven.* 5., vollst. überarb. und erw. Aufl. Wiesbaden: Vieweg (siehe S. 59 f., 130, 132 f., 136 f., 139, 150).

General Secretariat of ITU (2017). *ITU Membership Overview.* Hrsg. von ITU International Telecommunication Union. URL: http://www.itu.int/en/membership/Pages/ member-states.aspx (besucht am 04.01.2017) (siehe S. 59).

Gieseler, Albert (2016). *Dampfmaschinen und Lokomotiven. Firmen-, Personen- und Sachregister: Ludwig Loewe & Co. AG.* URL: http://www.albert-gieseler.de/dampf_de/firmen1/firmadet14804.shtml (besucht am 03.10.2016) (siehe S. 35).

Gleicke, Iris (2016). *Antwort auf die Anfrage des MdB Roland Claus Nr. 179 an die Bundesregierung im Februar 2016.* Hrsg. von Bundesministerium für Wirtschaft und Energie. URL: https://www.bmwi.de/Redaktion/DE/Parlamentarische-Anfragen/2016/2-179.pdf (besucht am 15.01.2017) (siehe S. 12 f.).

Güldenberg, Stefan (1997). *Wissensmanagement und Wissenscontrolling in lernenden Organisationen. Ein systemtheoretischer Ansatz.* Wiesbaden: Dt. Univ.-Verl. (siehe S. 143).

Hager, Reiner (2015). *E-Mail des Geschäftsführers des DIN – Normenausschuss Qualitätsmanagement, Statistik und Zertifizierungsgrundlagen (NQSZ) Reiner Hager vom 19.10.2015* (siehe S. 49).

Handelsblatt, Hrsg. (2017). *Ermittlungen gegen Mitarbeiter wegen möglichen Abgas-Betruges. VW-Tochter Porsche und die Dieselaffäre.* URL: https://www.handelsblatt.com/unternehmen/industrie/vw-tochter-porsche-und-die-dieselaffaere-ermittlungen-gegen-mitarbeiter-wegen-moeglichen-abgas-betruges/v_detail_tab_print/20041766.html (besucht am 10.07.2017) (siehe S. 230).

Hart, Oliver und Bengt Holmström (1986). *The Theory of Contracts. working paper department of economics.* Cambridge, Massachusetts: Massachusetts Institute of Technology (MIT), Department of Economics (siehe S. 166, 210).

Hart, Oliver und John Moore (1999). „Foundations of Incomplete Contracts". In: *The Review of Economic Studies* 66 (1), S. 115–138 (siehe S. 166).

Hartlieb, Bernd, Peter Kiehl und Norbert Müller (2009). *Normung und Standardisierung. Grundlagen (Hrsg. v. DIN Deutsches Institut für Normung e. V.)* Berlin, Wien und Zürich: Beuth Verlag (siehe S. 47, 57, 77, 86, 116).

Hartz, Stefanie (2010). „Qualitätssicherung in der Erwachsenenbildung". In: *Enzyklopädie Erziehungswissenschaft Online. Fachgebiet: Erwachsenenbildung, Erwachsenenbildung als Profession: Theoretische Perspektiven auf die Praxis.*

Hrsg. von Christine Zeuner. EEO. Weinheim, Grünwald: Weinheim: Juventa Verl. und Grünwald : Preselect-media GmbH, S. 1–29 (siehe S. 222).

Hattie, John (2015). *Lernen sichtbar machen. Überarbeitete deutschsprachige Ausgabe von "Visible Learning" besorgt von Wolfgang Beywl und Klaus Zierer*. 3., erw. Aufl. Baltmannsweiler: Schneider-Verl. Hohengehren (siehe S. 200).

Heid, Helmut (2000). „Qualität. Überlegungen zur Begründung einer pädagogischen Beurteilungskategorie". In: *Zeitschrift für Pädagogik* (41. Beiheft), S. 41–51 (siehe S. 133).

Helmke, Andreas (2015). *Unterrichtsqualität und Lehrerprofessionalität. Diagnose, Evaluation und Verbesserung des Unterrichts*. 6. Aufl. Seelze-Velber: Klett/Kallmeyer (siehe S. 198 ff.).

Herger, Nikodemus (2006). *Vertrauen und Organisationskommunikation. Identität – Marke – Image – Reputation*. 1. Aufl. Organisationskommunikation. Wiesbaden: VS Verlag für Sozialwissenschaften und GWV Fachverlage GmbH (siehe S. 158, 178).

Hinsch, Martin (2014). *Die neue ISO 9001:2015 – Status, Neuerungen und Perspektiven*. Berlin, Heidelberg: Springer (siehe S. 15, 18).

Holm, Bruno (1967). *Fünfzig Jahre Deutscher Normenausschuss. [1917-1967]*. Berlin und Köln: Beuth Verlag (siehe S. 34 ff., 40 ff.).

Holmström, Bengt (1989). *Agency Costs and Innovation. Paper prepared for the IUI Conference on Markets for Innovation, Ownership and Control, June 12-16, 1988, at Grand Hotel, Saltsjöbaden*. Research Institute of Industrial Economics (siehe S. 166, 171).

Hubig, Christoph (2014). „Vertrauen und Glaubwürdigkeit als konstituierende Elemente der Unternehmenskommunikation". In: *Handbuch Unternehmenskommunikation*. Hrsg. von Ansgar Zerfaß und Manfred Piwinger. Wiesbaden: Springer Fachmedien Wiesbaden, S. 351–369 (siehe S. 176, 182 f., 185).

HZA (2016a). *Gebührenordnung ISO 9001. Zertifizierung*. Hrsg. von Hanseatische Zertifizierungsagentur. Hamburg-Harburg (siehe S. 14 f., 295).

HZA (2016b). *Gebührenordnung SGB III / AZAV*. Hrsg. von Hanseatische Zertifizierungsagentur. Hamburg-Harburg (siehe S. 14, 291).

IAF (2015). *Determination of Audit Time of Quality and Environmental Management Systems. (Doc. IAF MD 5:2015, Issue 3, Issued: 09 June 2015)*. Hrsg. von IAF International Accreditation Forum. Chelsea, Quebec (siehe S. 197).

IEC Central Office (2017). *Members & Experts*. Hrsg. von IEC International Electrotechnical Commission. URL: http://www.iec.ch/members_experts/?ref=menu (besucht am 04.01.2017) (siehe S. 59).

IEEE (2016). *History of Ethernet*. Hrsg. von IEEE Standards Association. URL: http://standards.ieee.org/events/ethernet/history.html (besucht am 13.08.2016) (siehe S. 30).

Imai, Masaaki (1993). *Kaizen – Der Schlüssel zum Erfolg der Japaner im Wettbewerb. Englischsprachige Erstausgabe: 1986, The KAIZEN Institute*. 10. Aufl. München: Wirtschaftsverl. Langen Müller/Herbig (siehe S. 226).

ISO (2015). *Reaping the benefits of ISO 9001*. Hrsg. von ISO – International Organization for Standardization. Genf (siehe S. 123, 196).

ISO (2016). *ISO/TC 176/SC 2 Quality systems*. Hrsg. von ISO – International Organization for Standardization. URL: http://www.iso.org/iso/home/standards_development/list_of_iso_technical_committees/iso_technical_committee.htm?commid=53896 (besucht am 04.02.2016) (siehe S. 18).

ISO (2017a). *ISO/IEC Directives, Part 1. Consolidated ISO Supplement*. Eighth edition, 2017. Hrsg. von ISO – International Organization for Standardization. Genf (siehe S. 59).

ISO (2017b). *ISO/TC 176: Quality management and quality assurance*. Hrsg. von ISO – International Organization for Standardization. URL: http://www.iso.org/iso/iso_technical_committee?commid=53882 (besucht am 05.01.2017) (siehe S. 18, 135).

ISO (2017c). *ISO/TC 176/SC 2 – Teilnehmerstaaten*. Hrsg. von ISO – International Organization for Standardization. URL: https://www.iso.org/committee/53896.html?view= participation (siehe S. 215).

ISO (2017d). *Preise der Normen ISO 9000:2015 und ISO 9001:2015*. Hrsg. von ISO – International Organization for Standardization. URL: http://www.iso.org/iso/home/store/catalogue_tc/catalogue_detail.htm?csnumber=45481 (besucht am 02.01.2017) (siehe S. 55, 125).

ISO (2017e). *The ISO Survey of Management System Standard Certifications (1993-2015). ISO 9001 – Quality Management Systems – Requirements*. Hrsg. von ISO – International Organization for Standardization. Genf (siehe S. 125).

ISO (2017f). *The ISO Survey of Management System Standard Certifications 2015. Executive summary*. Hrsg. von ISO – International Organization for Standardization. Genf (siehe S. 123, 125, 196).

ISO Central Secretariat (2017). *ISO members*. Hrsg. von ISO – International Organization for Standardization. URL: http://www.iso.org/iso/home/about/iso_members.htm (besucht am 04.01.2017) (siehe S. 58).

Jänchen, Isabelle (2008). *Normungsstrategien für Unternehmen. Eine ökonomische Analyse*. Dissertation. 1. Aufl. Berlin, Wien und Zürich: Beuth Verlag (siehe S. 45).

Jensen, Michael C. und William H. Meckling (1976). „Theory of the firm. Managerial behavior, agency costs and ownership structure". In: *Journal of Financial Economics* 3 (4), S. 305–360 (siehe S. 171).

Jevons, William St. (1888). *The Theory of Political Economy*. 3. Auflage. London: MacMillan (siehe S. 160).

Klein, Benjamin und Keith B. Leffler (1981). „The Role of Market Forces in Assuring Contractual Performance". In: *Journal of Political Economy* 89 (4), S. 615–641 (siehe S. 183, 209).

Köck, Peter (2008). *Wörterbuch für Erziehung und Unterricht*. 1. Aufl. Pädagogik. Augsburg: Brigg Pädagogik Verlag (siehe S. 25, 176).

Kohlenberg, Kerstin und Yassin Musharbash (2013). „Forschungsfinanzierung: Die gekaufte Wissenschaft". In: *DIE ZEIT Archiv* (Ausgabe: 32) (siehe S. 115).

Königlicher Staatsrath Preußens (1843). *Entwurf des Strafgesetzbuches für die Preusischen Staaten : nach den Beschlüssen des Königlichen Staatsraths*. Berlin (siehe S. 83).

Kreiß, Christian (2015). *Gekaufte Forschung. Wissenschaft im Dienste der Industrie - Irrweg Drittmittelforschung*. Berlin, München und Wien: EuropaVerlagBerlin (siehe S. 115, 116 f.).

Kreutzer, Ralf T. (2008). *Praxisorientiertes Marketing. Grundlagen, Instrumente, Fallbeispiele*. 2., aktual. und erw. Aufl. Lehrbuch. Wiesbaden: Gabler (siehe S. 229).

Krieg, Klaus G., Wedo Heller und Gunter Hunecke (1983). *Leitfaden der DIN-Norm. Entwicklung, Konstruktion, Fertigung*. Stuttgart u.a.: Teubner (siehe S. 31 f.).

Kuper, Harm und Katrin Kaufmann (2010). „Systemtheoretische Analysen der Weiterbildung". In: *Handbuch Erwachsenenbildung, Weiterbildung*. Hrsg. von Rudolf Tippelt und Aiga von Hippel. 4., durchgesehene Auflage. Wiesbaden: VS Verlag für Sozialwissenschaften, S. 153–168 (siehe S. 144).

Lach, Sebastian und Sebastian Polly (2015). *Produktsicherheitsgesetz. Leitfaden für Hersteller und Händler*. 2. Aufl. 2015. Wiesbaden: Springer Fachmedien Wiesbaden (siehe S. 31).

Luhmann, Niklas (2009). „Zur Komplexität von Entscheidungssituationen". In: *Soziale Systeme* 15 (Heft 1), S. 3–35 (siehe S. 159, 197).

Luhmann, Niklas (2014). *Vertrauen. Ein Mechanismus der Reduktion sozialer Komplexität*. 5. Aufl. Bd. 2185. UTB. Konstanz und München: UVK-Verl.-Ges. mbH (siehe S. 157, 172 f., 178, 180, 182 f., 186, 192, 217).

Meisel, Klaus (2008). „Qualitätsmanagement und Qualitätsentwicklung in der Weiterbildung". In: *Qualitätssicherung im Bildungswesen. Eine aktuelle*

Zwischenbilanz. Hrsg. von Eckhard Klieme und Rudolf Tippelt. Zeitschrift für Pädagogik 53. Beiheft. Weinheim und Basel: Beltz, S. 108–121 (siehe S. 202).

Menger, Carl (1871). *Grundsätze der Volkswirtschaftslehre*. Wien: Wilhelm Braumüller (siehe S. 160).

Meyer, Hilbert (2014). *Leitfaden Unterrichtsvorbereitung*. 7. Aufl. Berlin: Cornelsen Schulverlage GmbH (siehe S. 202).

Meyers Konversations-Lexikon (1890). *Eine Encyklopädie des allgemeinen Wissens*. 4., gänzlich umgearbeitete Auflage. Bd. 9. Leipzig, Wien: Verlag des Bibliographischen Instituts (siehe S. 33).

Miebach, Bernhard (2006). *Soziologische Handlungstheorie. Eine Einführung*. 2., grundlegend überarb. und aktualisierte Aufl. Wiesbaden: VS Verlag für Sozialwissenschaften (siehe S. 163).

Miotti, Hakima (2009). *The Economic Impact of Standardization. Technological Change, Standards and Long-Term Growth in France*. Hrsg. von AFNOR – Association française de normalisation. Paris (siehe S. 17, 110 f.).

Müller, Daniel und Patrick W. Schmitz (2016). „Vertragstheorie: Zum Nobelpreis 2016 für Oliver Hart und Bengt Holmström". In: *WiSt – Wirtschaftswissenschaftliches Studium* 45 (12), S. 657–660 (siehe S. 166).

Muschalla, Rudolf (1992). *Zur Vorgeschichte der technischen Normung. [75 Jahre DIN]*. Bd. 29. DIN-Normungskunde. Berlin, Wien und Zürich: Beuth Verlag (siehe S. 16, 33, 62).

Nagel, Hans (2002). „Strategische Bedeutung von Normen für Klein- und mittelständische Unternehmen (KMU) im globalen Wettbewerb". In: *Normen und Wettbewerb*. Hrsg. von Torsten Bahke, Ulrich Blum und Gisela Eickhoff. 1. Aufl. Berlin, Wien und Zürich: Beuth Verlag, S. 67–77 (siehe S. 51 f.).

Nationaler Normenkontrollrat, Hrsg. (2016). *EU & Internationales. Einfluss europäischer Regelungen*. URL: https://www.normenkontrollrat.bund.de/Webs/NKR/DE/EU_Internationales/Einfluss_Europ_Regelungen/_node.html (besucht am 30.12.2016) (siehe S. 2).

NetMarketShare, Hrsg. (2017). *Market Share Statistics for Internet Technologies*. URL: https://www.netmarketshare.com/ (besucht am 29.01.2017) (siehe S. 28, 77).

North, Douglass C. (1991). „Institutions". In: *The Journal of Economic Perspectives* 5 (1), S. 97–112 (siehe S. 68, 161, 164, 166, 195).

North, Douglass C. (1992). *Institutionen, institutioneller Wandel und Wirtschaftsleistung*. Bd. 76. Die Einheit der Gesellschaftswissenschaften. Tübingen: Mohr (siehe S. 21, 68, 69, 157, 162 ff., 172, 174, 187, 232).

Nuissl, Ekkehard (2010). *Empirisch forschen in der Weiterbildung*. Studientexte für Erwachsenenbildung. Bielefeld: Bertelsmann Verlag (siehe S. 105).

Ostrom, Elinor (1986). „An agenda for the study of institutions". In: *Public Choice* 48 (1) (siehe S. 161).

Ostrom, Elinor (1994). *Governing the commons. The evolution of institutions for collective action*. Cambridge [u.a.]: Cambridge Univ. Press (siehe S. 164).

Pies, Ingo und Martin Leschke, Hrsg. (2001). *Oliver Williamsons Organisationsökonomik*. Bd. 7. Konzepte der Gesellschaftstheorie. Tübingen: Mohr Siebeck (siehe S. 209).

Podolny, Joel M. (1993). „A Status-Based Model of Market Competition". In: *American Journal of Sociology* 98 (4), S. 829–872 (siehe S. 171).

Posch, Peter und Herbert Altrichter (1997). *Möglichkeiten und Grenzen der Qualiatätsevaluation und Qualitätsentwicklung im Schulwesen*. Bd. 12. Bildungsforschung des Bundesministeriums für Unterricht und kulturelle Angelegenheiten. Innsbruck [u.a.]: Studien-Verl. (siehe S. 133).

Postinett, Axel (2015). *US-Justiz knöpft sich VW vor. Strafrechtliche Ermittlungen*. Hrsg. von Handelsblatt. URL: http://www.handelsblatt.com/unternehmen/industrie/strafrechtliche-ermittlungen-us-justiz-knoepft-sich-vw-vor/v_det ail_tab_print/12351430. html (besucht am 09.08.2016) (siehe S. 230).

Q2E (2017). *Qualitätssystem: "Q2E - Qualität durch Evaluation und Entwicklung"*. Zentrum Bildungsorganisation und Schulqualität. Hrsg. von Fachhochschule Nordwestschweiz. URL: www.q2e.ch (besucht am 29.04.2017) (siehe S. 211, 233).

RAL (2015a). *Historie*. Hrsg. von RAL Deutsches Institut für Gütesicherung und Kennzeichnung e. V. URL: http://www.ral-guetezeichen.de/historie.html (besucht am 12.12.2015) (siehe S. 39).

RAL (2015b). *RAL - Gütezeichen - Übersicht. Stand: Juli 2015*. Hrsg. von RAL Deutsches Institut für Gütesicherung und Kennzeichnung e. V. Version 50. Ausgabe. Sankt Augustin (siehe S. 39).

Reimann, Grit (2015). *Erfolgreiches Qualitätsmanagement nach DIN EN ISO 9001:2015. Lösungen zur praktischen Umsetzung*. E-Book-Vorabfassung auf Basis des Norm-Entwurfs. 3., vollständig überarbeitete Auflage. Berlin: Beuth Verlag (siehe S. 18).

Reimers, Kai (1995). *Normungsprozesse. Eine transaktionskostentheoretische Analyse*. Bd. 146. Neue betriebswirtschaftliche Forschung. Wiesbaden: Gabler (siehe S. 16).

Richter, Rudolf und Eirik G. Furubotn (2010). *Neue Institutionenökonomik. Eine Einführung und kritische Würdigung*. 4., überarbeitete und erweiterte Auflage. Tübingen: Mohr Siebeck (siehe S. 24, 162, 164 f., 167, 169 f.).

Ringbauer, Astrid (2017). *Qualitätsmanagement versus Agilität in IT-Unternehmen*. Best-Masters. Wiesbaden: Springer Fachmedien Wiesbaden (siehe S. 227).

Ripperger, Tanja (1998). *Ökonomik des Vertrauens. Analyse eines Organisationsprinzips.* Bd. 101. Die Einheit der Gesellschaftswissenschaften. Tübingen: Mohr Siebeck (siehe S. 158 ff., 172, 176, 180, 183, 198).

Rourke, Arianne und John Sweller (2009). „The worked-example effect using ill-defined problems. Learning to recognise designers' styles". In: *Learning and Instruction* 19 (2), S. 185–199 (siehe S. 201).

Scheel, Kurt-Christian (2002a). „Normung: Alternative zu staatlicher Regulierung?" In: *Normen und Wettbewerb.* Hrsg. von Torsten Bahke, Ulrich Blum und Gisela Eickhoff. 1. Aufl. Berlin, Wien und Zürich: Beuth Verlag, S. 216–226 (siehe S. 42, 51, 74, 78).

Scheel, Kurt-Christian (2002b). „Normung und Recht". In: *Normen und Wettbewerb.* Hrsg. von Torsten Bahke, Ulrich Blum und Gisela Eickhoff. 1. Aufl. Berlin, Wien und Zürich: Beuth Verlag, S. 127–145 (siehe S. 76, 86 f.).

Schmidt, Simone (2010). *Das QM-Handbuch.* Berlin, Heidelberg: Springer (siehe S. 132).

Schmidt-Hertha, Bernhard (2011). „Qualitätsentwicklung und Zertifizierung. Ein neues professionelles Feld?" In: *Pädagogische Professionalität.* Hrsg. von Werner Helsper und Rudolf Tippelt. Zeitschrift für Pädagogik 57. Beiheft. Weinheim und Basel: Beltz, S. 153–167 (siehe S. 201, 224, 228).

Secretariat of ISO/TC 176/SC2 (2013). *Committee Draft ISO 9001. Document: ISO/TC 176/SC 2/N 1147.* Hrsg. von ISO – International Organization for Standardization (siehe S. 124).

Shapiro, Carl (1983). „Premiums for High Quality Products as Returns to Reputations". In: *The Quarterly Journal of Economics* 98 (4), S. 659–679 (siehe S. 180, 183).

Siemens (2015). *Planung der elektrischen Energieverteilung. Totally Integrated Power – Consultant Support – Technische Grundlagen.* Hrsg. von Siemens AG – Energy Management. Berlin und München (siehe S. 4).

Siepermann, Markus (2017). *Agile Softwareentwicklung.* Hrsg. von GABLER Wirtschaftslexikon. URL: http://wirtschaftslexikon.gabler.de/Archiv/381707695/agile-softwareentwicklung-v5.html (besucht am 05.02.2017) (siehe S. 227).

Simmel, Georg (1992). „Die Selbsterhaltung der socialen Gruppe. Sociologische Studien". In: *Georg Simmel – Gesamtausgabe. Aufsätze und Abhandlungen 1894 bis 1900.* Hrsg. von Heinz-Jürgen Dahme. 1. Aufl. Suhrkamp-Taschenbuch Wissenschaft 805, S. 311–372 (siehe S. 179).

Sinn, Walter (2017). „Managementinstrumente im Wandel der Zeit". In: *Organisations-Entwicklung – Zeitschrift für Unternehmensentwicklung und Change Management* 36 (3), S. 21–24 (siehe S. 227).

SMCT (2016). *Zertifizierungskosten*. Hrsg. von Management System Beratung Selb/Bayern. URL: http://www.smct-management.de/zertifizierungskosten (besucht am 23.12.2016) (siehe S. 14 f.).

Spence, Michael (1976). „Informational Aspects of Market Structure: An Introduction". In: *The Quarterly Journal of Economics* 90 (4), S. 591–597 (siehe S. 188, 211).

Springer, Hrsg. (2013a). *Kompakt-Lexikon Management. 2.000 Begriffe nachschlagen, verstehen, anwenden.* Kompakt-Lexikon. Wiesbaden: Springer Fachmedien (siehe S. 139).

Springer, Hrsg. (2013b). *Kompakt-Lexikon Wirtschaftstheorie. 1.800 Begriffe nachschlagen, verstehen, anwenden.* Kompakt-Lexikon. Wiesbaden: Springer Fachmedien (siehe S. 27, 34, 160).

Springer, Hrsg. (2014). *Kompakt-Lexikon Wirtschaft. 5.400 Begriffe nachschlagen, verstehen, anwenden.* 12., aktualisierte und erw. Aufl. Kompakt-Lexikon. Wiesbaden: Springer Fachmedien (siehe S. 27, 71).

Standards Australia (2013). *The Economic Benefits of Standardisation. Research Paper*. Canberra, Sydney (siehe S. 111).

Standards Council of Canada (2007). *Economic Value of Standardization*. Hrsg. von The Conference Board of Canada. Ottawa (siehe S. 110).

Statistisches Bundesamt, Hrsg. (1999). *Statistisches Jahrbuch 1999 für die Bundesrepublik Deutschland*. Wiesbaden: Metzler-Poeschel (siehe S. 105 ff.).

Statistisches Bundesamt, Hrsg. (2016). *Statistisches Jahrbuch 2016. Deutschland und Internationales*. Wiesbaden (siehe S. 1, 49).

Statistisches Bundesamt (2017). *Volkswirtschaftliche Gesamtrechnungen – 2016. Bruttoinlandsprodukt, Bruttonationaleinkommen, Volkseinkommen Lange Reihen ab 1925*. Wiesbaden (siehe S. 103, 107).

Stauss, Bernd (1994). *Qualitätsmanagement und Zertifizierung. Von DIN ISO 9000 zum Total Quality Management*. Wiesbaden: Gabler (siehe S. 135).

Steffens, Ulrich (2009). „Schulqualitätsdiskussion in Deutschland – Ihre Entwicklung im Überblick". In: *Qualität von Schule. Ein kritisches Handbuch*. Hrsg. von Jürgen van Buer. 2. durchgesehene Auflage. Frankfurt am Main [u.a.]: Peter Lang, S. 21–54 (siehe S. 132).

StrategicEnterprise AG (2016). *ISO 9001 Kosten. Branchenlösungen zum Festpreis*. URL: http://www.iso-beratung.com/iso-9001/iso-9001-kosten/ (besucht am 23.12.2016) (siehe S. 14).

tagesschau.de (2007). *Rekordbußgeld gegen Aufzugbauer*. Hrsg. von tagesschau.deArchiv. URL: https://tsarchive.wordpress.com/2007/02/21/meldung57060/ (besucht am 08.06.2016) (siehe S. 80).

Thommen, Jean-Paul und Ann-Kristin Achleitner (2006). *Allgemeine Betriebswirtschaftslehre. Umfassende Einführung aus managementorientierter Sicht.* 5., überarb. und erw. Aufl. Gabler-Lehrbuch. Wiesbaden: Gabler (siehe S. 139).

Tippelt, Rudolf und Aiga von Hippel, Hrsg. (2010). *Handbuch Erwachsenenbildung, Weiterbildung.* 4., durchgesehene Auflage. Wiesbaden: VS Verlag für Sozialwissenschaften.

Töpfer, Armin (2010). *Erfolgreich Forschen. Ein Leitfaden für Bachelor-, Master-Studierende und Doktoranden.* Springer-Lehrbuch. Berlin [u.a.]: Springer (siehe S. 20 f.).

Tullock, Gordon (1967). „The Prisoner's Dilemma and Mutual Trust". In: *Ethics* Volume 77 (3), S. 229–230 (siehe S. 210).

Universität Vechta (2017). *Zentrum für Vertrauensforschung (ZfV). Leitung: Prof. Dr. Martin K.W. Schweer.* URL: https://www.uni-vechta.de/paedagogische-psychologie/arbeitsstellen/zentrum-fuer-vertrauensforschung-zfv/ (besucht am 18.07.2017) (siehe S. 175).

USB Implementers Forum (2016). *How to Join the USB Implementers Forum. Membership Agreement.* URL: https://www.usb.org/members_landing (besucht am 11.08.2016) (siehe S. 29).

Vahs, Dietmar (2005). *Organisation. Einführung in die Organisationstheorie und -praxis.* 5., überarb. Aufl. Praxisnahes Wirtschaftsstudium. Stuttgart: Schäffer-Poeschel Verlag (siehe S. 13, 144, 150).

van Buer, Jürgen, Hrsg. (2009). *Qualität von Schule. Ein kritisches Handbuch.* 2. durchgesehene Auflage. Frankfurt am Main [u.a.]: Peter Lang.

van Buer, Jürgen (2015). „Balancing Theory and Practice in Initial Teacher Education: German Perspectives". In: *Governance in der Lehrerausbildung: Analysen aus England und Deutschland. Governance in Initial Teacher Education: Perspectives on England and Germany.* Hrsg. von Dina Kuhlee, Jürgen van Buer und Christopher Winch. Educational Governance 27. Wiesbaden: Springer Fachmedien, S. 149–167 (siehe S. 202).

VDE Verlag (2017). *NormenBibliothek – DIN-VDE-Entwurfsportal. Kommentierung von Normentwürfen der DKE (u.a. DIN-VDE).* URL: http://www.entwuerfe.normenbibliothek.de (besucht am 04.01.2017) (siehe S. 48).

Veblen, Thornstein (1900). „The Preconceptions Of Economic Science. Part III." In: *The Quarterly Journal of Economics* 14 (2), S. 240–269 (siehe S. 160 f.).

Voigt, Stefan (2009). *Institutionenökonomik.* 2., durchgesehene Auflage. Bd. 2339: Wirtschaftswissenschaften. Neue ökonomische Bibliothek. Paderborn: Wilhelm Fink (siehe S. 168).

Volkswagen AG (2015). *20 Jahre „ISO-Zertifizierung bei Volkswagen". Presseerklärung der Volkswagen AG vom 24.04.2015.* URL: http://www.volkswagenag.

com/content/vwcorp/info_center/de/news/2015/04/zertifizierung.html (besucht am 23.01.2016) (siehe S. 230).

Volkswagen AG (2017). *Geschäftsbericht 2016*. Wolfsburg (siehe S. 231).

von Schmoller, Gustav (1978). *Grundriß der Allgemeinen Volkswirtschaftslehre. Erster Teil: Begriff. Psychologische und sittliche Grundlage. Literatur und Methode. Land, Leute und Technik. Die gesellschaftliche Verfassung der Volkswirtschaft.* Unveränderter Nachdruck der Auflage von 1923. Berlin: Duncker & Humblot (siehe S. 161, 163).

Walras, Léon (1874). *Éléments d'economie politique pure. Ou Théorie de la richesse sociale.* Lausanne, Paris und Bale: Imprimerie L. Corbaz & cie (siehe S. 160).

Weber, Max (2014). *Wirtschaft und Gesellschaft: Grundriß der verstehenden Soziologie (Vollständige Ausgabe-1921/1922).* e-artnow (siehe S. 163).

Williamson, Oliver E. (1975). *Markets and hierarchies, analysis and antitrust implications. A study in the economics of internal organization.* Free Press (siehe S. 162).

Williamson, Oliver E. (1990). *Die ökonomischen Institutionen des Kapitalismus. Unternehmen, Märkte, Kooperationen.* Bd. 64. Die Einheit der Gesellschaftswissenschaften. Tübingen: Mohr Siebeck (siehe S. 21, 165, 168).

Willke, Helmut (2004). *Einführung in das systemische Wissensmanagement.* Carl-Auer compact. Heidelberg: Carl-Auer Systeme Verlag (siehe S. 139, 144, 150).

wissensmanagement (2015). „Die neue ISO 9001:2015: Wissensmanagement wird Pflicht!" In: *wissensmanagement* 17 (2), S. 20–36 (siehe S. 154).

Wöhe, Günter und Ulrich Döring (2008). *Einführung in die allgemeine Betriebswirtschaftslehre.* 23. Auflage. München: Verlag Franz Vahlen (siehe S. 144).

Wölker, Thomas (1992). *Entstehung und Entwicklung des Deutschen Normenausschusses 1917 bis 1925.* Bd. 30. DIN-Normungskunde. Berlin und Köln: Beuth Verlag (siehe S. 16, 36 ff., 50, 52, 62).

WTO (2014). *The WTO Agreements Series. Technical Barriers to Trade.* Hrsg. von World Trade Organization. Version 2nd Revised edition. Genf (siehe S. 12, 54, 82, 98).

Zollondz, Hans-Dieter (2016a). „Qualitätsmanagement". In: *Lexikon Qualitätsmanagement. Handbuch des modernen Managements auf Basis des Qualitätsmanagements.* Hrsg. von Hans-Dieter Zollondz, Michael Ketting und Raimund Pfundtner. 2., komplett überarbeitete und erweiterte Auflage. Edition Management. Berlin und Boston: De Gruyter Oldenbourg, S. 929–934 (siehe S. 145).

Zollondz, Hans-Dieter (2016b). „Qualitätsmanagement nach ISO 9001". In: *Lexikon Qualitätsmanagement. Handbuch des modernen Managements auf Basis des Qualitätsmanagements.* Hrsg. von Hans-Dieter Zollondz, Michael Ketting und Raimund Pfundtner. 2., komplett überarbeitete und erweiterte Auflage. Edition Management. Berlin und Boston: De Gruyter Oldenbourg, S. 959–968 (siehe S. 122 f., 135).

Zollondz, Hans-Dieter, Michael Ketting und Raimund Pfundtner, Hrsg. (2016). *Lexikon Qualitätsmanagement. Handbuch des modernen Managements auf Basis des Qualitätsmanagements*. 2., komplett überarbeitete und erweiterte Auflage. Edition Management. Berlin und Boston: De Gruyter Oldenbourg (siehe S. 52, 124, 129, 133 f., 226).

Zubke-von Thünen, Thomas (1999). *Technische Normung in Europa. Mit einem Ausblick auf grundlegende Reformen der Legislative*. Bd. 12. Beiträge zum Europäischen Wirtschaftsrecht. Berlin: Duncker & Humblot (siehe S. 16, 25, 34, 73, 87 f., 119).

Verzeichnis der Technischen Normen

DIN 820-1:2014-06, Normungsarbeit (2014). *Teil 1: Grundsätze.* DIN – Deutsches Institut für Normung e.V. Berlin: Beuth Verlag (siehe S. 26, 44).

DIN 820-3:2014-06, Normungsarbeit – Teil 3 (2014). *Begriffe.* DIN – Deutsches Institut für Normung e.v. Berlin: Beuth Verlag (siehe S. 30 ff., 44, 52 f., 54).

DIN 820-4:2014-06, Normungsarbeit (2014). *Teil 4: Geschäftsgang.* DIN – Deutsches Institut für Normung e.v. Berlin: Beuth Verlag (siehe S. 48, 51, 85).

DIN EN 45020:2007-03, Normung und damit zusammenhängende Tätigkeiten (2007). *Allgemeine Begriffe ISO/IEC Guide 2:2004).* DIN – Deutsches Institut für Normung e.v. Berlin: Beuth Verlag (siehe S. 26, 50).

DIN EN ISO 9000:2015-11, Qualitätsmanagementsysteme (2015). *Grundlagen und Begriffe.* DIN – Deutsches Institut für Normung e.v. Berlin: Beuth Verlag (siehe S. 13, 129 ff., 135, 137 f., 140 ff., 229).

DIN EN ISO 9001:1994-08, Qualitätsmanagementsysteme (1994). *Modell zur Qualitätssicherung/ QM-Darlegung in Design/Entwicklung, Produktion, Montage und Wartung.* DIN – Deutsches Institut für Normung e.V. Berlin: Beuth Verlag (siehe S. 135).

DIN EN ISO 9001:2015-11, Qualitätsmanagementsysteme (2015). *Anforderungen.* DIN – Deutsches Institut für Normung e.V. Berlin: Beuth Verlag (siehe S. 18 f., 123 f., 126, 135 f., 138, 147, 149, 153 f., 221, 226 f.).

DIN EN ISO/IEC 17021-1:2015-11, Konformitätsbewertung (2015). *Anforderungen an Stellen, die Managementsysteme auditieren und zertifizieren.* DIN – Deutsches Institut für Normung e.V. Berlin: Beuth Verlag (siehe S. 226).

DIN EN ISO/IEC 17065:2013-01 Konformitätsbewertung (2013). *Anforderungen an Stellen, die Produkte, Prozesse und Dienstleistungen zertifizieren.* DIN – Deutsches Institut für Normung e.V. Berlin: Beuth Verlag (siehe S. 14, 226).

DIN ISO 9001:1987-05, Qualitätssicherungssysteme (1987). *Qualitätssicherungs-Nachweisstufe für Entwicklung und Konstruktion, Produktion, Montage und Kundendienst.* DIN – Deutsches Institut für Normung e.V. Berlin: Beuth Verlag (siehe S. 135).

DIN prEN ISO 9001:2014-08, Qualitätsmanagementsysteme (Entwurf) (2014). *Anforderungen.* DIN – Deutsches Institut für Normung e.V. Berlin: Beuth Verlag (siehe S. 123 f.).

MIL-Q-9858A:1963-12, Quality Programm Requirements (1963). *Military Specification.* US-Department of Defence. (Siehe S. 122, 131).

MIL-Q-9858A:1995-09 (Amendment 3), Quality Programm Requirements (1995). *Military Specification.* US-Department of Defence. (Siehe S. 123).

Verzeichnis der Rechtssachen der Europäischen Union

Abl. EG C (1985). „Entschließung 85/C 136/01 des Rates vom 7. Mai 1985 über eine neue Konzeption auf dem Gebiet der technischen Harmonisierung und der Normung". In: *Amtsblatt der Europäischen Gemeinschaften* (Abl. EG C 136 vom 4.6.1985), S. 1–9 (siehe S. 92 ff., 113).

Abl. EG C (1992). „Entschließung 92/C 173/01 des Rates vom 18. Juni 1992 zur Funktion der europäischen Normung in der europäischen Wirtschaft". In: *Amtsblatt der Europäischen Gemeinschaften* (Abl. EG C 173 vom 9.7.1992), S. 1–2 (siehe S. 94, 114).

Abl. EG C (2000). „Entschließung 2000/C 141/01 des Rates vom 28. Oktober 1999 zur Funktion der Normung in Europa". In: *Amtsblatt der Europäischen Gemeinschaften* (Abl. EG C 141 vom 19.5.2000), S. 1–4 (siehe S. 94, 113).

Abl. EG C (2016). „Mitteilung 2016/C 293/06 der Kommission im Rahmen der Durchführung der Verordnung (EG) Nr. 765/2008 des Europäischen Parlaments und des Rates, Beschluss Nr. 768/2008/EG des Europäischen Parlaments und des Rates, Verordnung (EG) Nr. 1221/2009 des Europäischen Parlaments und des Rates. Veröffentlichung der Titel und der Bezugsnummern der harmonisierten Normen im Sinne der Harmonisierungsrechtsvorschriften der EU)". In: *Amtsblatt der Europäischen Union* (Abl. C 293 vom 12.8.2016), S. 68–72 (siehe S. 88, 95).

Abl. EG L (1983). „Richtlinie 83/189/EWG des Rates vom 28. März 1983 über ein Informationsverfahren auf dem Gebiet der Normen und technischen Vorschriften". In: *Amtsblatt der Europäischen Gemeinschaften* (Abl. EG L 109 vom 26.4.1983), S. 8–12 (siehe S. 87, 91 f., 113).

Abl. EG L (1989). „Richtlinie 89/686/EWG des Rates vom 21. Dezember 1989 zur Angleichung der Rechtsvorschriften der Mitgliedstaaten für persönliche Schutzausrüstungen". In: *Amtsblatt der Europäischen Gemeinschaften* (Abl. EG L 399 vom 30.12.1989), S. 18–38.

Abl. EG L (1990). „Beschluss 90/683/EWG vom 13. Dezember 1990 über die in den technischen Harmonisierungsrichtlinien zu verwendenden Module für die verschiedenen Phasen der Konformitätsbewertungsverfahren". In: *Amtsblatt der Europäischen Gemeinschaften* (Abl. EG L 380 vom 31.12.1990), S. 13–26 (siehe S. 94).

Abl. EG L (1993). „Beschluss 93/465/EWG des Rates vom 22. Juli 1993 über die in den technischen Harmonisierungsrichtlinien zu verwendenden Module für die verschiedenen Phasen der Konformitätsbewertungsverfahren und die Regeln für die Anbringung und Verwendung der CE-Konformitätskennzeichnung". In: *Amtsblatt der Europäischen Gemeinschaften* (Abl. EG L 220 vom 30.08.1993), S. 23–39 (siehe S. 94, 234).

Abl. EG L (1998). „Richtlinie 98/34/EG des Europäischen Parlaments und des Rates vom 22. Juni 1998 über ein Informationsverfahren auf dem Gebiet der Normen und technischen Vorschriften". In: *Amtsblatt der Europäischen Gemeinschaften* (Abl. EG L 204 vom 21.7.1998), S. 37–48 (siehe S. 91).

Abl. EU C (2003). „Entschließung 2003/C 282/02 des Rates vom 10. November 2003 zur Mitteilung der Europäischen Kommission „Verbesserte Umsetzung der Richtlinien des neuen Konzepts"". In: *Amtsblatt der Europäischen Union* (Abl. EU C 282 vom 25.11.2003), S. 3–4 (siehe S. 95).

Abl. EU C (2012). „Entschließung 2012/C 70 E/05 des Europäischen Parlaments vom 21. Oktober 2010 zur Zukunft der europäischen Normung (2010/2051(INI))". In: *Amtsblatt der Europäischen Union* (Abl. EU C 70 E vom 8.3.2012), S. 56–67 (siehe S. 96, 114).

Abl. EU C (2013). „Mitteilung 2013/C 348/01 der Kommission im Rahmen der Durchführung der Verordnung (EG) Nr. 765/2008 des Europäischen Parlaments und des Rates vom 9. Juli 2008, Beschluss Nr. 768/2008/EG des Europäischen Parlaments und des Rates vom 9. Juli 2008, Verordnung (EG) Nr. 1221/2009 des Europäischen Parlaments und des Rates vom 25. November 2009. Veröffentlichung der Titel und der Bezugsnummern der harmonisierten Normen im Sinne der Harmonisierungsrechtsvorschriften der EU)". In: *Amtsblatt der Europäischen Union* (Abl. EU C 348 vom 28.11.2013), S. 1–4 (siehe S. 196).

Abl. EU C (2015). „Mitteilung 2015/C 412/01 der Kommission im Rahmen der Durchführung der Verordnung (EG) Nr. 765/2008 des Europäischen Parlaments und des Rates vom 9. Juli 2008, Beschluss Nr. 768/2008/EG des Europäischen Parlaments und des Rates vom 9. Juli 2008, Verordnung (EG) Nr. 1221/2009 des Europäischen Parlaments und des Rates vom 25. November 2009. Veröffentlichung der Titel und der Bezugsnummern der harmonisierten Normen im Sinne der Harmonisierungsrechtsvorschriften der EU". In: *Amtsblatt der Europäischen Union* (Abl. EU C 412 vom 11.12.2015), S. 1–5 (siehe S. 5, 11, 13, 18, 58, 154).

Abl. EU L (2003). „Empfehlung 2003/361/EG der Kommission vom 6. Mai 2003 betreffend die Definition der Kleinstunternehmen sowie der kleinen und mittleren Unternehmen". In: *Amtsblatt der Europäischen Union* (Abl. EU L 124 vom 20.5.2003), S. 36–41 (siehe S. 2).

Abl. EU L (2007). „Verordnung (EG) 715/2007 des Europäischen Parlaments und des Rates vom 20. Juni 2007 über die Typgenehmigung von Kraftfahrzeugen hinsichtlich der Emissionen von leichten Personenkraftwagen und

Nutzfahrzeugen (Euro 5 und Euro 6) und über den Zugang zu Reparatur- und Wartungsinformationen für Fahrzeuge". In: *Amtsblatt der Europäischen Union* (Abl. EU L 171 vom 29.6.2007), S. 1–16 (siehe S. 83).

Abl. EU L (2008a). „Beschluss 768/2008/EG des Europäischen Parlaments und des Rates vom 9. Juli 2008 über einen gemeinsamen Rechtsrahmen für die Vermarktung von Produkten und zur Aufhebung des Beschlusses 93/465/ EWG des Rates". In: *Amtsblatt der Europäischen Union* (Abl. EU L 218 vom 13.8.2008), S. 82–128 (siehe S. 5, 11, 18, 58, 95 f., 114, 154, 234).

Abl. EU L (2008b). „Verordnung (EG) Nr. 765/2008 des Europäischen Parlaments und des Rates vom 9. Juli 2008 über die Vorschriften für die Akkreditierung und Marktüberwachung im Zusammenhang mit der Vermarktung von Produkten und zur Aufhebung der Verordnung (EWG) Nr. 339/93 des Rates". In: *Amtsblatt der Europäischen Union* (Abl. EU L 218 vom 13.8.2008), S. 30–47 (siehe S. 74, 95 f., 207).

Abl. EU L (2012). „Verordnung (EU) Nr. 1025/2012 des Europäischen Parlaments und des Rates vom 25. Oktober 2012 zur europäischen Normung, zur Änderung der Richtlinien 89/686/EWG und 93/15/EWG des Rates sowie der Richtlinien 94/9/EG, 94/25/EG, 95/16/EG, 97/23/EG, 98/34/EG, 2004/22/EG, 2007/23/EG, 2009/23/EG und 2009/105/EG des Europäischen Parlaments und des Rates und zur Aufhebung des Beschlusses 87/95/EWG des Rates und des Beschlusses Nr. 1673/2006/EG des Europäischen Parlaments und des Rates". In: *Amtsblatt der Europäischen Union* (Abl. EU L 316 vom 14.11.2012), S. 12–32 (siehe S. 11 f., 17, 19, 54 f., 58, 78 f., 82, 88 f., 97 f., 112, 113, 217, 233, 238).

Abl. EU L (2014). „Richtlinie 2014/24/EU des Europäischen Parlaments und des Rates vom 26. Februar 2014 über die öffentliche Auftragsvergabe und zur Aufhebung der Richtlinie 2004/18/EG". In: *Amtsblatt der Europäischen Union* (Abl. EU L 94 vom 28.3.2014), S. 65–242 (siehe S. 97).

Abl. EU L (2015). „Richtlinie 2015/1535 (EU) des Europäischen Parlaments und des Rates vom 9. September 2015 über ein Informationsverfahren auf dem Gebiet der technischen Vorschriften und der Vorschriften für die Dienste der Informationsgesellschaft (kodifizierter Text)". In: *Amtsblatt der Europäischen Union* (Abl. EU L 241 vom 17.9.2015), S. 1–15 (siehe S. 74, 89 f., 97 f., 236).

Abl. EU L (2016). „Verordnung (EU) Nr. 2016/425 des Europäischen Parlaments und des Rates vom 9. März 2016 über persönliche Schutzausrüstungen und zur Aufhebung der Richtlinie Nr. 89/686/EWG des Rates". In: *Amtsblatt der Europäischen Union* (Abl. EU L 81 vom 31.3.2016), S. 51–98 (siehe S. 72).

Verzeichnis der Gesetze und Urteile

AkkStelleG (2015). „Gesetz über die Akkreditierungsstelle. Akkreditierungsstellengesetz vom 31. Juli 2009 (BGBl. I S. 2625), das zuletzt durch Artikel 356 der Verordnung vom 31. August 2015 (BGBl. I S. 1474) geändert worden ist". In: *Bundesgesetzblatt 2015 Teil I S. 1474* (siehe S. 205 f.).

AkkStelleGBV (2015). „AkkStelleG-Beleihungsverordnung vom 21. Dezember 2009 (BGBl. I S. 3962), die durch Artikel 357 der Verordnung vom 31. August 2015 (BGBl. I S. 1474) geändert worden ist". In: *Bundesgesetzblatt 2015 Teil I S. 1474* (siehe S. 205).

AZAV (2012). „Akkreditierungs- und Zulassungsverordnung Arbeitsförderung vom 2. April 2012 (BGBl. I S. 504)". In: *Bundesgesetzblatt* (BGBl. I S. 504-506) (siehe S. 7 f., 203).

BGB (2002). „Bürgerliches Gesetzbuch in der Fassung der Bekanntmachung vom 2. Januar 2002 (BGBl. I S. 42, 2909; 2003 I S. 738), das zuletzt durch Artikel 6 des Gesetzes vom 6. Juni 2017 (BGBl. I S. 1495) geändert worden ist. Stand: Neugefasst durch Bek. v. 2.1.2002 I 42, 2909; 2003, 738; zuletzt geändert durch Art. 2 G v. 21.2.2017 I 258 Hinweis: Änderung durch Art. 1 G v. 28.4.2017 I 969 (Nr. 23) textlich nachgewiesen, dokumentarisch noch nicht abschließend bearbeitet Änderung durch Art. 6 G v. 6.6.2017 I 1495 (Nr. 34) mWv 10.6.2017 textlich nachgewiesen, dokumentarisch noch nicht abschließend bearbeitet." Ausfertigungsdatum: 18.08.1896. In: *Bundesgesetzblatt 2002 Teil I Nr. 2, S. 42–341*.

BGH (2013). *Urteil v. 7.3.2013 – VII ZR 134/12 – LG Meiningen, AG Hildburghausen*. Hrsg. von Bundesgerichtshof (siehe S. 84).

BVerfGE (1978). *Bundesverfassungsgericht – Beschluss des Zweiten Senats vom 08.08.1978*. BVerfGE 49, 89 – Kalkar I – 2 BvL 8/77. http://www.servat.unibe.ch/dfr/bv049089.html.BVerfG (siehe S. 68, 87).

EuGH (1979). *Rechtssache 120/78: Urteil des Gerichtshofes vom 20. Februar 1979. Rewe-Zentral AG gegen Bundesmonopolverwaltung für Branntwein. Ersuchen um Vorabentscheidung: Hessisches Finanzgericht – Deutschland. Maßnahmen mit gleicher Wirkung wie mengenmäßige Beschränkungen*. Hrsg. von Europäischer Gerichtshof (siehe S. 92).

GG (2014). „Grundgesetz für die Bundesrepublik Deutschland in der im Bundesgesetzblatt Teil III, Gliederungsnummer 100-1, veröffentlichten bereinigten Fassung, das zuletzt durch Artikel 1 des Gesetzes vom 23. Dezember 2014 (BGBl. I S. 2438) geändert worden ist". In: *Bundesgesetzblatt 2014 Teil I S. 2438*.

GWB (2017). „Gesetz gegen Wettbewerbsbeschränkungen in der Fassung der Bekanntmachung vom 26. Juni 2013 (BGBl. I S. 1750, 3245), das zuletzt durch Artikel 1 des Gesetzes vom 1. Juni 2017 (BGBl. I S. 1416) geändert worden ist. Neugefasst durch Bek. v. 26.6.2013 I 1750, 3245; Zuletzt geändert durch Art. 1 G v. 1.6.2017 I 1416 Mittelbare Änderung durch Art. 2 G v. 1.6.2017 I 1416 ist berücksichtigt Mittelbare Änderung durch Art. 3 G v. 1.6.2017 I 1416 ist berücksichtigt Änderung durch Art. 20 Nr. 1 G v. 9.12.2004 I 3220 war nicht ausführbar, da zu diesem Zeitpunkt keine amtliche Inhaltsübersicht existierte". In: *Bundesgesetzblatt 2017 Teil I Nr. 33*, S. 1416–1433.

HGB (2016). „Handelsgesetzbuch. Handelsgesetzbuch in der im Bundesgesetzblatt Teil III, Gliederungsnummer 4100-1, veröffentlichten bereinigten Fassung, das durch Artikel 5 des Gesetzes vom 5. Juli 2016 (BGBl. I S. 1578) geändert worden ist. Stand: Zuletzt geändert durch Art. 16 Abs. 3 G v. 30.6.2016 I 1514". In: *Bundesgesetzblatt 2016 I S. 1578*.

RGBl (1871). „Bundesrath, Nr. 649: Bekanntmachung, betreffend allgemeine polizeiliche Bestimmungen über die Anlegung von Dampfkesseln. Vom 29. Mai 1871. Bekanntmachung: 8. Juni 1871". In: *Deutsches Reichsgesetzblatt Band 1871 (23)*, S. 122–126 (siehe S. 84).

SGB III (2017). „Sozialgesetzbuch (SGB) Drittes Buch (III). Das Dritte Buch Sozialgesetzbuch – Arbeitsförderung – (Artikel 1 des Gesetzes vom 24. März 1997, BGBl. I S. 594, 595), das durch Artikel 11 des Gesetzes vom 05. Januar 2017 (BGBl. I S. 17) geändert worden ist". In: *Bundesgesetzblatt 2017 Teil I S. 17ff. i. V. m. BGBl. 1997 Teil I S. 594ff.* (Siehe S. 203).

StVZO (1988). „Straßenverkehrs-Zulassungs-Ordnung. Neufassung der Straßenverkehrs-Zulassungs-Ordnung vom 28. September 1988". In: *Bundesgesetzblatt 1988 Teil I Nr. 49*, S. 1793–2064 (siehe S. 85 f.).

StVZO (2012). „Straßenverkehrs-Zulassungs-Ordnung. Straßenverkehrs-Zulassungs-Ordnung vom 26. April 2012 (BGBl. I S. 679), die zuletzt durch Artikel 1 der Verordnung vom 17. Juni 2016 (BGBl. I S. 1463) geändert worden ist". In: *Bundesgesetzblatt 2012 Teil I Nr. 18*, S. 679–952 (siehe S. 85).

Anhang A.
Relevante rechtliche Bestimmungen

1. Fünftes Kapitel des SGB III: Zulassung von Trägern und Maßnahmen
2. Akkreditierungs- und Zulassungsverordnung Arbeitsförderung – AZAV
3. Empfehlungen des Beirats nach § 182 SGB III
4. Begründung der Verordnung über die Voraussetzungen und das Verfahren zur Akkreditierung von fachkundigen Stellen und zur Zulassung von Trägern und Maßnahmen der Arbeitsförderung nach dem Dritten Buch Sozialgesetzbuch

Leistungsbezieher kann bestimmen, ob vorrangig Beiträge übernommen oder erstattet werden sollen. Trifft die Leistungsbezieherin oder der Leistungsbezieher keine Bestimmung, sind die Beiträge in dem Verhältnis zu übernehmen und zu erstatten, in dem die von der Leistungsbezieherin oder dem Leistungsbezieher zu zahlenden oder freiwillig gezahlten Beiträge stehen.

(4) Die Leistungsbezieherin oder der Leistungsbezieher wird insoweit von der Verpflichtung befreit, Beiträge an die Versicherungs- oder Versorgungseinrichtung oder an das Versicherungsunternehmen zu zahlen, als die Bundesagentur die Beitragszahlung für sie oder ihn übernommen hat.

§ 174 Übernahme von Beiträgen bei Befreiung von der Versicherungspflicht in der Kranken- und Pflegeversicherung

(1) Bezieherinnen und Bezieher von Arbeitslosengeld, die

1. nach § 6 Absatz 3a des Fünften Buches in der gesetzlichen Krankenversicherung versicherungsfrei oder nach § 8 Absatz 1 Nummer 1a des Fünften Buches von der Versicherungspflicht befreit sind,
2. nach § 22 Absatz 1 des Elften Buches oder nach Artikel 42 des Pflege-Versicherungsgesetzes von der Versicherungspflicht in der sozialen Pflegeversicherung befreit oder nach § 23 Absatz 1 des Elften Buches bei einem privaten Krankenversicherungsunternehmen gegen das Risiko der Pflegebedürftigkeit versichert sind,

haben Anspruch auf Übernahme der Beiträge, die für die Dauer des Leistungsbezugs für eine Versicherung gegen Krankheit oder Pflegebedürftigkeit an ein privates Krankenversicherungsunternehmen zu zahlen sind.

(2) Die Bundesagentur übernimmt die von der Leistungsbezieherin oder dem Leistungsbezieher an das private Krankenversicherungsunternehmen zu zahlenden Beiträge, höchstens jedoch die Beiträge, die sie ohne die Befreiung von der Versicherungspflicht in der gesetzlichen Krankenversicherung oder in der sozialen Pflegeversicherung zu tragen hätte. Hierbei sind zugrunde zu legen

1. für die Beiträge zur gesetzlichen Krankenversicherung der allgemeine Beitragssatz der gesetzlichen Krankenversicherung zuzüglich des durchschnittlichen Zusatzbeitragssatzes (§§ 241, 242a des Fünften Buches),
2. für die Beiträge zur sozialen Pflegeversicherung der Beitragssatz nach § 55 Absatz 1 Satz 1 des Elften Buches.

(3) Die Leistungsbezieherin oder der Leistungsbezieher wird insoweit von der Verpflichtung befreit, Beiträge an das private Krankenversicherungsunternehmen zu zahlen, als die Bundesagentur die Beitragszahlung für sie oder ihn übernommen hat.

§ 175 Zahlung von Pflichtbeiträgen bei Insolvenzereignis

(1) Den Gesamtsozialversicherungsbeitrag nach § 28d des Vierten Buches, der auf Arbeitsentgelte für die letzten dem Insolvenzereignis vorausgegangenen drei Monate des Arbeitsverhältnisses entfällt und bei Eintritt des Insolvenzereignisses noch nicht gezahlt worden ist, zahlt die Agentur für Arbeit auf Antrag der zuständigen Einzugsstelle; davon ausgenommen sind Säumniszuschläge, die infolge von Pflichtverletzungen des Arbeitgebers zu zahlen sind, sowie die Zinsen für dem Arbeitgeber gestundete Beiträge. Die Einzugsstelle hat der Agentur für Arbeit die Beiträge nachzuweisen und dafür zu sorgen, dass die Beschäftigungszeit und das beitragspflichtige Bruttoarbeitsentgelt einschließlich des Arbeitsentgelts, für das Beiträge nach Satz 1 gezahlt werden, dem zuständigen Rentenversicherungsträger mitgeteilt werden. Die §§ 166, 314, 323 Absatz 1 Satz 1 und § 327 Absatz 3 gelten entsprechend.

(2) Die Ansprüche auf die in Absatz 1 Satz 1 genannten Beiträge bleiben gegenüber dem Arbeitgeber bestehen. Soweit Zahlungen geleistet werden, hat die Einzugsstelle der Agentur für Arbeit die nach Absatz 1 Satz 1 gezahlten Beiträge zu erstatten.

Fünftes Kapitel
Zulassung von Trägern und Maßnahmen

§ 176 Grundsatz

(1) Träger bedürfen der Zulassung durch eine fachkundige Stelle, um Maßnahmen der Arbeitsförderung selbst durchzuführen oder durchführen zu lassen. Arbeitgeber, die ausschließlich betriebliche Maßnahmen oder betriebliche Teile von Maßnahmen durchführen, bedürfen keiner Zulassung.

(2) Maßnahmen nach § 45 Absatz 4 Satz 3 Nummer 1 bedürfen der Zulassung nach § 179 durch eine fachkundige Stelle. Maßnahmen der beruflichen Weiterbildung nach den §§ 81 und 82 bedürfen der Zulassung nach den §§ 179 und 180.

Fußnote

(+++ § 176 Abs. 2 Satz 2: Zur Anwendung vgl. § 131a Abs. 2 Satz 3 +++)

§ 177 Fachkundige Stelle

(1) Fachkundige Stellen im Sinne des § 176 sind die von der Akkreditierungsstelle für die Zulassung nach dem Recht der Arbeitsförderung akkreditierten Zertifizierungsstellen. Mit der Akkreditierung als fachkundige Stelle ist keine Beleihung verbunden. Die Bundesagentur übt im Anwendungsbereich dieses Gesetzes die Fachaufsicht über die Akkreditierungsstelle aus.

(2) Eine Zertifizierungsstelle ist von der Akkreditierungsstelle als fachkundige Stelle zu akkreditieren, wenn
1. sie über die für die Zulassung notwendigen Organisationsstrukturen sowie personellen und finanziellen Mittel verfügt,
2. die bei ihr mit den entsprechenden Aufgaben beauftragten Personen auf Grund ihrer Ausbildung, beruflichen Bildung und beruflichen Praxis befähigt sind, die Leistungsfähigkeit und Qualität von Trägern und Maßnahmen der aktiven Arbeitsförderung einschließlich der Prüfung und Bewertung eines Systems zur Sicherung der Qualität zu beurteilen; dies schließt besondere Kenntnisse der jeweiligen Aufgabengebiete der Träger sowie der Inhalte und rechtlichen Ausgestaltung der zuzulassenden Maßnahmen ein,
3. sie über die erforderliche Unabhängigkeit verfügt und damit gewährleistet, dass sie über die Zulassung von Trägern und Maßnahmen nur entscheidet, wenn sie weder mit diesen wirtschaftlich, personell oder organisatorisch verflochten ist noch zu diesen ein Beratungsverhältnis besteht oder bestanden hat; zur Überprüfbarkeit der Unabhängigkeit sind bei der Antragstellung personelle, wirtschaftliche und organisatorische Verflechtungen oder Beratungsverhältnisse mit Trägern offenzulegen,
4. die bei ihr mit den entsprechenden Aufgaben beauftragten Personen über die erforderliche Zuverlässigkeit verfügen, um die Zulassung ordnungsgemäß durchzuführen,
5. sie gewährleistet, dass die Empfehlungen des Beirats nach § 182 bei der Prüfung angewendet werden,
6. sie die ihr bei der Zulassung bekannt gewordenen Betriebs- und Geschäftsgeheimnisse schützt,
7. sie ein Qualitätsmanagementsystem anwendet,
8. sie ein Verfahren zur Prüfung von Beschwerden und zum Entziehen der Zulassung bei erheblichen Verstößen eingerichtet hat und
9. sie über ein transparentes und dokumentiertes Verfahren zur Ermittlung und Abrechnung des Aufwands der Prüfung von Trägern und Maßnahmen verfügt.

Das Gesetz über die Akkreditierungsstelle bleibt unberührt.

(3) Die Akkreditierung ist bei der Akkreditierungsstelle unter Beifügung der erforderlichen Unterlagen zu beantragen. Die Akkreditierung ist auf längstens fünf Jahre zu befristen. Die wirksame Anwendung des Qualitätsmanagementsystems ist von der Akkreditierungsstelle in jährlichen Abständen zu überprüfen.

(4) Der Akkreditierungsstelle sind Änderungen, die Auswirkungen auf die Akkreditierung haben können, unverzüglich anzuzeigen.

(5) Liegt ein besonderes arbeitsmarktpolitisches Interesse vor, kann die innerhalb der Bundesagentur zuständige Stelle im Einzelfall die Aufgaben einer fachkundigen Stelle für die Zulassung von Trägern und Maßnahmen der beruflichen Weiterbildung wahrnehmen. Ein besonderes arbeitsmarktpolitisches Interesse liegt insbesondere dann vor, wenn die Teilnahme an individuell ausgerichteten Weiterbildungsmaßnahmen im Einzelfall gefördert werden soll.

§ 178 Trägerzulassung

Ein Träger ist von einer fachkundigen Stelle zuzulassen, wenn
1. er die erforderliche Leistungsfähigkeit und Zuverlässigkeit besitzt,

2. er in der Lage ist, durch eigene Bemühungen die berufliche Eingliederung von Teilnehmenden in den Arbeitsmarkt zu unterstützen,
3. Leitung, Lehr- und Fachkräfte über Aus- und Fortbildung sowie Berufserfahrung verfügen, die eine erfolgreiche Durchführung einer Maßnahme erwarten lassen,
4. er ein System zur Sicherung der Qualität anwendet und
5. seine vertraglichen Vereinbarungen mit den Teilnehmenden angemessene Bedingungen insbesondere über Rücktritts- und Kündigungsrechte enthalten.

§ 179 Maßnahmezulassung

(1) Eine Maßnahme ist von der fachkundigen Stelle zuzulassen, wenn sie

1. nach Gestaltung der Inhalte, der Methoden und Materialien ihrer Vermittlung sowie der Lehrorganisation eine erfolgreiche Teilnahme erwarten lässt und nach Lage und Entwicklung des Arbeitsmarktes zweckmäßig ist,
2. angemessene Teilnahmebedingungen bietet und die räumliche, personelle und technische Ausstattung die Durchführung der Maßnahme gewährleisten und
3. nach den Grundsätzen der Wirtschaftlichkeit und Sparsamkeit geplant und durchgeführt wird, insbesondere die Kosten und die Dauer angemessen sind; die Dauer ist angemessen, wenn sie sich auf den Umfang beschränkt, der notwendig ist, um das Maßnahmeziel zu erreichen.

Die Kosten einer Maßnahme nach § 45 Absatz 4 Satz 3 Nummer 1 sind angemessen, wenn sie sachgerecht ermittelt worden sind und sie die für das jeweilige Maßnahmeziel von der Bundesagentur jährlich ermittelten durchschnittlichen Kostensätze einschließlich der von ihr beauftragten Maßnahmen nicht unverhältnismäßig übersteigen.

(2) Eine Maßnahme, die im Ausland durchgeführt wird, kann nur zugelassen werden, wenn die Durchführung im Ausland für das Erreichen des Maßnahmeziels besonders dienlich ist.

§ 180 Ergänzende Anforderungen an Maßnahmen der beruflichen Weiterbildung

(1) Für eine Maßnahme der beruflichen Weiterbildung nach den §§ 81 und 82 gelten für die Zulassung durch die fachkundige Stelle ergänzend die Anforderungen der nachfolgenden Absätze.

(2) Eine Maßnahme ist zuzulassen, wenn

1. durch sie berufliche Fertigkeiten, Kenntnisse und Fähigkeiten erhalten, erweitert, der technischen Entwicklung angepasst werden oder ein beruflicher Aufstieg ermöglicht wird,
2. sie einen beruflichen Abschluss vermittelt oder die Weiterbildung in einem Betrieb, die zu einem solchen Abschluss führt, unterstützend begleitet oder
3. sie zu einer anderen beruflichen Tätigkeit befähigt

und mit einem Zeugnis, das Auskunft über den Inhalt des vermittelten Lehrstoffs gibt, abschließt. Sofern es dem Wiedereingliederungserfolg förderlich ist, soll die Maßnahme im erforderlichen Umfang Grundkompetenzen vermitteln und betriebliche Lernphasen vorsehen.

(3) Ausgeschlossen von der Zulassung ist eine Maßnahme, wenn

1. überwiegend Wissen vermittelt wird, das dem von allgemeinbildenden Schulen angestrebten Bildungsziel oder den berufsqualifizierenden Studiengängen an Hochschulen oder ähnlichen Bildungsstätten entspricht,
2. überwiegend nicht berufsbezogene Inhalte vermittelt werden oder
3. die Maßnahmekosten über den durchschnittlichen Kostensätzen liegen, die für das jeweilige Bildungsziel von der Bundesagentur jährlich ermittelt werden, es sei denn, die innerhalb der Bundesagentur zuständige Stelle stimmt den erhöhten Maßnahmekosten zu.

Satz 1 Nummer 1 und 2 gilt nicht für Maßnahmen, die

1. auf den nachträglichen Erwerb des Hauptschulabschlusses vorbereiten,
2. Grundkompetenzen vermitteln, die für den Erwerb eines Abschlusses in einem anerkannten Ausbildungsberuf erforderlich sind, oder

3. die Weiterbildung in einem Betrieb, die zum Erwerb eines solchen Abschlusses führt, unterstützend begleiten.

(4) Die Dauer einer Vollzeitmaßnahme, die zu einem Abschluss in einem allgemein anerkannten Ausbildungsberuf führt, ist angemessen im Sinne des § 179 Absatz 1 Satz 1 Nummer 3, wenn sie gegenüber einer entsprechenden Berufsausbildung um mindestens ein Drittel der Ausbildungszeit verkürzt ist. Ist eine Verkürzung um mindestens ein Drittel der Ausbildungszeit auf Grund bundes- oder landesgesetzlicher Regelungen ausgeschlossen, so ist ein Maßnahmeteil von bis zu zwei Dritteln nur förderungsfähig, wenn bereits zu Beginn der Maßnahme die Finanzierung für die gesamte Dauer der Maßnahme auf Grund bundes- oder landesrechtlicher Regelungen gesichert ist.

(5) Zeiten einer der beruflichen Weiterbildung folgenden Beschäftigung, die der Erlangung der staatlichen Anerkennung oder der staatlichen Erlaubnis zur Ausübung des Berufes dienen, sind nicht berufliche Weiterbildung im Sinne dieses Buches.

§ 181 Zulassungsverfahren

(1) Die Zulassung ist unter Beifügung der erforderlichen Unterlagen bei einer fachkundigen Stelle zu beantragen. Der Antrag muss alle Angaben und Nachweise enthalten, die erforderlich sind, um das Vorliegen der Voraussetzungen festzustellen.

(2) Soweit bereits eine Zulassung bei einer anderen fachkundigen Stelle beantragt worden ist, ist dies und die Entscheidung dieser fachkundigen Stelle mitzuteilen. Beantragt der Träger die Zulassung von Maßnahmen nicht bei der fachkundigen Stelle, bei der er seine Zulassung als Träger beantragt hat, so hat er der fachkundigen Stelle, bei der er die Zulassung von Maßnahmen beantragt, alle Unterlagen für seine Zulassung und eine gegebenenfalls bereits erteilte Zulassung zur Verfügung zu stellen.

(3) Der Träger kann beantragen, dass die fachkundige Stelle eine durch sie bestimmte Referenzauswahl von Maßnahmen prüft, die in einem angemessenen Verhältnis zur Zahl der Maßnahmen des Trägers stehen, für die er die Zulassung beantragt. Die Zulassung aller Maßnahmen setzt voraus, dass die gesetzlichen Voraussetzungen für die geprüften Maßnahmen erfüllt sind. Für nach der Zulassung angebotene weitere Maßnahmen des Trägers ist das Zulassungsverfahren in entsprechender Anwendung der Sätze 1 und 2 wieder zu eröffnen.

(4) Die fachkundige Stelle entscheidet über den Antrag auf Zulassung des Trägers einschließlich seiner Zweigstellen sowie der Maßnahmen nach Prüfung der eingereichten Antragsunterlagen und örtlichen Prüfungen. Sie soll dabei Zertifikate oder Anerkennungen unabhängiger Stellen, die in einem dem Zulassungsverfahren entsprechenden Verfahren erteilt worden sind, ganz oder teilweise berücksichtigen. Sie kann das Zulassungsverfahren einmalig zur Nachbesserung nicht erfüllter Kriterien für längstens drei Monate aussetzen oder die Zulassung endgültig ablehnen. Die Entscheidung bedarf der Schriftform. An der Entscheidung dürfen Personen, die im Rahmen des Zulassungsverfahrens gutachterliche oder beratende Funktionen ausgeübt haben, nicht beteiligt sein.

(5) Die fachkundige Stelle kann die Zulassung maßnahmebezogen und örtlich einschränken, wenn dies unter Berücksichtigung aller Umstände sowie von Lage und voraussichtlicher Entwicklung des Arbeitsmarktes gerechtfertigt ist oder dies beantragt wird. § 177 Absatz 3 Satz 2 und 3 und Absatz 4 gilt entsprechend.

(6) Mit der Zulassung wird ein Zertifikat vergeben. Die Zertifikate für die Zulassung des Trägers und für die Zulassung von Maßnahmen nach § 45 Absatz 4 Satz 3 Nummer 1 und den §§ 81 und 82 werden wie folgt bezeichnet:
1. „Zugelassener Träger nach dem Recht der Arbeitsförderung. Zugelassen durch (Name der fachkundigen Stelle) – von (Name der Akkreditierungsstelle) akkreditierte Zertifizierungsstelle",
2. „Zugelassene Maßnahme zur Aktivierung und beruflichen Eingliederung nach dem Recht der Arbeitsförderung. Zugelassen durch (Name der fachkundigen Stelle) – von (Name der Akkreditierungsstelle) akkreditierte Zertifizierungsstelle" oder
3. „Zugelassene Weiterbildungsmaßnahme für die Förderung der beruflichen Weiterbildung nach dem Recht der Arbeitsförderung. Zugelassen durch (Name der fachkundigen Stelle) – von (Name der Akkreditierungsstelle) akkreditierte Zertifizierungsstelle".

(7) Die fachkundige Stelle ist verpflichtet, die Zulassung zu entziehen, wenn der Träger die rechtlichen Anforderungen auch nach Ablauf einer von ihr gesetzten, drei Monate nicht überschreitenden Frist nicht erfüllt.

(8) Die fachkundige Stelle hat die Kostensätze der zugelassenen Maßnahmen zu erfassen und der Bundesagentur vorzulegen.

§ 182 Beirat

(1) Bei der Bundesagentur wird ein Beirat eingerichtet, der Empfehlungen für die Zulassung von Trägern und Maßnahmen aussprechen kann.

(2) Dem Beirat gehören elf Mitglieder an. Er setzt sich zusammen aus

1. je einer Vertreterin oder einem Vertreter
   a) der Länder,
   b) der kommunalen Spitzenverbände,
   c) der Arbeitnehmerinnen und Arbeitnehmer,
   d) der Arbeitgeber,
   e) der Bildungsverbände,
   f) der Verbände privater Arbeitsvermittler,
   g) des Bundesministeriums für Arbeit und Soziales,
   h) des Bundesministeriums für Bildung und Forschung,
   i) der Akkreditierungsstelle sowie
2. zwei unabhängigen Expertinnen oder Experten.

Die Mitglieder des Beirats werden durch die Bundesagentur im Einvernehmen mit dem Bundesministerium für Arbeit und Soziales und dem Bundesministerium für Bildung und Forschung berufen.

(3) Vorschlagsberechtigt für die Vertreterin oder den Vertreter

1. der Länder ist der Bundesrat,
2. der kommunalen Spitzenverbände ist die Bundesvereinigung der kommunalen Spitzenverbände,
3. der Arbeitnehmerinnen und Arbeitnehmer ist der Deutsche Gewerkschaftsbund,
4. der Arbeitgeber ist die Bundesvereinigung der Deutschen Arbeitgeberverbände,
5. der Bildungsverbände sind die Bildungsverbände, die sich auf einen Vorschlag einigen,
6. der Verbände privater Arbeitsvermittler sind die Verbände privater Arbeitsvermittler, die sich auf einen Vorschlag einigen.

§ 377 Absatz 3 gilt entsprechend.

(4) Der Beirat gibt sich eine Geschäftsordnung. Die Bundesagentur übernimmt für die Mitglieder des Beirats die Reisekostenvergütung nach § 376.

§ 183 Qualitätsprüfung

(1) Die Agentur für Arbeit kann die Durchführung einer Maßnahme nach § 176 Absatz 2 prüfen und deren Erfolg beobachten. Sie kann insbesondere

1. von dem Träger der Maßnahme sowie den Teilnehmenden Auskunft über den Verlauf der Maßnahme und den Eingliederungserfolg verlangen und
2. die Einhaltung der Voraussetzungen für die Zulassung des Trägers und der Maßnahme prüfen, indem sie Einsicht in alle die Maßnahme betreffenden Unterlagen des Trägers nimmt.

(2) Die Agentur für Arbeit ist berechtigt, zum Zweck nach Absatz 1 Grundstücke, Geschäfts- und Unterrichtsräume des Trägers während der Geschäfts- oder Unterrichtszeit zu betreten. Wird die Maßnahme bei einem Dritten durchgeführt, ist die Agentur für Arbeit berechtigt, die Grundstücke, Geschäfts- und Unterrichtsräume des Dritten während dieser Zeit zu betreten. Stellt die Agentur für Arbeit bei der Prüfung der Maßnahme hinreichende Anhaltspunkte für Verstöße gegen datenschutzrechtliche Vorschriften fest, soll sie die zuständige Kontrollbehörde für den Datenschutz hiervon unterrichten.

(3) Die Agentur für Arbeit kann vom Träger die Beseitigung festgestellter Mängel innerhalb einer angemessenen Frist verlangen. Die Agentur für Arbeit kann die Geltung des Aktivierungs- und Vermittlungsgutscheins oder des Bildungsgutscheins für einen Träger ausschließen und die Entscheidung über die Förderung aufheben, wenn

1. der Träger dem Verlangen nach Satz 1 nicht nachkommt,
2. die Agentur für Arbeit schwerwiegende und kurzfristig nicht zu behebende Mängel festgestellt hat,
3. die in Absatz 1 genannten Auskünfte nicht, nicht rechtzeitig oder nicht vollständig erteilt werden oder
4. die Prüfungen oder das Betreten der Grundstücke, Geschäfts- und Unterrichtsräume durch die Agentur für Arbeit nicht geduldet werden.

(4) Die Agentur für Arbeit teilt der fachkundigen Stelle und der Akkreditierungsstelle die nach den Absätzen 1 bis 3 gewonnenen Erkenntnisse mit.

§ 184 Verordnungsermächtigung

Das Bundesministerium für Arbeit und Soziales wird ermächtigt, durch Rechtsverordnung, die nicht der Zustimmung des Bundesrates bedarf, die Voraussetzungen für die Akkreditierung als fachkundige Stelle und für die Zulassung von Trägern und Maßnahmen einschließlich der jeweiligen Verfahren zu regeln.

§§ 185 bis 239 (weggefallen)

Sechstes Kapitel
Leistungen an Träger

Sechstes Kapitel
(weggefallen)

§§ 240 bis 279a (weggefallen)

Siebtes Kapitel
Weitere Aufgaben der Bundesagentur

Erster Abschnitt
Statistiken, Arbeitsmarkt- und Berufsforschung, Berichterstattung

§ 280 Aufgaben

Die Bundesagentur hat Lage und Entwicklung der Beschäftigung und des Arbeitsmarktes im allgemeinen und nach Berufen, Wirtschaftszweigen und Regionen sowie die Wirkungen der aktiven Arbeitsförderung zu beobachten, zu untersuchen und auszuwerten, indem sie

1. Statistiken erstellt,
2. Arbeitsmarkt- und Berufsforschung betreibt und
3. Bericht erstattet.

§ 281 Arbeitsmarktstatistiken

(1) Die Bundesagentur hat aus den in ihrem Geschäftsbereich anfallenden Daten Statistiken, insbesondere über Beschäftigung und Arbeitslosigkeit der Arbeitnehmerinnen und Arbeitnehmer sowie über die Leistungen der Arbeitsförderung, zu erstellen. Sie hat auf der Grundlage der Meldungen nach § 28a des Vierten Buches eine Statistik der sozialversicherungspflichtig Beschäftigten und der geringfügig Beschäftigten zu führen.

(2) Die Bundesagentur hat zusätzlich den Migrationshintergrund zu erheben und in ihren Statistiken zu berücksichtigen. Die erhobenen Daten dürfen ausschließlich für statistische Zwecke verwendet werden. Sie sind in einem durch technische und organisatorische Maßnahmen von sonstiger Datenverarbeitung getrennten Bereich zu verarbeiten. Das Bundesministerium für Arbeit und Soziales bestimmt durch Rechtsverordnung ohne Zustimmung des Bundesrates das Nähere über die zu erhebenden Merkmale und die Durchführung des Verfahrens, insbesondere Erhebung, Übermittlung und Speicherung der erhobenen Daten.

Verordnung über die Voraussetzungen und das Verfahren zur Akkreditierung von fachkundigen Stellen und zur Zulassung von Trägern und Maßnahmen der Arbeitsförderung nach dem Dritten Buch Sozialgesetzbuch (Akkreditierungs- und Zulassungsverordnung Arbeitsförderung - AZAV)

AZAV

Ausfertigungsdatum: 02.04.2012

Vollzitat:

"Akkreditierungs- und Zulassungsverordnung Arbeitsförderung vom 2. April 2012 (BGBl. I S. 504)"

Fußnote

(+++ Textnachweis ab: 6.4.2012 +++)

Eingangsformel

Auf Grund des § 184 des Dritten Buches Sozialgesetzbuch – Arbeitsförderung –, der durch Artikel 2 Nummer 18 des Gesetzes vom 20. Dezember 2011 (BGBl. I S. 2854) geändert worden ist, verordnet das Bundesministerium für Arbeit und Soziales:

§ 1 Akkreditierungsverfahren

Bei der Prüfung nach § 177 Absatz 2 Satz 1 Nummer 2 des Dritten Buches Sozialgesetzbuch berücksichtigt die Akkreditierungsstelle insbesondere, ob die bei der Zertifizierungsstelle mit der Zulassung von Trägern und Maßnahmen beauftragten Personen umfassende Kenntnisse der Fachbereiche nach § 5 Absatz 1 Satz 3 sowie hinsichtlich Inhalt und Durchführung von Maßnahmen nach den §§ 45 sowie 81 und 82 des Dritten Buches Sozialgesetzbuch haben.

§ 2 Trägerzulassung

(1) Ein Träger ist nach § 178 Nummer 1 des Dritten Buches Sozialgesetzbuch leistungsfähig und zuverlässig, wenn insbesondere seine finanzielle und fachliche Leistungsfähigkeit gewährleistet ist und keine Tatsachen vorliegen, die seine Unzuverlässigkeit oder die der für die Führung der Geschäfte bestellten Personen darlegen. Damit die fachkundige Stelle die Leistungsfähigkeit des Trägers beurteilen kann, erhält sie von dem Träger grundsätzlich folgende Angaben und Nachweise:

1. eine Erklärung, ob über sein Vermögen ein Insolvenzverfahren eröffnet, beantragt oder die Eröffnung mangels Masse abgelehnt wurde,
2. eine Darstellung seiner Organisations- und Personalstruktur sowie der Eignung dieser Strukturen für die Durchführung von Maßnahmen der Arbeitsförderung,
3. eine Darstellung der Eignung seiner von den Teilnehmenden zu nutzenden Räumlichkeiten und
4. eine Übersicht über sein aktuelles Angebot an Maßnahmen.

Damit die fachkundige Stelle die Zuverlässigkeit des Trägers beurteilen kann, erhält sie von dem Träger grundsätzlich folgende Angaben und Nachweise:

1. bei natürlichen Personen Name, Geburtsdatum, Geburtsort, zustellungsfähige Anschrift, Anschrift des Geschäftssitzes und der Zweigstellen, von denen aus die Maßnahmen der Arbeitsförderung angeboten werden sollen, sowie bei juristischen Personen und Personengesellschaften Name, Geburtsdatum und Geburtsort der Vertreterinnen oder der Vertreter nach Gesetz, Satzung oder Gesellschaftsvertrag, Anschrift des Geschäftssitzes und der Zweigstellen, von denen die Maßnahmen der Arbeitsförderung angeboten werden sollen und soweit der Träger in das Vereins- oder Handelsregister eingetragen ist, einen entsprechenden Auszug,

Ein Service des Bundesministeriums der Justiz und für Verbraucherschutz
in Zusammenarbeit mit der juris GmbH - www.juris.de

2. eine Erklärung des Trägers, der gesetzlichen Vertreterin oder des gesetzlichen Vertreters oder bei juristischen Personen oder nicht rechtsfähigen Personenvereinigungen der nach Gesetz, Satzung oder Gesellschaftsvertrag zur Vertretung oder Geschäftsführung Berechtigten über Vorstrafen, anhängige Strafverfahren, staatsanwaltschaftliche Ermittlungsverfahren und Gewerbeuntersagungen innerhalb der letzten fünf Jahre.

(2) Die Fähigkeit des Trägers, die Eingliederung der Teilnehmenden nach § 178 Nummer 2 des Dritten Buches Sozialgesetzbuch zu unterstützen, setzt insbesondere voraus, dass er bei der Durchführung von Maßnahmen Lage und Entwicklung des Ausbildungs- und Arbeitsmarktes berücksichtigt. Damit die fachkundige Stelle diese Fähigkeit des Trägers beurteilen kann, erhält sie von dem Träger grundsätzlich folgende Angaben und Nachweise:

1. eine Darstellung von Art und Umfang der Zusammenarbeit mit Akteuren des Ausbildungs- und Arbeitsmarktes vor Ort,
2. eine Darstellung der Methoden, mit denen der Träger aktuelle arbeitsmarktrelevante Entwicklungen berücksichtigt,
3. eine Übersicht der im jeweiligen Fachbereich nach § 5 Absatz 1 Satz 3 bereits durchgeführten Maßnahmen und deren arbeitsmarktliche Ergebnisse und
4. Bewertungen des Trägers durch Teilnehmende und Betriebe.

(3) Damit die fachkundige Stelle beurteilen kann, ob die Aus- und Fortbildung sowie Berufserfahrung der Leitung sowie der Lehr- und Fachkräfte nach § 178 Nummer 3 des Dritten Buches Sozialgesetzbuch eine erfolgreiche Durchführung einer Maßnahme erwarten lassen, erhält sie von dem Träger grundsätzlich folgende Angaben und Nachweise:

1. zur Person sowie zur Aus- und Weiterbildung der Leitung sowie der Lehr- und Fachkräfte, einschließlich ihres beruflichen Werdegangs und ihrer praktischen Berufserfahrung im Fachbereich,
2. zur pädagogischen Eignung der Lehr- und Fachkräfte, einschließlich ihrer methodisch-didaktischen Kompetenz, und
3. Bewertungen der Lehr- und Fachkräfte durch Teilnehmende.

(4) Ein System zur Sicherung der Qualität nach § 178 Nummer 4 des Dritten Buches Sozialgesetzbuch liegt vor, wenn durch zielgerichtete und systematische Verfahren und Maßnahmen die Qualität der Leistungen gewährleistet und kontinuierlich verbessert wird. Damit die fachkundige Stelle das Vorliegen der Voraussetzungen beurteilen kann, erhält sie von dem Träger eine Dokumentation grundsätzlich

1. zu einem kundenorientierten und auf Eingliederung in den Ausbildungs- und Arbeitsmarkt gerichteten Leitbild,
2. zur Unternehmensorganisation und -führung, einschließlich der Festlegung von Unternehmenszielen und der Durchführung eigener Prüfungen zur Funktionsweise des Unternehmens,
3. zu einem zielorientierten Konzept zur Qualifizierung und Fortbildung der Leitung und der Lehr- und Fachkräfte,
4. zu Zielvereinbarungen, einschließlich der Messung der Zielerreichung und der Steuerung fortlaufender Optimierungsprozesse auf Grundlage erhobener Kennzahlen und Indikatoren,
5. zur Berücksichtigung arbeitsmarktlicher Entwicklungen bei Konzeption und Durchführung von Maßnahmen der Arbeitsförderung,
6. zu den Methoden zur Förderung der individuellen Entwicklungs-, Eingliederungs- und Lernprozesse der Teilnehmenden,
7. zu den Methoden der Bewertung der durchgeführten Maßnahmen sowie ihrer arbeitsmarktlichen Ergebnisse,
8. zur Art und Weise der kontinuierlichen Zusammenarbeit mit Dritten und der ständigen Weiterentwicklung dieser Zusammenarbeit und
9. zu einem systematischen Beschwerdemanagement, einschließlich der Berücksichtigung regelmäßiger Befragungen der Teilnehmenden.

(5) Die vertraglichen Vereinbarungen nach § 178 Nummer 5 des Dritten Buches Sozialgesetzbuch sollen vorsehen, dass den Teilnehmenden nach Abschluss der Maßnahme eine Teilnahmebescheinigung mit Angaben zum Inhalt, zeitlichen Umfang und Ziel der Maßnahme ausgehändigt wird.

(6) Die Prüfung, ob die Voraussetzungen für die Zulassung für den Fachbereich nach § 5 Absatz 1 Satz 3 Nummer 6 vorliegen, beschränkt sich auf die in § 178 des Dritten Buches Sozialgesetzbuch und in dieser Verordnung festgelegten Anforderungen an Träger.

(7) Sofern der Träger im Einzelfall keine Angaben aus seiner bisherigen Tätigkeit machen kann, hat er gegenüber der fachkundigen Stelle in geeigneter Weise darzulegen, wie die jeweilige Anforderung erfüllt werden wird.

§ 3 Maßnahmezulassung

(1) Eine Maßnahme lässt nach § 179 Absatz 1 Satz 1 Nummer 1 des Dritten Buches Sozialgesetzbuch eine erfolgreiche Teilnahme erwarten, wenn

1. Ziele, Dauer und Inhalte der Maßnahme jeweils auf die Voraussetzungen der Zielgruppe und das Maßnahmeziel hin konzipiert sind und

2. sie aktuelle Entwicklungen des Ausbildungs- und Arbeitsmarktes berücksichtigt.

(2) Die Bundesagentur für Arbeit veröffentlicht jährlich die durchschnittlichen Kostensätze nach § 179 Absatz 1 Satz 2 und § 180 Absatz 3 Satz 1 Nummer 3 des Dritten Buches Sozialgesetzbuch.

(3) Bei der Prüfung nach § 179 Absatz 1 Satz 1 Nummer 3 des Dritten Buches Sozialgesetzbuch, ob die Kosten einer Maßnahme angemessen sind, berücksichtigt die fachkundige Stelle insbesondere die Maßnahmekonzeption, einschließlich ihrer Kalkulation.

(4) Bei der Prüfung, ob die Kosten einer Maßnahme nach § 45 Absatz 4 Satz 3 Nummer 1 des Dritten Buches Sozialgesetzbuch die durchschnittlichen Kostensätze nach § 179 Absatz 1 Satz 2 des Dritten Buches Sozialgesetzbuch nicht unverhältnismäßig übersteigen, sind die Besonderheiten der Maßnahme und ihre inhaltliche Qualität zu berücksichtigen.

(5) Soweit eine Maßnahme zugelassen werden soll, für deren Durchführung eine Berechtigung erforderlich ist, ist diese der fachkundigen Stelle vorzulegen.

(6) Die fachkundige Stelle kann Maßnahmebausteine zulassen. Die Zulassung gilt auch für eine aus zugelassenen Maßnahmebausteinen bestehende Maßnahme, wenn der Träger gewährleistet, dass diese Maßnahme individuell auf die Bedürfnisse der Teilnehmenden und des Ausbildungs- und Arbeitsmarktes abgestimmt ist, und sie die Voraussetzungen des § 45 oder der §§ 81 und 82 des Dritten Buches Sozialgesetzbuch erfüllt.

§ 4 Ergänzende Anforderungen an Maßnahmen der beruflichen Weiterbildung

(1) Soweit Maßnahmen der beruflichen Weiterbildung nach den §§ 81 und 82 des Dritten Buches Sozialgesetzbuch zugelassen werden sollen, die auf Berufsabschlüsse in anerkannten Ausbildungsberufen oder bundes- oder landesrechtlich geregelten Berufen vorbereiten, ist der fachkundigen Stelle eine Bestätigung der zuständigen Stelle oder der zuständigen Aufsichtsbehörde über die Eignung des Trägers als Ausbildungsstätte vorzulegen.

(2) Die Bundesagentur für Arbeit soll ihre Zustimmung nach § 180 Absatz 3 Satz 1 Nummer 3 des Dritten Buches Sozialgesetzbuch von einem besonderen arbeitsmarktpolitischen Interesse an der Maßnahme und dem Nachweis notwendiger überdurchschnittlicher technischer, organisatorischer oder personeller Aufwendungen für die Durchführung der Maßnahme abhängig machen.

§ 5 Zulassungsverfahren

(1) Im Rahmen der Trägerzulassung prüft die fachkundige Stelle das Vorliegen der Anforderungen des § 2 Absatz 1 bis 6 ortsbezogen und bezogen auf den jeweiligen Fachbereich. Die ortsbezogene Prüfung bezieht die Standorte des Trägers mit ein. Die jeweiligen Fachbereiche sind:

1. Maßnahmen zur Aktivierung und beruflichen Eingliederung nach § 45 Absatz 1 Satz 1 Nummer 1 bis 5 des Dritten Buches Sozialgesetzbuch,

2. ausschließlich erfolgsbezogen vergütete Arbeitsvermittlung in versicherungspflichtige Beschäftigung nach § 45 Absatz 4 Satz 3 Nummer 2 des Dritten Buches Sozialgesetzbuch,
3. Maßnahmen der Berufswahl und Berufsausbildung nach dem Dritten Abschnitt des Dritten Kapitels des Dritten Buches Sozialgesetzbuch,
4. Maßnahmen der beruflichen Weiterbildung nach dem Vierten Abschnitt des Dritten Kapitels des Dritten Buches Sozialgesetzbuch,
5. Transferleistungen nach den §§ 110 und 111 des Dritten Buches Sozialgesetzbuch,
6. Maßnahmen zur Teilhabe behinderter Menschen am Arbeitsleben nach dem Siebten Abschnitt des Dritten Kapitels des Dritten Buches Sozialgesetzbuch.

(2) Im Rahmen der Maßnahmezulassung prüft die fachkundige Stelle das Vorliegen der Anforderungen der §§ 3 und 4 ortsbezogen. Absatz 1 Satz 2 gilt entsprechend.

(3) Die Referenzauswahl nach § 181 Absatz 3 des Dritten Buches Sozialgesetzbuch beruht auf einer unabhängigen, repräsentativen Stichprobenauswahl der fachkundigen Stelle. Die Referenzauswahl kann durchgeführt werden für die Prüfung von Maßnahmen, deren Kosten die Durchschnittskostensätze nach § 179 Absatz 1 Satz 2 oder § 180 Absatz 3 Satz 1 Nummer 3 des Dritten Buches Sozialgesetzbuch nicht übersteigen.

(4) Die Dauer der Zulassung von Maßnahmen richtet sich nach den voraussichtlichen Entwicklungen am Ausbildungs- und Arbeitsmarkt. Sie soll auf längstens drei Jahre befristet werden. Sie kann auf längstens fünf Jahre befristet werden, sofern die Entwicklung auf dem Ausbildungs- und Arbeitsmarkt voraussichtlich keine wesentlichen Auswirkungen auf die Maßnahme hat.

(5) Änderungen, die der Träger der fachkundigen Stelle nach § 181 Absatz 5 Satz 2 in Verbindung mit § 177 Absatz 4 des Dritten Buches Sozialgesetzbuch mitzuteilen hat, sind insbesondere solche, die die Standorte des Trägers, seine Fachbereiche und die Durchführung der Maßnahme betreffen.

(6) Dem Zertifikat nach § 181 Absatz 6 Satz 2 Nummer 1 des Dritten Buches Sozialgesetzbuch zur Zulassung des Trägers ist eine Anlage beizufügen, in der die Standorte mit den jeweiligen Fachbereichen aufgeführt sind und die fortlaufend aktualisiert wird. Satz 1 gilt entsprechend für die Zertifikate nach § 181 Absatz 6 Satz 2 Nummer 2 und 3 des Dritten Buches Sozialgesetzbuch.

(7) § 181 Absatz 7 des Dritten Buches Sozialgesetzbuch gilt für eine aus zugelassenen Maßnahmebausteinen bestehende Maßnahme entsprechend. Die von der fachkundigen Stelle nach § 181 Absatz 7 des Dritten Buches Sozialgesetzbuch zu setzende Frist ist so zu wählen, wie es erforderlich ist, um die rechtlichen Anforderungen schnellstmöglich zu erfüllen und die erneute Durchführung nicht rechtmäßiger Maßnahmen zu verhindern.

(8) Die Prüfung der Durchführung von Maßnahmen und die Beobachtung des Erfolgs dieser Maßnahmen obliegen nach § 183 des Dritten Buches Sozialgesetzbuch allein der Agentur für Arbeit. Die fachkundige Stelle prüft im Rahmen des § 181 Absatz 7 des Dritten Buches Sozialgesetzbuch, ob die ihr gemäß § 183 Absatz 4 des Dritten Buches Sozialgesetzbuch mitgeteilten Erkenntnisse Auswirkungen auf die Zulassung haben.

§ 6 Zusammenarbeit

(1) Die Akkreditierungsstelle, die fachkundigen Stellen und die Bundesagentur für Arbeit arbeiten in allen Fragen der Zulassung von Trägern und Maßnahmen vertrauensvoll zusammen.

(2) Die Bundesagentur für Arbeit kann den fachkundigen Stellen Umsetzungshinweise zur Verfügung stellen, die diese bei der Prüfung berücksichtigen. Sie hat dabei die Empfehlungen des Beirats nach § 182 des Dritten Buches Sozialgesetzbuch zu beachten.

§ 7 Übergangsregelung

Empfehlungen des Anerkennungsbeirats nach der Anerkennungs- und Zulassungsverordnung – Weiterbildung vom 16. Juni 2004 (BGBl. I S. 1100) in der bis zum 31. März 2012 gültigen Fassung gelten bis zum Wirksamwerden neuer Empfehlungen fort, sofern sie nicht den gesetzlichen Regelungen des Dritten Buches Sozialgesetzbuch und dieser Verordnung widersprechen.

§ 8 Inkrafttreten, Außerkrafttreten

Diese Verordnung tritt am Tag nach der Verkündung in Kraft. Gleichzeitig tritt die Anerkennungs- und Zulassungsverordnung – Weiterbildung vom 16. Juni 2004 (BGBl. I S. 1100), die durch Artikel 453 der Verordnung vom 31. Oktober 2006 (BGBl. I S. 2407) geändert worden ist, außer Kraft.

Beirat nach § 182 SGB III

Empfehlungen

ZENTRALE DER BA, IF31   21.12.2016

Empfehlungen des Beirats nach § 182 SGB III

Bekanntmachung am: 21.12.2016

Der Beirat nach § 182 SGB III hat die bisherigen Empfehlungen und Feststellungen des Anerkennungsbeirats nach der Anerkennungs- und Zulassungsverordnung – Weiterbildung vom 16. Juni 2004 (BGBl. I S. 1100) überprüft und sich entschieden, die nachfolgenden Empfehlungen neu zu erlassen. Diese treten – sofern nichts anderes bestimmt ist – am Tag nach ihrer Bekanntmachung in Kraft. Für die übrigen Empfehlungen des Anerkennungsbeirats gilt die Übergangsregelung des § 7 der Akkreditierungs- und Zulassungsverordnung Arbeitsförderung (AZAV), wonach Empfehlungen des Anerkennungsbeirats in der bis zum 31. März 2012 gültigen Fassung bis zum Wirksamwerden neuer Empfehlungen fortgelten, sofern sie nicht den gesetzlichen Regelungen des Dritten Buches Sozialgesetzbuch und der AZAV widersprechen.

Bundesagentur für Arbeit
Zentrale

Grundsatz: Förderung der Vereinbarkeit von Familie und Beruf nach § 8 SGB III
V01; Bekanntmachung am 11.06.2013
Nach § 8 SGB III sollen die Leistungen der aktiven Arbeitsförderung in ihrer zeitlichen, inhaltlichen und organisatorischen Ausgestaltung die Lebensverhältnisse von Frauen und Männern berücksichtigen, die aufsichtsbedürftige Kinder betreuen und erziehen oder pflegebedürftige Angehörige betreuen oder nach diesen Zeiten wieder in die Erwerbstätigkeit zurückkehren wollen.
Der Beirat spricht sich dafür aus, dass dieser Grundsatz bei der Zulassung von Maßnahmen der Arbeitsförderung nach § 176 Abs. 2 SGB III Berücksichtigung finden soll.

Empfehlung des Beirats: Benennung von Standorten des Trägers (gültig für alle Fachbereiche nach § 5 Abs. 1 S. 3 AZAV)
V01; Bekanntmachung am 11.06.2013
Neue Anschriften des Trägers (Geschäftssitz und Zweigstellen, von denen aus die Maßnahmen der Arbeitsförderung angeboten werden sollen – auch temporär), sind der fachkundigen Stelle im Rahmen der Trägerzulassung anzuzeigen. Die fachkundige Stelle hat die Qualität der Standorte des Trägers (auch der temporären) mit geeigneten Maßnahmen zu prüfen bzw. zu überwachen und dem Träger anschließend zu bescheinigen.
Damit sollen jederzeit angemessene räumliche Bedingungen für die Teilnehmenden sichergestellt werden.

Empfehlung des Beirats: Übergangsfrist zur Umsetzung neuer Empfehlungen des Beirats nach § 182 SGB III (gültig für alle Fachbereiche nach § 5 Abs. 1 S. 3 AZAV)
V01; Bekanntmachung am 11.06.2013
Neue Empfehlungen sind nur auf Zulassungsverfahren anzuwenden, wenn der Antrag auf Zulassung des Trägers oder der Maßnahme nach deren Veröffentlichung im Internet unter www.arbeitsagentur.de gestellt wurde.

Empfehlung des Beirats: Vorliegen eines Systems zur Sicherung der Qualität nach § 178 Nr. 4 SGB III i.V.m. § 2 Abs. 4 AZAV (gültig für alle Fachbereiche nach § 5 Abs. 1 S. 3 AZAV)
V01; Bekanntmachung am 28.02.2014. Gültig ab: 25.04.2014
Eine Festlegung auf bestimmte Systeme zur Sicherung der Qualität bei Trägern der Arbeitsförderung erfolgt nicht. Die in § 178 Nr. 4 des Dritten Buches Sozialgesetzbuch (SGB III) i.V.m. § 2 Abs. 4 der Akkreditierungs- und Zulassungsverordnung Arbeitsförderung (AZAV) genannten Anforderungen werden im Zulassungsverfahren von den fachkundigen Stellen unabhängig vom verwendeten Qualitätssicherungssystem überprüft.
Ein System zur Sicherung der Qualität nach § 178 Nr. 4 SGB III liegt vor, wenn entsprechend § 2 Abs. 4 AZAV zielgerichtete und systematische Verfahren und Maßnahmen angewendet werden und dadurch die Qualität der Arbeitsmarktdienstleistungen jederzeit gewährleistet und kontinuierlich verbessert werden. Der Zulassungsantrag des Trägers muss insbesondere eine Dokumentation enthalten zu:

1. **einem kundenorientierten und auf Eingliederung in den Ausbildungs- und Arbeitsmarkt gerichteten Leitbild:**
   - Unternehmensprofil des Trägers,
   - Definition der „Kunden" des Trägers und Nachweis, dass auf die Erwartungen der Kunden eingegangen und dies in den Prozess der kontinuierlichen Verbesserung integriert wird,
   - Ausrichtung des Leitbildes am Ausbildungs- und Arbeitsmarkt,
   - In- und extern kommuniziertes Leitbild, welches regelmäßig überprüft und bei Bedarf angepasst wird,

2. **zur Unternehmensorganisation und -führung, einschließlich der Festlegung von Unternehmenszielen und der Durchführung eigener Prüfungen zur Funktionsweise des Unternehmens:**
   - Aufbau- und Ablauforganisation inklusive der Verantwortlichkeiten im Unternehmen,
   - Unternehmensziele sowie operationalisierbare Ziele, die relevant für den Fachbereich der Zulassung bzw. die Arbeitsmarktdienstleistung sind,
   - Verfahren, wie das Unternehmen Qualitätspolitik und Qualitätsziele festlegt und regelmäßig überprüft,
3. **zu einem zielorientierten Konzept zur Qualifizierung und Fortbildung der Leitung und der Lehr- und Fachkräfte:**
   - Konzeption zur Personalentwicklung mit Aussagen zur Fort- und Weiterbildung und zur Personalpolitik,
   - Bedarfsermittlung an Schulungen des Personals,
   - Beurteilung der Wirksamkeit der durchgeführten Qualifizierung,
4. **zu Zielvereinbarungen, einschließlich der Messung der Zielerreichung und der Steuerung fortlaufender Optimierungsprozesse auf Grundlage erhobener Kennzahlen und Indikatoren:**
   - Aktuelle und messbare Unternehmens- und Qualitätsziele unter Darlegung der daran Beteiligten,
   - Regelmäßige Überprüfung der Zielerreichung,
   - Weiterentwicklung der Ziele und der Korrekturmaßnahmen,
5. **zur Berücksichtigung arbeitsmarktlicher Entwicklungen bei Konzeption und Durchführung von Maßnahmen der Arbeitsförderung:**
   - Aktuelle und systematische Analyse des kundenrelevanten Ausbildungs- und/oder Arbeitsmarktes,
   - Kontinuierliche Einbeziehung der Analyseergebnisse in die Maßnahmekonzeption und Maßnahmedurchführung,
   - Aktuelle und systematische Analyse der kundenrelevanten Bedarfe in Bezug auf die Zielsetzung der Maßnahme,
6. **zu den Methoden zur Förderung der individuellen Entwicklungs-, Eingliederungs- und Lernprozesse der Teilnehmenden:**
   - Verfahren zur Eignungsfeststellung bei Teilnehmenden,
   - Verfahren zur Herleitung von Entwicklungs-, Eingliederungs-, Lehr- und Lernzielen,
   - Verfahren zur Konzeption der Maßnahmeangebote des Trägers, insbesondere auch mit Blick auf die individuellen Voraussetzungen bei den Teilnehmenden,
   - Verfahren zur Ermittlung des individuellen Entwicklungs-, Eingliederungs- bzw. Lernbedarfs,
   - Einsatz einer angemessenen Methodik,
   - Überwachung von Lernprozessen,
   - Erfassung der Teilnehmerpräsenz und Abbruchquoten bei Maßnahmen sowie Erfassung der Erreichung von Entwicklungs-, Eingliederungs- bzw. Lehrgangszielen,
7. **zu den Methoden der Bewertung der durchgeführten Maßnahmen sowie ihrer arbeitsmarktlichen Ergebnisse:**
   - Überwachung der Entwicklungs-, Eingliederungs- bzw. Lernprozesse,
   - Erfassung der Teilnehmerpräsenz- und Abbruchquoten bei Maßnahmen,
   - Erfassung, ob Entwicklungs-, Eingliederungs- bzw. Lernziele erreicht sind und die Maßnahmequalität gewährleistet ist,
   - Erfassung ausbildungs- und/oder arbeitsmarktlicher Eingliederungsergebnisse,
   - Umgang mit den Evaluierungsergebnissen als Teil des kontinuierlichen Verbesserungsprozesses mit besonderem Blick auf Maßnahmekonzeption und -durchführung,

8. zur Art und Weise der kontinuierlichen Zusammenarbeit mit Dritten und der ständigen Weiterentwicklung dieser Zusammenarbeit:
   - Analyse des Bedarfs der Zusammenarbeit mit Dritten,
   - Benennung der Dritten,
   - Erfassung der durchgeführten Aktivitäten unter Einhaltung des Datenschutzes,
   - Bedarfsabhängige Entwicklung der Zusammenarbeit

und

9. zu einem systematischen Beschwerdemanagement, einschließlich der Berücksichtigung regelmäßiger Befragungen der Teilnehmenden:
   - Befragung der Teilnehmenden zur Art der Durchführung der Maßnahme, zum Personal, zur räumlich-technischen Ausstattung sowie zum Ergebnis der Maßnahme,
   - Befragung des mit der Maßnahmeorganisation sowie der Maßnahmedurchführung betrauten Personals zur Art der Durchführung der Maßnahme, zur räumlich-technischen Ausstattung sowie zum Ergebnis der Maßnahme,
   - System der quantitativen und qualitativen Auswertung von Beschwerden,
   - System zur Einleitung und Verfolgung von erforderlichen Vorbeugungs- und Korrekturmaßnahmen.

Nicht jede Anforderung trifft in gleicher Weise und mit gleicher Ausprägung auf alle Träger der verschiedenen Fachbereiche nach § 5 Abs. 1 S. 3 Nr. 1 bis 6 AZAV zu.

Es gehört grundsätzlich in die Verantwortung der fachkundigen Stelle und zu deren Fachkunde, dies zu unterscheiden und bei Zulassungen sowie Überwachungen zu berücksichtigen.

Empfehlung des Beirates: Überwachung von Maßnahmen nach § 181 Abs. 5 S. 2 i.V.m. § 177 Abs. 3 S. 3 SGB III (gültig für die Fachbereiche nach § 5 Abs. 1 S. 3 Nr. 1 und 4 AZAV)

V01; Bekanntmachung am 15.06.2015

Im Sinne einer einheitlichen Vorgehensweise und einer Gleichbehandlung aller Akteure wird zur Überwachung von Maßnahmen eine Empfehlung beschlossen. Der Beirat greift die bisherige Praxis der Fachkundigen Stellen auf, so dass im Rahmen der Umsetzung der Empfehlung in der Regel kein zusätzlicher Aufwand entsteht.

Die wirksame Anwendung des Qualitätsmanagementsystems eines Trägers ist von der Fachkundigen Stelle in jährlichen Abständen zu überprüfen, insbesondere vor dem Hintergrund der Durchführung seiner Maßnahmen.

Davon unbenommen gehört zur jährlichen Überprüfung weiterhin auch die Überwachung des zugelassenen Maßnahmeangebots des Trägers durch die maßnahmezulassende Fachkundige Stelle. Dies gilt auch für die Fallgestaltung, dass Träger- und Maßnahmezulassung von unterschiedlichen Fachkundigen Stellen ausgesprochen wurden.

Die maßnahmezulassende Fachkundige Stelle muss dabei prüfen, ob die Anforderungen an die Erteilung der Maßnahmezulassung weiterhin erfüllt sind; Erkenntnisse aus den Prüfungen der Agentur für Arbeit sind einzubeziehen. Im Sinne des § 6 AZAV arbeiten dabei auch die Fachkundigen Stellen untereinander vertrauensvoll zusammen.

Zur Ermittlung der Anzahl der durch die Fachkundige Stelle zu prüfenden Maßnahmen des Maßnahmeangebots ist je Fachbereich (§ 5 Abs. 1 S. 3 Nr. 1 und 4 AZAV) eine Referenzauswahl zu ziehen. Für den Fall, dass Träger- und Maßnahmezulassung von einer Fachkundigen Stelle ausgesprochen wurden, geht der Beirat davon aus, dass die Standorte für die Träger- und Maßnahmeüberwachung identisch sind.

Die Grundgesamtheit der zu überprüfenden Maßnahmen ergibt sich dabei aus den laufenden und den seit der Erstzulassung bzw. der letzten Überwachung abgeschlossenen – je nachdem was zutreffend ist – Maßnahmen und Maßnahmebausteinen des Trägers, für die die Fachkundige Stelle die Maßnahmezulassung erteilt hat.

Bei einer Gesamtzahl von bis zu 30 solcher Maßnahmen und Maßnahmebausteine, für die die fachkundige Stelle die Maßnahmezulassung erteilt hat, wird die Referenzauswahl in der Höhe von 5 Prozent gezogen, aufgerundet auf die nächstgrößere ganze Zahl. Bei einer über 30

Stand: 5. April 2012

Begründung

der Verordnung über die Voraussetzungen und das Verfahren zur Akkreditierung von fachkundigen Stellen und zur Zulassung von Trägern und Maßnahmen der Arbeitsförderung nach dem Dritten Buch Sozialgesetzbuch
(Akkreditierungs- und Zulassungsverordnung Arbeitsförderung - AZAV)

A. Allgemeiner Teil

Mit dem Gesetz zur Verbesserung der Eingliederungschancen am Arbeitsmarkt wurde ein neues Kapitel zur Zulassung von Trägern und Maßnahmen in das Dritte Buch Sozialgesetzbuch (SGB III) eingefügt. Die Regelungen verfolgen das Ziel, die Qualität arbeitsmarktlicher Dienstleistungen und damit die Leistungsfähigkeit und Effizienz des arbeitsmarktpolitischen Fördersystems nachhaltig zu verbessern. Um dieses Ziel zu erreichen, können nur solche Träger zur Erbringung von Arbeitsmarktdienstleistungen zugelassen werden, die unter anderem ihre Leistungsfähigkeit und Zuverlässigkeit nachweisen, qualifiziertes Personal einsetzen und ein System zur Sicherung der Qualität anwenden.

Dabei wird der in der Förderung der beruflichen Weiterbildung bestehende Ansatz aufgegriffen und weiter entwickelt. Wesentliche Bestimmungen der Anerkennungs- und Zulassungsverordnung - Weiterbildung (AZWV) wurden in diesem Zusammenhang in das SGB III überführt und damit für alle Träger und in Bezug genommene Maßnahmen auf eine einheitliche gesetzliche Grundlage gestellt. Daher wird die bestehende AZWV durch eine neue Verordnung abgelöst, die im Wesentlichen Regelungen zur Träger- und Maßnahmezulassung und zum Zulassungsverfahren enthält.

Wie bisher steht im Mittelpunkt des Zulassungsverfahrens die Zulassung von Trägern und Maßnahmen durch eine vom Träger ausgewählte und im Rahmen eines privatrechtlichen Vertrages beauftragte fachkundige Stelle.

Das Zulassungserfordernis gilt für alle Träger, die Maßnahmen der Arbeitsförderung nach dem SGB III selbst durchführen oder durchführen lassen. Je nachdem, in welchem Fachbereich ein Träger tätig werden will (zum Beispiel berufsvorbereitende Bildungsmaßnahmen oder Transferleistungen), ergeben sich unterschiedliche Anforderungen, die er bei der Trägerzulassung zu erfüllen hat. Dies betrifft beispielsweise die Eignung der Räumlichkeiten oder des Personals, die im Rahmen der Trägerzulassung nachzuweisen sind. Das Gesetz geht daher von dem Grundsatz aus, dass eine Zulassung maßnahmebezogen, aber auch örtlich eingeschränkt werden kann (§ 181 Absatz 5 Satz 1 SGB III). Zur Vereinfachung des Zulassungsverfahrens muss ein Träger daher nur für die Fachbereiche und die Standorte, für die er eine Zulassung beabsichtigt, darlegen, dass er die Zulassungsvoraussetzungen erfüllt.

Die Verordnung berücksichtigt in ihren Folgen die Ziele der wirtschaftlichen Leistungsfähigkeit und sozialen Verantwortung im Sinne der nationalen Nachhaltigkeitsstrategie. Die gleichstellungspolitischen Auswirkungen der Verordnung wurden geprüft. Es ergeben sich keine Hinweise auf eine unterschiedliche Betroffenheit von Männern und Frauen.

B. Besonderer Teil
Zu § 1 (Akkreditierungsverfahren)

§ 177 Absatz 2 SGB III enthält die Voraussetzungen, bei deren Vorliegen eine Zertifizierungsstelle von der Akkreditierungsstelle (dies ist seit 1. Januar 2010 die unter staatlicher Aufsicht stehende Deutsche Akkreditierungsstelle GmbH - DAkkS) als fachkundige Stelle zuzulassen ist. Weitere allgemeine Voraussetzungen ergeben sich aus dem Akkreditierungsstellengesetz sowie DIN EN ISO 45011 beziehungsweise DIN EN ISO/IEC 17065. Die Anforderungen aus § 177 Absatz 2 SGB III entsprechen im Wesentlichen den bisher in der AZWV geregelten Voraussetzungen; in der Praxis sind hierzu keine Anwendungsschwierigkeiten aufgetreten. Neu ist die Regelung zur Qualifikation des Personals. § 177 Absatz 2 Satz 1 Nummer 2 SGB III betont deutlicher als bislang die Notwendigkeit der besonderen Fachkunde des Personals der fachkundigen Stellen und setzt voraus, dass das Personal über spezifische Kenntnisse der jeweiligen Aufgabengebiete der Träger sowie der Inhalte und rechtlichen Ausgestaltung der zuzulassenden Maßnahmen verfügen muss.

An diese Regelung knüpft § 1 an und spezifiziert diese Anforderung. Anders als bislang müssen die fachkundigen Stellen nicht nur über die Zulassung von Trägern der beruflichen Weiterbildung entscheiden, sondern über die Zulassung aller Träger, die Maßnahmen nach dem Dritten Kapitel „Aktive Arbeitsförderung" des SGB III anbieten wollen. Dabei liegt es auf der Hand, dass Träger, die beispielsweise berufsvorbereitende Bildungsmaßnahmen anbieten wollen, andere Voraussetzungen erfüllen müssen, als solche, die Transfer- oder Gründungsmaßnahmen anbieten wollen. Um hier die Anforderungen, die sich aus den einzelnen Fachbereichen nach § 5 Absatz 1 Satz 3 ergeben, angemessen berücksichtigen zu können, müssen die Mitarbeiterinnen und Mitarbeiter der fachkundigen Stellen über umfassende Kenntnisse verfügen und den Inhalt und die Konzeption der Maßnahmen der aktiven Arbeitsförderung kennen und qualitativ begutachten können, um eine erfolgreiche Durchführung sicherzustellen.

Soweit es um die Zulassung von (Gutschein-) Maßnahmen geht, sind darüber hinaus weitere Anforderungen an die Fachkunde der Mitarbeiterinnen und Mitarbeiter der fachkundigen Stellen zu stellen. Die fachkundige Stelle entscheidet abschließend und eigenständig über die Zulassung einer Maßnahme und damit auch darüber, ob diese am Markt angeboten und auf Kosten der Beitragszahler (SGB III) beziehungsweise der Steuerzahler (Zweites Buch Sozialgesetzbuch - SGB II) durchgeführt werden kann. Daher ist es notwendig, sicherzustellen, dass diese Maßnahmen inhaltlich den gesetzlichen Anforderungen entsprechen.

Zu § 2 (Trägerzulassung)

Diese Vorschrift enthält nähere Ausführungen zur Trägerzulassung nach § 178 SGB III und greift dabei im Wesentlichen die Inhalte des § 8 AZWV auf. Sie präzisiert die Anforderungen an die Unterlagen, die vom Träger zur Prüfung des Vorliegens der Zulassungsvoraussetzungen bei der fachkundigen Stelle grundsätzlich eingereicht werden sollen. Diese Aufzählung ist nicht abschließend und die fachkundigen Stellen entscheiden in jedem Einzelfall, welche Angaben und Nachweise zur Prüfung der Zulassungsvoraussetzungen im konkreten Fall erforderlich sind. Hier können sich unterschiedliche Anforderungen ergeben, je nach dem in welchem Fachbereich nach § 5 Absatz 1 Satz 3 der Träger tätig werden will. Auch die Barrierefreiheit kann ein Gesichtspunkt sein, damit Maßnahmen auch für behinderte Menschen zugänglich sind.

Zu beachten ist auch, dass nach § 181 Absatz 5 Satz 1 SGB III die Zulassung maßnahmebezogen und örtlich eingeschränkt werden kann, wenn dies unter Berücksichtigung aller Umstände sowie durch die Lage und voraussichtliche Entwicklung des Arbeitsmarktes gerechtfertigt ist oder der Träger dies wünscht. Daher hat die fachkundige Stelle bei der Prüfung der Trägerzulassung zu berücksichtigen, an welchen Standorten und in welchen Fachbereichen er tätig werden will. Der Träger hat aus diesem Grund im Rahmen der Trägerzulassung die Angaben und Nachweise vorzulegen, mit denen die Erfüllung der Zulassungsvoraussetzungen auf den Fachbereich bezogen und örtlich geprüft werden kann.

So kann es im Bereich der Transferleistungen beispielsweise erforderlich sein, von dem Träger eine Erklärung zu verlangen, dass er eine begonnene Maßnahme bis zum Maßnahmeende durchführen kann, dass er eine transparente und nachvollziehbare Kostenkalkulation vorlegt, und dass er die Methoden darstellt, mit denen er die Eingliederung der Teilnehmenden unterstützen will. Insoweit kann es erforderlich sein, dass der Träger Angaben macht zum Beratungsumfang, zur Beratungsqualität vor und während der Durchführung der Maßnahme und dazu, was er unternimmt, um den Eingliederungsprozess aktiv zu begleiten. Andererseits muss beispielsweise auf Nachweise zu den Lehrkräften verzichtet werden, wenn der Träger die Zulassung nur für die ausschließlich erfolgsbezogen vergütete Arbeitsvermittlung in versicherungspflichtige Beschäftigung nach § 45 Absatz 4 Satz 3 Nummer 2 SGB III begehrt.

Dies ist im Interesse des Trägers, denn er ist nicht verpflichtet nachzuweisen, dass er über die Voraussetzungen verfügt, in allen Fachbereichen bundesweit tätig werden zu können. Dies würde Träger regelmäßig überfordern.

Zu Absatz 1
Der Träger hat seine Leistungsfähigkeit und Zuverlässigkeit nachzuweisen. Dies betrifft insbesondere seine wirtschaftliche Seriosität wie auch seine fachliche und finanzielle Leistungsfähigkeit.

Zu Absatz 2
Wesentliches Ziel der Maßnahmen der Arbeitsförderung ist die Eingliederung der Teilnehmenden in den Ausbildungs- oder Arbeitsmarkt. Daher muss der Träger nachweisen, dass er in der Lage ist, die Eingliederung der an seinen Maßnahmen Teilnehmenden zu unterstützen. Er hat daher die Angaben und Nachweise vorzulegen, die seine Vernetzung auf dem Ausbildungs- und Arbeitsmarkt vor Ort darlegen, zu den Methoden, wie er bei seiner Arbeit arbeitsmarktrelevante Entwicklungen berücksichtigt. Außerdem hat er eine Übersicht über Maßnahmen, die er bereits durchgeführt hat sowie deren Ergebnisse ebenso vorzulegen wie Bewertungen abgeschlossener Maßnahmen durch Teilnehmende und Betriebe.

Zu Absatz 3
Für eine erfolgreiche Arbeit des Trägers und damit für den Erfolg der Maßnahmen der Arbeitsförderung ist der Einsatz von qualifiziertem Personal beim Träger unerlässlich. Sowohl die Leitung als auch die Lehr- und Fachkräfte des Trägers müssen die erforderliche Qualifikation vorweisen. Die Angaben und Nachweise beziehen sich daher auf die formale Qualifikation und die Berufserfahrung sowie auf die Bewertungen der Lehr- und Fachkräfte durch Teilnehmende.

Zu Absatz 4
Die Träger sind verpflichtet, ein System zur Sicherung der Qualität anzuwenden, das durch zielgerichtete und systematische Verfahren und Maßnahmen die Qualität der Leistungen gewährleistet und kontinuierlich verbessert. Die Regelung übernimmt im Wesentlichen die bisher in der AZWV geregelten Voraussetzungen.

Der Feststellung eines wirksamen Systems zur Sicherung der Qualität kommt damit besondere Bedeutung zu, da dieses System das notwendige Vertrauen schafft, dass die von dem Träger erbrachten Angebote den strengen Anforderungen an die Qualität und Effizienz von Maßnahmen der Arbeitsförderung entsprechen. Voraussetzungen für die Wirksamkeit eines Systems zur Sicherung der Qualität ist dessen sachgerechte Einführung, Aufrechterhaltung und tatsächliche Anwendung.

Art und Weise des konkreten Systems zur Sicherung der Qualität können in Einzelpunkten abweichen beziehungsweise bei unterschiedlichen Trägern in ihrer Methodik unterschiedlich stark ausgeprägt sein. Der Träger muss der fachkundigen Stelle eine Dokumentation vorlegen, aus der die Implementation eines Systems zur Sicherung der Qualität nachvollziehbar hervorgeht. Die fachkundige Stelle muss anhand dieser Dokumentation feststellen, ob das System zur Sicherung der Qualität und die tatsächliche Anwendung der gewählten Methoden einschließlich der Auswertung und Messung der Prozesse und des Grads der Zielerreichung sowie der daraus abgeleiteten Verbesserungsprozesse geeignet sind, Sicherung und Steigerung der Qualität zu gewährleisten. Dabei kann die fachkundige Stelle vorliegende Zertifizierungen, zum Beispiel nach DIN EN ISO 9001, berücksichtigen. Damit werden Doppelprüfungen vermieden und Zulassungskosten gesenkt.

Zu Absatz 5
Die Regelungen zu den vertraglichen Vereinbarungen sollen insbesondere dem Schutz der Teilnehmenden dienen.

Zu Absatz 6
Nach § 176 SGB III bedürfen alle Träger einer Zulassung. Dazu gehören auch die Träger, die allgemeine und besondere Leistungen zur Teilhabe behinderter Menschen am Arbeitsleben nach §§ 112 ff. SGB III erbringen. Dies gilt unabhängig davon, ob es sich um ambulante oder stationäre Maßnahmen handelt.

Da die Prüfung der Zulassungsvoraussetzungen bezogen auf den jeweiligen Fachbereich - hier also insbesondere bezogen auf den Fachbereich „Maßnahmen zur Teilhabe behinderter Menschen" - erfolgt, wird im Rahmen der Trägerzulassung geprüft, ob beispielsweise die Räumlichkeiten und das Personal geeignet sind, auf diesem Fachbereich tätig zu werden.

Absatz 6 stellt klar, dass von den Regelungen zur Trägerzulassung die Verantwortlichkeit der Rehabilitationsträger nach dem Neunten Buch Sozialgesetzbuch (SGB IX) unberührt bleibt, in eigener Zuständigkeit das Vorliegen der Voraussetzungen nach dem SGB IX zu

# Anhang B. Auszug aus dem Dokument MD 5 des IAF (International Accreditation Forum Inc.)

Verbindliches Dokument zur Ermittlung von Auditzeiten für die Auditierung von Qualitätsmanagement- (QMS) und Umweltmanagementsystemen (UMS)‹ – Verhältnis zwischen der effektiven Anzahl der Mitarbeiter und der Auditzeit, Quelle: DAkkS 2016a.

12 ANHANG A – QUALITÄTSMANAGEMENTSYSTEME

12.1 Tabelle QMS 1 – Qualitätsmanagementsysteme

Verhältnis zwischen der effektiven Anzahl der Mitarbeiter und der Auditzeit (Nur für Erstaudits)

Effektive Anzahl der Mitarbeiter	Auditzeit Stufe1 + Stufe 2 (Tage)	Effektive Anzahl der Mitarbeiter	Auditzeit Stufe1 + Stufe 2 (Tage)
1-5	1,5	626-875	12
6-10	2	876-1175	13
11-15	2,5	1176-1550	14
16-25	3	1551-2025	15
26-45	4	2026-2675	16
46-65	5	2676-3450	17
66-85	6	3451-4350	18
86-125	7	4351-5450	19
126-175	8	5451-6800	20
176-275	9	6801-8500	21
276-425	10	8501-10700	22
426-625	11	>10700	Analog zu oben

Anmerkung 1: Die Anzahl der Mitarbeiter in Tabelle QMS 1 sollte eher als Kontinuum denn als schrittweise Veränderung verstanden werden. Das heißt, bei der Darstellung als Diagramm sollte die Linie mit den Werten der unteren Spanne beginnen und mit den Endpunkten von jeder Spanne enden. Startpunkt des Diagramms sollte bei der Anzahl von Mitarbeitern von 1 und 1,5 Tagen sein. Siehe Ziffer 2.2 zum Vorgehen mit Teilen von Tagen.

Anmerkung 2: Das Verfahren der KBS kann Auditzeiten für eine Anzahl an Mitarbeitern, die 10700 übersteigt, berücksichtigen. Eine derartige Auditzeit sollte sich der Progression in Tabelle QMS 1 folgerichtig anschließen.

Anmerkung 3: Siehe auch Ziffer 1.9 und 2.3

Anhang C.
Mitglieder des CEN

Tabelle C.1: Mitglieder des Europäischen Komitees für Normung (CEN)

Abkürzung	Land	Organisation
ASI	Austria	Austrian Standards Institute
NBN	Belgium	Bureau de Normalisation/Bureau voor Normalisatie
BDS	Bulgaria	Bulgarian Institute for Standardization
HZN	Croatia	Croatian Standards Institute
CYS	Cyprus	Cyprus Organization for Standardisation
UNMZ	Czech Republic	Czech Office for Standards, Metrology and Testing
DS	Denmark	Dansk Standard
EVS	Estonia	Estonian Centre for Standardisation
SFS	Finland	Suomen Standardisoimisliitto r. y.
ISRM	Former Yugoslav Republic of Macedonia	Standardization Institute of the Republic of Macedonia
AFNOR	France	Association Française de Normalisation
DIN	Germany	Deutsches Institut für Normung NQIS/
ELOT	Greece	National Quality Infrastructure System
MSZT	Hungary	Hungarian Standards Institution
IST	Iceland	Icelandic Standards
NSAI	Ireland	National Standards Authority of Ireland
UNI	Italy	Ente Nazionale Italiano di Unificazione
LVS	Latvia	Latvian Standard Ltd.
LST	Lithuania	Lithuanian Standards Board
ILNAS	Luxembourg	Organisme Luxembourgeois de Normalisation
MCCAA	Malta	The Malta Competition and Consumer Affairs Authority

Fortsetzung nächste Seite ...

... Fortsetzung Mitglieder des CEN

Abkürzung	Land	Organisation
NEN	Netherlands	Nederlands Normalisatie-instituut
SN	Norway	Standards Norway
PKN	Poland	Polish Committee for Standardization
IPQ	Portugal	Instituto Português da Qualidade
ASRO	Romania	Romanian Standards Association
ISS	Serbla	Institute for Standardization of Serbia
UNMS	Slovakia	Slovak Office of Standards Metrology and Testing
SIST	Slovenia	Slovenian Institute for Standardization
UNE	Spain	Asociación Española de Normalización
SIS	Sweden	Swedish Standards Institute
SNV	Switzerland	Schweizerische Normen-Vereinigung
TSE	Turkey	Turkish Standards Institution
BSI	United Kingdom	British Standards Institution

Quelle: vgl. CEN 2017.

Anhang D.
Nationale und internationale Regelwerke

Tabelle D.1: Nationale Regelwerke (beim Beuth-Verlag abrufbar)

Regelwerk	Regelsetzer/Herausgeber
DIN, DIN EN, DIN EN ISO, DIN ISO, DIN VDE, DIN ETS, DIN IEC, DIN SPEC (Spezifikationen), DIN-Merkblätter und Fachberichte, LN (Luftfahrt), WL (Werkstoffleistungsblätter)	DIN Deutsches Institut für Normung e. V.
PAS (Publicly Available Specification), DIN CWA (CEN Workshop Agreement)	DIN Deutsches Institut für Normung e. V.
AD 2000-Merkblätter	Verband der TÜV e. V.
ASR, RAB, SPRENG-RL, TRAM, TRBS, TRGS, TRLV, TRSK	Bundesministerium für Arbeit und Soziales
B-B, B-G, B-V, B-VV	Rechts- und Verwaltungsvorschriften des Bundes
BTGA	Bundesindustrieverband Technische Gebäudeausrüstung e. V.
BuFAS-Merkblätter	Bundesverband Feuchte & Altbausanierung e. V.
BWB-WL (Werkstoffleistungsblätter), VG (Verteidigungsgeräte)	Bundesamt für Ausrüstung, Informationstechnik und Nutzung der Bundeswehr
DAfStb-Richtlinien	Deutscher Ausschuss für Stahlbeton e. V.
DASt-Richtlinien	Deutscher Ausschuss für Stahlbau
DBV	Deutscher Beton- und Bautechnik-Verein e. V.
DGQ-Schriftenreihe	Deutsche Gesellschaft für Qualität e. V.
DGZfP-Merkblätter und Empfehlungen	Deutsche Gesellschaft für Zerstörungsfreie Prüfung e. V.

Fortsetzung nächste Seite ...

... Fortsetzung nationale Regelwerke

Regelwerk	Regelsetzer/Herausgeber
DVGW	Deutsche Vereinigung des Gas- und Wasserfaches e. V.
DVS-Merkblätter und Richtlinien	Deutscher Verband für Schweißen und verwandte Verfahren e. V.
DWA	DWA Deutsche Vereinigung für Wasserwirtschaft, Abwasser und Abfall e. V.
FGK-AGK	Fachgruppe Kühlmöbel (FGK)
GEFMA	GEFMA e. V.– German Facility Management Association
TRFL, TRAS, TRFL	KTA, TRAS, Bundesministerium für Umwelt, Naturschutz, Bau und Reaktorsicherheit
L-G, L-V, L-VV	Rechts- und Verwaltungsvorschriften der Länder
LMBG	Bundesamt für Verbraucherschutz und Lebensmittelsicherheit
RAL	Deutsches Institut für Gütesicherung und Kennzeichnung e. V.
SEB, SEE, SEL, SEP, SEW	Stahlinstitut VDEh und Wirtschaftsvereinigung Stahl in Stahl-Zentrum
STLB-Bau, STLB-BauZ	DIN Deutsches Institut für Normung e. V.
TRBA	Bundesministerium für Wirtschaft und Energie
TRLWI	TRLWI Technische Regeln Leitungswasserschaden Instandsetzung e. V.
TRT, Richtzeichnungen	Bundesministerium für Verkehr und digitale Infrastruktur
VDA	Verband der Automobilindustrie e. V.
VDI-Richtlinien	Verein Deutscher Ingenieure e. V.
VDMA	Verband Deutscher Maschinen- und Anlagenbau e. V.
VdS-Richtlinien	Gesamtverband der Deutschen Versicherungswirtschaft e. V.
VFDB-Richtlinien	Vereinigung zur Förderung des Deutschen Brandschutzes e. V.
WTA-Merkblätter	WTA Wissenschaftlich-Technische Arbeitsgemeinschaft für Bauwerkserhaltung und Denkmalpflege e. V.
ZVSHK	Zentralverband Sanitär Heizung Klima (ZVSHK)

Quelle: vgl. Beuth 2014, S. 3.

Tabelle D.2: Internationale Regelwerke (beim Beuth-Verlag abrufbar)

Regelwerk	Regelsetzer/Herausgeber	Land
ABNT	Associação Brasileira de Normas Técnicas	Brasilien
AENOR	Asociación Española de Normalización y Certificación	Spanien
AFNOR	Association française de normalisation	Frankreich
API	American Petroleum Institute	USA
ASME	American Society of Mechanical Engineers	USA
ASTM	American Society for Testing and Materials	USA
AWS	American Welding Society	USA
BSI	British Standards Institution	United Kingdom
CIE	International Commission on Illumination	International
EIA	Electronic Industries Alliance	USA
GOST	Federal Agency on Technical Regulating and Metrology	Russland
HD	Europäisches Komitee für Normung (CEN), Europäisches Komitee für elektrotechnische Normung (CENELEC) Europäische Union	
IEEE	Institute of Electrical and Electronics Engineers	USA
IRIS	UNIFE The European Rail Industry	Europäische Union
ISO-Standards, ISO-Guides	International Organization for Standardization	International
JIS	Japanese Industrial Standards Committee Technical Regulations, Standards & Conformity Assessment	Japan
NEMA	National Electrical Manufacturers Association	USA
NEPA	National Fire Protection Association	USA
ÖNORM	Austrian Standards Institute	Österreich
ÖVE	Österreichischer Verband für Elektrotechnik	Österreich
Richtlinien/ Verordnungen	Europäische Union	
SAC	Standardization Administration of China	China
SAE	Society of Automobile Engineers	USA
SNV	Swiss Association for Standardization	Schweiz
UL	Underwriters Laboratories Inc.	USA

Quelle: vgl. Beuth 2014, S. 4.

Anhang E.
Grundsätze der Normungsarbeit des DIN

Tabelle E.1: Grundsätze der Normungsarbeit des DIN

Freiwilligkeit	Die Mitarbeit an der Normung und die Anwendung von Normen sind freiwillig
Öffentlichkeit	Alle Normungsvorhaben und Entwürfe zu DIN-Normen werden öffentlich bekannt gemacht und vor ihrer endgültigen Festlegung der Öffentlichkeit zur Stellungnahme vorgelegt. Kritiker werden an den Verhandlungstisch gebeten, wobei jeder eingegangene Einspruch mit dem Einsprecher verhandelt werden muss
Beteiligung aller interessierten Kreise	DIN-Normen werden in Arbeitsausschüssen von Fachleuten der interessierten Kreise erarbeitet. Jeder kann sein Interesse einbringen. Ein Schlichtungs- und Schiedsverfahren sichert die Rechte von Minderheiten
Konsens	Die der Normungsarbeit von DIN zugrunde liegenden Regeln garantieren ein für alle interessierten Kreise faires Verfahren, dessen Kern die ausgewogene Berücksichtigung aller Interessen bei der Meinungsbildung ist. Der Inhalt einer Norm wird dabei mit dem Bemühen festgelegt, eine gemeinsame Auffassung zu erreichen, die allgemeine Zustimmung findet
Einheitlichkeit und Widerspruchsfreiheit	Das Deutsche Normenwerk befasst sich mit allen technischen Disziplinen. Die Regeln der Normungsarbeit sichern seine Einheitlichkeit
Sachbezogenheit	DIN-Normen sind ein Spiegelbild der Wirklichkeit. Definitionsgemäß müssen dabei technische Normen Fragen des Gemeinwohls einbeziehen und spiegeln deshalb nicht nur das technisch Machbare, sondern auch das gesellschaftlich Akzeptierte wider
Ausrichtung am Stand der Wissenschaft und Technik	Die Normung vollzieht sich in dem Rahmen, den die wissenschaftliche Erkenntnis setzt. Sie sorgt für die schnelle Umsetzung neuer Erkenntnisse. DIN-Normen spiegeln den Stand der Technik wider
Marktrelevanz	Genormt wird nur, wenn Bedarf dafür besteht. Normung ist kein Selbstzweck
Allgemeiner Nutzen	DIN-Normen müssen gesamtgesellschaftliche Ziele einbeziehen. Der Nutzen für alle steht über dem Vorteil einzelner

Fortsetzung nächste Seite ...

… Fortsetzung Grundsätze der Normungsarbeit des DIN

Internationalität	Die Normungsarbeit von DIN unterstützt das volkswirtschaftliche Ziel eines von technischen Hemmnissen freien Welthandels und des gemeinsamen Marktes in Europa. Das erfordert Internationale und Europäische Normen
Kartellrechtliche Unbedenklichkeit	Aufgrund seiner Arbeitsweise sowie der Festlegungen in der Satzung und den internen Verfahrensregeln ist die Arbeit von DIN als kartellrechtlich unbedenklich anzusehen
Akzeptanz	Durch die Beteiligung aller interessierten Kreise und das Konsensverfahren genießen DIN-Normen nicht nur im gewerblichen und staatlichen Bereich Akzeptanz und Vertrauen, sondern auch bei Verbrauchern
Legitimation	Durch die Erweiterung der konsensbasierten Normung durch Einsprüche, Schlichtungs- und Schiedsverfahren erhält die Normung eine Legitimation und Wertschätzung, z. B. im Bereich des Arbeits-, Umwelt- und Gesundheitsschutzes.

Quelle: vgl. DIN 2016c.

Zusammenfassung

In den vergangenen Jahrzehnten erschien das Normungswesen als ein sich selbst erhaltendes System, welches seine Berechtigung anscheinend aus seiner Existenz zog. Unterstützung erhält das Normungswesen in den letzten Jahren durch die europäischen Gesetzgeber, seitdem diese entschieden hatten, innerhalb von Rechtsnormen auf Dokumente privater Normungsorganisationen zu verweisen.

Seit im Jahr 2015 die Novellierung der DIN EN ISO 9001:2015 erschien, müssen sich Organisationen – nicht nur im Bildungswesen – die Frage stellen, inwieweit dies für ihre Tätigkeit von Relevanz ist.

Das Befolgen von Normen muss per se keine negativen Auswirkungen auf den Einzelnen oder die Gesamtwirtschaft haben. Es stellt sich nichtsdestotrotz die Frage, ob Normen zur Grundlage einzelner Rechtsakte werden sollten, die durch ein Gremium einer privaten Normungsorganisation entstanden sind, deren Inhalte nicht demokratisch legitimiert und deren Wirkungen lediglich unvollständig wissenschaftlich belegt sind. Aufgrund ihrer Omnipräsenz vermitteln die Schriftsätze der privaten Normungsorganisationen – die Normen – den Eindruck einer zwangsläufigen Anwendungspflicht.

Zertifikate gemäß ISO 9001:2015 stehen als Vertrauenssubstitute im Mittelpunkt der vorliegenden Arbeit.

Es wird das stabile Institutionen- bzw. Systemvertrauen in das Normungswesen untersucht. Der Fokus wird dahingehend geöffnet, dass untersucht wird, wie Institutionen- bzw. Systemvertrauen mithilfe von Vertrauenssubstituten entstehen kann und so stabil wird, dass es losgelöst von persönlichen Interaktionen über längere Zeiträume Bestand haben kann.

Im Ergebnis wird gezeigt, dass Institutionen- bzw. Systemvertrauen entsteht, wenn sich Vertrauen von persönlichen Beziehungen löst und auf materielle bzw. immaterielle Güter oder Sachverhalte übertragen wird. Diese Vertrauenssubstitution kann auf verschiedene Arten erfolgen: z. B. mithilfe von Signalisierung oder mithilfe von Vertrauenssubstituten, die durch Reputation abgesichert sind.

Zur Verdeutlichung dieses Phänomens wird die ISO 9001:2015 in ihrer Relevanz für einen Bildungsträger bei der Beantragung von Maßnahmen der Arbeitsförderung dienen. Dieses Beispiel ermöglicht es zudem, die Verwerfungen zu thematisieren, die bei der Übertragung technischer Normierungen auf soziale Konstrukte auftreten.

Die Einbindung der DIN EN ISO 9001:2015 in die Vertragsgestaltung birgt dabei die Gefahr, dass es weniger um die Qualität der durchgeführten

Bildungsmaßnahmen als um die Realisierung eines organisatorischen Rahmens geht. Die Erfüllung der Rahmenbedingungen wird gleichgesetzt mit der Realisierung von Lerneffekten, um Vertrauen in den Auftragnehmer zu ermöglichen.

Darüber hinaus wird gezeigt, dass die Problematik der Vertrauenswürdigkeit des Auftragnehmers auf die Vertrauenswürdigkeit des Bewertungssystems und der eingebundenen Drittinstanzen verlagert wird. Mit anderen Worten: Es stellt sich nicht die Frage, inwieweit dem Auftragnehmer/Vertrauensnehmer vertraut wird, sondern inwieweit dies für die Zertifizierenden bzw. Akkreditierenden gilt.

Abstract

In recent decades, standardisation appeared to be a self-perpetuating system, whose justification seemingly derived from its existence. Standardisation received support in recent years from European legislators, as the latter decided to refer to documents of private standardisation organizations in establishing legal norms.

Since the new version of DIN EN ISO 9001:2015 appeared in 2015, organisations – and not only educational organisations – have to ask themselves to what extent this standard is relevant for their activity.

Following standards need not necessarily have negative consequences for individuals or the economy as a whole. Nonetheless, the question has to be posed of whether standards should come to form the basis for individual pieces of legislation, when the standards in question have been drafted by the committee of a private standardization organisation, their content is not democratically legitimated, and their effects have been only insufficiently scientifically demonstrated. Due to their omnipresence, the results of private standardisation organisations – the standards – give the impression that their application is necessarily obligatory.

The focus of this study are certificates in accordance with ISO 9001:2015 regarded as substitutes for trust. The stable institutional and/or systemic trust in the standardisation system will be examined. The focus is broadened to the extent that we investigate how institutional and/or systemic trust can emerge by means of trust substitutes and become so stable that it can persist independently of personal interactions over extended periods of times.

The result is that it is shown that institutional and/or systemic trust emerges when trust gets detached from personal relationships and transferred to material or immaterial goods or circumstances. This trust substitution can take places in various ways: for example, by means of signalling or by means of trust substitutes that are secured by reputation. The relevance of ISO 9001:2015 for an educational institution applying for work promotion measures serves to illustrate this phenomenon. The example, moreover, makes it possible to thematise the distortions that arise when technical standards are transferred to social constructs.

In this connection, the integration of DIN EN ISO 9001:2015 in the drafting of contracts contains the risk that what is at issue is less the quality of the educational measures implemented than the realisation of an organisational framework. The satisfying of framework conditions is equated with the realisation of learning effects, in order to facilitate trust in the contractor. In addition, it is shown that the problematic of the trustworthiness of the contractor is redirected toward that of the trustworthiness of the rating system and of the third parties involved. In other words: The question that is posed is not to what extent the recipient of the mandate and of the trust is trusted, but rather to what extent this is the case for the certifying and/or accrediting instances.

Berufliche Bildung im Wandel

Herausgegeben von Jürgen van Buer

Band 1   Jürgen van Buer / Adolf Kell / Eveline Wittmann (Hrsg.): Berufsbildungsforschung in ausgewählten Wissenschaften und multidisziplinären Forschungsbereichen. 2001.

Band 2   Eveline Wittmann: Kompetente Kundenkommunikation von Auszubildenden in der Bank. Eine theoretische und empirische Studie zum Einfluß betrieblicher Ausbildungsbedingungen. 2001.

Band 3   Susan Seeber / Dieter Squarra: Lehren und Lernen in beruflichen Schulen. Schülerurteile zur Unterrichtsqualität. 2003.

Band 4   Hans-Peter Benedikt: Selbstverantwortliches Handeln bei Mitarbeitern in der deutschen und russischen Kreditwirtschaft. Eine komparative Länderstudie. 2004.

Band 5   Jürgen van Buer / Olga Zlatkin-Troitschanskaia (Hrsg.): Berufliche Bildung auf dem Prüfstand. Entwicklung zwischen systemischer Steuerung, Transformation durch Modellversuche und unterrichtlicher Innovation. 2003.

Band 6   Olga Zlatkin-Troitschanskaia: Dynamik und Stabilität in Berufsbildungssystemen. Eine theoretische und empirische Untersuchung von Transformationsprozessen am Beispiel Bulgariens und Litauens. 2005.

Band 7   Jürgen van Buer / Olga Zlatkin-Troitschanskaia (Hrsg.): Adaptivität und Stabilität der Berufsausbildung. Theoretische und empirische Untersuchungen zur Berliner Berufsbildungslandschaft. 2005.

Band 8   Susanne Weber: Intercultural Learning as Identity Negotiation. 2005.

Band 9   Stephan Schumann: Jugendliche vor und nach der Berufsvorbereitung. Eine Untesuchung zu diskontinuierlichen und nichtlinearen Bildungsverläufen. 2006.

Band 10   Olga Zlatkin-Troitschanskaia: Steuerbarkeit von Bildungssystemen mittels politischer Reformstrategien. Interdisziplinäre theoretische Analyse und empirische Studie zur Erweiterung der Autonomie im öffentlichen Schulwesen. 2006.

Band 11   Eveline Wittmann: Theorieentwicklung zur beruflichen Schule. Eine Mehrebenenanalyse. 2009.

Band	12	Michaela Köller: Konstruktion und Implementierung von Schulprogrammen – Ein triangulativer Forschungsansatz. 2009.
Band	13	Jürgen van Buer / Cornelia Wagner / Maika Gausch (eds.): Innovation, Change and Sustainability in Syrian Higher Education. Joint European Tempus Project „Quality University Management and Institutional Autonomy" (QUMIA). 2010.
Band	14	Sandra Trost: Studienbezogene Selbstregulation. Eine Adaptation des Metamodells „Selektion, Optimierung und Kompensation". 2011.
Band	15	Cornelia Wagner: Führung und Qualitätsmanagement in beruflichen Schulen. Triangulative Fallstudien zum Führungsverständnis und Führungshandeln einzelschulischer Führungskräfte. 2011.
Band	16	Nicole Follmer: Der Schulleiter als Intrapreneur. Überlegungen zu einer innovationsfördernden Führung in Schule. 2015.
Band	17	Tobias Kärner: Erwartungswidrige Minderleistung und Belastung im kaufmännischen Unterricht. Analyse pädagogischer, psychologischer und physiologischer Aspekte. 2015.
Band	18	Adiba Salloum: Explikationen bildungspolitischer Konzepte in politischen Programmen. Analysen zum Verhältnis von Bildungspolitik und Bildungsforschung. 2016.
Band	19	Jana Rückmann: Interne Evaluation zwischen bildungspolitischen Vorgaben und individueller Entwicklung der Einzelschule. Eine empirische Studie an beruflichen Schulen. 2016.
Band	20	Anne Vanessa Schreiber: Biographische Identitätsarbeit beim Übergang vom Beruf in die Hochschule Eine explorative Studie zur Bestimmung von Motiven, Realisationen und Identitätskonstruktionen von Studierenden mit beruflicher Qualifikation. 2017
Band	21	Daniel Büttner: Die Entstehung von System- und Institutionenvertrauen – Die Bedeutung von Zertifikaten nach DIN EN ISO 9001 als Vertrauenssubstitute. 2018.

www.peterlang.com

www.ingramcontent.com/pod-product-compliance
Ingram Content Group UK Ltd.
Pitfield, Milton Keynes, MK11 3LW, UK
UKHW041924210426
5322IPUK00002B/43